KB143153

자궁이
아이를
품은 날

THE FRAGILE WISDOM: An Evolutionary View on Women's Biology and Health
Copyright © 2013 by the President and Fellows and Harvard College
Published by arrangement with Harvard University Press

Korean Translation Copyright © 2019 by Geulhangari Publishers
Korean edition is published by arrangement with Harvard University Press
through BC Agency

THE FRAGILE WISDOM

자궁이 아이를 품은 날

여성의
생물학과 건강에 대한
진화론적 관점

Grazyna
Jasienska

그라지나 자시엔스카 지음
김학영 옮김

글항아리사이언스

차례

서문

완벽하게 건강하기가 왜 이렇게 어려울까?

여성이라면 거의 너나없이 이른바 '건강한 생활 습관'을 실천하기 위해 엄청난 노력을 기울인다. 담배를 끊거나 기름기 있는 음식을 덜어내기도 하고, 당분 섭취를 줄이거나 엘리베이터 대신 계단을 이용하며, 걸어서 출퇴근한다. 그러다 유방암이나 심장병, 골다공증에라도 걸리면 대개 자신을 탓하며 묻는다. "내가 뭘 잘못한 걸까?"

우리는 '건강'하게 사는 법만 잘 지키면 각종 질병을 예방할 수 있다는 말을 귀가 따갑도록 듣는다. 그래서 병이 생기면 건강을 위한 권고 사항들을 제대로 지키지 못해서라고 단정해버린다. 그러나 적어도 이 책을 읽는 독자들은 병에 걸렸다고 해서 스스로를 책망할 필요가 없다는 사실을 깨달았으면 한다.

물론 의심할 여지 없이 몸에 해로운 행동은 있다. 흡연은 온갖 질병을 일으킬 위험을 높인다. 그에 반해 비흡연 또는 금연은 일반적으로 건강을 증진시키고 수명을 연장해준다. 이와 유사한 효과를 내는 생활 습관으로 또 뭐가 있을까? 대체로 운동과 바람직한 식생활을 가장 먼저 꼽을 것이다. 맞는 말이지만, 특정 개인에게 어떤 운동과 식생활이 적합한지에 대한 명쾌한 답이 없는 것도 사실이다. 이 책에서는 이처럼 신체활동과 식이요법에 관한 특정 권고들을 일반화하기 어려운 까닭도 살펴볼 것이다.

일부 연구자는 현대인을 위한 권장 생활 방식도 진화기(즉, 약 1만 년 전) 조상들의 신체활동과 식이를 지표로 삼아야 한다고 생각한다. 논의의 출발점으로 삼기에는 좋지만, 조상들에게 좋은 것이 현대인에게도 여전히 유효한지는 미지수다. 조상들의 삶의 방식을 그대로 따를 수는 없지만, 그래도 만약 진화 시대의 생활 방식 중 몇 가지를 현재 우리 삶에 접목한다면 질병을 예방할 수 있을까?

현대 여성의 삶은 진화기의 여성 조상들과 비교할 때 생식 패턴의 주요한 변화들을 떼어놓고 말할 수 없다. 현대의 생식 패턴들 중에도 어떤 요소는 바뀔 수 있다. 여성들은 비교적 쉽게 생활 습관을 바꿀 수 있기 때문이다. 가령 신체활동량을 늘리면 생식 호르몬 수치가 감소하면서 유방암의 발병률도 낮아진다. 하지만 조기 성성숙性成熟, 저출산 또는 짧은 수유기간 등과 같이 생식과 관련된 요인들 중에서 바꾸기 굉장히 어렵거나 불가능한 것도 있다.

이 책은 질병을 예방하기 위한 간편한 처방을 제시하지는 못한다. 사실 그런 처방을 제시하려는 의도에서 쓴 책이 아니다. 그보다는 건강한 삶을 위한 각종 권고를 따랐는데도 왜 효과가 없는지, 진화의 저변에 깔린 무수한 전제 조건과 인간 생물학 및 건강을 결정하는 근본적인 사안들은 무엇인지 궁금해하는 독자들을 위해 쓴 책이다. 물론 다양한 과학 분야를 넘나들거나 이론적인 고찰을 하는 데 (또는 과학적 용어에도 주눅 들지 않고, 가설을 세우고 숙고하는 일에도) 주저함 없는 독자들을 위한 책이기도 하다.

인간의 몸은 부실하게 설계되었을까?

"건강을 유지하기 위해 육체적으로 이렇게 고된 수고를 해야 한다면 우린 부실하게 설계된 것이 분명하다."

어느 여성 잡지의 조깅 관련 기사에 이런 볼멘소리가 적혀 있었다. 물론 전적으로 틀린 사실이다. 인간은 결코 부실하게 설계되지 않았으며, 실제로 대부분의 다른 생물에 비해 특별히 더 연약하게 조립되지도 않았다. 문제는 다른 데 있다. 즉 인간의 설계도에는 심장병이나 당뇨병 또는 유방암과 같은 질병의 발병률을 낮추어야 한다는 내용이 전혀 없다. '건강'과 진화적 '적응도fitness'는 동의어가 아니다. 인간은 생리와 구조, 심지어 행동까지도 생식에 유리하도록—다음 세대에 유전자를 전달하도록—진화했다. 건강함은 유전자를 전달하는 과정의 중요한 일부일 뿐이다. 한 개체로서의 인간이 생식 연령기가 될 때까지 생존해야 하기 때문이다. 인간을 포함한 수명이 긴 종들은 생식 연령기까지 생존해야만 한 개체 이상의 자녀를 출산하고 키울 수 있다. 하지만 자연선택, 다시 말해 인간의 구조와 생리의 기능적 특징들을 형성하는 가장 중요한 과정인 자연선택은 생식 연령기 이후의 건강과 생존에는 별로 신경을 쓰지 않는다. 실제로 자연선택은 생식 연령기 이후의 건강 및 생존에 대한 유불리와 상관없이, 어린 연령의 번식률을 높일 수 있는 형질을 촉진한다. 이를 두고 이른 연령의 생식과 노년의 건강 사이에 이해가 충돌한다고 생각할 수도 있다. 어쨌든 두 마리 토끼를 한 번에 잡을 수는 없다.

1932년 하버드대의 생리학자 월터 B. 캐논의 명저 『인체의 지혜The Wisdom of the Body』가 출간된 이후 인체의 기능을 바라보는 관점이 달라져

왔지만, 인간의 몸이 스스로 외부 자극들에 대처하는 법을 '알고' 있다는 이 책의 개념은 지금까지도 건재하다. 지금도 대다수의 사람이 인간은 선천적으로 올바르고 '건강'한 생활 습관을 선택하는 능력을 지닌다고 믿는다. 최근에는 아예 책 표지에 '인체의 지혜'라는 문구를 노골적으로 넣은 책들이 인기를 끌기도 했고, 이와 똑같은 접근법을 바탕으로 식이요법이나 운동 등 건강을 유지하고 증진하기 위해 반드시 실천해야 할 전략을 나열한 책들이 여전히 서가를 차지하고 있다.

이 책에서 나는 인체의 지혜라는 개념을 맹렬하게 반박할 생각은 없다. 다만 그 지혜라는 것이 여러 면에서 불완전하고 덧없는 개념임을 입증해보려 한다. 인간뿐만 아니라 대부분의 종이 직면한 몇몇 문제는 불가피한 '거래' 때문에 야기되었으며, 번식에 따르는 필연적 비용으로 인해 더 복잡해졌다. 게다가 그런 문제들은 종종 불리한 발육 조건들로 인해 악화되거나 강요되기도 한다. 그 밖에 우리 인간은 진화 시대와 현재의 생활 방식 사이의 부조화로 인해 발생한 문제들, 또는 문화적 요구들로 인해 한층 더 복잡해진 독특한 문제들을 안고 있다.

이 책에 나오는 표현에 대한 근거를 미리 밝히고자 한다. 이 책에서 나는 "모계 유기체가 알고" 있다거나, "태아가 예측"한다거나, "태아가 가정"한다거나, "몸이 결정"한다는 식의 표현을 썼는데, 이것은 진화론을 다루는 분야에서 일반적으로 사용하는 단축키 같은 표현이다. 알다시피 태아가 실제로 뭔가를 '아는' 것은 아니며, 의식적으로 특정한 생리학적 결정을 내리는 것도 아니다. 그보다는 "마치 알고 그러기라도 하듯 생리학적으로 반응하거나 행동"한다는 의미다. 차후에 이런 구절들이 튀어나오면 한 유기체가 자연선택 과정을 겪으면서 일관된 레퍼토리로 구축한 반응들을 이용한다고 이해하기로 하자.

분배와 거래

모든 생명 활동에는 비용이 따른다. 유기체는 섭취한 음식으로부터 얻은 에너지를 생리 기능 유지와 신체활동에 분배하고, 남은 것은 지방의 형태로 저장한다. 한 유기체가 성적으로 성숙해지면 다른 과정에도 에너지를 분배해야 한다. 바로 생식이다. 에너지 자원이 한정된 경우라면 생식 과정을 지원하는 데 우선적으로 분배되기 때문에 다른 과정들에 들어갈 에너지는 줄어든다. 달리 말하면, 생식을 제외한 다른 과정들은 필요한 최적의 에너지를 공급받지 못한다는 뜻이다. 결과적으로 유기체는 '독신'이거나 불임일 때만큼 기능하지 못한다.

생활사life-history 이론에서는 한 유기체가 갖고 있는 특정한 형질들뿐만 아니라 생애 동안 겪는 사건들까지 통합하여 그 유기체의 생활사로 간주한다. 이를테면 출생 체격, 성장 속도, 성성숙 연령 그리고 자녀 수와 자녀의 체격 등은 한 유기체의 생활사를 결정하는 중요한 형질과 사건이라 할 수 있다. 이러한 형질들이 발달하는 방식과 특정한 사건들이 발생하는 시기는 대사 에너지의 가용성 수준이나 경쟁 형질과 사건들에 에너지를 분배하는 방식에 따라 달라진다. 여기서 가장 중요한 것은 한 가지 목적에 이용되는 에너지가 다른 목적을 위해 쓰일 순 없다는 사실이다. 대체로 그렇지만, 만약 에너지가 한정적이라면 유기체는 주어진 생애의 단계에서 가장 중요한 과정이 무엇인지를 결정해야 한다. 그리고 이렇게 결정된 과정들에 우선적으로 에너지를 공급할 것이다. 물론 다른 과정들은 충분한 에너지를 공급받지 못한다. 청소년기에 임신한 여성이라면, 아직 생식활동을 하지 않는 동년배의 여성만큼 빠르게 성장하지 못한다. 성인기에 이르러서도 체격이 더 작을 것이다. 또한 나이 든 여성이 낳은 아기보다 더 작은 아기를 출산할 가능성이 크다. 태아의 성장에 상당한 에너지를 분배하는 동시에 자신의 성장에도 에너지를 분배해야 하기 때문이다.

여성이 일생 동안 생식에 할당할 수 있는 에너지는 제한되어 있다. 여기서 생식이란 임신과 수유 그리고 양육까지 포함한다. 따라서 한 여성이 생식적으로 성공한 삶을 살기 위해서는 생애 전반의 생식 사건들에 에너지를 신중하게 분배해야 한다. 달리 말하면 한 여성에게서 태어난 자녀들 각자는 원하는 만큼의 충분한 에너지와 영양을 공급받지 못한다는 뜻이기도 하다. 특히 임산부의 영양 상태가 좋지 않을 때는 더 그렇다. 왜냐하면 임산부는 장차 예상되는 생식활동들과 출산 이후에 지속적으로 들어갈 비용까지 감안해야 하기 때문이다. 한 자녀에게 너무 많이 투자하면 모체의 건강 상태가 악화될 수 있고 미래의 생식에 부정적인 영향을 끼칠 수도 있다.

살아 있는 유기체가 맞닥뜨리는 또 하나의 영원한 딜레마는 생식과 면역 사이의 거래다. 비생식 유기체는 면역 기능에 충분한 에너지를 투자하기 때문에 감염을 지속적으로 감시할 수 있다. 물론 현재 자녀를 양육하는 여성이나 배우자를 차지하기 위해 다른 남성과 치열하게 경쟁하고 있는 남성이라면, 면역 기능이 후순위로 밀려날 것이다. 역으로, 기생충 감염에 대한 위험부담이 큰 유기체의 생식 기능은 감염 위험이 없는 환경에 놓인 유기체만큼 원활하지 못할 수 있다. 이러한 단기적인 거래들이 장기적인 결과를 초래할 수도 있다. 여러 해 뒤에는 생식과 건강 사이에서, 심지어 생식과 수명 사이에서도 갈등을 야기할 수 있다. 쉽게 말해 생식에 비용을 더 많이 쓸수록 유기체의 수명은 단축될 것이다.

생물은 유전자와 환경적 요인들 사이의 복잡한 상호작용 속에서 발달한다. 유전자들은 대개 하나의 유전자가 하나 이상의 형질에 영향을 끼치는 방식으로 작동한다. 이 현상을 다면 발현pleiotropy이라고 한다. 하나의 유전자가 어떤 형질에는 긍정적인 영향을 끼치는 동시에 다른 형질에는 불리하게 작용할 때가 있는데, 이를 길항적 다면 발현antagonistic pleiotropy이라고 한다. 여성의 경우 에스트로겐[에스트라디올estradiol과 같이 월경주기에 생성되는 스테로이드계 호르몬들의 총칭]이 길항적인 효과를 낸다. 에스트로겐 수치가 높으면 생식에 유리하다. 에스트로겐이 수정에 직접 관여하기 때문이다. 하지만 유방암과 같은 에스트로겐 유인성 암으로 사망할 확률도 덩달아 높아진다. 문제는 여기서 끝이 아니다. 에스트로겐은 생식 연령기가 지난 후에도 또 다른 거래에서 길항성을 발휘한다. 즉 에스트로겐 수치가 높을수록 암 발병률이 높은 대신 골다공증이나 심장병, 심지어 우울증이나 치매와 같은 노년기 질병 발병률은 낮아진다.

이와 같은 생활사 거래들을 이해하면 건강을 유지하기 힘든 까닭과 거래 조건을 변경하기가 불가능한 까닭을 알 수 있다. 이 거래들이 곧 생명의 실체다. 스티븐 스턴스와 랜돌프 네스, 데이비드 헤이그가 최근에 밝혔듯, "진화가 의학에 제공한 가장 유익한 보편적 개념을 하나 꼽는다면, 신체를 일종의 거래들의 집합으로 간주한 개념이다. 완벽한 형질은 없다. 모든 형질이 월등하면 좋겠지만, 어느 하나를 월등하게 만들면 다른 하나는 열등할 수밖에 없다."(2008, 11)

진화생태학자들이 우선순위의 딜레마와 분배 그리고 거래에 관심을 기울이기 시작한 것은 불과 50년 전이고, 생활사 이론도 이제 막 진화생물학의 한 분야로 자리 잡기 시작했다. 이 분야의 이론적 발전상을 장황하게 언급하지는 않겠지만, 이 책에서는 상식적인 수준에서 문제의 복잡성을 풀어보려고 노력했던 겸손한 경험론자들의 접근법을 활용할 것이다. 겸손은 순진하다는 의미가 아니다. 그보다는 오히려 반짝 인기를 끄는 의학이나 공중보건의 시대가 끝났음을 기꺼이 인정한다는 의미다. 집에서도 따라할 수 있는 간단한 건강법이나 '이것만 지키면 된다'는 식의 한 줄짜리 권고 따위는 없다.

석기 시대의 생리학과 현대 생활 방식의 부조화

인간의 생리적 특징과 해부학적 구조 그리고 행동 양상은 오랜 시간에 걸쳐 진화했다. 영장류 조상들로부터 물려받은 형질도 많지만, 수백만 년 전 인간 종으로서 독자적인 진화의 여정을 시작한 이후 자연선택을 통해 스스로 획득한 형질도 많다. 환경에 대한 적응 여부에 따라 새로운 형질이 진화의 목록에 편입되기도 했고, 개별 유기체의 생식 성공률이나 생물학적 적응도를 높이기 위해 이전에 유리했던 형질들이 기능을 상실하기도 했다.

장년기에 발병하는 몇몇 질병은 인간이 (진화하면서) 적응한 환경과 현대인이 살고 있는 환경 간 부조화의 결과물이다. 가장 큰 부조화는 진화 시대와는 극적으로 달라진 대다수 현대인의 생활 방식에서 나타난다. 진화의 역사에서 거의 90퍼센트에 이르는 기간을 수렵채집인으로 살았던 인간 조상들은 식생활뿐 아니라 신체활동의 패턴이나 사회적 관계망도 지금는 크게 달랐다. 여성의 생식 패턴이 달랐음은 두말할 나위 없다. 성성숙이 늦고 월경주기의 횟수는 적었던 반면 출산 간격이나 수유 기간은 상대적으로 길었다.

인간의 진화적 적응들은 대부분 이 시기에 형성되었을 것으로 본다. 이는 현대인들도 수렵채집 생활 방식에 대한 적응력이 있다는 의미이기도 하다. 이 생존 전략이 바뀐 것은 비교적 최근, 그러니까 인간이 자연의 공급에만 의존하지 않고 식량을 성공적으로 재배하는 방법을 발견했던 약 1만4000년 전이었다. 농경이 전 세계적으로 서서히 확산되면서 인간의 생활 방식은 커다란 변화를 맞았다. 식생활이 극적으로 달라진 것은 물론이고 신체활동이나 생식 패턴, 사회적 상호작용, 질병의 유형과 양상도 달라졌다. 도시화와 더 최근에 일어난 산업화에 따른 급속한 변화로 오늘날 인간의 삶은 수렵채집을 하던 조상들의 삶에서 완전히 멀어졌다.

그러나 생활 방식은 변했어도 인간의 생리학적 양상들은 크게 달라지지 않았다. 생리 기능에서 일어나는 주요한 진화론적 변화들이 인간의 형질 목록에 자리 잡기에 1만4000년이란 시간은 충분치 않기 때문이다. 물론 농경사회가 출현한 이후에 나타난 변화들도 있다. 가령 몇몇 목축사회에서는 보통 유아기 이후에 사라지는 우유 소화 능력이 성인들을 위해 진화하기도 했다. 이 유전적 변이가 나타나는 빈도가 인구의 1퍼센트에서 90퍼센트까지 늘어나는 데는 약 8000년(대략 325세대)이 걸렸을 것으로 추산된다.[1] 한 가지 특징이나 형질이 그 정도로 빈번하게 나타나는 데 걸린 시간치고 8000년은 매우 짧다. 이처럼 단기간에 걸친 진화는 변이된 형질이 한 개체에게 엄청난 이점으로 작용하며 그 형질이 단일하고 지배적인 변이로 암호화되어 전달될 때만 일어날 수 있다.(대부분의 형질은 훨씬 더 복잡한 유전적 배경을 갖는다.) 이외에도 농경문화와 현대의 생활 방식이라는 환경적 압력에 반응하는 과정에서 몇몇 유사한 작은 변이가 발생한 것은 분명하지만, 현대인이 갖고 있는 생리와 대사 기능 대부분은 구석기 시대 수렵채집인 조상들이 갖고 있던 그대로다.

태아 환경과 성인 환경의 부조화

과거의 진화 환경과 현대 서구의 생활 방식 간의 부조화가 수많은 질병의 원인으로 지목되는 것과 마찬가지로, 그보다 더 짧은 시간 동안 일어난 부조화도 여러 질병의 발병률을 높일 수 있다. 임산부의 환경이 열악할 경우 그 몸속에서 발달한 태아는 성인기에 이르러 몇 가지 질병을 일으킬 확률이 현저히 높으며, 특히 풍부한 영양 환경에서 성인기를 보낸다면 그 위험은 더 높아질 수 있다. 몇몇 가설에서는 생애 초기와 성인기 환경의 부조화가 한 개인에게 닥칠 수 있는 최악의 인생 시나리오를 구성한다고 주장한다. 그러한 부조화를 지니고 있는 개인은 인슐린 대사에 문제가 있거나 고혈압을 앓기 쉬우며 당뇨병이나 심장병으로 이어질 확률도 높다. 그러나 성인기 환경이—열악하든 양호하든—태아 때의 환경과 일치한다면 이러한 건강상의 문제들이 악화될 가능성은 낮다.

영양이 열악한 임산부의 태내 발육이 생리와 대사에 항구적인 영향을 끼치는 원인이 무엇인지는 아직 완전히 밝혀지지 않았다. 분명한 것은 열악한 환경에서는 태아가 충분한 에너지와 영양을 공급받지 못한다는 점이다. 또한 이러한 발육 제한 요건들의 영향으로 생리 기능에 손상을 입을 우려가 있으며 정상적인 발육이 이루어지지 않을 수도 있다. 태아 발육기가 미래의 준비 단계라고 설명하는 가설도 있다. 이 시기에 태아는 향후 환경에 최적화되도록 발달한다는 의미다. 자신이 앞으로 살아갈 미래 환경을 태아가 알 수 있을까? 물론 확실히 알지는 못하겠지만 태아는 초기 발육기 동안 경험한 조건들에 근거하여 타당한 예측을 할 수 있다. 태아에게는 자신의 경험 말고는 분석에 활용할 '자료'가 없다. 열악한 환경에서 발육한 태아라면 미래를 그다지 낙관적으로 예측하지 않을—미래의 삶도 똑같이 열악할 것이라고 '추측'할—것이다. 몇몇 가설이 주장하듯, 결과적으로 태아는 열악할 것으로 예측되는 환경에 상대적으로 잘 적응할 수 있도록 생리와 대사 기능을 발달시킬 것이다. 이를테면 체격이 작을수록 에너지 필요량이 적을 테고, 영양이 열악한 환경에서는 에너지 저장이 중요하므로 태아는 체격을 작게 유지하는 대신 에너지 저장 능력을 더 키울 것이다.

하지만 태아의 예측이 틀릴 때도 있다. 성인기의 환경이 에너지가 풍부하다고 판명되면, 자궁 내에서 에너지 제한적인 미래를 대비해 형성된 모든 생리와 대사 기능들은 불필요할 뿐만 아니라 오히려 위험할 수도 있다. 그 위험은 성인기에 분명하게 나타나는데, 대부분 심장병이나 성인 당뇨병과 같은 질병이 발현되는 생식 연령기 이후에 나타난다. 이와 같은 생리 기능의 변화가 태아기의 환경과 성인기 초기 환경 사이의 부조화를 인식하기 시작하는 생식 연령기 초반에도 유해한지 여부에 대해서는 아직 밝혀지지 않았다.

환경의 부조화는 인간이 진화하는 동안 빈번했던 현상일까, 아니면 새롭게 등장한 현상일까? 아마 후자일 것이다. 현대인이 경험하는 태아기와 성인기 환경의 엄청난 차이는 인간의 진화 시대에는 있을 수 없는 일이었다. 그 시기에는 부실하게 태어나면 부실하게 살다 부실하게 죽었다. 특히 과거 어느 때도 성인기 에너지 환경이 오늘날처럼 풍부했던 적은 없었다. 따라서 환경의 부조화는 일관적이고 중요한 자연선택의 압력 요인이 아니었다. 달리 말하면, 환경의 부조화는 자연선택이 필수적인 적응으로 진화시켜서 해결할 문제가 아니었다는 의미다.

그럼에도 불구하고 태아 발육기 동안 임산부의 환경은 한 개인의 미래 건강을 결정하는 중대한 요인이다. 모체로부터 에너지와 영양을 제대로 공급받지 못한 태아는 작게 태어나는데, 태아의 작은 체격은 특히 신생아 무렵 질병 발병률과 사망률의 예측 변수로 작용한다. 작게 태어난 사람들은 나이가 들어서도 질병 발병률이 높다. 태아 발육기 동안 영양 결핍의 결과가 그토록 끔찍하다면 왜 어머니는 자녀의 발육에 더 많은 투자를 하지 않을까? 왜 인간은 어머니가 발육기의 자녀에게 더 많은 에너지를 전달케 하는 메커니즘을 진화시키지 않았을까?

실제로 그런 메커니즘들이 없지는 않다. 어머니는 에너지를 박탈당하는 임신과 수유기 동안 생리학적 희생을 감수한다. 하지만 그 비용이 터무니없이 클 때는 크고 건강한 아기를 출산하지 않을 것이다. 이는 또 다른 생활사 거래인데, 좀더 자세히 말하면 현재의 생식과 미래의 생식 사이의 거래다. 영양이 결핍된 산모에게서 태어난 아기의 체중이 적은 것도 어느 정도는 이 거래 탓이다.

생물학과 문화

다른 종도 모두 그렇지만, 인간이 진화하는 동안에도 환경적 조건들은 인간의 생활사에 영향을 끼쳤다. 다른 종들과 인간의 차이라면, 인간은 문화를 보유했고 여전히 생애 전반에 걸쳐 문화의 영향을 받는다는 점이다. 아주 오래전에 일어난 두 가지 주요한 문화적 혁신, 즉 석기 제작과 불의 사용은 인간 종의 식생활 범위를 조상들의 그것과는 비교가 안 될 만큼 극단적으로 확장시켰다. 오늘날 문화적 관습과 종교는 매우 풍부하고 다양해서 그것들이 인간 생활사에 끼치는 영향은 이 책에서 다 다룰 수 없을 만큼 복잡하다. 하지만 문화적 관습과 습관이 생물학적 거래들에 간섭할 수 있다는 점에서 문화의 역할은 결코 간과할 수 없다. 대표적인 예가 바로 의학적 치료법과 과학 기술이다. 예컨대 지금은 임신 기간에 모체로부터 영양 자원을 충분히 공급받지 못해 심각한 저체중으로 태어난 신생아들도 별 문제 없이 생존할 수 있으며, 영아용 조제분유가 수유에 따르는 어머니의 생리학적 비용을 대신해주고 있다.

전통적인 생활 방식을 고수하는 집단에서는 출산 후 일정 기간에 부모의 (하지만 대개는 여성의) 산후 성교를 금지하는 풍습이 있는데, 이러한 금기는 출산 간격을 길게 유지하는 데 중요한 역할을 할 수도 있다. 인간이 진화하는 기간에는 수렵채집인 산모의 모유 수유가 이와 같은 금기의 역할을 대신했다. 길고 잦은 양육과 산모의 상대적인 영양 결핍도 산후 불임 기간을 늘렸을 것이다.

인간이 농경사회의 생활 방식에 적응한 후, 몇 가지 이유로 임신을 방지하는 모유 수유의 효과가 감소하면서 산후 성교 금기는 어머니와 아기의 생물학적 건강을 보존하기 위한 중요한 문화적 전략이 되었다. 어쩌면 축적된 지식이 세대에서 세대로 전달되면서 형성된 순수한 문화적 현상인지도 모른다. 비록 이러한 전략들이 적응의 기능을 한 것은 맞지만, 생물학적으로 자연스럽게 선택된 적응과는 엄연히 다르다.

이 책을 시작하기에 앞서 반드시 짚고 넘어가야 할 점은, 생물학은 정해진 숙명이 아니라는 사실이다. 인간은 의식적으로 생물학 법칙을 거스르는 선택을 할 수 있다. 생활사 이론에 따르면, 어머니는 평생에 걸쳐 가장 효과적으로 생식활동을 해야 하므로 한 자녀에게 모든 것을 투자해서는 안 된다. 이 책에서 제시하는 많은 사례를 보면, 실제로 여성의 생리 기능은 그런 식으로 작동한다. 미래의 생식활동 기회를 늘리기 위해 여성의 몸은 현재 자궁 안에 있는 자녀의 건강을 희생시킨다. 그러나 생리 기능이 이러한 방식으로 진화되었음에도 불구하고 여성은 개인적으로 이러한 진화 전략을 거스르는 선택을 내릴 수 있다. 한 예로 폴란드 출신의 여성 안나는 임신 6개월에 접어들었을 때 피부암 진단을 받았다. 그때 이미 암은 양쪽 폐까지 전이되어 있었다.[2] 화학 요법을 당장 시작하면 태아에겐 위험하겠지만 암세포를 충분히 제압할 수 있다고 의사들은 설명했다. 하지만 오로지 뱃속의 태아를 위해서 안나는 치료를 거부했다. 건강한 사내아이 오스카를 낳은 후 암 치료를 시작했지만, 임신 기간에 암은 더 빠르게 진행되어 수술조차 불가능한 상황이 돼버렸다. 모든 치료 수단을 동원했으나, 오스카가 6개월이 되었을 때 안나는 결국 사망했다.

의식적인 선택이 생물학을 능가할 수 없을 때도 많다. 임신 기간에 음식을 많이 먹어도 태아의 출생체중에 끼치는 영향은 그리 크지 않을 수 있다. 태아의 출생체중은 여성이 임신 기간에 얼마나 의식적으로 칼로리를 더 섭취하느냐, 또는 크고 건강한 아기를 낳기를 얼마나 바라느냐로 결정되는 문제가 아니다. 하지만 여성 자신의 생리 기능은 임신 기간에 섭취한 여분의 칼로리와 무관하지 않다. 다음 임신에 필요한 시간을 단축시켜줄 수도 있기 때문이다.

이 책을 쓴 동기

이 책은 자기 계발을 위한 책이 아니다. 어떻게 하면 건강하게 오래 살 수 있는지 일러주지도 않을 것이다. 질병에 걸리지 않을 손쉬운 방법을 알려준다든가, 집단적인 규모로 질병의 위험을 낮출 수 있는 강력한 공중보건 프로그램을 제시하기 위해 쓴 글이 아니기 때문이다. 이 책에서는 주요한 개념들을 길고 장황하게 펼치기보다 몇 가지 특별한 사례에 초점을 맞춰보려 한다.

이 책은 건강에 관한 책이다. 그중에서도 생식생물학과 여성의 건강을 이야기하고자 하는데, 여기서 핵심은 진화론적 관점이다. 즉 여성이 직면하는 생리학적 도전과 건강상의 문제를 진화생물학적 관점, 특히 생활사 이론에 입각하여 살펴보고자 한다. 이 책은 생식과 관련된 인간의 생태학과 다윈설에 근거한 의학 그리고 진화론에 근거한 공중보건 분야 전반에서 정립된 개념과 이론, 발견들을 중심으로 전개될 것이다.

운동이 생식 호르몬 수치를 얼마나 낮추고 유방암을 얼마나 예방할 수 있는지, 또 프랑스에서 어린이 건강을 위해 개발한 건강 프로그램의 역사와 그러한 프로그램들이 동시대의 프랑스 국민 건강에 장기적으로 끼친 영향에 대해 간략하게나마 살펴볼 것이다.

역사적인 삶의 조건들이 건강에 끼치는 장기적인 영향에 대해서는 하나의 가설, 즉 오랜 노예의 역사가 아프리카계 미국인의 저체중아 출산에 부분적인 원인을 제공했다는 가설을 바탕으로 살펴볼 것이다. 문화적 관습과 생식생물학의 상호작용을 논의하면서는 두 가지 사례를 들고자 한다. 농경으로 인한 식생활 변화가 생식 호르몬을 암호화하고 있는 유전자에 끼치는 영향, 그리고 사하라 지역의 무어족 소녀들의 살찌우는 과정이 적응이라는 생물학적 의미를 갖는지에 대해 살펴보겠다. 여성과 생식을 논하려면 자녀를 낳는 데 따르는 비용을 살펴보지 않을 수 없다. 여기서 한발 더 나아가 생식력과 건강뿐 아니라 생식력과 수명 사이의 잠재적인 관계에 대해서도 살펴볼 것이다.

어떤 식사와 운동이 적절한지, 또 무엇을 근거로 적절하다고 판단할 것인지를 고민해봄으로써 적절한 식사와 신체활동을 통해 건강을 유지하는 것이 가능한지도 검증해볼 것이다. 출생체중이 적었던 사람은 성인이 되어서 심장혈관계 질병을 앓을 위험이 높은데, 이에 대한 예방책이 있다면 매우 중대한 의미를 지닐 것이다. 저체중으로 태어난 여성은 심장혈관계 질병의 발병 위험이 높은 반면, 과체중으로 태어난 여성은 유방암 발병률이 현저히 높다. 따라서 다양한 질병의 발병률을 낮추기 위한 운동의 종류와 강도는 출생체중이나 유아기 동안의 체중 증가량에 따라 달라질 수 있다.

누군가는 '예방 차원에서의 건강'이 하루 이틀 논의된 주제냐고 반박할 수도 있다. 이미 수십 년 전부터 건강을 증진시키기 위한 프로그램들이 운영되었지만 각종 생활 습관병들의 발병률이 제자리걸음이거나 오히려 높아지는 것은 그러한 프로그램들의 실효성이 별로 없다는 방증이라고 주장할 수도 있다. 하지만 그것은 구시대적인 예방이었다. 현대의 예방이라면 모름지기 인간의 진화 역사에 대한 지식에 바탕을 두어야 하며, 생활사 이론의 원리에 대한 이해가 전제되어야 할 것이다. 현대의 예방은 한 개인의 생애 전반, 즉 긴밀히 상호작용하는 생애 모든 단계를 면밀히 관찰해야 한다. 따라서 한 개인의 태아기나 유아기 환경 조건들을 알면 미래의 건강을 예측하는 데에도 도움이 될 것이다. 현대의 예방은 반드시 각 개인의 과거 경험들과 생식의 역사를 고려하여 맞춤형으로 제시되어야 한다.

분자유전학 기술은 현대인의 건강 문제를 해결할 수 있으리라는 원대한 희망을 낳았다. 그러나 나는 개인적으로 그 희망에 회의적이다. 현대인이 안고 있는 주요한 질병들의 발병률을 낮추는 열쇠는 유전자 치료법이 아니라 여전히 예방이기 때문이다. 유전자 실험실에만 의존한 채 뒷짐 지고 있어서는 안 된다. 개인의 건강에 대한 책임은 스스로에게 있다.

이 책에서 나는 진화론적 고찰 없이는 우리의 건강을 완벽하게 이해할 수도 없고 건강 프로그램들도 결국 역화를 일으킬 수밖에 없음을 입증해 볼 것이다. 테오도시우스 도브잔스키는 옳았다. "진화의 개념을 통하지 않고서는 생물학에서 그 무엇도 의미가 없다. 오로지 진화론적인 고찰만이 복잡하고 다면적인 건강의 참모습을 이해할 단초다."

여성의 생물학적 측면과 건강은 생식 호르몬으로 결정된다. 생식력은 물론이고 유방암이나 골다공증같이 현대 여성의 건강을 위협하는 여러 질병과 생리학적 건강까지도 생식 호르몬이 좌우하기 때문이다. 에스트로겐과 프로게스테론 같은 생식 호르몬의 수치는 유전자에 따라서도 다르지만 태아기와 유아기의 환경 조건에 따라서도 달라진다. 하지만 호르몬 수치가 평생 동안 일정한 것은 아니다. 연령이나 생활 습관에 따라 호르몬 수치도 변한다. 1장에서는 사람마다 생식 기능에서 나타나는 차이와 그 원인을 이해하기 위해 인간 생식생태학의 연구 결과와 이론들을 살펴볼 것이다.

일러두기

· 원서에서 이탤릭체로 강조한 것은 고딕체로 표시했다.
· 〔 〕 속 부연 설명은 옮긴이 주다.

1장

생식 호르몬이 그토록 중요하다면 왜 생식 호르몬은 하나가 아닐까?

소위 건강 전문가를 자처하는 이들이나 생식을 연구하는 사람들은 대체로 생식 연령기의 여성을 두 그룹으로 나눈다. 생식력이 있는 여성과 없는 여성. 오늘날 생식력 저하를 유발하는 해부학적, 유전학적, 생리학적, 대사학적인 수많은 장애를 의학이 규명해나가면서 생식력에 문제가 있는 여성 그룹은 다시 여러 범주로 세분화되었다. 반면 생식력이 있는 건강한 여성 그룹은 그다지 관심을 받지 못하고 있다. 그중에서도 월경주기가 일정한 여성들은 의학적 도움 없이도 자녀를 출산할 수 있기 때문에 생식 관련 연구를 해온 의료 전문가들의 관심 대상이 아니었다고 할 수 있다. 그래서 의료 분야에서는 생식력 있는 건강한 여성들에게도 생식생리학적 차이가 존재한다는 데 주목하지 않는다. 이 차이가 흥미롭고 중요한 데는 몇 가지 이유가 있다.

첫째로 이 차이는 생식력, 이를테면 출산 횟수 등에 영향을 끼친다. 건강한 여성들은 생식력을 인위적으로 조절하지 않는 한 출산율이 대개 높다는 말은 사실이 아니다. 자연 생식, 다시 말해 피임이나 가족계획과 같은 여타의 방법을 동원하지 않고 생식활동을 하는 집단의 여성들도 생식 연령기에 출산하는 자녀 수는 크게 다르다.[1] 이러한 차이는 근본적으로 생물학, 더 정확히는 난소 기능의 차이에서 비롯된다. 난소 기능의 차이를 결정하는 주요 변수는 여성의 환경적 조건들, 구체적으로 여성이 보유한 대사 에너지의 양과 생식에 분배할 수 있는 에너지의 양이다.

환경—인간의 환경은 곧 '생활 습관'이다—에 대한 반응으로 건강한 여성들에게서 나타나는 생식 기능의 차이는 생물학적으로 적합하게 반응하기 위한 생식생리학적 능력이라고 할 수 있다. 진화생물학 용어로는 적응 adaptive이라 한다. 피터 엘리슨[2]은 단기적으로 억제된 생식력, 즉 일시적인 임신 능력 저하는 미래의 출산을 고려하여 생식 능력을 장기적으로 유지하기 위한 모체의 적응이라고 강조했다. 난소 기능에서 나타나는 이러한 차이는 특히 진화생물학과 생활사 이론을 연구하는 이들에게 비상한 관심을 받고 있다. 단기적 억제가 생식 성공률에 영향을 끼칠 수도 있기 때문인데, 여기서 생식 성공률이란 다름 아닌 생물학적 적응도를 가늠하는 척도다.

여성마다 생식 기능에 차이가 있다는 점을 이해한다면 생물학 이외 분야의 이론들, 이를테면 인구통계학적 경향도 쉽게 이해할 수 있다. 특히 여성의 건강과 질병 예방은 생식 기능의 차이를 빼놓고 설명할 수 없다. 생식 기능의 차이로 인한 결과는 생식력에서 가장 두드러지게 나타나지만, 생식과 관련된 혈중 스테로이드계 호르몬 수치는 건강과 질병의 또 다른 측면들을 결정하는 중요한 요인이기도 하다. 난소 기능의 차이가 질병 예방과 실질적인 관련이 있다고 보는 것도 바로 이 때문이다. 광범위한 연구에도 불구하고 유방암을 포함한 (자궁암이나 난소암과 같은) 호르몬 관련 질병들의 발병률 차이는 본래 이 질병들의 원인으로 알려진 요인들만으로는 충분히 설명되지 않는다. 생식과 관련된 스테로이드계 호르몬은 위와 같은

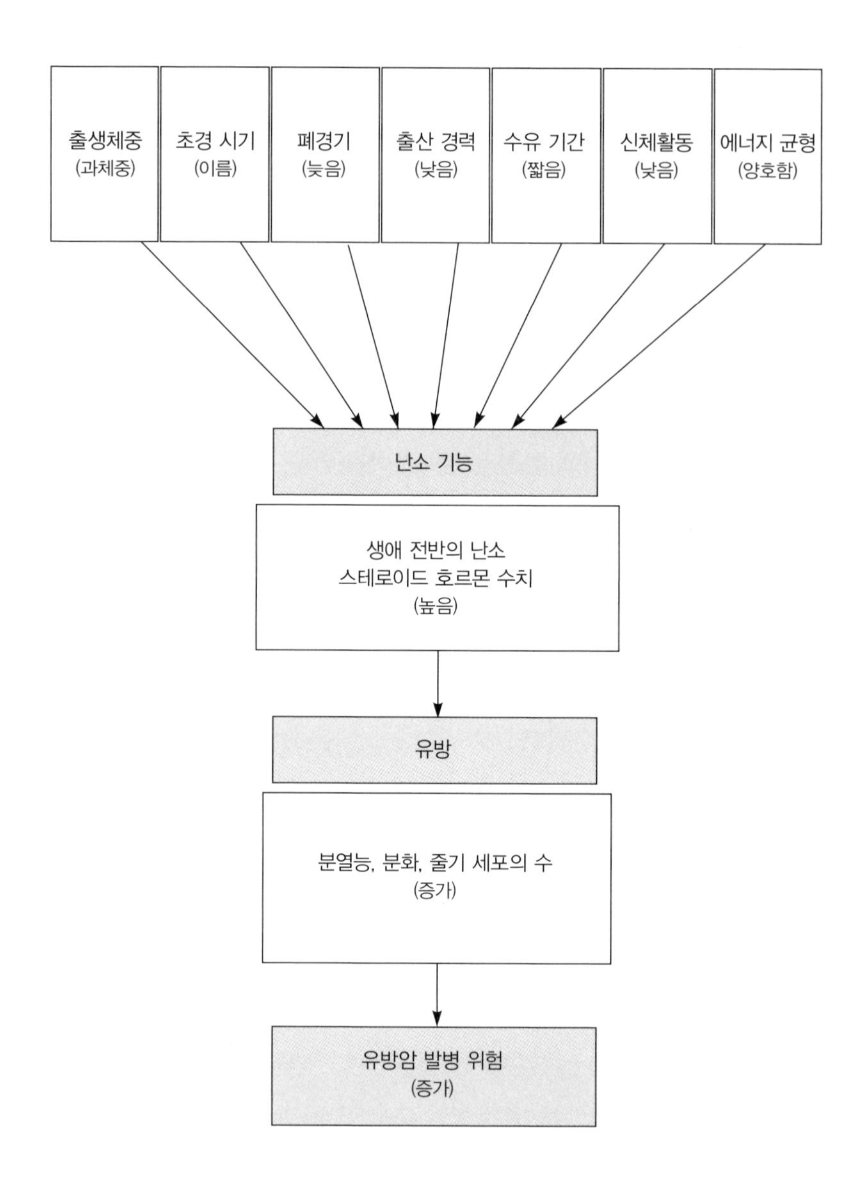

그림 1.1 유방암 발병률을 높이는 대부분의 요인이 생애 전반의 난소 스테로이드계 호르몬 수치를 높여놓는다.

암들의 발병과 진행에 중요한 역할을 하기 때문에 여성들이 이 호르몬에 노출되는 수준을 알면 위험을 예측하기도 쉽다.(그림 1.1)

다행히 호르몬 수치는 평생 동안 일정하지 않다. 의학적 간섭으로 조절될 수 있을 뿐만 아니라 여성 스스로도 조절할 수 있는데, 대개 생활 습관을 바꾸는 것만으로도 비교적 간단하게 이뤄진다. 따라서 이론적으로는 호르몬 유인성 암의 발병률도 조절 가능하다. 그러나 여기에 효율성을 더하려면 무엇보다 호르몬 수치를 결정하는 요인들을 밝혀내야 하며, 이들의 상호작용에 대한 이해가 우선되어야 한다.

체내에서 생산되는 내생 호르몬 수치는 피임약이나 호르몬 대체요법에서 사용되는 외생 호르몬에 대한 내성에 영향을 끼칠 수 있다. 합성 호르몬 피임약에 대한 모집단 간의 반응 차이는 이미 잘 규명되어 있었다.[3] 질리언 벤틀리는 고농도의 스테로이드계 피임약에 대한 내성은 여성의 내생 호르몬에 따라 좌우되기 때문에 표준 권장량이라 해도 비서구 집단 여성들에게는 지나치게 많은 양이라고 주장했다.(1994) 그 정도의 과용은 피임 효과에도 불필요할 뿐만 아니라 몸이 견뎌내지 못해 건강을 해칠 가능성도 있다는 것이다.

여성의 폐경기 증후군〔폐경기 전후에 생식 호르몬의 농도가 현저히 감소하면서 일어나는 증상으로 홍조와 열감, 수면 장애, 불안감, 과민성, 우울증 등〕의 증세는 국가마다 다른 양상으로 나타난다. 국가별 양상이 다른 까닭은 월경 주기에 따라 평생 동안 생산되는 호르몬 양의 차이로 설명할 수 있다. 생식 연령기에 고농도의 난소 스테로이드계 호르몬에 '빈번히 노출된' 여성은 그렇지 않은 여성에 비해 난소의 생산력이 감소할 때 (폐경기) 증세가 더욱 심각할 수 있다.

일본과 중국 본토의 여성들은 홍조와 열감 등의 폐경기 증후군 빈도가 캐나다와 미국 여성들보다 낮은 편이다.[4] 여성의 불평을 금기시하는 아시아의 문화적 관습이나 콩으로 만든 장류 중심의 식습관이 증상을 완화시켰을 수도 있지만, 평생 동안 노출되는 호르몬의 차이에 대해서도 분명히 연구해볼 가치가 있다. 다민족을 대상으로 미국에서 실시한 혈중 에스트라디올 수치 비교 연구에서도 중국과 일본의 피험자들은 유럽계와 라틴계, 아프리카계 미국인보다 낮았다.[5] 중국 시골에 거주하는 여성들은 영국 여성들보다 평균적으로 에스트라디올 수치가 낮았으며,[6] 상하이에 거주하는 중국 여성들의 에스트라디올 수치는 로스앤젤레스에 거주하는 백인 여성들보다 20퍼센트 낮았다.[7] 호르몬 수치의 차이는 동일 집단들에서 관찰된 일부 폐경기 증후군 증세의 차이와도 일치했다.

하지만 반드시 짚고 넘어가야 할 점은, 모집단에 따라 여성들의 폐경기 증후군에 큰 차이가 있긴 하나 산업화된 국가의 여성들의 폐경기 증후군 빈도가 더 높다고 단정할 수는 없다는 것이다.[8] 아시아의 모집단들 사이에도 폐경기 증후군에서 주목할 만한 차이가 나타난다. 중국, 홍콩, 인도네시아, 한국, 말레시아, 파키스탄, 필리핀, 싱가포르, 타이완, 베트남 9개국의 모집단들을 대상으로 폐경기와 관련된 증상을 비교 연구한 팬아시아 폐경기 연구Pan-Asia Menopause Study 결과, 홍조 및 열감을 경험한 여성은 인도네시아의 경우 단 5퍼센트에 그쳤으나 한국은 47퍼센트, 베트남은 100퍼센트였다.[9] 하지만 팬아시아 폐경기 연구는 일부 모집단의 규모가 매우 작아서 그 결과는 좀더 심도 있게 검증되어야만 한다.(상대적 빈도를 판단하기 위한 정확도는 모집단 규모에 따라 크게 달라질 수 있기 때문이다.) 게다가 폐경기 때 나타나는 집단 간 차이가 부분적으로나마 여성의 월경주기에 따른 생식 호르몬 수치의 차이에 기인한다는 가설을 증명하기 위해서는 더 많은 모집단의 신뢰할 만한 호르몬 데이터가 필요하다.

스테로이드계 호르몬, 특히 난소에서 생산되는 호르몬은 여성의 건강과 행복뿐만 아니라 생식의 여러 양상을 결정하는 중요한 요인이다. 월경주기에 높아진 난소 호르몬 수치는 임신의 성공 여부를 결정한다. 그만큼 여성의 생식적 성공에 중요한 인자다. 하지만 모든 여성이 월경주기에 난소 호르몬 수치가 비슷하거나 한결같이 높은 것도 아니다. 에스트라디올과 프로게스테론 수치는 모집단들 사이에서는 물론이고 같은 집단 내의 여성들이나 심지어 한 개인에게서도 상당한 차이를 보인다.[10] 예를 들어 미국의 도시에 거주하는 여성의 프로게스테론 수치는 콩고민주공화국 여성보다 평균적으로 65퍼센트나 높다.[11] 폴란드 내 작은 마을의 여성들 사이에서도 프로게스테론 수치는 상당한 차이를 보였고(그림 1.2) 한 여성의 월경주기에 따라서도 차이가 있었다.(그림 1.3) 폴란드 마을 집단에서 나타난 호르몬 수치의 차이는 농사와 관련된 계절별 노동량에 좌우되는 것으로 보인다. 에너지 소비량이 극도로 많은 달에는 그렇지 않은 달보다 프로게스테론 수치가 낮았다. 심지어 농경 집단들보다 계절에 따른 생활 습관의 차이가 적은 미국과 영국의 도시 여성들 사이에서도 프로게스테론 수치는 월경주기별로 현저한 차이를 보였다.[12]

생식 호르몬의 생산: 월경주기

여성의 생식 호르몬은 대부분 월경주기에 생산된다. 그 외에도 임신 기간

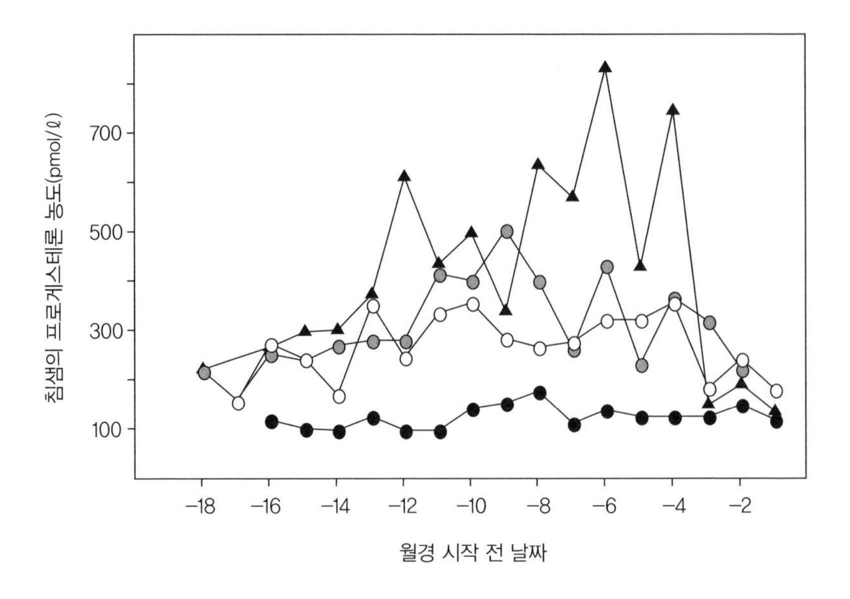

그림 1.2 동일 집단 내에서 비슷한 연령의 건강하고 월경주기가 규칙적인 여성 4명에게서 나타나는 프로게스테론 수치의 개인차

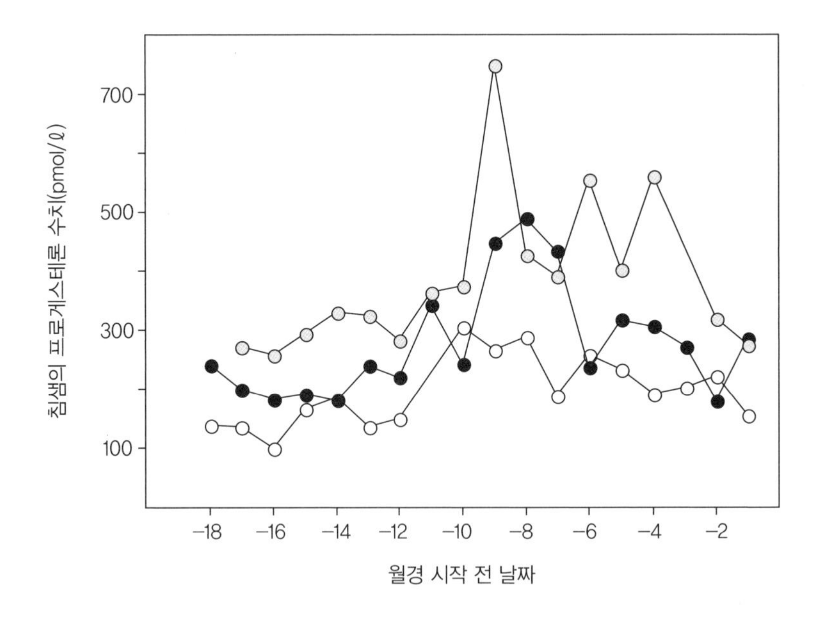

그림 1.3 한 여성의 연이은 세 차례 월경주기 동안 프로게스테론 수치의 변화

에 태반에서 생성되기도 하고 지방 조직의 다른 호르몬들이 생식 호르몬으로 전환되기도 한다. 하지만 대다수의 여성, 특히 서구 여성의 경우 월경주기에 평생 동안 생산하는 생식 호르몬의 대부분이 생산된다.

여기서 잠시 배란성 월경주기에 어떤 일이 일어나는지 살펴보자. 반드시 기억해야 할 점은 '실질적인' 주기는 다음에 제시할 예와 다를 수도 있다는 것이다. 즉 모든 주기가 다 배란성 주기인 것도 아니며, 주기의 기간과 양상도 크게 다를 수 있다.

월경주기는 평균적으로 28일 단위로 순환하며 두 단계로 나뉜다. 생리혈이 분비되는 첫날부터 배란일까지를 난포기卵胞期 또는 여포기濾胞期라고 하며, 배란일 이후부터 다음번 생리혈이 분비되기 전날까지를 황체기黃體期라고 한다.[13] 난포기의 주요 목표는 성숙한 난포를 생산하는 것이다. 이 성숙한 난포, 즉 난자가 배출되는 과정이 배란이다. 난포는 난모 세포와 두 종류의 지지 세포인 과립막 세포 및 난포막 세포로 이루어져 있다. 월경주기가 시작될 때마다 15~20개 정도의 원시 난포가 성장하고 발달하기 시작한다. 대개는 그중 가장 우세한 난포 하나가 모든 발달 단계를 무사히 거쳐 완전히 성숙한 난포가 된다. 원시 난포들은 난모 세포를 하나씩 갖고 있으며, 태아로 발달하는 동안 생식 세포가 분열하는 과정에서 생산된다. 인간 여성의 경우 대략 700만 개의 원시 난포를 갖고 태어난다. 태어난 후에 난포는 몸 안에서 새롭게 생성되지 않기 때문에 시간이 갈수록 난포의 양은 줄어든다.

월경주기는 몇몇 생리학적 파트너들의 조화로운 협력이 필요한 과정이다. 시상하부, 뇌하수체, 난소, 자궁내막 또는 자궁내벽이 그 파트너들이다. 시상하부는 뇌의 한 부분으로, 생식선 자극 호르몬-방출 호르몬

gonadotropin-releasing hormone, GnRH을 분비한다. 뇌하수체는 뇌의 기저에 위치한 내분비샘으로, 황체형성 호르몬luteinizing hormone, LH과 난포자극 호르몬follicle-stimulating hormone, FSH을 분비한다. 이 두 호르몬은 GnRH의 자극을 받아 분비된다. 난소도 자체적으로 에스트라디올과 프로게스테론 그리고 인히빈(FSH 분비를 억제하는 호르몬)을 분비한다. 자궁내막은 말 그대로 자궁의 안쪽 벽을 말하는데, 난소 호르몬의 자극을 받으면 수정된 난자가 착상될 수 있도록 발달하기 시작한다.

월경주기가 개시되는 시점에 FSH 농도가 증가하면 원시 생식 세포들로부터 발달한 원시 난포들의 성숙이 촉진된다. 각각의 난포는 스테로이드계 호르몬을 생산하기 시작한다. 난포 안에 있는 난포막 세포는 (LH의 자극을 받아) 안드로겐을 분비하는데, 이 안드로겐은 과립막 세포에 의해 에스트라디올로 전환된다. 앞서도 언급했듯, 우세한 난포는 다른 난포들보다 훨씬 빨리 성장하고 에스트라디올을 더 많이 생산한다. 에스트라디올은 FSH 생산을 억제하는 효과를 낸다. 여기에 우세한 난포가 분비하는 호르몬 인히빈이 가세하면 FSH 생산 속도는 점점 더 느려진다. FSH 농도가 줄어들기 시작하면, 이 호르몬의 지원을 받지 못하는 모든 열성 난포는 더 이상 발달하지 못하고 서서히 퇴화한다.

우세한 난포는 꾸준히 성장하면서 에스트라디올을 점점 더 많이 분비한다. 에스트라디올 수치가 고점에 이르면 이에 자극받은 뇌하수체는 엄청난 양의 LH를 생산하기 시작한다.(이를 LH서지surge 또는 LH 급증이라고 한다.) LH에 자극받은 난포는 생화학적 변화를 겪는데, 이 변화는 난포의 파열과 성숙한 난자의 방출을 유도한다. 마침내 난자는 수정이 이루어지는 팔로피오관fallopian tube 또는 나팔관을 경유하여 자궁을 향한 여정을 시작한다. 수정된 난자는 곧바로 분열을 시작하고 며칠이 지나면 자궁 안에 착상될 준비를 한다. 우세한 난포의 잔류물들은 황체를 형성하고 또 다른 스테로이드계 호르몬인 프로게스테론을 분비하기 시작한다. 프로게스테론은 에스트라디올의 자극으로 이미 두터워진 자궁내막을 착상 가능한 상태로 준비시킨다.

수정이 되지 않으면 황체는 약 2주 동안 호르몬 생산을 지속하다가 소멸한다. 프로게스테론의 지원을 받지 못한 자궁은 내벽을 허물어뜨리는데, 이것이 바로 생리혈의 원인이다. 이 시기에 에스트라디올과 프로게스테론 수치가 저하되면 시상하부와 뇌하수체를 자극해 각각의 호르몬 분비를 촉진한다. 이로써 다시 원시 난포들의 소집이 이루어지면서 새로운 주기를 준비한다.

호르몬 수치와 수정 가능성

월경주기에 생산되는 두 가지 주요한 스테로이드 호르몬 17-β에스트라디올과 프로게스테론은 배란과 수정 그리고 수정란의 착상에 이르는 전 과정에 참여한다. 이 과정의 성공적인 완수 여부는 위의 두 호르몬에 달려 있다. 흔히 말하는 임신 성립의 직접적인 책임이 이 두 호르몬에 있는 것이다. 에스트라디올 수치는 난포의 크기나 난모 세포의 품질을 결정할 뿐만 아니라 형태학적 특징들과 자궁내막의 두께에도 관여한다.[14] 에스트라디올 수치가 낮으면 정자가 통과하는 자성생식수관의 점액 투과성이 떨어져 결국 수정 능력을 저하시킬 수 있다.[15] 프로게스테론은 자궁내막 성숙의 중요한 성분으로, 이 수치가 높을수록 자궁내막은 수정란의 착상에 더 완벽하게 대비할 수 있다.[16] 월경주기의 처음 절반을 차지하는 난포기 동안에도 프로게스테론은 과립막 세포의 증식과 분열을 조절한다는 점에서 중요한 역할을 하는 것으로 보인다.[17]

황체기 동안 프로게스테론이 분비되지 않으면 착상이 불가능하다거나 배란이 안 되면 확실히 수정이 불가능하다는 사실은 충분히 이해할 수 있다. 하지만 호르몬 수치에 나타나는 극히 미묘한 차이도 중요할까? 월경이 배란성 주기이고 에스트라디올과 프로게스테론이 생산되는 과정이라면, 생성된 호르몬의 양도 실제로 중요할까? 의학계에서는 월경을 배란성과 비배란성 두 가지로만 분류하고 있으며, 배란성 월경주기 동안 관찰되는 호르몬 수치의 미세한 차이는 무의미하다고 여긴다. 하지만 이 미세한 차이가 중요한지 아닌지는 월경주기마다의 호르몬 수치의 차이가 임신 가능성의 차이와 대응하는지를 확인하기 전까지 속단할 수 없다. 그 대응 여부를 확인해야만 호르몬 수치의 차이가 기능적으로 어떤 의미를 갖는지 입증할 수 있을 것이다.

임신을 시도 중인 미국의 백인 여성 한 그룹을 조사한 결과, 월경주기 동안 난포성 에스트라디올 수치가 높을수록 임신에 성공할 가능성이 높았다.[18] 바꿔 말하면 월경주기 중 일정 기간에는 임신이 되지 못한다는 의미다. 타액 샘플로 측정했을 때, 한 여성의 비임신성 주기에 나타난 에스트라디올 수치는 동일한 여성이 임신이 된 주기 때보다 낮았다. 이 연구에 참여했던 여성들의 경우, 월경주기에 평균 에스트라디올 수치가 12퍼센트 증가했을 때부터 임신 가능성이 증가하여 37퍼센트 증가했을 때는 임신 가능성이 3배(약 35퍼센트)까지 높아졌다. 임신을 시도 중인 건강한 중국 여성들의 경우는 월경주기에 에스트라디올 수치가 훨씬 더 높았으며, 그에 비례하여 임신 확률도 더 높았다.[19] 프로게스테론 수치, 특히 중간 황체기에 형성되는 호르몬의 수치는 임신 성공률과 명백한 상관관계가 있다.[20]

동일 집단의 여성들이라면 난소 호르몬의 수치가 낮을수록 임신율도 낮다고 단정할 수 있다. 그러나 난소 호르몬의 평균 수치에 따른 임신율의 차이가 다른 모집단들에서도 똑같이 해석된다고 단언하기는 어렵다. 에스트라디올과 프로게스테론의 평균 수치가 더 낮을수록 그 집단의 전반적인 임신율도 낮다고 할 수 있을까? 가령 네팔 여성들의 임신율이 전반적으로 북아메리카의 여성들보다 낮을까? 의심해볼 만한 질문이다. 네팔 여성들의 중간 황체기 동안 프로게스테론의 평균 수치는 미국의 여성들보다 30퍼센트가량 더 낮다.[21]

몇몇 인류학자는 생활 습관을 결정하는 조건들에 따라 난소 기능이 처음부터 다르게 설정된다고 주장해왔다.[22] 만성적으로 에너지 결핍을 겪는 여성들은 난소 호르몬 수치가 더 낮을 수 있지만, 그 정도의 수치에서도 충분히 임신이 가능하리라고 여겼다. 한 예로 볼리비아의 시골에 사는 여성들은 미국 도시 여성들의 착상 주기 동안의 프로게스테론 수치보다 약 40퍼센트 낮았는데도 임신이 되었다.[23] 그러나 일부 생식생태학자들도 만성적으로 에너지가 결핍된 환경에서 사는 여성들은 양호한 에너지 환경에 놓인 여성들만큼 호르몬 수치가 높지 않을 것이라고 주장했다.[24] 월경주기에 호르몬 수치가 더 낮다는 것은 임신이 이루어지기가 더 어렵다는 의미다. 그래서 수정까지 걸리는 시간이 좀더 길어질 수는 있지만 수성 가능성이 전혀 없는 것은 아니다.

현실적으로, 모집단 간이나 여성 개개인의 난소 호르몬 수치에서 나타나는 근소한 차이까지 비교하기는 어렵다. 비슷한 연령대의 여성들이 동일한 기준에 따라 피험자로 선발되었는지, 실험 과정의 변수들이 호르몬 수치의 차이에 영향을 끼치지 않았는지도 확인해야 하기 때문이다. 게다가 혈액이나 혈청에서 측정한 호르몬의 농도는 타액이나 소변에서 채취한 값과 직접 비교가 안 된다.[25] 따라서 현재로서는 호르몬 수치에 대한 신뢰할 만한 비교값은 극소수의 집단을 대상으로 할 때만 얻을 수 있다.[26]

여성 개개인이나 모집단 간의 호르몬 수치는 왜 다를까?

인간의 생식생태학은 생식 기능에 나타나는 차이의 규모를 정량적으로 분석하고 그 원인을 규명하는 과학 분야다. 미국의 도시 여성들, 폴란드와 네팔의 농부들, 아프리카와 남아메리카의 수렵채집 부족들, 방글라데시에서 영국으로 건너온 이민자들을 대상으로 지난 20여 년간 진행된 연구들은 엄청난 양의 자료와 더불어 생식과 관련된 생리학적 차이를 밝히기 위한 이론적 토대를 마련해주었다.

특히 인간 생식생태학 분야에 하버드대학교의 피터 엘리슨의 연구가 끼친 공헌은 빼놓을 수 없다. 엘리슨이 제시한 수많은 가설과 연구 결과도 중요하지만, 두 가지 부분에서 엘리슨의 연구들은 가치가 있다. 우선 동물학과 진화생물학에 정통한 엘리슨은 인간의 생식을 색다른 시각으로 바라보았을 뿐만 아니라 관찰된 현상을 진화론적으로 해석할 수 있는 견고한 이론적 기반을 갖추었다. 한 예로, 그는 난소 기능 억제가 병리학적 현상이 아니라 환경적 스트레스에 대응하면서 진화된 적응이라고 주장했다.

다른 하나는 엘리슨의 연구팀이 개발한 실험 방법들 덕분에 새로운 기회의 문이 열렸다는 점이다. 특히 타액에서 스테로이드계 호르몬 농도를 측정하는 방법은 인간의 생식이라는 흥미로운 분야를 촉진시켰다. 타액 샘플은 바늘이나 관 따위를 삽입하지 않고도 채취할 수 있고, 번거롭게 냉동 저장할 필요도 없다. 이 기술 덕분에 비임상적 환경에서도 호르몬 측정이 가능해졌고 가장 오지의 모집단들의 호르몬 채취도 가능해졌다. 전 세계 모집단들을 대상으로 여성의 난소 기능과 남성의 고환 기능의 차이점들이 비로소 밝혀지기 시작한 것이다.

건강한 여성들에게서 생식 기능의 차이가 나타나는 원인에 대해서도 꽤 많은 사실이 밝혀졌다. 호르몬 수치는 다양한 변수의 영향을 받는다. 유전자, 태아기와 유아기의 발육 조건, 성인기의 생활 습관 등이 그것이다.(그림 1.4) 물론 여성 각자의 연령에 따라 생식 호르몬의 수치가 달라진다는 점도 입증되었다. 호르몬 수치는 초경 직후(초경은 곧 생식적으로 성숙했음을 뜻한다)와 폐경기 전후 몇 년 동안 가장 낮고, 25~35세까지가 가장 높다.[27] 그러나 분명히 밝히건대 동일한 연령대의 여성일지라도 난소 기능은 크게 다를 수 있다.

난소 기능은 생활 습관에 따라서도 달라질 뿐 아니라 생식 억제 요인, 특히 에너지 소비량 또는 (한 개체가 섭취한 에너지보다 소비한 에너지가 클 때 나타나는) 에너지 불균형과 같은 요인에 따라서도 매우 민감하게 달라진다. 난소 기능 억제는 임신 가능성을 떨어뜨리는 기능적 변화를 뜻하며, 이 변화는 대개 점진적으로 일어나는 것으로 보인다.[28] 가령 체중이 근소하게 줄면 월경주기의 에스트로겐 생산도 다소 감소할 수 있는 데다 임신 가능성 또한 낮아질 수 있다. 체중이 과도하게 줄면 배란이 안 될 수 있다. 나아가 체중이 급격하고 과도하게 줄면 월경주기 자체가 억제되는 결과(무월경)가 초래된다. 물론 무배란성 월경이나 무월경이라면 임신 가능성은 제로가 된다.

하지만 심지어 '배란성' 월경주기 중에도 호르몬 수치가 달라질 수 있음을 간과해서는 안 된다. 앞서 언급했지만, 이러한 차이는 기능적인 면에서 중요한 의미가 있다. 왜냐하면 배란성 월경주기이더라도, 난소에서 분비되는 스테로이드계 호르몬의 양이 적다면 임신에 성공할 가능성이 낮기 때문이다.[29] 물론 스테로이드계 호르몬 수치가 낮더라도 배란성 월경주기를 갖는다면 월경주기가 지속되는 동안에는 임신이 될 수 있지만, 그 가능성은 스테로이드계 호르몬 수치가 높은 여성에 비해 현저히 낮다. 가용할 에너지가 만성적으로 부족한 환경에서라면 차라리 호르몬 수치가 낮아서 임

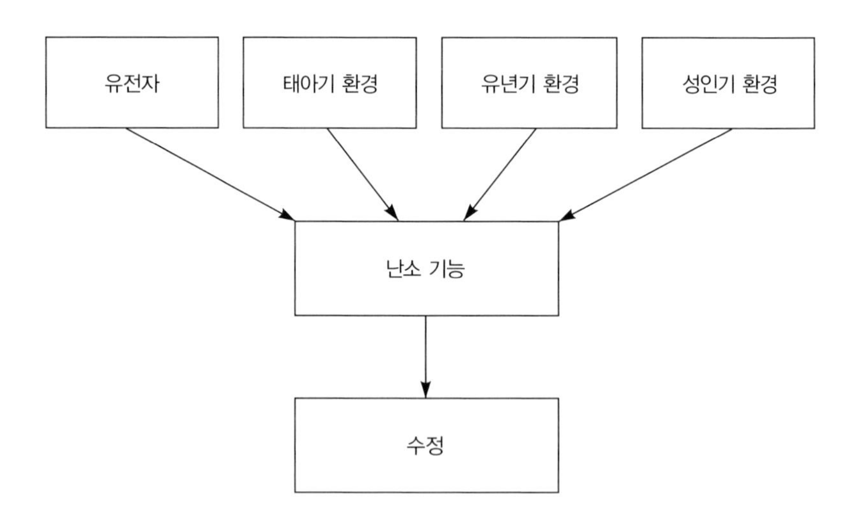

그림 1.4 난소 스테로이드계 호르몬 수치의 차이를 결정하는 요인들

신 가능성이 떨어지는 편이 여성에게 유익하다. 임신되기까지의 시간이 길어질수록 여성은 몸의 에너지 상태를 향상시킬 시간을 벌 수 있기 때문이다.[30]

유아기의 호르몬과 환경

성인 여성들 사이에서 나타나는 난소 기능의 차이는 사실 매우 일찍부터 시작된다. 생식 기능의 발달은 성장과 발육이 이루어지는 태아기와 유아기의 영양 상태에 영향을 받기 때문이다. 아주 어린 시기에 경험하는 환경이 성인기의 난소 기능을 결정할 수 있다는 의미다. 난소 기능에 영향을 끼치는 태아기 발육 환경의 중요성은 3장에서, 그 밖의 태아기 경험의 장기적인 결과는 4장과 5장에서 살펴보기로 하자.

유아기의 영양 환경이 생식 기능에 중요한 영향을 끼치는 까닭은 그 시기의 영양 상태가 성성숙 연령을 결정하기 때문이다.[31] 영양 결핍을 경험한 소녀들은 영양이 양호한 소녀들보다 성성숙이 늦다. 또한 적어도 초경 후 몇 년 동안은 더 늦게 성숙한 소녀들이 일찍 성숙한 소녀들보다 월경주기의 호르몬 수치도 낮은 편이다.[32]

최근에 밝혀진 증거는 유아기의 환경이 성인기의 난소 기능에 영향을 끼친다는 사실을 더욱 명백하게 보여준다. 알레한드라 누녜스 델 라 모라, 질리인 벤틀리와 이들의 동료들은 유아기에 서로 다른 영양 환경을 경험한 여성들의 난소 호르몬 수치를 분석했다. 방글라데시에 거주하는 생식 연령기의 여성들과 다양한 시기에 영국으로 이주한 방글라데시 여성들을 비교 분석한 결과, 그룹들 사이에서 주목할 만한 차이가 나타났다. 방글라데시에서 유년기를 보낸 여성들은 방글라데시에서 태어나 어릴 때 영국으로 이주한 여성들이나 영국에서 태어난 여성들보다 프로게스테론 수치가 더 낮았다. 이주 여성들 중에서도 유아기(8세 이하)에 이주한 이들은 더 나이 들어 이주한 여성들보다 프로게스테론 농도가 현저히 높았다. 이들은 초경도 훨씬 일찍 시작했고, 성인이 되었을 때의 키도 더 컸다.

초경이 시작되기 전에 이주한 여성들의 경우, 이주했을 당시의 연령으로 초경 시기뿐만 아니라 황체기 프로게스테론의 평균 수치까지 예측할 수 있었다. 일찍 이주한 여성은 초경이 빨랐고 성인기의 호르몬 수치도 높았다. 난소 기능에 이러한 차이가 발생한 까닭은 무엇일까? 방글라데시에서 성장한 소녀들은 비교적 유복한 가정 출신이고 대개 영양적 스트레스 없이 자랐지만, 영국에서 성장한 소녀들과 비교하면 여전히 열악한 에너지 환경이었다. 이 연구를 이끈 저자들은 방글라데시에서 성장한 소녀들의 경우, 영국과 달리 전염병 발병률이나 기생충 감염률이 높은 방글라데시의 환경에 대한 대응으로 면역 기능 유지에 더 많은 에너지를 쏟기 때문이라고 설명했다. 면역 기능에 상당량의 에너지를 할당해야 하는 환경은 발육 중인 개인에게 '현재의 열악한 환경 조건들이 미래에도 지속된다면 생식을 지원하는 데 쓰일 에너지를 줄여야 한다'는 신호로 작용했을 것이다.

하지만 위의 연구 결과만으로 열악한 에너지 환경에서 성장한 여성의 성인기 프로게스테론 수치가 영구적으로 낮을 것이라거나, 또는 성인기에 이르러서도 열악한 에너지 환경에 대한 난소 기능의 민감성이 더 높을 것이라고 속단할 수는 없다. 태아기 동안 경험한 열악한 에너지 환경의 결과로 난소 기능의 민감성이 증가하는 현상에 대해서는 (3장에서) 차차 논의하기로 하겠다. 유아기 동안의 에너지 결핍이 난소 기능의 민감성을 연쇄적으로 변화시키는지, 또는 난소 호르몬의 수치를 영구적으로 떨어뜨리는지에 대한 연구들이 진행된다면 매우 흥미로울 것이다. 임의의 여성이 경험한 유아기의 환경뿐만 아니라 태아기의 환경에 대한 정보를 알 수 있다면, 이 두 환경의 상호작용 효과를 이해할 수 있을 것이다.

성인기의 에너지 대사: 에너지 섭취와 신체활동

에너지는 난소의 기능을 이해하기 위한 열쇠다.[33] 성인기에 에너지 결핍을 겪는 여성은 대부분 스테로이드계 호르몬의 수치가 낮다. 에너지 결핍은 주로 두 가지 상황의 결과인데, 에너지 소비량이 지나치게 많거나 에너지 섭취량이 지나치게 적은 경우, 또는 둘 다의 결과다. 에너지 소비가 섭취보다 많을 때 개인은 체중이 감소한다. 이러한 상태를 '음의 에너지 균형 negative energy balance'이라고 한다.

격렬한 운동, 흔히 직업적으로 운동을 하는 사람은 음의 에너지 균형의 결과로 월경 불순 빈도가 늘어나고, 심하면 월경주기 자체가 사라질 수도 있다.[34] 몇몇 연구자는 전문 운동선수들에게만 나타나는 독특한 현상이라고 주장했지만, 이전에 체력 훈련을 받은 적 없이 실험에 참여하여 유산소 운동을 한 여성들에게서도 난소 기능이 운동선수와 비슷한 수준으로 억제된 사실이 확인되었다.[35]

무엇보다 흥미로운 점은 단순히 오락 삼아 운동을 한 여성들에게서도 난소 기능의 변화가 나타난다는 것이다. 물론 이 정도 변화만으로 월경 패턴이나 주기가 바뀌지는 않지만, 직업적인 수준처럼 급격한 운동이 아니어도 전반적으로 스테로이드계 호르몬의 감소를 포함하여 난소 기능에도 약간의 변화가 일어난다.[36] 격렬하지 않은 약간의 운동으로도 난소 기능은 다소 억제될 수 있다. 가령 기분 전환 삼아서 일주일에 약 20킬로미터 내외의 조깅을 하는 여성도 프로게스테론 분비가 억제되었다.[37]

1944년 겨울에서 1945년까지 독일이 점령했던 네덜란드에 기근이 겹치면서 칼로리 결핍이 심각해지자 여성의 출산율이 감소했다.[38] 이는 출생기록만을 근거로 분석한 결과이며, 당시 여성들의 난소 호르몬 수치를 측정하진 못했지만 추측건대 호르몬 수치도 높지 않았을 것이다. 그보다 최근에 실시된 연구에서, 실험을 시작할 때보다 체중이 약 15퍼센트 감소한 여성은 (난소 스테로이드계 호르몬의 분비를 자극하는 호르몬인) 뇌하수체의 고나도트로핀 분비에 이상이 생겼으며, 그 결과 월경주기가 아예 사라지는 무월경이 나타났다.[39] 젊은 여성의 경우 칼로리 제한 식이는 종종 월경 불순을 초래하고 난소 스테로이드계 호르몬 수치도 떨어뜨린다. 사춘기 소녀나 젊은 여성에게서 가장 빈번하게 나타나는 신경성 무식욕증이나 신경성 과식증과 같은 식이 장애는 대개 월경과 호르몬 문제로 연결된다.[41]

체중 감량에 따른 난소 기능 억제는 마른 여성에게만 나타나는 현상이 아니다. 물론 체중이 심각하게 감소할 때만 난소 기능이 억제되는 것도 아니다. 표준 체중인 여성들도 칼로리 제한 식이요법으로 체중이 약간 줄었을 때 타액의 프로게스테론 농도가 감소했다.[42] 이 여성들은 특히 체중이 감소한 직후 월경주기에 난소 스테로이드계 호르몬 수치가 크게 감소되었다. 음의 에너지 균형에 대한 반응으로 일어난 난소 기능의 억제는 운동으로 체중 감량을 했을 때,[43] 나이 든 사람보다는 젊은 여성의 경우 더욱 강

력했다.[44]

체중 감량을 목적으로 하는 운동과 식이요법은 현대 도시생활의 요구에 부응하기 위해 최근에 등장한 현상으로, 개별적인 유기체에게는 '비자연적' 현상일 수 있다. 만약 그렇다면 이때의 난소 기능 억제는 '비자연적'인 자극에 대한 '비자연적'인 반응인 셈이다. 이와 유사한 생리학적 반응들이 좀더 '자연적'인 유형의 자극과도 관련이 있는지에 대해서는 전통적이고 비도시적인 생활 습관을 갖고 있는 여성들에 관한 연구로 확인해봐야 할 것이다. 피터 엘리슨, 질리언 벤틀리, 캐서린 팬터-브릭, 버지니아 비츠툼, 그라지나 야센스카 등이 실시한 연구는 에너지 변수들에 따른 난소 기능의 차이가 자발적으로 운동과 식이요법을 실천하는 도시 여성들의 사례에 국한되지 않음을 입증했다. 전통적인 생활 습관을 갖고 있는 여성들에게서도 노동량 증가와 계절별 식량 부족에 따라 난소 기능 억제가 나타난다. 폴란드 시골 농가의 여성들의 타액 프로게스테론 농도는 노동의 수준이나 기간에 따라 매우 다양한 양상을 보이는데, 고되고 오랜 노동은 프로게스테론 분비량을 감소시킨다.[45] 자이르와 네팔의 여성들도 계절에 따라 노동량이 많아지고 에너지 균형이 깨질 때마다 난소 스테로이드계 호르몬 수치가 떨어졌다.[46] 특히 자이르의 경우 호르몬 수치가 가장 높은 시기 이후 9개월 동안 출생률이 가장 높은 점으로 미루어보건대, 계절에 따른 난소 기능의 차이가 임신율의 계절성을 나타낸 주요 원인인 듯하다.[47]

운동이나 일시적 노동에 따르는 에너지 소비도 난소 기능이 영향을 끼칠 수 있지만, 중요한 점은 이때의 난소 기능이 에너시 균형 신호와 관계없다는 사실이다. 한 실험에서 전문적으로 운동 훈련을 받은 적이 없는 여성들을 대상으로 8주 동안 격렬한 운동을 실시했다.[48] 이 기간에 한 그룹은 체중이 감소한 (이를테면 음의 에너지 균형 상태가 된) 반면, 무작위로 선발한 다른 그룹에게는 칼로리를 보충한 식단을 제공하여 실험 전의 체중을 유지할 수 있도록 했다. 물론 난소 기능 억제는 체중이 감소한 그룹에서 훨씬 더 두드러졌으나 체중 손실이 없는 그룹의 여성들에게서도 난소 기능 억제의 징후가 보였다.

일주일에 평균적으로 약 20킬로미터를 달린 여성들은 비교적 안정적인 체중을 유지했음에도 불구하고 난소 기능이 억제되었다.[49] 이 여성들은 달리지 않은 여성들과 월경주기는 비슷했지만, 황체기가 더 짧았을 뿐만 아니라 황체기 프로게스테론 수치도 더 낮았다. 1일 에너지 총 소비량을 평균적으로 측정한 결과 폴란드 여성의 습관적인 신체활동량은 에스트라디올 수치로 나타났다.[50] 활동량이 적은 그룹이 활동량이 많은 그룹보다 에스트라디올 농도가 약 30퍼센트 더 높았다.

운동과 마찬가지로, 음의 에너지 균형을 유발하지 않더라도 직업적인 노동 역시 난소 기능을 억제할 수 있다.[51] 격렬한 신체활동이 영양 상태가 좋은 여성들의 난소 기능에 끼치는 영향을 밝히기 위한 연구 환경은 현실적으로 찾아보기 어렵다. 전 세계 대부분의 모집단에서 강도 높은 노동은 대개 영양학적 열악함이나 상습적인 식량 결핍과 동시에 일어나기 때문이다. 하지만 폴란드 일부 지역에는 영양학적으로 양호하면서도 여전히 강도 높은 노동을 하는 여성들이 있다.

폴란드 남부에 설립된 '모지엘리카 인간생태학 연구단지The Mogielica Human Ecology Study Site'는 소규모의 전통적인 노동집약적 농경사회의 생활 습관이 인간의 생리 기능과 건강에 끼치는 영향을 연구하는 곳이다. 산악지대의 계곡에 총 다섯 개의 작은 마을로 이루어진 이 연구 단지에서는 지형적으로 농지들이 여기저기 흩어져 있기 때문에 농사일은 거의 사람의 손과 말의 동력에 의지하고 있다. 이 단지의 독특한 환경은 두 가지로 요약할 수 있다. 하나는 사람들의 에너지 소비량이 크다는 점이며, 다른 하나는 소비되는 에너지를 상쇄할 정도로 에너지 섭취량 역시 높다는 점이다. 단지 내 사람들은 전통적인 농경 방식 때문에 엄청난 에너지를 소비하지만, 그와 동시에 비교적 양호한 영양 상태를 유지할 수 있다. 소규모의 전통적인 식량 생산 사회에서는 대개 식량 결핍 현상이 따르지만 이 연구 단지의 마을들에서는 더 이상 그런 문제가 없다. 지역의 농산물이 식생활의 근간을 이루되 시장이나 상점에서 구입한 식품이 보충되기 때문이다. 곡식이나 채소, 과일, 우유, 육류 등을 팔아서 재원을 마련하는 사람도 많고, 임금을 받거나 상품을 팔아서 돈을 버는 사람도 있다.

농가의 노동은 계절성이 매우 뚜렷하다. 대부분의 여성은 채소 농사를 시작하는 5월까지 야외 노동을 하지 않는다. 그러다가 5월 중순부터는 매일 목초지에 소들을 방목했다가 우리로 몰고 오는 일이 반복된다. 농가마다 거의 소를 키우고 있기 때문이다. 목초지는 대부분 우사에서 멀리 떨어져 있는데, 그 거리가 수 킬로미터에 이르기도 한다. 또한 하루에 두세 번 정도 젖짜기를 해야 한다. 이 일은 전통적으로 여성의 일이다.(남자들은 사실 착유하는 방법도 모른다.) 여성들이 농장을 떠나 여행할 때면 이웃 여성에게 젖짜기를 부탁하곤 한다.

노동의 강도는 건초를 만들기 위해 풀을 베기 시작하는 6월 말부터 증가하기 시작하는데, 풀베기는 주로 남성의 몫이며 낫을 이용한다. 벤 풀은 들판에 며칠간 묵히면서 매일 뒤집어주고, 이후에는 더미로 쌓아두어야 한다. 이 일은 남녀를 막론하고 능숙하게 해낸다. 1~2주 동안 야외에서 말려 건초가 되면 농장으로 가져와 저장해두고 겨우내 소와 말의 먹이로 쓴다. 7월 하순경부터 추수가 시작되지만 이때까지도 건초 만들기가 계속된다. 일반적으로 거의 모든 농가가 밀이나 호밀, 보리, 귀리를 포함하여 몇 종의 곡물을 재배한다. 곡물 추수는 대부분 낫을 이용하고, 벤 즉시 낟가리로 쌓아 말린다. 텃밭에서는 블랙커런트와 레드커런트, 구스베리, 라즈베리를 따고, 숲에서는 야생 버섯과 블루베리를 채취하는데 그 양이 상당하다. 각종 열매를 따서 광주리에 담아 집으로 가져오고, 이를 저장식품으로 만들어 겨우내 먹을 양식으로 저장하는 일은 주로 여성의 몫이다. 8월에도 추수는 계속된다. 추수한 곡물을 운반하고 탈곡기를 이용해 타작을 한다. 탈곡이 끝나면 낟알은 낟알대로 짚은 짚대로 따로 모아서 저장해야 하므로 추수 이후에도 노동이 이어진다.

8월부터는 그해의 두 번째 건초 만들기 작업에 착수한다. 말을 이용해 추수가 끝난 들판을 갈아엎고 파종을 준비한다. 9월에는 감자를 수확하고, '겨울 작물'로 (이듬해 7월과 8월에 수확하는) 밀과 귀리를 심는다. 10월과 11월이 되면 남성들은 한 해 동안 난방과 요리에 쓸 나무를 베어 나른다. 겨울 몇 달 동안 여성들은 털실을 자아 스웨터를 뜨거나 옷과 침구류를 꿰맨다. 대개 나이 든 여성의 몫이었던 이런 전통도 이제는 점차 사라져 가고 있다.

들판에서 이루어지는 농사는 계절에 따라 달라지지만 여성들은 1년 내내 자녀 양육과 가축 돌보는 일을 손에서 놓을 수 없다. 청소와 요리, 세탁도 거의 여성들이 맡는다. 빵을 굽거나 파스타와 치즈를 만드는 일도 여전히 여성의 몫이다. 수확기에는 다른 시기에 비해 요리에 할애하는 시간이 적은 편이지만, 그래도 이러한 활동들에 들이는 시간은 1년 내내 별로 변동이 없다.[52] 여성에게서 관찰되는 1일 에너지 소비량의 실질적인 차이는 주로 야외 노동을 해야 하는 계절적 특성에 좌우되며, 노동의 성별 분업은 매우 뚜렷하다. 여성들은 말이나 낫을 이용한 (이를테면 논밭을 가는 일이나 파종, 비료 주기와 같은) 노동에는 거의 가담하지 않는다. 남성들은 전반적으로 가사나 가축 돌보기 등에는 일손을 보태지 않으며, 육아에 동참하는 경우도 극히 일부에 지나지 않는다. 아이들은 비교적 일찍부터 잡다한 노동에 참여하는데, 부모를 도와 수확을 하거나 건초 만들기, 가축 돌보기, 청소, 장보기 또는 어린 형제자매 돌보기를 한다.

농사는 전통적인 방식을 따르지만 그 외 생활의 많은 측면은 상당히 현대적이다. 모든 가정에 텔레비전, 냉장고, 세탁기 등이 갖추어져 있다. 나는 신체활동과 난소 기능의 상관관계에 대한 박사 논문을 쓰기 위해 현장 연구를 할 때, 그 프로젝트에 참여한 어느 여성의 집을 방문한 적이 있다. 식생활과 신체활동에 관한 인터뷰도 하고 신체를 측정하기 위해서였다. 1990년대였는데, 논문도 논문이지만 인터뷰를 하러 갈 때 반드시 피해야 할 시간대가 있음을 깨달았다. 당시에는 그 마을의 거의 모든 여성이 브라질 연속극에 빠져 있었다. 폴란드 텔레비전에서 최초로 방영된 연속극이었으니 그럴 만도 했다. 처음에 멋도 모르고 특정 시간대에 방문했던 나는 안내받은 자리에 앉아 연속극이 끝날 때까지 할머니부터 손녀딸까지 집안의 모든 여자와 함께 텔레비전을 봐야 했다. 연속극이 끝난 후에야 프로젝트 참가자들의 관심이 내게 돌아왔다. 그 시기에 태어난 폴란드 모집단의 소녀들이 남아메리카 식성을 갖게 된 것도 별로 놀라운 일은 아니냐.

모지엘리카 인간생태학 연구단지의 여성들은 6개월 동안 매일 타액 샘플 채취와 신체 측정을 통해 자신의 영양 상태를 체크했으며, 24시간 동안 섭취한 에너지량과 소비량을 설문지에 기록했다. 지속적인 타액 샘플 채취는 계절에 따른 생활 습관의 변화가 난소 기능에 영향을 끼칠 수 있다는 가설을 검증하기 위해 반드시 필요한 과정이었다. 타액 샘플을 채취하는 데에는 뜻밖의 도움이 있었다.(자기 엄마가 '침 뱉기'를 하는 걸 재미있게 여긴 아이들이 샘플 채취를 빼먹지 않도록 도와주었기 때문이다.) 여성들의 타액 프로게스테론 수치는 노동의 강도가 높아지는 수확기 몇 개월 동안 25퍼센트나 감소했다. 이 시기에는 총 에너지 소비량과 프로게스테론 수치가 선형 관계를 이루고 있었다. 즉 에너지 소비가 가장 높은 여성은 난소 기능 억제도 가장 심각하게 나타난 것이다.

연구 프로젝트에 참여한 여성들은 체질량지수BMI〔체중을 신장의 제곱으로 나눈 값〕가 24.4kg/m^2, 체지방률 27.5퍼센트로 영양 상태가 양호했을 뿐만 아니라 과중한 노동에도 불구하고 음의 에너지 균형 상태로 떨어지지 않았다. 통계상으로 봤을 때는 체중이나 체지방, 에너지 평형 중 어느 것도 프로게스테론 수치와 상관관계가 없었다. 오로지 에너지 소비가 중요한 요인으로 작용했다. 이는 신체활동이 난소 기능의 억제를 유발할 수 있음을 명백히 보여주는 결과였다. 심지어 영양 상태가 양호하고 체지방도 충분하며 음의 에너지 균형 상태를 경험하지 않은 여성일지라도 신체활동은 난소 기능을 억제할 수 있다.

위의 결과들은 난소 기능에 대한 에너지 요인들의 중요성을 명백히 보여준다. 난소 기능 억제는 에너지의 절대적 총량보다는 가용할 수 있는 대사 에너지량의 변화에 기인할 가능성이 크다. 가용할 수 있는 대사 에너지량은 에너지 소비량이 증가하거나 섭취량이 감소함에 따라 달라진다. 여성의 몸은 이러한 변화를 에너지 가용성이 떨어졌거나 또는 생식 이외의 생리 기능들의 에너지 요구가 높아졌다는 신호로 인식한다.

체지방은 생식력을 향상시킬까, 약화시킬까?

생식에는 반드시 에너지가 필요하다. 인간의 몸은 지방의 형태로 충분한 양의 에너지를 저장할 수 있다. 이 두 가지 사실만 보면 결론은 명백해 보인다. 즉 지방 저장량이 많은 여성이 생식을 더 잘할 수 있을 것이다. 그러나 애석하게도 헨리 루이스 멩켄의 충고를 귀담아들어야 한다. "인간이 갖고 있는 모든 문제에는 늘 쉬운 답이 있다. 깔끔하고 그럴듯한 틀린 답이다."

체지방률이 낮은 여성, 특히 신경성 식욕 부진의 결과로 체지방이 감소한 여성들은 종종 월경 불순이나 호르몬 장애를 겪으며 임신율도 낮은 것이 사실이다. 이 경우에는 '체지방-생식력' 가설이 설득력 있는 것처럼 보인다. 그러나 체지방률이 매우 높은 여성에게서도 유사한 월경 불순과 호르몬 장애가 나타난다. 비록 몇몇 연구는 BMI 지수 또는 체지방률과 여성의 에스트라디올 수치 사이에 정적 상관관계 혹은 역U자 관계가 있다고 설명하지만, BMI 지수도 체지방률도 에너지 균형을 조절하지 못한다. 오히려 반대로 BMI 지수나 체지방률이 에너지 균형의 변화에 영향을 받을 확률이 더 크다.

노시화된 사회에서 많은 여성은 저칼로리 식이요법이나 활동적인 운동 또는 그 두 가지를 병행하여 BMI 지수나 체지방률을 낮게 유지할 수 있다. 따라서 평균적으로 이러한 여성들은 음의 에너지 균형 상태에 있거나 에너지 소비가 매우 높은 상태일 가능성이 크다. 이 두 가지 상태는 난소 기능을 억제하는 대표적인 인자로, 실제로 체지방이 적은 여성들의 스테로이드계 호르몬 수치를 떨어뜨리는 원인이다. 반면 지방 저장량 자체는 난소 기능과 거의 관련이 없을 수도 있다. 체지방률이 낮은 여성들에게 나타나는 난소 기능 저하가 실제로 음의 에너지 균형이나 운동이 아니라 체지방률과 관련이 있음을 입증하려면 앞서 거론된 모든 인자를 신중하게 조절한 연구가 실시되어야 하며, 지금까지 이 추론을 뒷받침할 만한 설득력 있는 증거는 없다.

사실 과도한 체지방은 오히려 생식력을 떨어뜨리는 것처럼 보인다. 비만이나 과체중인 여성들은 임신 가능성도 낮을 뿐만 아니라 임신 중에도 정상 체중의 여성들보다 합병증을 더 많이 겪는다.[53] 체중과 생식력의 관계에 대한 자료들은 대부분 임신이 잘 안 되는 불임 클리닉 환자들을 대상으로 한 연구에서 나온 것이다. 한 예로, 미국과 캐나다의 불임 환자들을 대상으로 실시한 연구 결과 BMI 지수가 27 이상인 과체중이나 비만인 여성들의 임신 확률은 BMI 지수 20~25의 여성들보다 세 배가량 낮았다.[54]

비만은 임신율을 떨어뜨린다. 생식 문제로 의학적 도움을 받지 않는 여성들에게서도 이러한 사실이 확인된다. 영국에서도 적정 체중의 여성과 비만 여성들을 비교한 결과 비만 여성에게는 월경과 관련된 문제가 더 많았고 임신 가능성도 더 낮다고 보고되었다.[55] 임신이 되더라도 고혈압 같은 합병증을 앓는 여성이 많았다. 미국에서도 BMI 지수 22.0~23.9 여성 중에는 1.1명이 불임이었으나, BMI 지수 32 이상인 여성 중에는 2.7명으로 더 많았다.[56] 실제로 BMI 지수 23.9 이상인 모든 범주의 여성들에게서는 불임 위험이 높았다.

대사활동이 활발한 체지방 조직은 부신에서 생성된 안드로겐을 에스트로겐으로 전환시킨다. 비만 여성의 경우 체지방에서 전환된 에스트로겐 수치가 높으면 난소의 에스트라디올 생성이 저하되기 때문에, 결과적으로 혈중 에스트라디올 수치가 낮은 편이다.[57] 비만 여성은 테스토스테론 수치도 높은 편인데, 이 호르몬이 난포와 난모 세포, 자궁내막에 유해한 영향을 끼칠 가능성도 배제할 수 없다.[58]

비만인 여성은 체중을 약간만 줄여도 월경주기가 일정해지고 배란율과 호르몬 수치가 높아졌으며, 그에 따라 임신 가능성도 높아졌다. 체중의 10퍼센트 미만만 줄여도 이러한 효과가 나타나는 것처럼 보인다.[59] 따라서 임신이 안 되는 비만 여성에게는 체중 감량을 권장할 만하며, 일부 전문가들은 불임 치료법을 실시하기에 앞서 체중 감량 프로그램을 권해야 한다고 주장하기도 한다.[60]

S라인 몸매와 호르몬 수치

정상 체중인 여성이라면 지방 형태로 저장된 에너지의 양이 생식력에 그다지 중요한 영향을 끼치지 않을 수도 있다. 하지만 신체활동에 따른 음의 에너지 균형 또는 에너지 소비량 증가는 생식 호르몬 수치를 떨어뜨리는 명백한 원인이다. 체지방률이 지나치게 낮거나 높은 여성들을 제외하면, 약간의 체지방률 차이는 생식 호르몬 수치에 별로 영향을 끼치지 않는다. 문제는 지방의 분산 패턴이다. 이를테면 둔부에 집중되었느냐, 아니면 허리나 가슴에 집중되었느냐가 관건이다.

시어즈 백화점의 1902년 카탈로그에는 "〔여성의 가슴을〕 영원히 크고 둥글게, 희고 탱탱하게, 여왕의 품위를 간직한 가슴으로, 이성의 시선을 한눈에 끌게 해줄 단 하나의 해결책"이라는 카피로 'Princess Bust Developer and Bust Cream or Food'의 광고가 실렸다.[61] 또 다른 상품—Madame Mozelle Compound Bust Developing Treatment—에는 "통계적으로, 무시당하는 아내와 노처녀들 중 상당수가 납작 가슴이랍니다. 당신을 매력 넘치는 황홀한 여성으로 만들어줄 완벽한 체형은 멀리 있지 않아요. 〔원문 그대로〕 여성스러움을 잃어버린 침울한 여자로 남지 마세요"라는 문구가 적혀 있었다.[62]

미국의 출산율(한 여성이 생식 연령기에 낳는 평균 자녀수)은 1800년대 7.04명에서 1880년 4.24명으로, 1900년대에는 3.56명으로 감소했다.[63] 이 원인에 대해 일부에서는 19세기 들어 결혼이 생식보다 로맨틱한 관계에 대한 기대로 바뀌었고, 그와 동시에 여성의 유방도 아기를 위한 젖 생산보다는 남편을 위한 성적 상징으로 바뀌었기 때문이라고 설명했다.[64] 그렇다면 여성의 유방에 대한 집착이 단순히 문화적 현상일까? 아니면 유방이 어떤 식으로든 여성의 생식력과 관련이 있기 때문에 문화적으로 중요해진 것일까?

우리는 폴란드 여성을 대상으로 실시한 연구에서 이 문제를 풀어보고자 했다.[65] 24~37세 여성들에게서 월경주기의 타액 샘플을 채취해 에스트라디올과 프로게스테론 수치를 측정했다. 샘플 채취에 앞서 우리는 실험에 참여한 여성들의 유방 크기와 허리 및 엉덩이둘레도 측정했다. 여성들의 유방 크기는 두 개의 측정치, 즉 가장 볼록 솟은 부분의 둘레와 유방 바로 아래 가슴둘레의 비율로 계산했다. 비율로 계산한 까닭은 마르거나 뚱뚱한 것과 별도로 유방 크기만을 측정하기 위해서였다.

허리둘레는 여성의 몸매를 특징짓는 또 하나의 측정치다. 허리와 엉덩이 둘레를 따로 측정하여 허리-엉덩이 비율Waist-to-Hip Ratio, WHR로 나타낸다. 인간 진화심리학에 따르면 유방 크기나 WHR과 같은 신체적 특징들은 남성이 여성의 매력을 평가할 때 기준으로 삼는 것이다. 남성, 적어도 산업화된 국가의 남성이 이러한 특질들에 관심을 갖는 이유는 (진화심리학자들의 말에 따르면) 그것이 생식력과 건강을 암시하는 단서이기 때문이다.

WHR 및 유방 크기와 생식력 사이의 유의미한 관계를 보고한 소수의 연구로는 이 가설을 입증하기 어렵다. 게다가 그 연구들도 대부분 방법론적으로 문제가 있었다. WHR이 큰 (허리둘레는 굵은 데 비해 엉덩이둘레는 작은) 여성들은 비만이거나[66] 또는 불임 클리닉 환자였기 때문이다.[67] 이런 여성들의 생식력이 낮은 이유는 비만의 직접적인 영향이지 WHR이 크기 때문이 아니다. 폴란드에서 실시한 연구에서 우리는 생식과 관련된 문제를 겪지 않은 건강한 정상 체중의 여성들을 대상으로 체형과 생식력의 관계를 조사했다.[68]

유방-밑가슴둘레의 비율이 높고 (유방이 크고) WHR 비율이 비교적 낮은 (허리가 가는) 여성들은 에스타라디올(그림 1.5)과 프로게스테론 수치로 측정한 생식력이 월등히 높았다. 더욱 흥미로운 점은 허리가 가늘고 유방이 큰 여성들은 체형 조합이 다른 세 그룹(유방도 작고 WHR 비율도 낮은 여성 그룹, 유방도 크고 WHR 비율도 높은 여성 그룹, 유방은 작고 WHR 비율이 높은 여성 그룹)의 여성들보다 평상시의 에스트라디올 수치도 26퍼센트 높았으며, 배란기 평균 에스트라디올 수치는 37퍼센트나 높았다. 이 연구에서 유방 크기와 WHR 비율의 크고 작음은 상대적인 수치로 결정했다. 즉 평

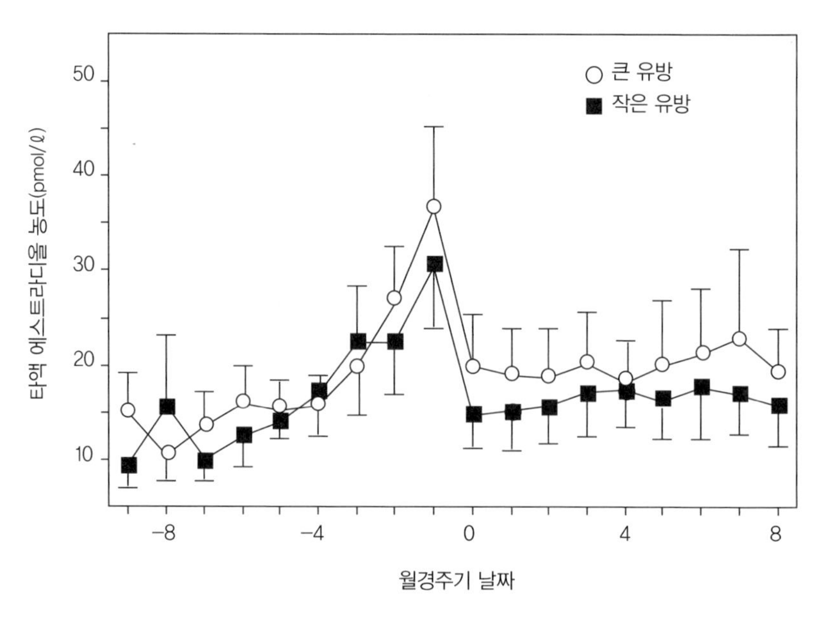

그림 1.5 큰 유방과 작은 유방, 가는 허리와 두꺼운 허리 여성 그룹들의 타액 에스트라디올 농도(95퍼센트 신뢰 구간)

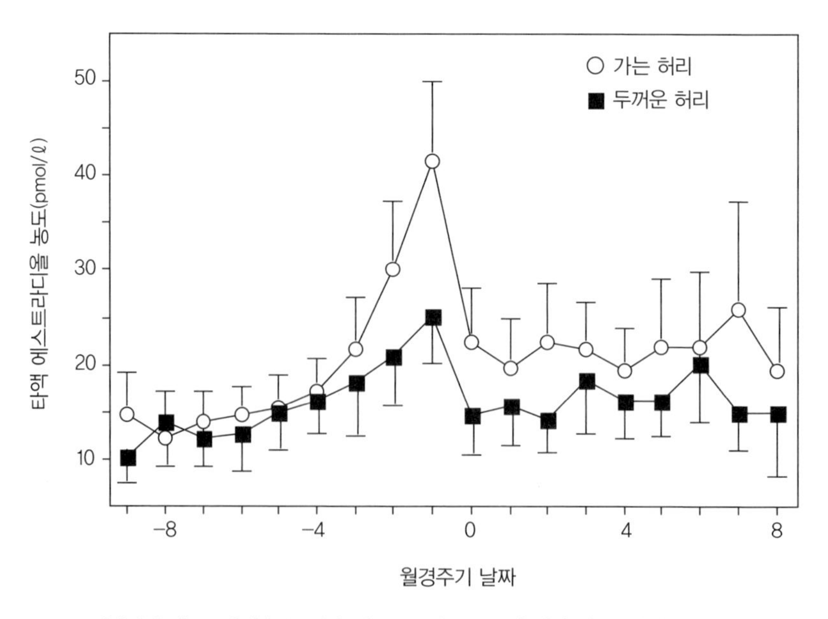

그림 1.6 배란일의 에스트라디올 농도(가로축 0)를 기준으로 한 일별 에스트라디올 농도 변화

균값을 갖는 한 그룹을 기준으로 삼고 그보다 크거나 작은 그룹으로 여성들의 범주를 나누었다. 그렇게 함으로써 '평균값을 갖는' 여성 그룹에서 체형과 생식력 사이의 관계를 발견할 수 있었다. 이 연구 결과는 지방의 분산 패턴이 여성의 유방 크기를 결정하는 데 상당한 영향을 끼치며, 생식력을 좌우하는 중요한 요인일 수도 있음을 보여준다. 여러 문화권에서 남성들이 여성의 가는 허리와 큰 유방에 매력을 느끼는 것은 당연한 현상으로 보인다.

생활 습관 인자들 사이의 상호작용과 유전자와 생활 습관 사이의 상호작용

지금까지 비슷한 연령의 건강한 여성들에게서 나타난 호르몬 수치의 차이가 에너지와 관련된 인자들의 차이로 설명될 수 있음을 보여주는 몇 가지 증거를 살펴보았다. 에너지 인자들의 차이는 여성들이 삶의 여러 단계에서 경험한 환경적 조건들과 관련이 있다.

2장에서 논의하겠지만, 유전적 차이도 난소 호르몬에 중요한 영향을 끼친다. 스테로이드계 호르몬의 합성에 관여하는 효소들을 암호화하고 있는 유전자의 유전자형이 다른 여성들은 스테로이드계 호르몬 수치에서도 차이를 보인다. 이와 같은 유전자형의 차이는 흔히 발견되지만, 소위 유전자형-환경 상호작용의 보편적인 효과를 밝히다보면 매우 흥미로운 의문점이 생긴다. 유전자형-환경 상호작용은 관찰 가능한 차이의 규모가 유전자형을 연구할 수 있는 특정한 환경 조건들에 좌우될 때 나타난다. 유전적으로 호르몬 수치가 낮은 여성이나 높은 여성이 에너지 인자들에 대해 모두 같은 방식으로 반응할까? 신체활동 지속 시간과 강도가 똑같다면 유전자형이 다르더라도 똑같은 효과를 유발할까? 지금까지 이 문제를 다룬 연구는 없었다.

만약 대사 에너지 가용성이 떨어진 상태에 적응하기 위해 생식 기능이 억제된 것이라면, 유전적으로 호르몬 생산력이 높든 낮든 관계없이 모든 여성에게서 똑같이 관찰되어야 하지 않을까? 차차 살펴보겠지만, 무엇보다 호르몬 수치로 나타나는 유전적 차이는 농경사회의 탄생과 더불어 (대략 1만 년 전에) 등장한 비교적 새로운 진화적 현상일 수도 있다. 그렇다면 다양한 환경적 도전에 유전자형을 바꿔 특화된 반응을 하기에는 시간이 충분치 않았을 것이다.

또 한 가지 짚고 넘어가야 할 흥미로운 문제는 다양한 생활 습관(또는 환경) 인자들의 상호작용 효과다. 성인기의 생활 습관 인자들 역시 서로 영향을 끼친다. 신체활동과 체중 감량은 독자적으로도 난소 억제를 유발하지만 이들이 동시에 작용한다면 억제 수준은 훨씬 더 심각해진다. 일찍이 격렬한 운동이 생식 기능에 끼치는 효과를 관찰한 벌렌과 그 동료들에 따르면, 운동으로 체중이 감소한 여성들은 그렇지 않은 여성들보다 난소 억제 수준이 더 심각한 것으로 나타났다.(1985)

생애의 여러 단계에서 작용하는 인자들의 상호작용 효과는 그보다 더 흥미롭다. 3장에서 자세히 설명할 텐데, 태아의 환경 조건들은 성인기의 신체활동에도 영향을 미친다. 유아기 환경 조건들 역시 난소 기능에 영향을 끼치는 것으로 보인다. 하지만 각기 다른 에너지 조건에서 자란 소녀들이 성인기에 똑같은 수준의 에너지 소비를 경험했을 때 또는 똑같은 수준의 체중 감량을 겪었을 때 비슷한 수준으로 난소 기능이 억제되는지에 대해서는 밝혀진 바가 없다. 물론 유아기의 에너지 조건들이 성인이 되었을 때 난소 반응의 민감성에 영향을 끼치는지에 대해서도 알려진 바가 없다.

여성의 질병, 특히 유방암을 포함한 호르몬 유인성 암들의 예방을 위해서는 위의 의문점들이 반드시 밝혀져야 한다. 호르몬 유인성 암의 발병률은 생활 습관을 바꾸면 낮출 수 있는데, 이는 여성이 전 생애 동안 생산하는 생식 호르몬의 수치가 생활 습관에 따라 바뀌기 때문이다. 운동이나 체중 감량에 대한 난소 기능의 민감성이 태아기나 유아기의 생리학적 경험에 따라 달라진다면, 생활 습관을 바꾸기 위한 '처방들'은 여성 각자가 어릴 때 경험한 환경 조건들을 반드시 고려해야 할 것이다. 쉽게 말하면, 스테로이드계 호르몬 수치를 변화시키고 암 발병률을 낮추기 위해서는 여성들 각자 해야 할 운동량과 체중 감량 수준이 달라야 한다는 의미다.

진화적 적응으로서의 난소 억제

억제된 난소 기능으로 인해 임신 가능성이 줄거나 아예 임신이 안 된다면 병리적 현상으로 취급될 수 있다. 그러나 피터 엘리슨은 현대 여성의 몸이 갖고 있는 에너지 인자들에 대한 생식생리학적 반응들은 병리적 현상이 아니며, 인간이 농경을 시작하기 훨씬 전인 10만 년 전, 현대 인류로 진화가 이루어지던 구석기 시대에 발달한 인간의 중요한 생물학적 특징이라고 설명했다.[69] 구석기 시대 이후로 인간의 생리학적 특징들은 거의 달라지지 않았고,[70] 에너지 결핍으로 인한 스트레스도 꾸준히 존재했다. 지금도 전통적인 생활 방식을 고수하는 많은 집단에게 에너지 결핍은 중요한 특징이다.[71] 나는 의과대학 6년 차에 접어든 학생들을 대상으로 강의할 때면 여성들에게서 난소 호르몬 수치의 차이가 나타나는 원인에 대해 묻곤 한다. 질병이나 장애로 인한 차이를 예외로 쳤을 때, 학생들의 대답은 천편일률적으로 '체지방'이다. 미래의 의사들은 여성의 생식 기능에 중요한 영향을 끼치는 유일한 원인이 체지방이라고 굳게 믿고 있는 듯하다.

상당히 영향력 있는 유수의 논문들을 통해[72] 로즈 프리시는 임신과 수유에 따르는 막대한 에너지 비용을 고려할 때(이에 대해서는 6장에서 논의할 것이다), 난소 기능은 체지방량에 대해 'on/off' 방식으로 반응하는 것이 분명하다고 주장했다. 즉 체지방량이 부족해서 임신과 수유에 따르는 에너지 비용을 충당할 수 없는 여성들은 임신을 할 수 없다는 것이다. 실제로 젖을 생산하는 에너지 비용을 충당하는 데 체지방은 중요한 역할을 할 수도 있지만,[73] 임신과 수유에 따르는 에너지 비용을 동시에 다 충당하기에는 역부족이다. 게다가 개발도상국의 여성들은 대체로 체지방량이 현저히 적다.[74] 물론 과거 인간의 진화가 이루어지는 동안에도 여성의 체지방량은 적었을 것이다. 예컨대 수렵채집 집단인 오스트레일리아 원주민 여성들도 체지방량이 매우 적어서 BMI 지수가 20에도 못 미친다.[75]

인간 조상들이 섭취한 음식은 에너지 밀도가 상당히 낮았다. (에너지 밀도란 음식의 양에 대한 에너지량으로 보통 *kcal*/g이나 *kcal*/*ml*로 표시하며, 에너지 밀도가 가장 높은 식품은 순수하게 정제한 형태의 지방이나 기름이다.) 게다가 식량을 획득하기 위한 에너지 소비량도 실로 엄청났다. 모계 유기체의 경우 에너지 섭취가 충분하지 않을 때는 체내에 축적된 지방으로 수유에 따르는 에너지 비용을 충당했을 것이다. 하지만 불행히도, 현대 서구 여성들만큼 영양이 양호했어도 당시 여성들의 체지방량으로는 11개월에 걸친 수유기의 절반조차 충당하기 버거웠을 것이다.[76] 농경이 시작되기 전 여성들은 훨씬 오랫동안 모유 수유를 했을 것으로 추정되는데, 자녀 한 명당 2년에서 길게는 3년까지도 수유를 했을 것이다. 따라서 (로즈 프리시가 주장하듯) 인간 여성들의 생식활동이 전적으로 체지방량에 의존하도록 자연선택을 통해 촉진된 현상이라는 주장은 설득력이 별로 없다.

여성의 생식 억제는 일시적으로 환경 조건들이 열악해지거나 에너지 소비량이 증가했을 때, 또는 에너지 균형이 깨졌을 때도 종종 발생한다. 생식 억제는 여성의 건강 상태를 유지하고 생애 전반의 생식력을 최적화하는 데도 유익하다.[77] 출산 간격을 늘려줄 뿐만 아니라 대사 활동을 원활하게 유지해줌으로써 차후의 에너지 소비에 대비해 스스로의 영양 상태를 증진하도록 돕는다. 즉 획득한 에너지를 태아나 젖먹이에게 나눠줄 필요가 없기 때문에 오로지 모계 유기체를 위해서만 쓰인다.

출산 간격이 길다는 것은 여성이 자녀를 적게 출산한다는 뜻이기도 하다. 그렇다면 저출산을 적응이라고 할 수 있을까? 인간은 생존을 위해서 자녀 수와 건강 상태 사이에서 중요한 거래를 해야 한다.[78] 베벌리 스트래스만과 브렌다 길레스피는 서아프리카 말리의 도곤족 여성들이 낳은 자녀 중 10세까지 생존한 수를 조사하면서, 이 지역 여성들의 생식력은 상당히 높은 반면 생식 성공률이 낮다는 사실을 발견했다. 생후 5년 동안의 생존 가능성은 형제자매의 수가 많은 아이일수록 더 낮았는데,[79] 이는 명백히 대가족일수록 아이들 각각에 대한 부모의 투자가 줄어들어 아이의 건강 상태가 나빠졌음을 의미한다.

음의 에너지 균형 상태는 주로 계절에 따라 나타났다가 식량 가용성이 증대되거나 노동량이 줄어들면 신속히 사라지는 일시적인 현상이다. 엘리슨의 가설은 생식 억제가 음의 에너지 균형에 대응하는 여성들의 적응인 까닭을 훌륭하게 설명해준다. 하지만 영양이 양호하거나 양의 에너지 균형 상태인 (이를테면 체중이 줄지 않거나, 아니면 오히려 증가한) 여성이라도 강도 높은 신체활동에 대한 반응으로 일어나는 생식 억제에 대해서는 추가적인 설명이 필요하다.

나는 이를 새로운 각도에서 설명해보고자 한다. 이른바 '강요된 하향 조정constrained down-regulation' 가설로, 과도한 노동으로 인해 여성들이 생식에 충분한 에너지를 할당하지 못한다는 이론이다.[80] 신체활동 증가로 에너지 흐름이 커진 (에너지 소비량이 많지만 이를 상쇄할 만큼 에너지 섭취량도 많은) 여성들은 임신과 수유에 따른 에너지 요구에 직면했을 때 자신의 대사량을 하향 조정하는 능력이 떨어질 수 있다. 기초대사량의 하향 조정 능력은 태아의 발달에 에너지를 분배하기 위한 어머니의 중요한 전략이므로 이 능력이 저하되면 문제가 발생한다.[81] 한 예로, 감비아 시골의 영양 상태가 열악한 여성들은 임신이나 수유기 동안 자신의 기초대사량을 떨어뜨린다.[82] 기초대사량이 떨어지면 모계 유기체의 일부 생리 기능이나 대사 기능에 필요한 에너지는 제한되는 대신 태아나 젖먹이에게 에너지를 추가적으로 분배할 수 있다. 그러나 에너지 소비가 과도한 여성들은 자신의 기초대사량을 떨어뜨리기 어려울 수 있다. 실제로 에너지 소비량이 지나치게 많은 여성들은 기초대사량이 오히려 증가하는 경향이 있다.[83] 이처럼 노동 강도가 높은 여성들의 기초대사량이 증가하면 생식활동에 에너지를 분배하는 능력이 저하될 가능성도 있다. 따라서 양의 에너지 균형 상태를 유지하고 있는 여성이라도 신체활동 수준이 높아졌을 때 나타나는 일시적인 난소 기능 억제는 적응이라고 볼 수 있다.

서구 여성들의 호르몬 수치가 훨씬 높을까?

일반적으로 의학계에서는 산업화된 국가의 도시 여성들이 적정 수준의 생리학적 기능을 갖고 있다고 여기기 때문에, 월경주기의 높은 난소 호르몬 수치를 생리학적 표준으로 간주한다. 흔히 비서구 모집단들의 여성들과 비슷한 수준으로 난소 호르몬 수치가 지나치게 낮은 경우도 관찰되긴 하지만, 이를 다룬 의학 문헌은 거의 없다. 서구 여성들의 생식생리학에 정통한 대다수 의사들은 비서구 모집단 여성들의 낮은 호르몬 수치를 병리학적 관점에서 바라보곤 한다. 그러나 피터 엘리슨이 지적했듯,[84] 비서구 여성들의 호르몬 수치가 비정상적으로 낮은 것이라기보다는 서구 여성들의 호르몬 수치가 비정상적으로 높은 것일 수도 있다.

태아기와 유아기 그리고 성인기 동안 에너지 가용성이 높으면 월경주기의 호르몬 수치도 높다. 이처럼 에너지 상태가 양호하고 그에 따라 난소 호르몬 수치가 높은 현상은 인간 진화기 과정에 없던 특징일 것이다. 에너지 예산이 비교적 빠듯했던 여성 조상들은 태아를 양육하는 데에도 에너지를 충분히 쏟지 못했다. 유아기의 성장이 느렸을 뿐 아니라 성인기의 에너지 가용성도 들쭉날쭉해서 수시로 에너지 결핍 상태가 반복되었다. 이러한 인자들이 합세하여 인간 보계 소상들의 난소 호르몬 수치를 크게 낮춰놓았다.

서구 모집단들의 여성들은 월경주기에 대부분 호르몬 수치가 높을 뿐만 아니라 생애 전반에 걸친 월경 횟수도 많다.[85] 이른 초경과 늦은 폐경으로 전체 월경주기의 기간이 길어진 까닭이다. 월경을 억제하는 임신의 횟수가 줄어든 것도 또 다른 원인이다. 임신 횟수가 줄면서 모유 수유 기간도 짧아졌다. 심지어 모유 수유를 하는 여성의 월경 재개도 빨라졌는데, 아마도 수유 횟수가 줄고 산모들의 영양 상태가 전반적으로 양호해졌기 때문일 것이다.[86]

호르몬 수치를 결정하는 인자와 상관관계만 보이는 인자들

지금까지 설명한 인자들 중에는 분명히 호르몬 수치에 인과적 영향을 끼치는 인자도 있지만, 호르몬 수치와 단순한 상관관계만 보이는 인자들도 있다. 관찰을 통한 단면적인 연구들의 결과를 보면 두 가지 인자가 상관관계를 갖는 것처럼 보인다. 가령 WHR과 에스트로겐 수치는 관련이 있지만, 이들 사이에 인과관계가 있다고 주장할 수는 없다. 이를 명확하게 주장할 수 없는 데는 복잡한 이유가 있다. 생리학적 증거는, 에스트로겐이 지방 분배의 패턴에 영향을 끼치기 때문에 에스트로겐 수치가 높은 여성은 엉덩이 부위에 지방이 훨씬 더 많이 분배되거나 허리 부위에 지방이 덜 분배되거나, 또는 둘 다 해당된다고 암시한다. 하지만 그와 동시에 체지방이 에스트로겐 수치에 영향을 끼친다는 사실을 감안하면 복부에 지방이 많은 여성들은 에스트로겐 수치가 낮을 수도 있다. 이러한 인과성은 복잡하기도 하고 쌍방향적 특징을 갖는다.

반면 운동이나 노동 등의 신체활동은 단순히 상관관계만 있는 게 아니라 에스트로겐 수치에 변화를 일으키는 것처럼 보인다. (물론 이론적으로 불가능한 것은 아니지만) 신체활동과 에스트로겐 수치의 관계가 역방향으로 작동할 가능성, 쉽게 말해 에스트로겐 수치가 낮아져서 신체활동이 늘어나는 경우는 발생하지 않는다. 결과에 영향을 끼칠 다른 인자들을 신중하게 통제한 상태에서 이를 입증한 연구들도 있다.[87] 태아기와 유아기에 경험한 에너지 조건들의 장기적 효과도 단순한 상관관계가 아니라 인과관계로 볼 수 있다. 비록 이와 관련된 생리학적 기전들은 밝혀지지 않았지만, 태아기의 열악한 에너지 조건들이 (차후에 논의할 텐데) 난소 반응의 민감성에 영향을 끼쳐 열악할 것으로 예상되는 성인기의 에너지 환경에 대비하게 만드는 것으로 보인다.

지금까지 우리는 여성의 생식 호르몬 수치에 실질적인 차이를 유발하는 여러 인자를 살펴보았다. 이러한 인자들 대부분은 생애 여러 단계의 대사에너지 가용성과 밀접하게 연결되어 있다. 생식 호르몬의 수치를 하향 조정하는 능력은 결국 임의 기간의 임신 가능성을 낮추어주는데, 여성에게 이 능력은 일종의 생식생리학적 적응이다. 이렇게 일시적으로 생식을 억제하는 능력이 어머니의 전 생애 동안의 생식 결과를 향상시킨다는 가설도 세울 수 있다. 왜냐하면 출산 간격이 길면 어머니뿐만 아니라 자녀의 건강을 증진시키는 데도 유리하기 때문이다.

생식 호르몬 수치에 영향을 끼치는 인자들은 질병의 예방에도 중요한 역할을 한다. 비교적 간단한 생활 습관의 변화는 호르몬 수치에도 변화를 가져올 수 있고, 이러한 변화들은 다시 불임이나 호르몬 유인성 암들, 골다공증을 비롯한 여러 질병의 발병률에도 영향을 끼칠 수 있다.

이번 장에서 살펴본 생식 호르몬에 영향을 끼치는 인자들은 결국 한 개인의 생활 습관의 일부다. 2장에서는 이러한 문제들을 유전적인 차원에서 논의할 것이다. 여성들의 유전적 차이가 호르몬 수치의 차이를 일으키는 원인일 수도 있기 때문이다.

에스트로겐 수치가 높을수록 생식 성공률도 높아지지만, 체내의 에스트로겐 수치에 영향을 끼치는 요인들은 한두 가지가 아니며 대부분 대사 에너지와 관련이 있다. 비우호적인 환경 조건들에 대응하여 나타나는 일시적인 에스트로겐 수치 저하는 일종의 적응일 수도 있다. 그러나 DNA로 인해 영구적으로 에스트로겐 수치가 낮은 여성도 있다.

에스트로겐 수치를 높이는 대립유전자들(유전자의 이형)은 반드시 자연선택에 의해 촉진되어야 하고 대부분의 여성에게서 나타나야 한다. 무엇보다 임신 능력의 향상은 생식 성공률의 중요한 요인이기 때문이다. 하지만 놀랍게도, 높은 수치의 에스트로겐을 암호화하고 있는 대립유전자들은 보편적으로 우성이 아니며, 연구 대상이 된 모든 모집단에서 낮은 수치의 에스트로겐을 암호화하고 있는 대립유전자들보다 발현 빈도가 낮았다. 2장에서는 스테로이드계 호르몬의 수치를 높여주는 암호를 갖고 있는 대립유전자들(여기서는 이를 '고농도 대립유전자'라고 명명할 것이다)이 상대적으로 드물다는 역설을 풀어볼 것이다. 인류의 진화 역사에서 이 고농도 대립유전자가 유익해진 시기는 인간이 내생 스테로이드계 호르몬의 수치를 줄여도 괜찮을 만큼 충분한 양의 식량을 소비하기 시작한 농경사회 이후부터였을 것이다.

2장

생물학과 문화의 공진화

농경문화와 에스트로겐 농도를 높이기 위한 선택

'유전자 변이'—혹은 유전자 다형성genetic polymorphism—라는 용어는 모집단 내의 모든 개체가 특정한 유전자에 대해서 동일한 유전적 구조를 보이지 않는다는 사실을 뜻한다. 생식 호르몬의 농도를 결정하는 유전자에서 유전자 변이가 관찰되는 까닭은 무엇일까? 에스트로겐 수치가 여성의 생식력을 결정하는 매우 중요한 인자라면, 생식 호르몬 수치를 높이는 암호를 갖고 있는 대립유전자를 선택하려는 압력이 강했으리라고 예상할 수 있다. 이러한 대립유전자들이 자연선택의 혜택을 받았다면 지금도 모든 모집단 안에서 우세하게 나타나야만 한다. 하지만 연구 대상이 된 모든 모집단 안에서 스테로이드 생산과 대사와 관련된 유전자 중에는 상당한 다형성이 발견된다. 그렇다면 현대의 모집단들에서 저농도 대립유전자가 나타나는 까닭은 무엇일까?

농경문화의 발단부터 현재까지 여성의 에스트로겐 수치를 결정하는 대립유전자의 발생 빈도를 몇 가지 단계로 나누어 살펴보기로 하자.

1단계: 농경의 도입은 식물성 화학 물질인 '식물에스트로겐phytoestrogen' 섭취를 증가시켰다.

2단계: 농경 기반의 식생활로 장내 탄수화물이 풍부해지면서 박테리아가 서식하기 좋은 환경이 되고, 박테리아로 인해 식이성 전구물질로부터 식물에스트로겐 합성이 촉진되면서 결과적으로 체내에 고강도의 식물에스트로겐 수치가 증가했다.

3단계: 식물에스트로겐은 에스트로겐 수용체와의 친화성이 매우 높기 때문에 내생 에스트로겐 합성을 방해할 수 있다.

4단계: 식물에스트로겐 섭취가 내생 스테로이드 호르몬들의 수치를 떨어뜨렸다.

5단계: 난소 스테로이드계 호르몬의 수치 저하는 생식력의 저하로 이어졌다.

6단계: 식물에스트로겐 섭취량이 많거나 섭취 역사가 긴 모집단은 고농도 대립유전자의 발생 빈도가 높아졌을 것이다.

스테로이드계 호르몬들의 생합성과 관련된 유전자들

여성의 생식생리 기능에 영향을 끼칠 가능성이 있는 유전자는 많다. 혈중 호르몬 수치 변화에 중요한 영향을 끼치는 유전자들은 스테로이드 대사 경로와 관련된 유전자들이다. 바로 이 유전자들이 스테로이드 생산에 참여하는 효소들을 암호화하고 있다. 시토크롬cytochrome(생체 세포 속에 존재하며 산화환원에 작용하는 색소 단백질) 유전자인 CYP17, CYP19, CYP1A1,

CYP1B1 등의 유전 변이들이 혈중 스테로이드 호르몬의 농도에 잠정적으로 영향을 끼칠 수 있다. 물론 CYP17은 두 개의 효소, 즉 17알파-수산화효소와 17,20-분해효소의 활성을 조절하는 시토크롬 P450c17알파를 암호화하고 있다. 이 두 효소는 에스트로겐 생합성에 관여한다.(그림 2.1) 여성의 경우 CYP17은 난소, 황체, 부신 그리고 지방 조직 안에서 발현된다.[1] CYP17 유전자 사슬의 한 부분에서 단일염기다형성single-nucleotide polymorphism(이를테면 DNA 사슬에서 나타나는 작은 변화인데, 똑같은 유전자의 다양한 대립유전자들이 염기 하나만 다른 경우를 가리킨다)이 나타나는 일은 비교적 흔하며, A2 대립유전자는 전사 비율을 높여주는 것으로 보인다. 전사 과정은 DNA가 제공한 정보를 바탕으로 RNA가 합성되는 과정을 일컫는다. RNA는 모든 효소를 포함한 단백질 합성에 관여한다.

다시 말해서, CYP17에 단순한 변이가 발생하면(가령 CYP17 유전자형의 일부로서 A2 대립유전자를 갖게 되면), 에스트로겐 합성에 필요한 효소의 생산 속도가 빨라진다. CYP17은 스테로이드 대사와 관련된 유전자들 중에서 가장 활발하게 연구되고 있는 유전자이며, 그 다형성은 스테로이드계 호르몬의 농도 차이와 관련이 있을 뿐 아니라 호르몬 유인성 암의 발병률과도 관련이 있다. 이와 관련된 학술 문헌 자료도 대부분 CYP17의 다형성을 다루고 있기 때문에, 이 유전자에 대해서는 유전 변이를 논의할 때 좀 더 자세히 다루기로 하겠다.

모든 스테로이드계 호르몬의 수치가 유전자들의 영향을 받지만, 지금까지 대부분의 연구가 에스트라디올에 집중되었으므로 여기서도 에스트라디올이라는 스테로이드계 호르몬을 주요 논의 대상으로 삼고자 한다. 스테로이드 대사에 관여하는 다른 유전자들, 특히 아로마타제aromatase(방향

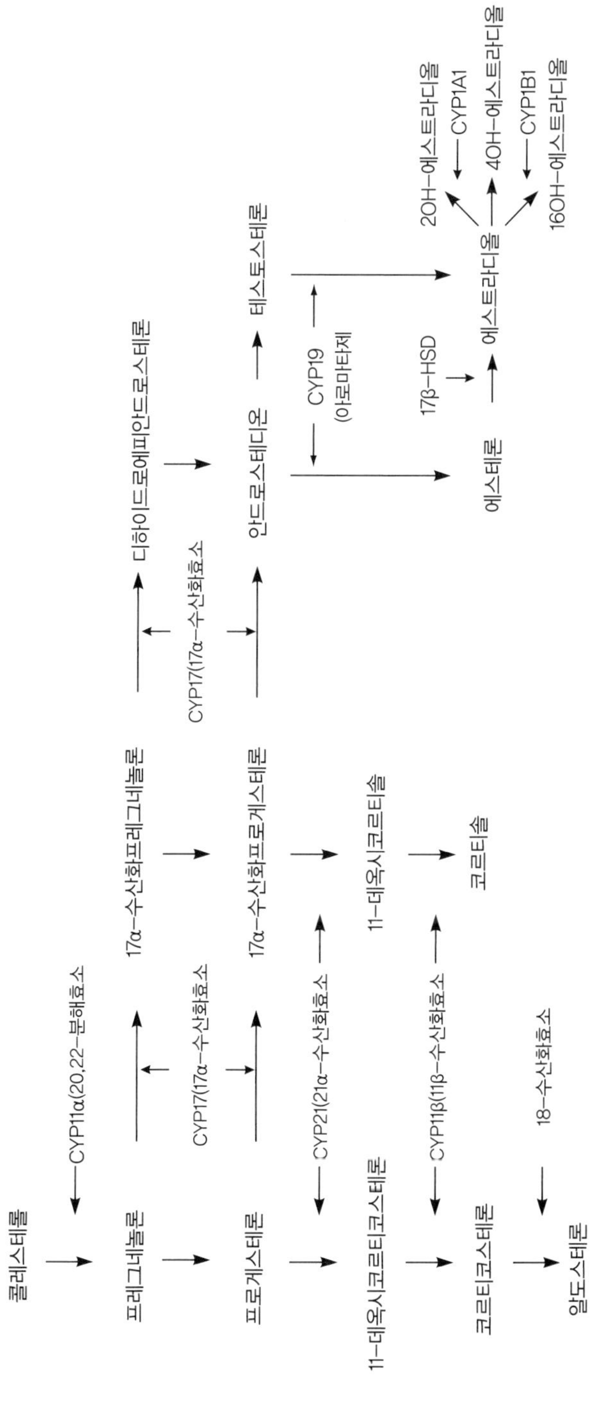

그림 2.1 스테로이드계 호르몬을 합성하는 대사 경로와 여기에 관여하는 효소를 암호화하고 있는 유전자

화효소)를 암호화하고 있는 CYP19 유전자에서 나타나는 변이나 스테로이드 수용체를 암호화하고 있는 유전자에서 나타나는 변이를 이해하고자 할 때도 이와 비슷한 논의를 할 수 있다.

농경문화에서 고농도 에스트라디올까지: 가설

생식과 관련된 스테로이드계 호르몬들을 암호화하고 있는 대립유전자들에게서 다형성이 나타나는 까닭은 무엇일까? 심지어 고농도 에스트로겐 대립유전자를 갖고 있는 여성이 저농도 대립유전자들을 유전자형의 일부로 갖고 있는 여성보다 명백히 선택적 우위에 있음에도 불구하고 다형성을 나타내는 이유는 무엇일까? 한 가지 가능한 시나리오는, 고농도 에스트로겐 대립유전자를 갖게 되면 그렇지 않은 여성들에 비해 적응도가 낮기 때문에 선택되지 않았으리라는 것이다. 어떻게 이것이 가능할까? 에스트로겐이 일반적으로 여성의 건강과 관련된 특징들이나 생식력에 전적으로 이득이 된다지만, 에스트로겐 수치가 높으면 유방암을 포함한 호르몬 유인성 암들의 발병 위험도 높을 수 있다. 따라서 에스트라디올 수치가 높은 여성들은 생식력이 높은 이점을 갖는 동시에 생식과 관련된 암의 발병 위험이 높은 불리한 점도 갖고 있을 것이다.

하지만 고농도 에스트로겐 대립유전자가 선택될 확률이 낮은 것(혹은 선택되지 않는 것)이 생식과 관련된 암의 발병률을 낮추기 위해서라고 설명될 수는 없다. 폐경기 이전의 여성들에게 생식과 관련된 암은 비교적 드문 편이고, 더욱이 난소암이나 자궁내막암은 드물다. 호르몬 유인성 암 중에서 가장 흔한 유방암은 60~70대 여성들에게 발병 빈도가 가장 높다. 따라서 고농도 에스트로겐 대립유전자를 보유한 결과로 얻는 생식력 증가라는 이점은 생식 연령기 이후의 사망률이 높다는 불리한 점으로 상쇄될 가능성이 거의 없다. 한편 60~70대의 여성들은 대부분의 집단에서 할머니의 역할을 맡는다. 탄자니아의 하드자족이나 감비아의 촌락 집단과 같은 일부 사회에서 할머니는 손주의 생존에 중대한 영향을 끼친다.[2] 한 유기체의 적응도는 자신의 직접적인 생식활동의 결과뿐 아니라 친족의 생존이나 생식을 도와주는 행동까지 포함한 결과다. 이러한 간접적인 지원 행동까지를 고려한 적응도를 포괄 적응도inclusive fitness라고 한다.

하지만 할머니로서의 역할이 여성 포괄 적응도의 중요한 부분이라 해도, 이 가설에는 매우 심각한 문제가 하나 이상 존재한다. 호르몬 유인성 암들은 인류의 진화 역사에서 매우 드물었던 것이 분명하다.[3] 채집생활을 하던 당시 여성들은 이러한 암들의 발병률을 증가시키는 위험 인자들을 경험할 기회가 거의 없었다. 초경도 늦었고, 초경부터 첫 출산까지의 기간도 짧았으며, 비교적 많은 자녀를 출산했을 뿐만 아니라 생애 전반에 걸쳐 수유 기간도 길었다. 이 모든 인자로 미루어보건대, 당시 채집을 하던 여성들은 에스트로겐과 프로게스테론이 생산되는 월경주기의 횟수가 현대의 여성들보다 훨씬 적었을 것이다. 이는 결과적으로 생애 전반에 누적된 난소 스테로이드계 호르몬의 수치가 낮았음을 의미한다. 알다시피 에스트로겐과 프로게스테론 수치가 낮으면 유방암이나 자궁암의 발병률도 낮다.

여성들은 평생 몇 번의 월경주기를 거칠까? 월경주기 횟수는 모집단들 간에 상당한 차이를 보이는데, 각 집단의 생식 패턴과 생활 방식이 다른 까닭이다. 피임법을 이용하지 않는 말리의 도곤 지역 여성들은 이 문제에 답해줄 만한 독특한 배경을 갖고 있다.[4] 기장 농사를 짓는 도곤의 여성들은 월경을 시작하면 월경 막사라는 곳에서 하룻밤을 보내야 하는데, 이 풍습으로 인해 모든 여성의 모든 월경 횟수가 기록된다. 베벌리 스트래스만은 58명의 도곤 여성들을 관찰하고 477회의 월경주기 기록을 수집했다. 그녀가 관찰한 바에 따르면, 평균적으로 이 집단 여성들의 평생 월경주기 횟수는 110회에 불과했다. 보통은 16세에 초경을 시작하고 50세를 전후로 폐경을 맞는다. 이론적으로 약 34년에 이르는 '주기 가능' 기간에 440회 이상의 월경주기를 가질 수 있고, 월경주기를 28일이라고 할 때 이 기간에는 매년 열세 번의 주기를 갖는다. 하지만 도곤 여성들은 1인당 8.6회의 출산을 경험할 정도로 생식력이 높았다. 임신과 산후 무월경 기간 때문에 상대적으로 도곤 여성들은 전 생애 동안 월경주기의 횟수가 적었던 것이다.

이튼과 동료들은 인간의 모계 조상 모델로서 현대 수렵채집 집단의 여성들을 상정하고, 평생 약 160회의 배란 주기를 갖는다고 추산했다.(1994) 이와 대조적으로 현대 미국 여성들의 배란 주기 횟수는 450회에 이른다. 첨언하자면, 그들이 추산한 수렵채집 여성들의 배란 주기 횟수는 과대평가되었을 확률이 높다. 왜냐하면 영양적으로 열악한 시기에는 배란 주기에도 호르몬 생산이 억제되었을 것이기 때문이다. 따라서 450회에 이르는 배란 주기에 고농도의 호르몬들을 생산하는 미국 여성들과 대조적으로, 수렵채집 여성들이 경험하는 160회 배란 주기 중에는 호르몬 수치가 낮은 주기가 많을 테고, 그로 인해 평생의 난소 스테로이드계 호르몬에 대한 노출량도 적을 것이다. 이튼과 동료들의 계산에 따르면, 현대의 미국 여성들은 구석기 시대의 수렵채집 여성들보다 난소암 발병률이 24배, 유방암 발병률이 114배, 자궁내막암 발병률이 240배나 높다.

생식과 관련된 암들이 고농도 호르몬에 대한 주요한 선택적 압력이라고 할 순 없지만, 그래도 어째서 동시대 모집단들의 에스트로겐 생산 유전자에서는 여전히 다형성이 나타나는 것일까? 명백히 인류의 진화 역사에는 유익한 고농도 에스트로겐 대립유전자들의 발현 빈도를 높이기에 충분한 시간이 있었다. 혹시 진화기 동안 호르몬 수치를 낮추는 것이 최선이었던 것일까? 어쩌면 생활 방식이 바뀌어 호르몬 수치를 떨어뜨리는 새로운 요인들이 등장하기 전까지, 인간의 오랜 진화기에는 실제로 호르몬 수치를 낮추는 것만이 최선이었는지도 모른다.

생활 방식의 가장 중요한 변화는 농경의 도입과 함께 시작되었을 가능성이 크다. 농사를 지으면서 인간은 스테로이드 대사와 생리학적 기능을 저해하는 화학물질들을 함유하고 있는 식품을 대량으로 소비하기 시작했다. 농경과 더불어 여성들은 이전 어느 때보다 식물에스트로겐 함량이 높은 식이에 노출되었다. 농업적으로 재배되는 수많은 종의 식물들에 함유된 식물에스트로겐은 에스트로겐 수용체와 결합하며, 다량으로 섭취하면 내생 에스트로겐 농도를 떨어뜨린다. 게다가 식물에스트로겐은 다량의 탄수화물과 함께 섭취할 경우 에스트로겐 수용체와 더욱 강력하게 결합하는 성질이 있다. 탄수화물 함량이 높은 식이는 농경사회의 보편적인 특징이다. 따라서 식물에스트로겐 소비의 증가를 여성의 생식력을 감소시킨 원인으로 볼 수도 있다.

달리 말하면, 저농도 에스트로겐 대립유전자들은 농경사회 이전의 인간 조상들이 수렵채집인으로 살았던 시절부터 유지해온 '조상의 조건'이었다.(그림 2.2) 조상 모집단들에서는 저농도 대립유전자들로 암호화된 호르몬 수치가 난소 기능에 최선이었을 뿐만 아니라 임신 가능성을 높이는 데

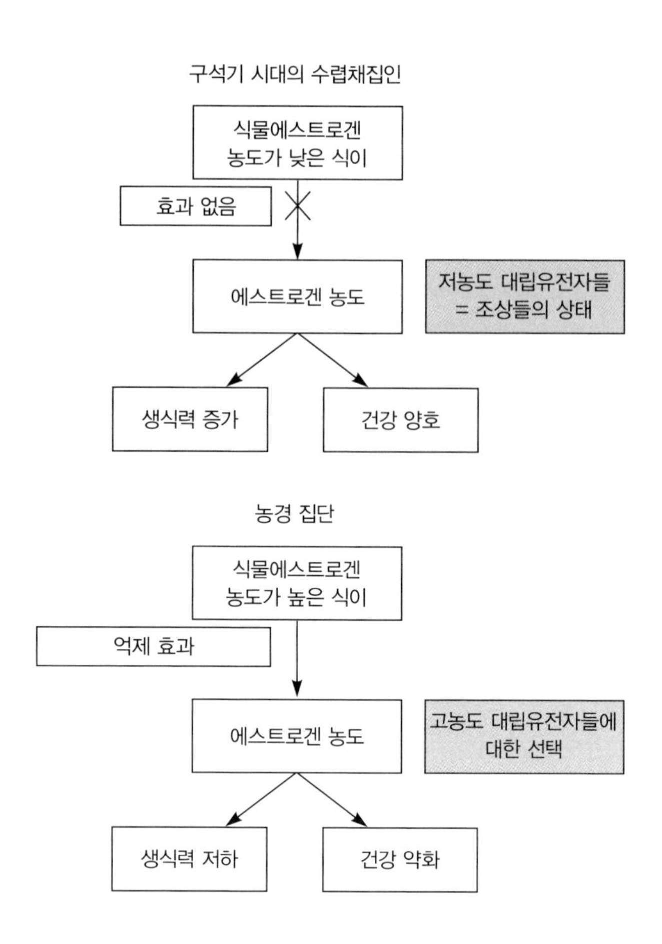

그림 2.2 농경사회에서 식물에스트로겐의 소비가 증가한 것과 동시에 고농도 에스트로겐 대립유전자들의 선택이 시작되었음을 보여주는 모델. 농경사회 이전의 수렵채집 사회에서 식물에스트로겐의 소비는 적었고, 에스트로겐 농도 증가에 대한 선택적 압력을 발휘할 수 없었다.

도 영향을 끼쳤을 것이다. 호르몬의 수치를 떨어뜨릴 만큼 대량으로 식물에스트로겐이 소비되기 시작하면서 고농도 유전자형들이 선택적으로 유리해졌을 것이다.

식이성 식물에스트로겐

수많은 식물은 인간 체내에서 생산되는 에스트로겐의 대사 작용을 모방할 수 있는 화학물질들을 함유하고 있다.[5](표 2.1) 식물에스트로겐 또는 식물성 에스트로겐이라 불리는 이 화학물질들은 에스트로겐 수용체들과 반응할 뿐만 아니라 스테로이드 대사 경로에 간섭할 수도 있다. 인간이 섭취하는 식물에스트로겐에는 플라보노이드류나 리그난류, 코메스탄류들이 있다. 플라보노이드는 콩이나 병아리콩, 리마콩 등을 포함한 콩과 식물에서 발견된다. 리그난은 아마씨와 참깨에 많으며, 거의 모든 곡류에도 미량 함유되어 있다.(가장 흔한 리그난류는 엔테로락톤과 엔테로디올이다.) 코메스탄류는 클로버나 알팔파, 콩나물에 함유되어 있다. 우리가 흔히 먹는 과일과 채소류에도 식물에스트로겐이 함유되어 있다. 양파와 사과에는 케르세틴이, 코코아와 홍차 그리고 녹차에는 카테킨이 다량 함유되어 있다. 망종화 또는 세인트존스워트로 불리며 우울증의 민간 치료제로 널리 쓰이는 하이페르키움 퍼포라툼에는 케르세틴을 포함하여 아멘토플라본, 켐페롤, 미리세틴, 퀘르시트린, 이소케르세틴, 루틴을 포함하여 다양한 이소플라보노이드류가 함유되어 있다.(어릴 적에 나도 외할머니가 폴란드 동남부의 시골에서 직접 캐온 이 약초로 차를 달이는 모습을 본 적이 있다.)

플라보노이드류는 장내에서 다이제인과 제니스테인으로 가수분해된다. 가수분해된 후에는 장에서 바로 흡수될 수도 있고, 에쿠올을 포함한 다양한 화학물질로 또다시 대사될 수도 있다.[6] 에쿠올의 화학적 구조는 에스트라디올의 그것과 매우 유사하다.

구조가 비슷한 것도 모자라 문제를 더 복잡하게 만드는 것은 플라보노

표 2.1 식품별 이소플라보노이드와 리그난 농도

식물	제니스테인	다이제인	세코아이소라리시레시놀 Secoisolariciresinol	마타이레시놀 Matairesinol
대두	993–3,115	413–2,205	〈1–8	〈1
강낭콩	〈1–19	〈1–2	2–4	〈1
병아리콩	3–8	〈1–8	〈1	0
완두콩	〈1	〈1	〈1	〈1
렌즈콩	〈1	〈1	〈1	〈1
칡뿌리	467	7,283	〈1	〈1
아마씨	0	0	10,247	30
참깨	〈1	6	2	17
밀기울	〈1	〈1	3	0
보리 (미정제 곡물로서)	〈1	〈1	2	0
호밀 겨	0	0	4	5
딸기	0	0	33	〈1
주키니 호박	0	0	23	〈1
홍차	미량	미량	73	12
녹차	미량	미량	75	5

주: 단위는 건조 중량 그램당 나노몰nanomole (10억 분의 1몰)(Dixon 2004)

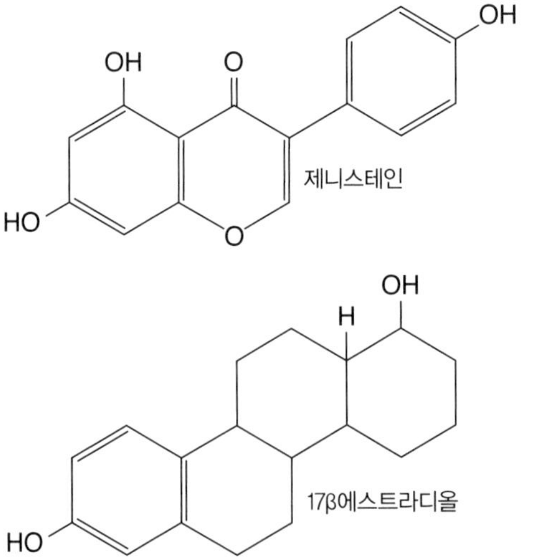

그림 2.3 식물에스트로겐 제니스테인과 난소에서 생산된 에스트라디올의 화학 구조 식

이드류의 대사에 상당한 개인차가 있다는 점이다. 뿐만 아니라 음식에 함유된 다른 성분들에 의해 대사 속도도 달라진다. 장내 발효를 증가시키는 성분인 탄수화물이 많이 함유된 식사는 식물에스트로겐의 대사를 더욱 맹렬하게 부추긴다. 이처럼 박테리아가 풍부한 환경에서는 에쿠올의 생산이 증가한다. 소변의 에쿠올 함량은 식생활에 따라 차이가 있다. 콩류가 풍부한 식이를 하는 사람은 콩을 거의 섭취하지 않는 사람보다 소변의 에쿠올 함량이 약 100배나 높다.

식물에스트로겐의 작동 방식

대부분의 식물에스트로겐은 내생 에스트로겐과 화학 구조가 매우 유사하기 때문에(그림 2.3) 에스트로겐 수용체와 결합할 수 있다. 또한 식물에스트로겐은 안드로겐을 에스트로겐으로 바꿔주는 방향화효소와도 직접 결합할 수 있는데, 그 결과 에스트로겐 생산이 감소한다.[7] 그뿐 아니라 식물에스트로겐은 간에서 성호르몬결합 글로불린의 합성을 촉진하는 것으로 알려져 있다. 성호르몬결합 글로불린은 혈액 속에 존재하는 유동적이고 활동적인 내생 에스트로겐의 양을 감소시킬 수 있다.[8]

식물에스트로겐이 에스트로겐처럼(발정 호르몬처럼) 반응하는 데에는 특히 에스트로겐 수용체의 독특한 능력도 부분적 원인이 된다. 이 수용체는 다양한 화학물질과 결합할 수 있는 능력이 있기 때문에 '문란한' 수용체로 불리기도 한다. 에스트라디올 분자보다 무려 두 배나 큰 결합 구멍으로 인해 에스트로겐 수용체는 여러 화학물질과 '헤프게' 결합한다.[9]

식물에스트로겐과 '진짜' 에스트로겐

실제로 인간이 섭취하는 식물에스트로겐의 양으로는 에스트라디올이 유발하는 생물학적 반응에 필적하는 효과를 낼 수 없다. 그럼에도 불구하고 혈중 에스트라디올의 농도를 낮출 수는 있다. 식물에스트로겐 함량이 높은 식이가 다른 종들의 생식에 끼치는 효과는 잘 알려져 있다. 식물에스트로겐이 풍부한 클로버나 알팔파가 많은 목초지에서 방목한 소와 양에게서는 생식 억제가 발생한다. 포획된 치타의 경우에도 식물에스트로겐 함량이 높은 고양잇과용 시판 사료를 먹이면 새끼를 낳지 못한다. 캘리포니아의 야생 메추라기도 식물에스트로겐 농도가 높아진 건기 동안에는 생식이 억제된다.[10]

인간의 경우, 식물에스트로겐 섭취 효과는 폐경 이후의 여성들에게서 가장 잘 나타난다. 또한 그 효과는 생리학적으로 에스트로겐과 똑같다고 알려져 있다. 하지만 여기서 주목해야 할 점은 식물에스트로겐 섭취 효과가 폐경기 이후 여성과 폐경기 이전 여성에게서 똑같이 나타나지 않는다는 것이다. 두 그룹 모두에게서 식물에스트로겐은 에스트로겐 수용체와 결합하고 대사나 생리작용에서 에스트로겐의 효과를 감소시킨다. 그러나 지방 조직에서 소량의 에스트로겐이 공급될 뿐 난소에서는 더 이상 에스트로겐을 생산하지 않는 폐경기 이후의 여성들은 식물에스트로겐의 섭취로 체내의 (물론 '진짜' 에스트로겐은 아니지만) 에스트로겐 수치가 전반적으로 증가한다. 이와 대조적으로 폐경기 이전의 여성들의 경우, 식물에스트로겐이 에스트로겐 수용체를 '점유'하면 체내에 에스트로겐이 이미 어느 정도 존재한다는 신호로 인식되므로 난소에서의 에스트로겐 생산 속도가 줄거나 아예 중단된다. 식물에스트로겐은 난소 기능을 포함한 여러 생리학적 측면에서 내생 에스트로겐과 똑같은 효능을 내지 않기 때문에 식물에스트로겐을 지나치게 많이 섭취할 경우에는 체내 에스트로겐 수치가 전반적으로 낮아질 수 있다. 특히 내생 에스트로겐 생산이 저농도 대립유전자로 조절되는 여성이라면 이미 에스트로겐 수치가 상대적으로 낮은 수준이기 때문에 수치 저하는 의심의 여지가 없다.

콩류를 매우 많이 섭취하는 동남아시아 여성들의 혈장 에스트로겐 수치는 서구 여성들보다 20~30퍼센트가량 낮다. 평균적으로 일본 여성들의 월경주기는 (약 32일로) 서구 국가 여성들의 주기(28~29일)보다 더 길다. 물론 식이 이외의 다른 요인들도 월경주기에 영향을 끼칠 수 있다. 실험으로 확인된 바는 없지만, 다량의 콩류 섭취가 동남아시아 여성들의 유방암 발병률을 어느 정도 낮춰준다는 기록도 있다.[11]

식물에스트로겐 섭취가 폐경기 이전 여성에게도 생리학적 효과를 낼까? 폐경기 이전 여성들도 식물에스트로겐이 다량 함유된 식품을 섭취하면 에스트로겐 수치가 낮아질 것이라는 예상은 충분히 가능하다. 피험자가 10명에 불과했지만, 식사 개입 연구 중 단연 독보적인 연구는 콩류가 풍부한 식이를 한 여성들의 에스트라디올, 프로게스테론 그리고 성선자극호르몬(모낭자극 호르몬과 황체형성 호르몬)의 수치와 월경주기의 길이를 측정한 연구였다.[12] 이 연구에서는 월경주기 9일째부터 매일 피험자들의 혈액 샘플을 채취했다. 월경주기 내내 같은 양의 콩류를 섭취한 결과 혈중 에스트라디올 농도는 25퍼센트, 프로게스테론 농도는 45퍼센트까지 떨어졌다. 스테로이드계 호르몬 수치의 실질적인 변화는 성선자극 호르몬 농도의 변화와 일치하지 않았는데, 이는 이소플라본 섭취로 인한 스테로이드계 호르몬의 억제 효과가 성선자극 호르몬으로 조절되지 않음을 암시했다. 어쩌면 콩류의 이소플라본은 난소에서 스테로이드 합성 효소를 직접 억제할 것이다. 에스트라디올 수치 저하는 소변의 이소플라본 농도와 명백히 관련이 있었지만, 섭취한 이소플라본 농도와는 관계가 없었다. 이는 개인마다 섭취한 이소플라본을 흡수하는 능력에 차이가 있음을 명백히 알려준다. 이소플라본 대사에서 나타나는 개인차가 이 연구에서 중요한 역할을 했다고 할 수 있다.

또 다른 식사 개입 연구에서는 일본 여성들을 대상으로 두유豆乳 섭취를 제한했는데, 월경주기에 두유를 섭취하지 않았을 때보다 두유 섭취량을 늘렸을 때 에스트라디올 농도가 23퍼센트까지 떨어졌다.[13] 그러나 이 연구에서는 두 번의 월경주기 동안 단 한 차례만 혈액 샘플을 채취했다. 또 다른 무작위 추출 연구에서는 미국 여성들에게 콩 단백질 보충식이를 실시한 후 중간 난포성 주기 동안 세 차례 소변을 채취하여 호르몬 농도를 측정했는데, 실험에 참여한 모든 여성의 에스트라디올과 에스트론, 에스트리올 수치가 감소했다.[14] 플라세보 그룹과 비교했을 때, 12주 동안 콩 보충식이를 실시한 폐경기 이전의 여성들은 혈중 에스트라디올과 에스트론 수치는 떨어진 반면 호르몬결합 글로불린 수치는 증가했다. 콩 보충식이를 섭취한 이 여성들은 평균 월경주기도 약 3.52일 길어졌다.[15]

위 연구들에서는 식물에스트로겐 섭취가 내생 호르몬들의 농도를 떨어뜨리는 결과를 보였지만, 모든 연구가 이와 같은 결과를 낸 것은 아니다. 한 예로, 2년 동안 실시한 한 식사 개입 연구에서는 콩 제품을 섭취한 그룹과 대조 그룹 사이에 스테로이드계 호르몬의 수치나 성호르몬결합 글로불린 수치에서 통계적으로 의미 있는 차이를 보이지 않았다.[16] 이 연구를 비롯하여 식물에스트로겐 섭취와 스테로이드계 호르몬 수치 사이의 관계를 조사한 다른 연구들의 주요한 맹점은 충분한 시료를 채취하지 못했다는 점이다. 즉 월경주기마다 1~2회만 시료를 채취하여 스테로이드계 호르몬 수치를 측정했다.[17]

폴란드 여성 한 그룹을 대상으로 실시한 연구에서는 18회에 걸친 연속적인 월경주기 동안 타액 샘플을 채취하여 호르몬 농도를 측정했다. 이들의 월경주기에 에스트라디올 수치는 차를 마시는 것으로도 통계적으로 의미 있는 저하를 보였다.[18] 홍차와 녹차를 평균 섭취량 이상으로 섭취한 그룹의 에스트라디올 수치는 25퍼센트까지 감소했다. 차에 함유된 카테킨의 일종인 에피갈로카테킨-3-갈레이트EGCG의 섭취 역시 에스트라디올 수치 저하와 관련이 있다. 차 섭취와 에스트라디올 수치 사이의 이러한 관계는 아마도 식물에스트로겐의 역할을 보여주는 예일 것이다.

비록 홍차나 녹차에 함유된 카테킨(EGCG와 에피카테킨 갈레이트)을 대표적인 식물에스트로겐으로 볼 수는 없지만 이 성분들도 에스트로겐 수용체와 결합하는 능력을 갖고 있다. 에스트로겐 수용체에는 두 가지 유형이 있는데, 식물에스트로겐과 똑같이 기능하는 카테킨류는 알파-수용체보다는 베타-수용체와 결합하는 능력이 더 뛰어나다. 하지만 일반적으로 카테킨류는 (콩류의 식물에스트로겐인) 데니스테인과 다이제인에 비하면 에스트로겐 수용체에 대한 친화력이 많이 떨어진다.[19] 그럼에도 불구하고 여성의 에스트라디올 수치에 영향을 끼칠 수 있다는 사실이 놀랍다.

유전자 다형성과 생식 호르몬 수치

스테로이드계 호르몬 대사 경로와 관련된 유전자 다형성 문제로 돌아가기 위해서는 우선 서로 다른 CYP17 유전자형을 가진 여성들의 혈중 스테로이드계 호르몬 수치에 차이가 있는지를 밝혀야 한다. 연구자들이 이 문제에 관심을 기울인 것도 아주 최근에 들어서였다.

173명의 폐경기 이전 여성을 대상으로 한 횡단적 연구에서는 CYP17 유전자형들에 따른 에스트라디올 수치의 차이가 발견되지 않았지만, 에스트라디올이 합성될 때 거치는 전구체인 스테로이드계 호르몬 디하이드로에피안드로스테론dehydroepiandrosterone, DHEA의 수치에서는 현저한 차이가 입증되었다.[20] 에스트라디올 수치는 월경주기 시작일로부터 20~24일 사이의 황체기 동안 1회 채취한 혈액 샘플로 측정했다. 아쉽지만 실제로 월경주기의 단계는 주기가 완전히 끝나기 전에는 확실하게 결정되지 않는다. 결과적으로 주기가 더 긴 경우 20일째 날도 여전히 난포기 단계에 속할 수 있고, 심지어 배란 하루 전날에도 에스트라디올 수치가 최고치를 보일 수도 있다. 의학적 연구나 유행병 연구에서 자주 이용되는 이러한 시료 채취 방법 때문에 실제로 월경주기 중 생리학적 단계가 같지 않은 여성들을 비교하는 오류가 발생할 수 있다.

또 다른 연구에서도 CYP17 유전자형들에 따른 에스트라디올 수치의 차이가 발견되지 않았는데, 이번에도 역시 1회의 혈액 샘플로만 호르몬 수치를 측정했다.[21] 게다가 이 연구에서는 시료 채취 대상의 규모도 상대적으로 작았다. 난포기 초기와 말기의 에스트라디올 수치를 분석하는 데 각각 52명과 53명의 여성에게서만 시료를 채취했다. 이 연구에 참여한 여성들 가운데 A2/A2유전자형을 가진 여성은 16퍼센트에 불과했으므로, 에스트라디올 비교 분석에 이용된 A2/A2유전자형 그룹은 아마도 9명 이하였을 것이다. 폐경기 이전의 영국 여성 636명을 대상으로 한 연구에서도 CYP17 유전자형들에 따른 에스트라디올 수치의 차이는 발견되지 않았다.[22]

극소수이긴 하지만, CYP17 유전자형 중 에스트라디올 수치에서 차이를 관찰한 연구도 있었다. 월경주기 11일째에 측정한 에스트라디올 수치는 A1/A2유전자형과 A2/A2유전자형을 가진 여성들이 A1/A1유전자형을 가진 여성들보다 각각 11퍼센트와 57퍼센트 더 높았다.[23] 월경주기 22일째쯤 되는 황체기 동안 에스트라디올 수치는 최소한 하나 이상의 A2대립유전자를 가진 여성들이 7~28퍼센트 높았다. BMI 지수가 25 이하인 여성들 중에서 A2/A2유전자형을 가진 여성들은 A1/A1유전자형을 가진 여성들보다 에스트라디올 수치가 42퍼센트나 높게 나타났다.[24] 이형접합체heterozygote〔이배체의 생물체의 염색체 내 특정 좌위locus에 서로 다른 대립유전자가 존재하는 경우 이를 이형접합체라 한다〕의 경우에는 A1/A1유전자형보다 19퍼센트 높은 중간 수준의 수치를 보였다. 하지만 BMI 지수가 큰 여성들은 세 종류의 CYP17 유전자형에서 에스트라디올 수치의 차이가 나타나지 않았다. 이는 BMI 지수가 큰 여성들의 지방 조직에서 생산된 에스트라디올 수치가 높기 때문일 것이다. 지방 조직의 에스트라디올 생산으로 인해 난소의 에스트라디올 생산은 저하되었을 수도 있다. 위의 연구들에서도 여성 1인당 1~2회만 에스트라디올 샘플을 채취했다는 사실을 간과해서는 안 된다. 실제로 지금까지 대부분의 연구가 혈액 샘플을 단 1회 또는 몇 회만 채취하거나, 심지어 폐경기 이전의 여성 혈액 샘플만을 채취하여 스테로이드 수치를 측정했다. 따라서 에스트라디올 수치의 신뢰도가 매우 높지는 않다.

폴란드 여성들을 대상으로 실시한 연구에서 우리는 각 여성의 월경주기 전체에 걸쳐서 에스트라디올 시료를 채취했다.[25] CYP17 유전자형들의 비교를 위해 18회 걸친 연속적인 월경주기 동안의 시료를 채취했다.(월경 개시 후 며칠과 월경이 끝나고 며칠 동안은 시료를 채취하지 않았다.) 이 실험에 참여한 여성들 중 A2/A2유전자형을 가진 여성들의 에스트라디올 수치는 A1/A1유전자형을 가진 여성들보다 54퍼센트 높았으며, A1/A2유전자형을 가진 여성들보다는 37퍼센트 높았다. 이 연구는 현재에도 진행 중이며, 샘플 채취 규모는 비교적 작지만 CYP17과 에스트라디올에 관한 다른 어떤 연구와 비교해도 훨씬 더 정확하게 에스트라디올 수치를 측정하고 있다.

스테로이드 생산 유전자의 다형성: 인간 집단들에서 나타나는 유전자형의 빈도

우리는 여러 농경사회가 특징적으로 갖고 있는 식품 소비 패턴에 따른 선택적 압력이 스테로이드계 호르몬 생산과 관련된 유전자들에 나타나는 대립유전자들의 빈도를 결정하는지를 밝히고자 했다. 그러기 위해서는 우선 모집단 간에 CYP17 유전자형들의 빈도에 차이가 있는지를 입증해야 한다. 둘째, 이러한 유전적 차이가 식물에스트로겐 섭취의 차이와 관련이 있는지를 규명해야 한다. 식물에스트로겐이 다량 함유된 식이를 하는 모집단은 식물에스트로겐 섭취가 적은 모집단들보다 고농도 유전자형의 발생 빈도가 더 높을 것이라고 예상할 수 있다. 우리가 관찰하는 패턴도 바로 이것이다.

첫째, 고농도 A2대립유전자의 빈도는 집단마다 차이가 있다.(표2.2, 그림 2.4) (유럽인의 후손을 포함한) 유럽인들의 14.2퍼센트, (아프리카인의 후손을 포함한) 아프리카인의 13퍼센트만이 A2/A2유전자형을 갖고 있다. 라틴계 모집단들은 A2대립유전자의 빈도가 약간 더 높았지만(A2/A2유전자형을 보유한 사람이 18퍼센트가 약간 넘었다), 지금까지 이 그룹에 대한 연구 자료는 단 두 건밖에 없다. 아시아 모집단은 유럽이나 아프리카 모집단보다 빈도가 훨씬 높다. 일본 모집단은 거의 22퍼센트가 A2/A2유전자형을 갖고 있으며, 타이완 모집단은 33퍼센트가 넘는다.

이 장에서 논의하고 있는 농경문화 가설에 비춰보면, 한 모집단 내에서 스테로이드 대사와 관련된 유전자들의 다형성이 나타나는 것은 놀랄 만한 일이 아니다. 농업적으로 식량을 재배하기 시작한 것은 비교적 최근(기껏해야 1만4000년 전)이기 때문에, 식물에스트로겐을 아무리 많이 섭취한 집단일지라도 자연선택에 의해 저농도 대립유전자들을 대체하기에는 시간이 충분하지 않았을 것이다. 게다가 사회계급 간이나 지리적 위치에 따라 식생활이 현저히 다른 모집단 안에서라면 다형성이 나타나는 것은 지극히 당연했을 것이다. 무엇보다 스테로이드계 호르몬 생산을 늘려 체내 호르몬 수치를 높이는 데는 그만큼의 대사적 비용을 치러야 하므로, 식물에스트로겐 섭취량 증가로 체내 호르몬 수치가 떨어져 생식력 저하로까지 이어지기 전에는 자연선택에 의해 촉진되지 못했을 것이다.

고농도 대립유전자의 빈도가 높은 모집단은 빈도가 낮은 집단보다 더 일찍 식물에스트로겐 함량이 높은 식품을 소비했을 것이며 소비량도 더 많았을 것이다. 이 관계에 대해서는 바로 뒤에서 살펴보기로 하자.

표 2.2 민족 집단별 CYP17 유전자에서 나타나는 다형성

민족	연구	대조군/실험군	CYP17유전자형을 보유한 사람(명)			CYP17유전자형의 빈도(%)			모집단의 특징
			A1/A1	A1/A2	A2/A2	A1/A1	A1/A2	A2/A2	
아프리카계와 아프리카계 후손	Feigelson et al. 1999		105	111	41	41	43	16	미국
	Kittles et al. 2001	대조군	24	27	5	43	48	9	나이지리아
	Kittles et al. 2001	대조군	55	46	10	50	41	9	아프리카계 미국인
	Lai et al. 2001		36	31	11	46	40	14	캐나다: 미출산 여성
	Lunn et al. 1999		51	46	18	44	40	16	미국
	Small et al. 2005	대조군	40	49	14	39	48	14	취약X증후군*
	Weston et al. 1998	대조군	15	18	2	43	51	6	미국: 유방암 환자
		실험군	7	10	3	35	50	15	
	Total		333	338	104	43.0	43.6	13.4	
유럽계와 유럽계 후손	Allen, Forrest, and Key 2001		266	273	83	43	44	13	영국
	Ambrosone et al. 2003	대조군	95	71	22	51	38	12	미국: 유방암 환자
		실험군	109	83	15	53	40	7	
	Bergman–Jungestrom et al. 1999	대조군	53	55	9	45	47	8	스웨덴: 유방암 환자
		실험군	32	62	15	29	57	14	
	Chang et al. 2001	대조군	76	78	26	42	43	14	
	Cui et al. 2003		574	636	237	40	44	16	오스트레일리아

*취약X증후군Fragile X syndrome: 약체증후군이라고도 하며 다운증후군 다음으로 빈번한 정신지체 증후군

유럽계와 유럽계 후손	Diamanti-Kandarakis et al. 1999	대조군	22	28	0	44	56	0	그리스: 다낭성 난소증후군*
		실험군	17	29	4	34	58	8	
	Dunning et al. 1998	대조군	229	277	85	39	47	14	영국: 유방암 환자
	Feigelson et al. 1998		28	45	10	34	54	12	미국
	Feigelson et al. 1999		49	69	14	37	52	11	미국
	Garcia- Closas et al. 2002		81	102	35	37	47	16	미국: 폐경 이전의 여성
	Garner et al. 2002	대조군	111	96	34	46	40	14	미국: 난소암 환자
		실험군	70	120	35	31	53	16	
	Gudmundsdottir et al. 2003	대조군	103	160	46	33	52	15	아이슬란드: 유방암 환자
		실험군	12	18	9	31	46	23	
	Haiman et al. 1999	대조군	217	307	94	35	50	15	영국: 유방암 환자
		실험군	178	212	73	38	46	16	
	Haiman et al. 2001	대조군	197	267	90	36	48	16	영국: 자궁 내막암 환자
		실험군	76	92	16	41	50	9	
	Kittles et al. 2001	대조군	28	38	8	38	51	11	미국
	Kristensen et al. 1999	대조군	74	101	26	37	50	13	노르웨이: 유방암 환자
		실험군	202	241	67	40	47	13	
	Kuligina et al. 2000	대조군	61	77	44	34	42	24	러시아: 유방암 환자
		실험군	82	111	47	34	46	20	
	Lai et al. 2001		126	171	48	37	50	14	캐나다: 미출산 여성
	Lunn et al. 1999		47	48	20	41	42	17	미국
	McCann et al. 2002	대조군	48	28	10	56	33	12	미국: 유방암 환자
		실험군	58	31	7	60	32	7	
	Mitrunen et al. 2000	대조군	200	220	60	42	46	13	핀란드: 유방암 환자
		실험군	199	227	53	42	47	11	
	Small et al. 2005	대조군	17	26	6	35	53	12	취약X증후군
	Spurdle et al. 2000	대조군	115	139	44	39	47	15	오스트레일리아: 난소암 환자
		실험군	118	150	51	37	47	16	

*다낭성 난소증후군polycystic ovary syndrome: 만성 무배란과 고안드로겐혈증을 특징으로 하며 비만, 인슐린 저항성 등의 다양한 임상 양상을 나타냄

민족	연구	대조군/실험군	CYP17유전자형을 보유한 사람(명)			CYP17유전자형의 빈도(%)			모집단의 특징
			A1/A1	A1/A2	A2/A2	A1/A1	A1/A2	A2/A2	
	Stanford et al. 2002	대조군	188	256	79	36	49	15	미국: 전립선 암 환자
		실험군	228	248	84	41	44	15	
	Techatraisak, Conway, and Rumsby 1997	대조군	61	54	9	49	44	7	선천성 부신과형성 또는 다낭성 난소증후군 환자
		실험군	67	63	2	51	48	2	
	Wadelius et al. 1999	대조군	46	88	26	29	55	16	전립선암 환자
		실험군	70	74	34	39	42	19	
	Weston et al. 1998	대조군	49	74	25	33	50	17	영국: 유방암 환자
		실험군	29	35	12	38	46	16	
	Young et al. 1999	대조군	58	67	14	42	48	10	미국
		실험군	38	55	10	37	53	10	
	Zmuda et al. 2001		120	163	50	36	49	15	
	Total		4,924	5,865	1,788	39.2	46.6	14.2	
라틴계	Feigelson et al. 1999		70	112	40	32	50	18	미국
	Weston et al. 1998	대조군	28	19	10	49	33	18	미국: 유방암 환자
		실험군	9	12	6	33	44	22	
	Total		107	143	56	35.0	46.7	18.3	
일본	Feigelson et al. 1999		40	67	31	29	49	22	미국
	Gorai et al. 2003		101	118	31	40	47	12	건강한 여성
	Habuchi et al. 2000	대조군	33	62	36	25	47	27	전립선암 환자
		실험군	95	111	46	38	44	18	
	Hamajima et al. 2000	대조군	44	95	27	27	57	16	유방암 환자
		실험군	41	83	20	28	58	14	
	Huang et al. 1999	대조군	251	452	256	26	47	27	류마티스 관절염 환자
		실험군	113	173	90	30	46	24	
	Kado et al. 2002	대조군	63	87	27	36	49	15	자궁내막증 환자
		실험군	46	68	26	33	49	19	
	Miyoshi et al. 2000		48	106	41	25	54	21	
	Total		875	1,422	631	29.9	48.6	21.6	

기타 동아시아	Chen et al. 2005	대조군	9	60	33	9	59	32	타이완: 구강암 환자
		실험군	31	58	48	23	42	35	
	Huang et al. 1999	대조군	28	63	35	22	50	28	타이완: 유방암 환자
		실험군	25	54	44	20	44	36	
	Lai et al. 2001		14	45	17	18	59	22	캐나다: 미출산 여성
	Lo et al. 2005	대조군	9	61	34	9	59	33	타이완: 류마티스 관절염 환자
		실험군	25	116	52	13	60	27	
	Lunn et al. 1999		26	54	30	24	49	27	타이완
	Wu et al. 2003	대조군	109	333	229	16	50	34	싱가포르, 중국: 유방암 환자
		실험군	37	82	69	20	44	37	
	Yu et al. 2001	대조군	37	111	90	16	47	38	타이완: 간세포암종
		실험군	20	56	43	17	47	36	
	Total		370	1,093	724	16.9	50.0	33.1	

주: 반올림한 값이므로 빈도수를 다 더해도 100퍼센트가 되지 않을 수 있다.

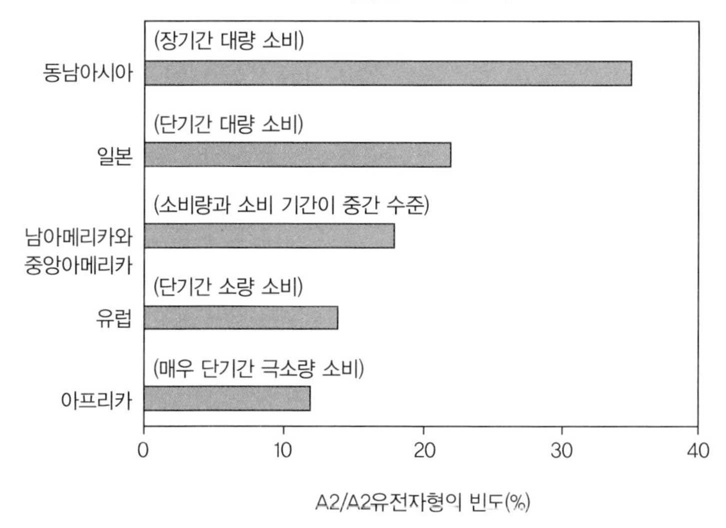

그림 2.4 모집단별로 살펴본 식물에스트로겐 소비(소비량과 소비 기간)에 대한 CYP17의 (에스트로겐 생산을 높이는) A2/A2대립유전자의 빈도

인류 식단의 진화: 식물에스트로겐 소비의 증가

인간과 가장 가까운 영장류 친척들은 거의 전적으로 식물성 식품만을 섭취한다. 침팬지들은 경우에 따라서는 곤충을 먹거나 사냥을 하며, 육류를 좋아하긴 하지만 육류로부터 얻는 영양 자원은 5퍼센트 미만이다. 인류가 사냥이든 죽은 고기든 가리지 않고 육식을 즐기기 시작한 것은 250만 년 전쯤으로 추정된다.[26] 현재의 인간 집단들 중에는 구성원의 단 몇 퍼센트만 육식을 즐기는 집단도 있고, 거의 100퍼센트 육식을 즐기는 집단도 있다.(이누이트족과 같이 고위도에 거주하는 수렵채집 집단이 여기에 속한다.) 현재 대부분의 수렵채집 집단의 식단에서 육식이 차지하는 비율은 20~65퍼센트 범위다.[27] 물론 육식의 소비율이 이보다 훨씬 낮은 집단들도 있다. 중앙아프리카 칼라하리 사막의 쿵족은 전체 식단 중 육류의 비율이 15퍼센트이며, 콩고민주공화국 이투리 삼림지대의 에페 피그미족은 음식을 통해 섭취한 칼로리 중 육류가 차지하는 비율이 9퍼센트에 불과하다.

1만4000년 전쯤 시작된 농경의 발달로 식단의 다양성(식생활의 범위)은 급격히 감소했다. 구석기 시대에 대부분의 집단은 연간 100여 종의 식물을 섭취했지만, 농업인들은 일반적으로 한 종의 곡물로 주식을 삼았다.[28] 아시아에서는 쌀, 아시아와 유럽의 온대 지방에서는 밀, 아프리카에서는 기장과 수수 그리고 신세계에서는 옥수수가 주식이었다.[29] 대부분의 농경사회에서 육류 섭취는 급격히 감소했고, 필요 열량의 40~90퍼센트를 곡물이 담당했다.[30]

반면 동아프리카 투르카나 지역의 목축 유목민들은 동물성 식품 섭취율이 비정상적으로 높다. 동물의 젖이 풍부한 시기에 이들은 다른 음식을 거의 먹지 않는다. 하루에 1600칼로리를 섭취하는 사람의 경우 동물 젖에서 얻는 칼로리가 무려 1400칼로리에 이른다. 동물의 젖 생산이 감소하는 계절에는 하루에 약 700칼로리를 젖에서 얻고, 나머지 칼로리는 동물의 고기나 피, 곡물, 기타 야생 식품에서 얻는다.[31] 반면 목축민 집단이라도 비동물성 식품 섭취율이 높을 수 있다. 티베트의 팔라 유목민들은 곡물로부터 칼로리의 50퍼센트를 섭취하며,[32] 시베리아의 에벤키 목축민들은 비동물성 식품으로부터 70퍼센트에 가까운 칼로리를 얻는다.[33]

완두콩, 병아리콩, 렌즈콩, 대두와 같이 식물성 에스트로겐 함량이 높은 콩과 식물에는 제니스테인과 다이제인이 다량 함유되어 있다는 점을 특히 주목해야 한다.[34] 이러한 콩과 식물은 식량을 생산하기 시작했을 때부터 사람들에게 알려졌다. 농경문화의 요람인 근동近東과 비옥한 초승달 지대〔나일강, 티그리스강과 페르시아만을 잇는 고대 농업지대〕에서 발견된 고고학적 증거들을 보면 고대의 농부들이 1만3000년 전부터 콩과 식물을 재배했음을 알 수 있다.[35] 리그난의 주요 공급원인 아마는 기원전 7000년경부터 재배되기 시작했다. 아마 섬유는 직물 제조에 쓰였고, 아마씨는 유럽의 여러 지역에서 풍부한 유지류 공급원이었다.[36] 물론 농경사회 이전에도 사람들은 식물에스트로겐이 함유된 식물을 소비했으나, 계절에 따른 식물 종의 변화와 식물성 식품의 보존 기술이 없었기 때문에 그러한 식물 종들이 식생활 전반에서 중요한 부분을 차지하거나 식단의 범위를 넓혀줄 정도는 아니었을 것이다.

농경사회와 산업사회의 식단에 공통적으로 등장한 많은 식물이 식물에스트로겐을 함유하고 있지만, 그 함량에는 차이가 많다.(표 2.1 참고) 모든 곡물이 리그난을 함유하고 있지만 아마씨와 비교하면 함량은 상대적으로 매우 낮다. 마찬가지로 모든 콩과 식물들이 이소플라본을 함유하고 있으나 식물에스트로겐 함량이 매우 높은 것은 대두뿐이다. 동남아시아, 특히 일본과 중국, 인도네시아의 전통적인 식단은 유럽보다 식물에스트로겐 함량이 매우 높은데, 이는 대부분 단백질의 주요 공급원이 대두이기 때문이다. 대두나 아마씨나 모두 현재 유럽인들 식단의 주성분은 아니다. 물론 농경사회 초창기의 유럽에서도 아마씨는 주요한 유지류 공급원이었던 듯하지만, 아시아의 식단과 비교하면 유럽인의 식물에스트로겐 섭취는 매우 낮았다.

농경사회 초창기 아프리카에서는 식물에스트로겐 함량이 높은 식품을 그다지 많이 섭취하지 않았을 것이다. 신세계에서는 옥수수가 주식이었으며, 콩과 식물 소비량도 비교적 많았을 것이다. 매우 대략적인 추산이지만, 역사상 농경 집단들의 식단에 함유된 식물에스트로겐 함량을 바탕으로 CYP17에서 나타난 유전자 다형성을 예측해볼 수 있다.

식물에스트로겐-CYP17 관계

고농도 에스트로겐 대립유전자(A2)의 빈도는 아프리카에서 가장 낮았을 것이고, 뒤이어 유럽과 신세계 순으로 증가하며 아시아 집단들, 특히 일본과 타이완, 싱가포르에서 가장 높았다.(표 2.2, 그림 2.4 참고) 일본과 타이완의 식물에스트로겐 소비 수준은 비슷했던 것으로 보이지만, 농경의 시작은 타이완보다 일본이 조금 더 늦었다. 타이완에서는 이미 기원전 3000년경부터 농경이 시작됐고, 일본에는 기원전 400년경 한국의 농부들에 의해 농경문화가 전파되었다. 골격과 DNA 증거로 보건대, 현대 일본인들은 한국에서 이주해간 농부들과 일본에 거주하던 초기 수렵채집인의 혼혈이다.[37] 한국의 농부들은 이미 식물에스트로겐 함량이 높은 식이에 어느 정도 노출돼 있었으므로, 고농도 에스트로겐 대립유전자들이 일본의 수렵채집 집단에게 전달되었을 것이다. 대두가 많이 포함된 식단은 일본의 여성들에게 선택적 압력을 더욱 부추겼다.

현재 동남아시아는 전반적으로 유럽보다 식물에스트로겐 섭취량이 매우 높지만, 동남아시아 국가들 사이에도 차이가 있다. 콩류 제품으로부터 섭취하는 이소플라본은 일본과 중국 성인의 경우 하루에 약 15~45밀리그램으로 추산된다.[38] 인도네시아는 콩류 제품 소비율이 상당히 높은 편으로, 하루에 약 150밀리그램의 이소플라본을 섭취한다고 알려져 있지만 인도네시아 집단에 대한 CYP17 다형성에 관한 자료는 알려진 바가 없다. 이와 대조적으로 영국의 이소플라본 섭취는 하루에 1밀리그램이 채 안 된다. 동남아시아 여성들의 혈중 식물에스트로겐 농도는 전형적인 서구식 식이를 하는 여성들보다 약 30배나 높다.[39]

여기서 주목해야 할 문제는 농경문화가 시작된 이래로 스테로이드 합성과 관련된 유전자에 다형성이 발생할 만큼 충분한 시간이 있었느냐는 것이다. 농경문화가 도입된 후에 중요해진 형질 선택의 가장 훌륭한 예는 성인의 우유 대사 능력이다.[40] 신생아들은 락타아제를 이용해 락토오스라는 유당을 분해하지만, 젖을 떼고 나면 여러 민족 집단에서 락타아제의 농도는 급격히 떨어지고(락타아제 생산에 관여하는 유전자들의 활성이 꺼지고), 성인이 되면 더 이상 우유를 실질적으로 소화시키지 못한다.[41] 동물을 가축화하지 않은 수렵채집 집단들은 모유 외에 동물의 젖을 먹을 일이 없기 때문에 유아기에 젖을 떼고 난 이후로 우유를 소화시킬 필요도 없었다.

인간이 젖을 뗀 후에도 락타아제 합성 능력을 보유하기 시작한 시기는 동물을 가축화하여 식이 칼슘을 원활하게 공급받으면서라고 알려져 있다. 유제품을 소화하는 능력을 형질로 갖고 있는 사람은 분명히 건강도 향상되었을 것이다.[42] 이러한 형질은 식물의 성장 시기가 짧은 탓에 푸른 잎채소로부터 충분한 칼슘을 공급받지 못하는 북반구의 인구 집단들에게는 특히 더 중요했다. 유럽 북부의 집단에서 락타아제 보유 능력이 지배적인 유전 형질로 전달되는 빈도가 높은 것도 어찌 보면 매우 당연한 일이다.[43]

호르몬을 억제하는 다른 환경적 요인들이 유전자에 대한 선택 효과를 발휘하지는 않았을까? 난소 기능을 억제하는 인자는 한두 가지가 아닐텐데, 어째서 식물에스트로겐 섭취만 대립유전자의 빈도에 영향을 끼친다고 가정할 수 있을까? 에너지 가용성(에너지가 부실한 식생활, 강도 높은 신체활동, 체중 감소)과 관련된 요인들도 난소 기능을 억제하지만, 1장에서 논의했듯 이러한 억제는 일종의 적응이다. 이 적응은 여성들의 영향 상태가 열악할 때 생식에 쏟는 에너지, 시간, 영양물을 차단한다.(그림 2.5) 반대로 식물에스트로겐 섭취로 인한 생식력 억제는 적응이 아니므로 선택적 이점을 주지 못한다. 식물에스트로겐은 오히려 식량 가용성이 높은 시기에 가장 효과적으로 난소 기능을 억제한다. 식물에스트로겐을 가장 많이 섭취하는 시기는 수확기 직후 식량이 풍부한 기간일 것이다. 따라서 식물에스트로겐이 여성에게 생식력 억제 효과를 발휘하는 시기도 여성들이 임신하기 가장 좋은 시기와 일치한다. 이러한 억제는 명백히—진화론적으로도 도저히 말이 안 되므로—적응성이 없다.

남성에게서 나타나는 대립유전자 빈도 및 식물에스트로겐과 테스토스테론

심지어 식물에스트로겐 섭취량이 많고 섭취 기간 또한 긴 집단에서도 고농도 대립유전자의 빈도가 비교적 낮다. 이처럼 대립유전자 빈도를 낮추는 원인은 무엇일까? 한 가지 유력한 가설은 CYP17 유전자에 대한 식물에스트로겐의 선택적 압력이 그다지 강력하지 않으며, 그 집단의 유전자 구성에 더 많은 변화를 일으키기에는 시간적으로 (인간의 세대 수로 보았을 때) 충분하지 않았으리라는 것이다. 하지만 고농도 에스트로겐 대립유전자의 빈도를 낮추는 데 인간 남성의 '책임'이 클 가능성도 있다.

농경이 시작되면서 변화된 식생활은 남성들도 변화시켰다. 식물에스트로겐은 테스토스테론을 포함한 남성의 스테로이드계 호르몬 수치에도 영향을 끼칠 수 있다. CYP17 유전자가 암호화하고 있는 효소 P450c17a는 남성의 스테로이드계 호르몬 합성과 관련이 있다. 고환에서 테스토스테론이 생합성되는 핵심적인 단계들에서 두 가지 효소(17-수산화효소와 17,20-분해효소)의 활성을 조절해주기 때문이다.[44] 여성의 고농도 에스트로겐과 관련이 있는 CYP17 유전자에 발생한 변이(뉴클레오티드 티민이 시토신으로 대체된 변이로 대립유전자 A2를 일컬음)는 남성의 고농도 테스토스테론과도 관련이 있다. 지금까지 제기된 주장은, 이 대립유전자가 유전자의 전사轉寫 속도를 높여서 테스토스테론 수치를 증가시킨다는 것이다. 체외 실험 연구들을 보면 생리학적으로 식물에스트로겐 제니스테인 농도가 높으면 테스토스테론을 비롯한 다른 안드로겐 수용체의 농도가 하향 조절된다는 것을 알 수 있다. 이는 앞서 서술한 여성에 대한 효과와도 비슷하다.

식물에스트로겐이 실제로 수용체 수준에서 테스토스테론 수치에 영향을 끼치는지를 체내 실험으로 밝힌 연구는 없지만, 한 식사 개입 연구에서 콩류 보충식이 남성의 테스토스테론 수치를 떨어뜨린다는 사실이 밝혀졌다.[45] 식물성 에스트로겐이 전립선암을 예방하는 역할을 할 가능성이 대두되면서 남성을 대상으로 한 CYP17 유전자나 안드로겐 수치, 식물에스트로겐에 관한 연구도 급격히 늘어나고 있다.[46]

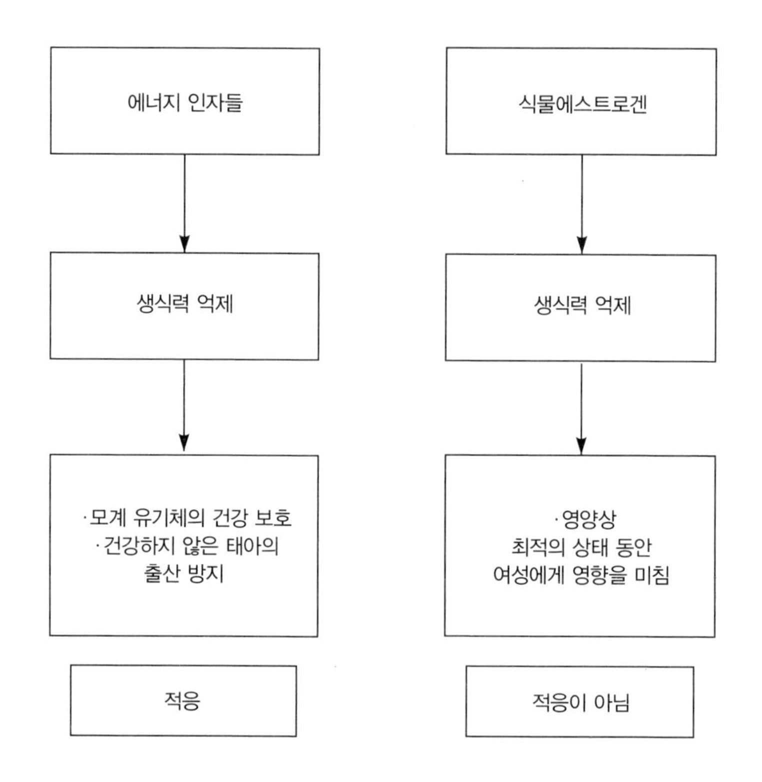

(그림 2.5) 에너지 가용성이 낮은 데 대한 여성의 생식력 억제는 적응이지만, 식물에스트로겐 섭취 과다로 인한 생식력 억제는 적응이 아니다.

식물에스트로겐이 테스토스테론 수치를 억제하는 효과를 낼 수 있다면, 여성에 대한 가설처럼 남성에게도 CYP17 유전자의 유전자 다형성에 대해 식물에스트로겐이 선택적 압력으로 작용한다고 가정할 수 있을까? 남성의 식물에스트로겐 섭취 증가가 인간 집단 내에서 고농도 CYP17 대립유전자의 빈도 증가에 추가적인 선택 압력으로 작용하지 않을까?

남성의 테스토스테론은 생식과 관련된 생리 기능과 관련이 있으며, 정자의 생산과 성욕에도 중요한 호르몬이다. 한편 테스토스테론은 대사적으로도 중요한 기능을 한다. 테스토스테론 수치는 모집단마다 현저한 차이가 있는데,[47] 영양이 불량한 집단의 남성은 영양이 풍부한 집단의 남성보다 테스토스테론 수치가 낮다. 리처드 브리비에스카스는 테스토스테론이 근육 조직의 합성을 촉진한다는 점을 들어 영양이 불량한 집단의 남성들은 사치스러운 근육 조직의 합성을 줄인다고 주장했다. 근육 조직을 유지하는 데도 대사 비용이 들기 때문에 영양상 열악한 상태에 처한 사람들은 근육이 적을수록 유리하다. 왜냐하면 면역 시스템 유지와 같은 다른 생리학적 기능에 에너지와 단백질을 사용할 수 있기 때문이다.

농경문화는 식물에스트로겐 섭취를 증가시킴으로써 식생활의 범위를 좁혀놓았을 뿐만 아니라—의아하게 여길 사람이 많겠지만—영양학적 상태를 악화시키는 데도 일조했다. 농경문화 초기의 사람들은 에너지와 특정한 영양분이 결핍된 식이를 했으며, 결과적으로 수렵채집인보다 건강이 훨씬 좋지 못했다.[48] 남성의 경우, 농경사회 초기에는 양질의 근육 조직을 풍부하게 유지하지 못했을 것이다. 게다가 인구 밀도의 증가, 정착생활 그리고 가축화된 동물에서 유래한 새로운 기생충에 노출됨으로 인한 면역 시스템의 유지 비용도 높아졌다. 따라서 남성들도 식이를 통한 에너지 섭취량은 줄어든 반면 에너지 소비량은 늘어났다.

식물에스트로겐 섭취는 여성의 에스트로겐과 남성의 테스토스테론 수치를 모두 떨어뜨리지만, CYP 유전자 다형성의 진화에는 성별에 따라 다르게 작용했을 것이다.(그림 2.6) 여성의 경우 에스트로겐 수치의 감소는 생식력을 떨어뜨리고 건강도 악화시킨다. 이와 대조적으로 남성은 테스토스테론 수치가 감소하면, 근육의 합성과 유지 외에도 면역 기능 강화와 건강 증진과 같은 일에 더 많은 에너지를 할당할 수 있다. 따라서 여성에게 고농도 CYP17 대립유전자를 촉진하는 선택이 남성에게는 똑같은 유전자의 저농도 대립유전자를 촉진한다고 볼 수 있다. 이 밖에도 두 성에서 역방향으로 선택되는 형질이 많은데 이러한 현상을 진화생물학자들은 유전자 자리 간 성충돌intralocus sexual conflict이라는 용어로 설명한다.[49]

전반적인 결과: 비교적 약한 선택 압력

농경의 도입과 함께 시작된 식생활의 변화는 스테로이드계 호르몬 생산과 관련된 대립유전자들의 빈도에 영향을 끼쳤을 것이다. 이로써 모집단에 따라 고농도 에스트로겐 대립유전자의 빈도가 다른 까닭도 어느 정도 설명된다. 유전적 변이뿐만 아니라 생활 방식이 달라지면서 나타난 변이는 (1장에서 논의했듯) 생식 호르몬 수치에서 여성들 간 또는 모집단들 간에 차이를 유발했다.

사실 이 장에서 제시한 몇몇 증거도 지속적인 연구를 통해 확실히 검증되어야 할 것이다. 식물에스트로겐 섭취가 내생 에스트로겐 수치를 저하시

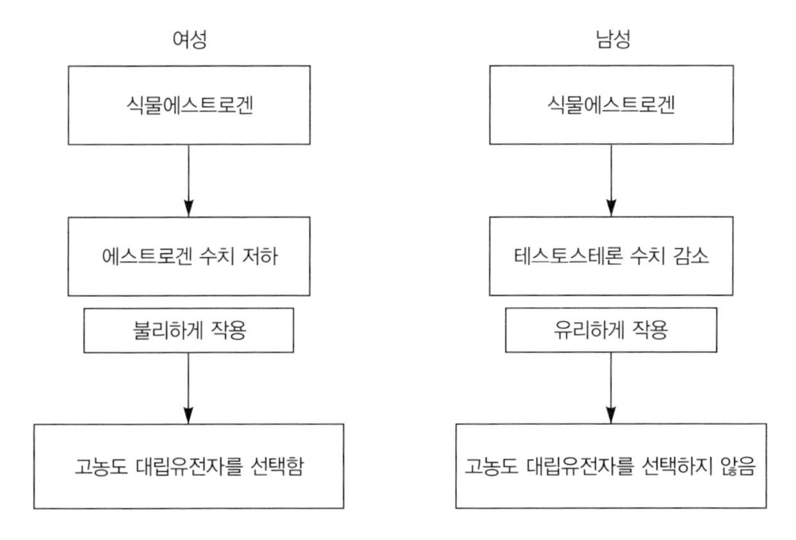

그림 2.6 식물에스트로겐 섭취 증가가 고농도 에스트로겐을 암호화하고 있는 대립유전자의 빈도를 늘리는 선택적 압력으로 작용한 여성의 경우와 선택적 압력을 받지 않은 남성의 경우

킨다는 사실을 보여주는 연구들이 있지만, 똑같은 효과가 발견되지 않은 연구들도 있다. 심지어 식물에스트로겐 섭취 증가와 남성의 테스토스테론 수치의 관계에 대해서는 알려진 바가 거의 없다. 이 장에서 제시한 가설들을 좀더 엄격하게 검증하려면 식물에스트로겐 섭취의 역사와 에스트로겐 대사와 관련된 유전자 다형성 사이의 관계를 뒷받침하는 대규모의 모집단 연구가 선행되어야 한다. 끝으로 CYP17 유전자뿐만 아니라 이와 같은 맥락에서 다른 유전자들의 다형성에 대한 연구도 필요할 것이다.

지금까지 우리는 여성의 생식 호르몬 수치에 차이를 유발하는 가장 중요한 인자들을 살펴보았다. 비우호적인 환경에 대한 반응으로 호르몬 수치를 억제하는 여성의 생리학적 측면에 대해서는 선택적 난소 억제에 관한 가설들로 설명할 수 있다. 식물성 에스트로겐 섭취의 증가는 호르몬 수치의 차이가 유전적으로 결정되는 까닭을 설명해주는 가설이다. 최근 몇 년 동안, 호르몬 수치의 차이를 완전히 이해하기 위해서는 유전자와 성인기의 환경뿐만 아니라 태아와 유아가 발육기에 경험한 환경적 요인들까지 고려해야 한다는 목소리가 커지고 있다.

3장에서는 다른 생리학적 기능들과 마찬가지로 난소 기능도 태아기의 환경적 요인으로부터 영향을 받는지 살펴볼 것이다. 그리고 성인기의 생식 생리학적 기능이 생애 초반기에 경험한 환경의 영향을 받는 까닭에 대해서도 조망해볼 것이다. 일부 연구자들이 주장하듯, 태아가 발육기에 받아들인 환경에 대한 정보가 임산부의 생리활동을 통해 여과되었을 가능성도 있다. 이 정보를 바탕으로 태아의 대사와 생리 기능은 '예측된' 미래의 환경 조건에 대비하도록 '프로그래밍'된다. 이렇게 프로그래밍된 생리 기능은—물론 태아기의 예측이 정확하다는 가정 아래—생후의 환경 조건에 적합할 것이다.

3장

당신이 (태아기 때) 먹은 것이 곧 당신이다

태아의 발육기가 성인기의 생식생리 기능과 연결되어 있다는 사실은 그리 놀랍지 않다. 자궁 안에 있는 동안 영양이 부족했다면 이후의 건강에도 심각한 영향을 끼치기 때문이다. 이러한 현상을 '태아 프로그래밍'이라고 한다. 특히 생애 초반에 경험한 영양 결핍이 당뇨병, 심장혈관계 질환, 뇌졸중을 비롯한 몇몇 대사성 질환의 발병률을 높인다는 사실은 충분히 입증되었다.[1] 주로 동물 연구를 통해서였지만, 일부 생리학적 기전들이 위와 같은 유해한 결과를 초래한다는 사실도 이미 입증되었다. 자궁 내의 영양 결핍은 한 개체의 생리와 대사 기능을 변화시키며, 이러한 변화는 영구적으로 고착되는 것처럼 보인다. 영양 결핍에 대한 반응으로 유기체의 크기나 내부 기관의 구조가 변할 것이고, 따라서 여러 대사 과정도 영향을 받을 것이다. 인슐린 대사가 그 대표적인 예라 할 수 있다.

태내에서 영양을 충분히 공급받지 못하고 태어난 사람의 근육은 종종 장년기 이후에 인슐린 민감성이 떨어질 수 있다. 건강한 사람의 인슐린은 근육을 포함한 여러 기관의 세포들이 혈액으로부터 포도당을 흡수하도록 촉진한다. 포도당은 소화된 음식물의 최종 생성물인 단당류로, 대표적인 에너지원이다. 근육이 인슐린 저항성을 갖게 되면 근육 세포들에서 포도당 흡수가 제대로 이루어지지 않고, 따라서 혈액 내의 포도당이 지나치게 많아진다. 혈중 포도당 농도가 높으면 결국 몸의 전반적인 생리활동에 불리하게 작용할 수밖에 없다. 인슐린 저항성은 (통틀어 대사증후군으로 불리는) 일단의 질병들과 관련이 있다. 비만과 (2형 당뇨병이라고도 하는) 성인기 발증형 당뇨병, 고혈압 및 심장혈관계 질병들이 여기에 포함된다.

상당히 오랫동안 이러한 질병들은 생활 습관에 기인한다고 여겨졌다. 하지만 지금은 성인기의 생활 습관이 대사증후군에 끼치는 영향은 일부에 지나지 않으며, 생애 초반의 발육 환경이 중대한 요인으로 작용한다는 사실이 확인되고 있다. 1980년대 이후부터 실시된 연구들로 동물의 대사와 생리 기능 및 건강에 자궁의 환경이 끼치는 영향이 충분히 입증되었을 뿐 아니라 몇몇 인간 모집단을 대상으로 실시한 연구들도 이와 유사한 결과를 반복해서 보여주었다.[2]

인간의 건강과 관련된 이 분야의 연구가 중대한 의미를 갖는 것은 두말할 나위 없지만, 이 책에서는 자궁 환경의 장기적인 결과를 두 가지 측면에서만 살펴보기로 하자. 우선 우리는 한 개인의 생물학적 상태와 건강에 그 조상들의 경험이 영향을 끼친다는 사실을 검증해볼 것이다. 여기서 말하는 조상은 과거 인류 진화기의 아주 먼 조상을 일컫는 것이 아니라 그보다 더 가까운 조상, 즉 어머니, 조모, 증조모로 이어진 모계 조상을 말한다.

이제부터 자궁의 환경과 생식 기능의 관계에 대해 본격적으로 살펴보기로 하자. 지금까지 몇몇 연구에서 태아의 열악한 발육 조건이 생식생리 기능에 영구적인 변화를 초래한다는 주장이 제기돼왔다. 나는 이러한 변화들이 병리학적 현상이라고 생각하지 않는다. 실은 정반대일 것이다. 여기서는 생애 초반의 발육기 동안 발생한 생식생리 기능의 불가역적 변화를 적응이라고 할 수 있는지를 고찰해볼 것이다. 달리 말하면, 그렇게 일찍 일어난 생식적 '프로그래밍'이 성인기의 생식생리 기능에 명백하게 영향을 끼치는지를 알아볼 것이다. 만약 그렇다면, 그 영향은 한 개인의 생식 성공률을 높일 수 있을 만큼 강력한 것일까?

네덜란드의 기근

인간의 경우, 자궁 시기의 영양 결핍으로 인한 장기적인 결과를 추적하는 유효하고 설득력 있는 실험을 수행하기가 매우 어렵다. 물론 비윤리적이라는 측면 때문이기도 하다. 그러나 자궁 내 영양 조건의 주요한 지표인 출생 체중이 영양 상태나 노동량, 질병과 같은 임신 전 여성 건강의 영향을 받는다고 할 때, 영양 결핍 상태의 모집단들에서는 이 모든 인자가 임신 기간 동안의 열악한 영양 환경의 효과와 혼동을 일으킬 수 있다.

게다가 이러한 집단들에서 (유행병 연구 분야의 주요 관심사이기도 한) 자궁 내 열악한 영양 상태가 성인기의 건강에 끼치는 영향은 여러 다른 인자의 복합적인 작용으로 인해 확인이 어렵다. 많은 경우, 자궁 내의 열악한 영양 상태는 전 생애에 걸친 영양 결핍의 시작에 불과하다. 유아기와 성인기에 경험한 영양 결핍뿐만 아니라 감염성 질병의 발생 빈도가 높은 환경도 성인기의 건강에 영향을 끼치기 때문에, 생애 초반의 환경과 이후 환경의 영향들을 구분하기란 그저 어려운 정도가 아니라 불가능하다고 해도 과언이 아니다. 그렇기 때문에 보통 전쟁으로 인해 '자연스럽게' 단기적 영양 결핍을 경험한 적이 있는 영양이 양호한 집단들이 학계의 관심을 받는 것은 당연하다.

1944년 겨울부터 1945년까지 독일이 네덜란드를 점령한 기간에 발생한 네덜란드 기근은 태아기의 단기적 영양 결핍으로 인한 장기적인 효과를 연구할 수 있는 기회였다. 당시 독일이 모든 식량의 운송을 금지함으로써 네덜란드는 식량난을 겪었다.[3] 1944년 11월 초에 이 금지령이 철폐되면서 운하와 수로를 통한 식량 운동이 재개되었지만, 그해 겨울 추위가 예년보다 일찍 시작된 데다 한파가 전례 없이 강한 탓에 모든 수로가 얼어버려 식량 운송은 사실상 불가능했다. 결과적으로 국가에서 성인 1인당 매일 지급하던 배급량은 1944년 11월 말경 1000칼로리 이하로 떨어졌다. 1944년 12월과 1945년 4월 사이에 네덜란드의 성인은 하루에 400~800칼로리를 섭취했는데, 이는 오늘날 건강한 성인 여성의 1일 권장량의 20~40퍼센트에 불과한 양이다. 임신 초기의 여성이나 수유기의 여성에게는 식량을 좀더 지급했지만, 기근이 악화되면서 이들에 대한 추가 식량 지원도 불가능해졌다.

겨울이 닥치자 기근 말고도 다른 문제들이 겹치기 시작했다. 땔감도 없었고 가스나 전기 공급도 끊긴 데다 일부 지역에서는 수돗물 공급마저 중단되었다. 놀랍게도, 당시 임산부를 진단하거나 출산을 도왔던 의사와 산파들은 여성들의 임신과 출산에 대해서는 물론이고 신생아들의 출생체중과 체격에 관하여 매우 상세한 기록을 남겼다. 이들이 남긴 자료가 자궁의 환경이 성인의 건강에 끼치는 장기적 영향을 연구하는 데 매우 적합한 까닭은 네덜란드인들이 처한 상황 이외의 측면들이 동일했기 때문이다. 이러한 극적 사건들을 경험한 집단은 1944년 겨울 이전까지 모두 영양적으로 매우 양호했다. 마찬가지로 독일로부터 해방되자마자 네덜란드인들에게 지급된 식량은 2000칼로리까지 증가했고, 그 후에도 꾸준히 유지되었다. 기근이 있던 시기에도 만 1세 이하 유아의 공식적인 1일 배급량은 1000칼로리 이하로 떨어지지 않았으므로, 출생 후 유아들은 적어도 에너지 필요량 면에서는 영양 결핍을 겪지 않았다.[4]

게다가 이 집단을 대상으로는 기근 바로 이전에 태어난 사람과 기근 이후에 태아기를 겪은 사람 사이의 직접적인 비교도 가능할 뿐만 아니라, 태아기의 발육 단계마다 기아가 끼친 영향을 비교할 수도 있다.

발육 단계와 상관없이 자궁 내에 있는 동안 기아에 노출된 사람은 50대가 되었을 때 인슐린의 대사가 원활하지 못했다. 태아기 초기에 기아에 노출된 경우에는 관상동맥성 심장질환의 발병률이 높았으며, 신경성 혈액 응고 이상, 비만, 스트레스 민감성에도 이상이 있었다. 임신 중기 이후에 기아에 노출된 경우에는 폐쇄성 폐질환을 앓았다.[5]

출생체중과 그 결정 요인들

태아기 환경의 특징을 가장 잘 보여주는 지표는 신생아의 출생 체격이다. 대부분의 연구에서 출생체중을 지표로 삼는 까닭도 이 때문이다. 예컨대 저체중은 종종 태아기 동안 생리와 대사 기능에서 조정이 일어났음을 암시하는 지표로 간주된다. 출생체중은 단순하게 임신 기간에 임산부의 에너지 섭취량으로만 결정되지 않는다. 선진국의 여성들에게서 관찰되듯, 임산부의 충분한 영양 섭취는 정상 체중의 신생아를 낳기 위한 필요조건이지만, 비산업화 국가의 영양 결핍 임산부들에게 영양 보충식을 공급했을 때에도 신생아들의 체중에 끼친 효과는 놀랍게도 극히 제한적이었다. 감비아의 농촌에서 실시된 전통적인 연구들을 보면 (11장에서 자세히 논의할 텐데) 임신 기간에 충분한 보충식을 제공했음에도 신생아의 체중 증가량은 극히 미미했음을 알 수 있다.[6] 이와 마찬가지로, 과테말라의 임신한 여성들에게 1만 킬로칼로리의 보충식을 실시했을 때에도 신생아의 체중 증가량은 단 29그램에 그쳤다.[7] 이 밖에 보충식을 실시했던 13차례의 연구에서도 임신 기간에 단백질/열량의 균형을 맞춘 보충식을 공급받은 여성들이 낳은 신생아의 출생체중은 생물학적으로 거의 무시해도 좋을 만큼의 증가(평균 25.4그램의)를 보였을 뿐이다.[8]

임신 기간의 보충식이 태아의 출생체중에 끼치는 영향이 별로 크지 않다는 사실을 임산부의 영양 상태가 중요하지 않다는 증거로 해석해서는 안 된다. 그보다는 오히려 이런 결과는, 전반적으로 영양이 결핍된 여성들이 보충식을 통해 에너지를 공급받더라도 태아의 생물학적 특징을 증진시키는 데 활용되지 않음을 암시한다고 보아야 할 것이다. 덜 선진화된 국가의 여성들 가운데 임신 기간 중 영양 결핍을 경험한 경우, 대개는 임신 이전에도—유아기와 성인기 대부분의 기간에도—영양 결핍을 겪었을 가능성이 크다. 그리고 이들 중 일부는 틀림없이 영양 결핍을 겪고 있던 모계 유기체에게서 저체중아로 태어났을 것이다.

임신 기간에 여성에게 추가 칼로리를 공급했을 때 신생아의 출생체중은 거의 증가하지 않았지만, 임신 중 늘어난 여성의 체중과 임신 전의 영양 상태와는 관련이 있다. 놀랍게도 여성 본인의 출생체중과 아기의 출생체중 사이에도 모종의 관계가 있다.[9] 이와 관련해 실시된 14차례의 연구에서도 여성 본인의 출생체중이 100그램 증가할 때마다 신생아의 출생체중

은 10~20그램까지 증가했다.[10]

위와 같은 관계는 부분적으로나마 어머니가 그 자녀와 공유하는 공동 유전자의 존재로 설명할 수 있다. 알다시피 아버지의 출생체중 역시 그 자녀의 출생체중과 비례관계라는 점에서 유전자는 중요하다.[11] 하지만 관계의 정도로 보면 모계의 출생체중이 부계의 그것보다 자녀의 출생체중에 훨씬 더 큰 영향을 끼치며, 이는 그만큼 모체의 영양 상태가 중요함을 의미한다. 최근에 난자 기증을 통한 임신 연구들에서는 자녀의 출생 체격에 관하여 난자 기증자의 키보다 난자 수령자의 키와 더욱 밀접한 관련이 있음이 증명되었다.[12] 모계 유기체, 즉 임산부의 영양 환경의 중요성을 다시 한 번 분명히 보여준 것이다.

출생 체격에 대한 세대 간의 효과는 임산부와 신생아 간 출생체중의 상관관계만이 아니다. 신생아의 출생체중은 어머니의 유아기 키와도 관계가 있다. 어릴 때 키가 컸던 어머니가 낳은 아기는 출생체중이 더 나가는데, 이러한 관계는 어머니의 출생체중이나 성인기의 키를 감안하더라도 별로 달라지지 않는다.[13] 실제로 신생아의 출생체중은 그 어머니의 다리 길이로도 예측이 가능하다. 왜냐하면 어머니의 다리 길이는 본인이 유아기에 어떤 영양 상태였는지를 보여주는 민감한 지표이기 때문이다.[14]

세대 간 효과는 몇 세대까지도 이어질 수 있다.[15] 아기의 출생체중은 심지어 여성이 임신하기 전에 일부 결정된다! 왜냐하면 그녀의 출생체중 역시 그 어머니의 출생체중뿐만 아니라 유아기와 성인기의 키에 의해 결정되기 때문이다.[16] 따라서 아기의 출생체중은 조모의 출생체중에 의해 일부 결정될 뿐 아니라 조모의 어머니, 그러니까 증조모의 출생체중으로부터도 영향을 받을 가능성이 매우 크다.(조모의 출생체중은 증조모의 출생체중에 따라 결정되기 때문이다.) 하지만 한 가계의 세대별 출생체중에 대한 신뢰할 만한 자료를 입수하기 어렵기 때문에 실제로 이러한 효과가 몇 세대에 걸쳐 나타나는지 정확히 알 수는 없다.

요약하면, 세대 간 영향학적 효과는 아기의 출생체중을 결정하는 중요한 요인이며, 심지어 여성이 임신 기간에 공급받은 영양보다 훨씬 더 결정적인 요인으로 작용할 수도 있다.

적응인가, 아니면 발달 제약인가?

비우호적인 자궁 환경에서의 발육 결과는 비교적 잘 알려져 있지만,[17] 생리와 대사 기능에 그러한 변화가 일어나는 까닭에 대해서는 겉핥기식 논의만 있을 뿐이다. 단순히 태아기에 일어난 생리적 변화가 발달 제약의 결과라고 설명할 수도 있다. 충분한 에너지와 영양이 공급되지 못하는 환경에서는 체격을 줄이고 생리 기능을 변화시키는 것만이 주어진 조건에서 태아가 획득할 수 있는 최선의 결과라는 것이다.[18] 달리 말하면, 작은 체격과 생리 기능의 변화는 그저 열악한 발육 조건에 따른 불가피한 결과일 뿐 뚜렷한 이유가 없다는 것이다.

다른 한편에서는 생리와 대사 기능에서 일어나는 변화에 나름의 목적이 있다고 해석하기도 한다. 즉 태아기와 마찬가지로 에너지 환경이 열악한 미래의 삶에 대비하기 위해 일어나는 변화라는 의미다. 이를 근거로 일부 의학이나 유행병학 문헌들에서는 헤일즈와 바커 등의 연구를 존중하여, 태아기에 나타나는 생리와 대사 기능의 변화를 '적응'으로 간주한다.[19]

하지만 이러한 추론 과정이 전적으로 추측에 근거하고 있음을 간과해서는 안 된다. 이를테면 인슐린 대사나 신장 기능에서 발생한 영구적 변화가 진짜 적응인지 아닌지 알 수 없다. 그러한 변화가 한 개인의 생존과 생식력을 강화하는지 분명치 않기 때문이다.

영양이 열악한 환경에서 발달한 태아는 생리 기능에 변화가 일어나 소위 절약형질(또는 절약표현형thrifty phenotype)을 보유한 사람으로 성장하는 것처럼 보인다. 절약형질 가설은 태아의 미숙한 성장과 포도당 대사질환의 발생률 사이에서 관찰되는 관계를 설명한 가설이다.[20] 이 가설에 따르면 부족한 영양 환경에서 성장한 태아는 생애 후반기에 영양적으로 제한된 환경에서의 생존 능력이 훨씬 뛰어나다. 가령 포도당 흡수력이 떨어지는 근육 세포를 갖고 있다면 식사 공급량이 매우 제한적인 상태에서 다른 생리 기능들을 위해 포도당을 절약할 수 있다.

절약형질 가설에 따르면, 이런 식으로 자궁 안에서 변경된 (또는 프로그래밍된) 생리 기능은 출생 후 전 생애에 걸쳐 영양적으로 열악한 상태가 지속될 때만 유리하게 작용하며, 그럴 때만이 '적응'이라고 할 수 있다. 하지만 태아기와 비교해서 이후의 영양 상태가 현저히 향상된다면 종종 당뇨병과 같은 대사성 질병이 발생한다. 물론 이처럼 프로그래밍된 생리 기능이 출생 후의 열악한 영양 환경에서 언제나 '적응'으로 작용한다는, 즉 진화 적응도가 더 높다는 확실한 증거는 없다.

무엇보다 중요한 사실은 실험에 참여한 피험자 당사자 외에는 태아기의 성장 조건을 알아내기가 거의 어렵다는 점이다. 인간의 태아기 성장 조건의 영향에 대한 대부분의 자료는 기억에 의존하고 있는 실정이다. 지금까지 우리는 임신 기간의 영양 상태에 대한 정보를 신생아의 체격과 체중으로 추론했다. 신생아의 작은 체격은 실제로 임산부가 임신 기간에 영양학적으로 스트레스를 겪었다는 지표로 이용되지만, 흡연이나 감염과 같은 다른 요인들도 자궁 내의 태아 성장을 제한할 수 있을 것이다.

이번 장에서는 진화론적 관점에서 태아기 프로그래밍이 갖는 적응 유의도adaptive significance를 살펴볼 것이다. 따라서 임신 기간의 열악한 영양 상태를 나타내는 지표로서 출생 시의 작은 체격에 주목하고자 한다. 농경사회 이전의 인간에게 노출될 수 없었던 (흡연과 같은) 요인들은 진화론적으로 선택적 압력에 상응하는 영향을 끼치지 못했을 것이다.

또 한 가지 기억해야 할 점은 출생 시의 작은 체격 자체가 성인기에 건강상의 문제를 일으키는 원인은 아니라는 사실이다. 실제로 신생아의 작은 체격이 유효한 변수로 작용하는지, 또는 성인이 되었을 때 적응 비용이나 잠재적 이점을 갖는지는 선불리 판단할 수 없다. 어쩌면 출생 시 작은 체격은 태아기의 환경과 우리가 앞서 살펴본 것처럼 가까운 이전 몇 세대 동안에 경험한 영양학적 (또는 다른) 문제들의 지표에 불과할 수도 있다. 또는 자궁 안에서 일어난 체내의 해부적, 생리적 조정이거나 대사 조정의 표시일 가능성도 있다. 다시 말해 작은 체격과 이러한 조정 모두가 자궁 내 영양 결핍의 결과라는 의미다. 출생 체격은 작았지만 이러한 조정들을 갖고 있지 않은 사람과 출생 체격이 더 컸던 사람은 성인기 대사성 질병의 발병률에 차이를 보일까? 대부분은 차이가 없을 것이다.

출생 시의 작은 체격은 성인기 당뇨병을 유발할 수 있는 위험 인자로 간주되지만, 알다시피 발병률을 증가시키는 직접적인 원인은 인슐린 대사에서 일어나는 변화들이다. 이러한 변화들은 작은 체격의 결과가 아니라, 자궁 내에서 신체의 성장을 저해함으로써 작은 체격을 유발한 것과 똑같은 요인들 때문에 발생한다. 마찬가지로 태어날 때 체격이 작았던 여성은 유방암 발병률이 낮다. 역시 이 관계에도 출생 시의 작은 체격 자체가 영향을 끼칠 확률은 없다. 이 장의 후반부에서 다시 논의하겠지만, 작은 체격으로 태어난 여성들은 생식생리 기능에 대한 적응들을 갖고 있어서 월경주기에 생산되는 에스트로겐 수치가 낮다. 일생 동안 유방의 에스트로겐에 대한 노출 빈도가 낮을수록 유방암 발병률은 감소한다.

환경의 질에 대한 세대 간 신호

태아기 프로그래밍의 의미에 대해, 특히 작은 체격으로 태어난 사람에게서 관찰되는 생리와 대사 기능들의 조정을 실제 적응으로 간주해야 하느냐 마느냐에 대해서는 지금까지도 논의가 활발하다.[21] 적응 유의도라는 개념은 주로 성인의 체격, 비생식적 생리 기능, 노쇠 등과 관련지어 논의돼온 주제였다. 작은 체격과 대사 기능의 조정은 향후에 나타날 것으로 예측된 영양적 스트레스에 대한 적응으로 간주된다.[22] 자궁의 환경을 바탕으로 생애 전반의 환경 조건들에 대비한다는 가설의 타당성 여부를 가리기 위해서는 먼저 임신 기간의 환경 조건들이 미래의 조건들과 서로 확실하게 상호작용한다는 전제가 있어야 한다. 다시 말해서 임신 기간의 환경 조건들이 태아에게는 출산 후의 생애가 영양학적인 면에서 전반적으로 열악할 것인지 아니면 풍족할 것인지를 예측하는 강력한 '신호'로 작용해야 한다. 그러나 인간의 임신 기간은 긴 수명에 비해 비교적 짧다. 만약 환경 조건들이 안정적이라면 여성이 임신 기간에 경험한 조건들이 향후 수십 년 동안 일정하게 유지될 가능성이 훨씬 더 크다.

인류가 진화해오는 동안 환경이 얼마나 안정적이었는지 확실히 알 수는 없지만, 몇 가지 근거로 미루어보건대 그동안 환경적으로 상당한 변화가 있었고, 따라서 한 개인이 일생 동안 경험하는 환경도 매우 다양했을 것이다. 고기후학적 증거로 보건대 지난 1만 년은 지역적 기후와 생태 환경이 비교적 안정적이었지만, 그 전에는 그렇지 않았다. 과거 10만 년 동안 기후는 시시때때로 급격한 변화를 보였다.[23]

세대 간 신호라는 개념[24]은 태아의 영양적 경험을 단지 임신 기간에 한정하지 않고 과거 몇 세대가 경험한 환경의 질까지 통합해서 살펴보고자 하는 시도에서 출발했다. 우리는 이미 신생아의 출생 체격과 생리와 대사 기능의 조정들이 단순히 어머니의 임신 기간 중 영양 상태뿐 아니라 어머니와 조모의 출생체중과 영양적 조건들에서 비롯된 결과임을 말해주는 몇 가지 증거를 살펴보았다. 환경 조건의 질을 평가하는 데 이러한 통합적 신호들은 단순히 임산부 한 명의 임신 기간 중 환경 조건에 바탕을 둔 신호보다 더욱 신뢰할 만한 근거가 될 수 있다.

세대 간 효과로 발생하는 생리와 대사 기능의 메커니즘에 대해서는 아직 알려지지 않았지만, 급속히 발전하고 있는 후성유전학 분야에서는 이미 환경의 질에 대한 세대 간 정보들이 유전자 발현을 변경시키는 방법으로 다음 세대에 전달될 수 있음을 제기한 바 있다. 따라서 영양이나 노동량, 질병 등과 같은 환경의 질에 대한 정보도 세대를 거치며 전달될 수 있다.[25]

하지만 임신 기간에 태아가 받는 모든 정보가 임산부로부터 직접 전달된다는 사실을 감안하면, 세대 간 정보 전달에 관한 좀더 확실한 근거가 필요하다. 우리는 임산부가 과거의 영양적 조건들을 평가한 통합적 '지식'을 갖고 있다고 생각한다. 아울러 이 지식 역시 그녀의 어머니로부터 전달받았으며, 임산부는 생리학적으로 다시 이 신호를 태아에게 전달할 수 있다고 생각한다. 그렇다면 진화론적 관점에서도 이 정보를 세대 간에 공유하는 것이 임산부의 최대 관심사일까?

어머니와 태아 사이의 이해 충돌

태아 프로그래밍의 적응 유의도에 대한 대부분의 시나리오는 진화론적으로 태아의 건강만을 고려하고 어머니의 건강을 무시한다는 점에서 문제가 있다. 발달 효과에 대해서는 어머니-자녀 갈등의 맥락에서 논의되어야 하는데, 이에 대해서는 로버트 트리버스(1974)와 데이비드 헤이그(1994)가 발달시킨 이론을 바탕으로 조너선 웰스가 이미 훌륭하게 정리해놓았다.[26] 어머니와 태아의 이해관계는 대체로 정확하게 일치한다. 태아의 생존을 보장하고 미래의 생식 성공률을 높인다는 측면에서 양쪽 모두 태아의 발달에 중점을 둔다. 자녀의 적응도가 증진될 때 어머니의 적응도도 높아진다. 즉 자녀의 생식 성공률이 높을수록 어머니의 유전자가 다음 세대에 전달될 가능성도 높다. 그러나 어머니의 적응도는 전 생애에 걸친 모든 생식 사건을 통합해야 하므로, 장기적인 관점에서 생식 전략을 세워야 적응도를 높일 수 있다.

수명이 긴 종들, 그중에서도 인간 여성의 가임 기간은 약 30년이다. 18~19세기, 아일랜드 귀족이었던 에밀리 레녹스는 22명의 자녀를 출산했다.[27] 에밀리 레녹스가 이처럼 과도한 생식 비용을 감당할 수 있었던 까닭은 영양적 조건이 매우 양호했을 뿐 아니라, 당시의 귀족 여성들이 그랬던 것처럼 유모를 두고 있어서 자녀들에게 자신의 모유를 먹일 필요가 없었기 때문이다. 인류의 진화기 동안 대다수 여성은 이러한 호사를 누리지 못했다. 생활사 이론에 따르면 자원이 한정적일 때는 현재와 미래의 생식활동 사이에 거래가 발생한다. 즉 여성들은 뱃속의 태아와 출산 후 신생아의 양육은 물론이거니와 자기 자신에게도 에너지와 영양을 분배해야 한다. 그런데 현재의 자녀 양육에 너무 많은 투자를 한다면 이른바 산모 고갈maternal depletion에 빠질 위험이 있으며, 이는 미래의 생식에도 부정적인 영향을 끼칠 수 있다.

이처럼 모체의 영양과 에너지가 제한적으로 분배되는 것은 자녀로서는 달갑지 않은 일이다. 미래의 형제자매와는 유전적으로 매우 친밀한 관계이긴 하지만(게다가 형제자매가 있다는 것이 포괄적응에도 유익할 테지만) 어쨌든 자녀는 모계뿐만 아니라 부계 유기체의 유전자도 갖고 있다. 모계 유전자는 모든 형제자매가 공유하는 것이 분명하지만 부계 유전자는 반드시 공유한다고 볼 수 없다. 한 어머니의 자녀일지라도 다른 남성이 아버지가 될 수도 있기 때문이다. 따라서 임의의 한 자녀의 게놈 안에서 모계 유전자와 부계 유전자는 상반된 이해관계를 갖는다.[28]

태아 게놈의 모계 쪽 절반은 어쩌면 모계 유기체의 전략, 즉 태아에게 분배되는 모계의 자원이 적을수록 태아와 유전자를 공유하는 다른 자녀들을 더 생산할 수 있다는 전략에 충실할 수 있다. 게놈의 부계 쪽 절반은 그보다는 이기적이다. 부계 유전자는 모계 유기체의 건강이 악화되거나 미래의 생식 가능성이 떨어지는 한이 있더라도 모계 유기체의 자원을 더 많이 얻으려고 할 것이다.

태아 '프로그래밍'이 어머니에게도 이득일까?

조너선 웰스가 제시한 모계 건강 모델(2003)에 따르면 태아 프로그래밍은 자녀보다 어머니에게 훨씬 더 유익하다. 인간처럼 수명이 긴 종은 자녀의 부모 의존 기간이 길기 때문에 어머니는 임신과 수유 기간뿐 아니라 젖을 떼고도 몇 년 동안 자녀에게 영양을 공급해주어야만 한다. 영양이 열악한 상태의 어머니, 특히 이전 몇 세대부터 영양 결핍이 지속된 어머니는 영양적 의존도가 낮은 자녀를 갖는 게 유리할 것이다. 따라서 웰스는 "태아 프로그래밍은 자녀의 체격이나 신체 구조, 대사 기능 등 환경의 질에 따라 어머니가 조정할 수 있는 전략들을 놓고 모체와 자녀 사이에 일어나는 경쟁의 결과라고 볼 수 있다"고 말한다. 웰스는 '절약형질' 가설로는 한 유기체의 생애 초기에 영구적인 변화가 일어나는 까닭을 설명할 수 없지만, '태아 프로그래밍' 가설이라면 가능하다고 주장한다.

이론적으로는, 출생 후에도 생리 기능의 유연성을 유지할 수 있다면 생애 초반에 대사 기능의 불가역적 변화를 갖는 것보다 한 개인에게는 더욱 유리할 것이다. 아마도 이와 같은 타이밍은 체격과 특정한 기관들의 기능이 결정되는 발달 스케줄에 시간적 제약이 있기 때문일 것이다. 하지만 웰스는 이러한 영구적인 조정들이 생애 초반에 결정되면 어머니로서는 장차 자녀에게 필요한 영양을 마련할 시간을 벌 수 있기 때문에 유리하다고 설명한다. 어머니는 임신과 수유기 동안 임의의 자녀에게 전달해야 할 영양과 에너지를 조절할 것이다. 물론 젖을 뗀 후에는 이러한 생리학적 조절 능력이 사라진다. 절약형 대사 활동을 하는 작은 체격의 아이로 프로그래밍함으로써 어머니는 젖을 뗀 후에도 여전히 에너지와 영양의 공급을 모체에게 의지해야 하는 기간에 아이의 영양적 요구를 조절할 능력을 발휘할 수 있다. 열악한 환경 조건에서 어머니는 절약형을 선호하므로 에너지 비용이 덜 드는 아이를 택할 것이다.

절약형 대사 기능이 자녀에게도 유익할까? 태아 프로그래밍 가설은 열악한 환경 조건에서 절약형질이 유리하다고 가정하지만, 아직은 이러한 전략이 실제로 개별 개체들의 유년기 생존에 이로운지, 또는 생식력을 높여주는지에 대한 믿을 만한 근거가 없다. 사실 인간뿐만 아니라 다른 여러 종은 보편적으로 체격이 클수록 유리하다. 우선 출생 후 초반에 체격이 큰 아기는 살아남을 확률이 훨씬 높다. 유년기에도 체격이 크다면 식량 경쟁에서 이길 확률이 높다. 또한 체격이 큰 청소년은 성성숙도 빠를 것이다. 성인기에도 예외는 아닐 것이다. 키가 큰 남성은 생식에 성공할 확률이 높으며,[29] 여성도 체격이 좋을수록 출생체중이 큰 아기를 낳는다.[30] 물론 그 아기의 생존율은 높을 것이며,[31] 이는 다시 어머니의 생식 성공률을 높이는 데 긍정적인 영향을 끼친다.

지금까지 우리가 확실히 알고 있는 것은 무엇일까? 자궁 내의 영양 조건들이 태아의 체격과 대사 기능, 생리 기능에 영향을 끼치는 것은 분명해 보인다. 물론 이러한 태아 프로그래밍이 생애 후반에 몇몇 대사성 질병의 발병률을 높일 수도 있다. 특히 임신 기간과 출생 후의 영양 조건들이 일치하지 않으면 그 상관관계는 더 분명하다.[32] 자궁 안에서는 열악한 영양 조건이었는데 생애 후반의 영양 조건들이 매우 양호해진다면, 이 부조화는 건강에 해로운 문제들을 야기한다. 자궁 내의 열악한 영양 조건들의 결과로 발달한 절약형질을 적응으로 간주해야 하는지 여부는 불분명하다. 어머니-자녀 갈등 이론의 기본적인 논리까지 포함하고 있는 생활사 이론의 관점에서 보면 태아 프로그래밍은 태아보다는 모체에 훨씬 더 유리하다.

생식생리 기능도 태아기의 영양 상태에 따라 프로그래밍될까? 만약 그렇다면 어떤 식으로 조정들이 나타날까? 자궁 안에서 일어나는 생식 기능의 프로그래밍을 진화에 따른 적응, 즉 한 개체의 생식 성공률을 높여주는 적응으로 간주할 수 있을까? 이러한 질문은 현재 진행 중인 논의에서 거론된 바가 없지만, 결코 피할 수 없는 질문임이 분명하다.

태아기의 영양 조건들과 성인기의 생식생리학

여성의 생식과 관련된 생리 기능을 '절약형'으로 만들어주는 영구적인 변화들을 반드시 적응으로 볼 수는 없다. 우호적인 환경 조건에서 성인의 난소 기능은 수정 능력을 항상 높게 유지하려는 방식으로 설정될 것이다. 충분한 영양을 섭취하고 신체활동량이 적은 여성은 크고 건강한 자녀를 출산할 수 있는 에너지를 보유하고 있다. 그러나 본인의 태아기에 영양 조건이 열악한 탓에 난소 기능이 절약형으로 설정된 경우라면, 임신했을 때 영양 상태가 좋아도 적응도에 그다지 유리하게 작용하지 않을 것이다.

열악한 환경에서 살고 있는 여성은 절약형으로 프로그래밍된 생식생리 기능을 지닌 아기를 낳는 데서 이득을 얻을 수 있을까? 이 여성의 딸은 영양적으로 양호한 태아기를 거친 여성이 낳은 딸보다 항상 난소 호르몬 수치가 낮을 것이다. 프로그래밍된 자녀의 생리 기능이 어머니에게 유리할 수 있다는 웰스의 가설은 비생식 생리 기능에 국한된다는 점을 강조해야 할 것 같다. 절약형으로 프로그래밍된 자녀의 난소 기능은 어머니의 적응도는 물론이고 자녀 본인의 적응도에도 유리할 게 없기 때문이다. 자녀의 난소 기능에 있어서는 어머니와의 이해 충돌이 없다. 어머니는 분명히 생식력이 높은 여성 자녀를 원할 것이며, 생식력이 높은 것은 여성 자녀 본인에게도 역시 유리하다. 그렇다면 난소 기능의 발달이 태아기에 경험한 열악한 환경의 효과들을 막아줄 수도 있다는 의미일까? 대체로 그런 것 같지만, 그것도 어느 정도까지일 뿐이다. 자궁의 열악한 영양 조건에서는 난소 기능의 영구적 저하가 아니라 다른 종류의 생리 기능 조정들이 관찰된다.

생식 기능은 자궁 안에서 프로그래밍될까?

인간의 태아기 발육 지체와 생식생리 기능 사이의 관계를 조사한 연구는 그리 많지 않다. 남성의 경우 출생 체격은 고환의 용적, 테스토스테론 농도,[33] 성인기의 생식력[34]과 비례한다. 여성의 경우 태아기에 발육이 지체되면 난소 발달이 저해되고,[35] 난소와 자궁의 크기도 작아질 뿐 아니라 청소년기에는 무배란을 유발할 수도 있다.[36]

이러한 변화들, 다시 말해 병리학적 증상으로 발현되기도 하고 생식력 저하로 나타나기도 하는 변화들은 출생 저체중과 관련이 있다. 저체중—임상학적으로 2500그램 이하의 체중—은 진화적 신기성evolutionary novelty〔진화적으로 출현한 새로운 성질을 말함〕일 확률이 크다. 인류의 진화기에 이처럼 작은 체격으로 태어난 아기는 생존할 가능성이 낮았다. 따라서 태아기의 환경에 반응하여 영구적으로 변화된 생리와 대사 기능을 적응으로 간주할 때, 오늘날 저체중아에게서 관찰되는 생리적 변화들을 그 사례로 삼을 수 없다. 한 개체가 생식활동을 할 수 있을 만큼 충분히 오래 생존하지 않는 한, 자연선택은 생리적 반응들에서 일어난 변이를 간파하지 못한다.

진화론적 관점에서 더욱 주안점을 두어야 할 것은 체격이 매우 작은 아기나 조산아의 병리학적인 생식생리 기능이 아니라, 태아기에 경험하는 근소한 영양학적 문제들과 그러한 문제들이 몇 년 후 생식생리 기능에 끼치는 영향 사이의 관계다. 동료들과 나는 폴란드 여성에 관한 연구에서 이 문제를 다루었다. 우리는 연구에 참여한 성인 여성들의 타액 샘플을 통해 월경주기 전반의 호르몬 수치를 측정했으며, 각자의 출생체중과 키에 대한 정보를 수집했다. 출생 시 비교적 통통했던 여성들은 마른 아기로 태어난 여성들보다 월경주기 동안 에스트라디올 수치가 22퍼센트 높았다.[37] 출생체중÷출생 시 신장의 세제곱(kg/m^3)으로 계산한 폰데랄 지수ponderal index는 신생아의 건강과 영양 상태를 나타내는 지표로 이용된다. 폰데랄 지수를 완벽한 지표로 볼 수는 없지만, 출생체중도 완벽하지 않기는 마찬가지다. 왜냐하면 임신 말기에 영양이 결핍된 아기도 체중은 '정상'일 수 있지만, 단지 키가 커서 정상체중일 뿐 아주 마른 아기일 수도 있기 때문이다. 마르고 키가 큰 아기는 폰데랄 지수가 낮다.

체지방이 적은 상태로 태어난 여성의 에스트로겐 수치가 낮은 까닭은 무엇일까? 이러한 관계를 발육 메커니즘이나 생리적 메커니즘에 대한 검증 없이 진화론적인 적응의 원리만으로 이해할 수 있을까? 에스트로겐 수치가 낮다는 것은 임신 가능성 저하와 관련 있다. 에스트로겐 수치가 낮은 여성은 임의의 월경주기에 수정될 가능성이 낮기 때문에,[38] 전 생애 동안의 임신 가능성도 떨어진다. 자연선택은 틀림없이 에스트로겐 수치를 높이는 쪽을 선호할 것이다. 왜냐하면 난소 스테로이드계 호르몬 수치와 생식력 사이에는 명백한 비례관계가 성립하기 때문이다. 모체의 영양 상태가 열악할 때의 손실을 막아준다는 점에서 난소 기능의 단기적 억제는 진화론적으로도 일리가 있다. 하지만 난소 호르몬 수치의 영구적 저하를 적응으로 설명하기는 어렵다.

출생 체격이 작았던 여성의 에스트라디올 수치가 낮은 것은 저에너지 환경에 대한 적응으로 보이지 않는다. 설령 임신 기간이나 임신 이전의 불량한 영양 상태 그리고 유아 발육기에 나타난 영양 결핍이 모두 미래의 열악한 환경 조건들을 알려주는 지표라고 하더라도, 여아가 저농도 호르몬에서도 꾸준히 작동하도록 생식생리 기능에 변화를 갖고 태어나는 까닭은 무엇일까? 출생 체격이 작은 여성의 에스트라디올 수치가 낮은 것은 일종의 생리적 억제처럼 보인다. 즉 태아기에 주어진 열악한 영양 조건에서 나타날 수 있는 최선의 생리학적 결과일 것이다. 하지만 이는 지나치게 섣부른 결론일 수도 있다. 폴란드 여성을 대상으로 한 연구 자료들을 더 세밀하게 분석한 결과, 지금 우리가 논의하고 있는 것은 생리적 억제가 아니라는 사실이 드러났다.

태아기 조건들과 난소 기능의 민감성

과연 태아 프로그래밍으로 난소 기능에 일어난 적응의 결과를 예측할 수 있을까? 태아기의 열악한 환경 조건들을 나타내는 세대 간 신호에 근거하여 생리 기능을 발달시킨 여성에게는 어떤 종류의 생식생리 기능이 최선일까? 이 여성은 성인기의 에너지 조건들도 열악할 것이라는 '개체발생적 추측'을 바탕으로 성장했다. 하지만 설령 그러한 추측이 정확했고 실제로 에너지 조건들이 열악하다고 하더라도, 인간의 긴 수명을 감안할 때 대개는 환경의 질에도 얼마간의 변화가 있기 마련이다. 강우량이 일정하면 작황이 좋고 수확량이 증가할 뿐만 아니라 요구되는 노동량도 감소한다. 생식 연령기의 여성에게 가장 큰 이점이라면 아마도 에너지 조건이 양호한 기간에 난소 기능도 향상된다는 점일 것이다. 영양 상태가 양호하여 생식에 따르는 에너지 비용을 충분히 감당할 수 있는 시기에는 난소 호르몬 수치가 높아져 임신 가능성도 증가할 것이다.

에너지 상태가 일시적으로 악화된다면 여성은 분명히 난소 기능을 억제시켜 대응할 것이다. 그러기 위해서는 여성의 생식생리 기능이 매우 민감한 난소 반응 기제, 즉 에너지 결핍에 즉각적으로 반응할 수 있어야 한다. 그리고 태아기에 열악한 환경을 경험한 여성은 성인기의 열악한 조건들에도 매우 민감하게 반응할 것이다. 즉 이 여성은 태아기에 받은 세대 간 신호를 '성인기의 에너지 환경에도 부정적인 변화들이 지속될 것'으로 해석하고, 이 신호를 근거로 난소 반응에 민감성을 높여야 했을 것이다. 따라서 과거 몇 세대 동안 영양 조건이 열악했다면 성인기의 영양 상태가 약간만 저조해도 그 효과가 즉각적으로 나타날 것이다. 반면 태아기의 영양 상태가 양호하고 과거로부터 전달된 세대 간 신호도 양호한 여성이라면, 성인기에 겪는 약간의 영양적 결핍 정도로는 생식 억제가 일어나지 않을 것이다.

난소 기능의 민감도를 어떻게 측정할까? 과연 태아기에 영양이 양호했거나 부실했던 여성들에게 어떤 차이점을 기대할 수 있을까? 그 차이가 난소 기능의 전반적인 수준으로 나타나지는 않을 것이다. 한 성인 여성이 (에너지 측면에서) 건강한 체형을 갖고 있을 때, 그 여성은 난소 호르몬의 생산력도 마땅히 높을 것이다. 앞서 (1장에서) 논의했듯, 난소 스테로이드계 호르몬 수치는 생활 습관의 영향을 받는다. 에너지 상태가 저하되면 난소 기능도 억제될 수밖에 없다. 월경주기에 프로게스테론과 에스트라디올 수치를 저하시키는 것으로 익히 알려진 요인들 중 또 다른 하나는 신체활동이다.

다음과 같은 가설을 세워볼 수도 있다. 발육기의 영양 상태와 상관없이 신체활동 수준이 낮은 여성은 호르몬 수치가 높을 것이다. 신체활동이 매우 격렬하다면 호르몬 생산도 억제될 것이다. 이러한 억제는 발육기의 조건들과 무관하게 모든 여성에게서 일어날 수 있다. 그러나 적절한 정도로 신체활동을 하는 여성들의 난소 기능에 차이가 있다면, 이 차이는 틀림없이 발육기 동안의 경험에 좌우될 것이다. 즉 발육기의 영양 상태가 좋지 않았던 여성이라면 과도하지 않은 에너지 스트레스에도 난소 억제로 반응하겠지만, 양호한 영양 상태에서 발육한 여성은 반응하지 않을 것이다. 게다가 태아기에 어머니로부터 받은 세대 간 신호마저 양호했다면, (다소 강렬한 신체활동으로) 에너지 환경이 조금 악화되더라도 생식 기능 억제로 이어지지 않는다. 이러한 여성의 경우 세대 간 신호는 단기간에 회복될 수 있는 환경 조건들을 기반으로 하고 있기 때문에 훨씬 더 강렬한 신체활동을 하지 않는 한 생식 기능 억제가 일어날 일은 없다.

폴란드 여성들을 1일 신체활동량의 수준에 따라 세 그룹으로 나누고 각 그룹의 에스트라디올 수치를 비교한 우리의 연구에서도(그림 3.1) 이러한 반응은 정확히 드러났다.[39] 실험에 참여한 여성들의 신체활동 수준과 난소 기능에 대한 정보를 바탕으로 우리는 다음과 같은 가설을 세웠다. 신체활동 수준이 가장 높은 그룹의 여성들은 에스트라디올 수치가 가장 낮고, 신체활동 수준이 중간인 그룹의 여성들은 에스트라디올 수치도 중간일 것이며, 신체활동 수준이 가장 낮은 여성들은 에스트라디올 수치가 가장 높을 것이다. 물론 각 그룹 여성들의 출생 시 폰데랄 지수와도 비교했다. 신체활동 수준이 가장 높은 여성들은 출생 체격과 상관없이 에스트라디올 수치가 낮았다. 신체활동 수준이 낮은 여성들도 출생 체격과 상관없이 에스트라디올 수치가 높게 나타났다. 그러나 신체활동이 비교적 격렬하지 않은 여성들은 출생 체격에 따라 에스트라디올 수치에서 큰 차이를 보였다. 즉 비슷한 수준의 신체활동에도 출생 체격이 작은 여성은 에스트라디올 수치가 낮았지만, 출생 체격이 큰 여성은 신체활동으로 인한 에너지 스트레스에도 에스트라디올 수치가 억제되지 않았다.

위의 연구 결과는 난소 기능에서 나타나는 영구적인 절약형은 자궁 안에서 프로그래밍되지 않는다는 가설과 잘 맞는다. 왜냐하면 임신 능력에서 영구적인 기능 저하가 일어난다면 위와 같은 가변성은 일어날 수 없기 때문이다. 즉 영구적으로 난소 기능이 저하된다면 생애 적응도도 떨어질 수 있다. 더 많은 자료가 필요한 것은 두말할 나위 없지만, 지금까지 성인기의 에너지 상태에 대한 태아 프로그래밍의 관계와 난소 기능과의 관련성 연구는 우리의 연구가 유일하다. 하지만 위의 연구에서 입증했듯, 난소 기능은 자궁에서 프로그래밍되지만 난소 기능의 민감성에 영향을 끼칠 뿐

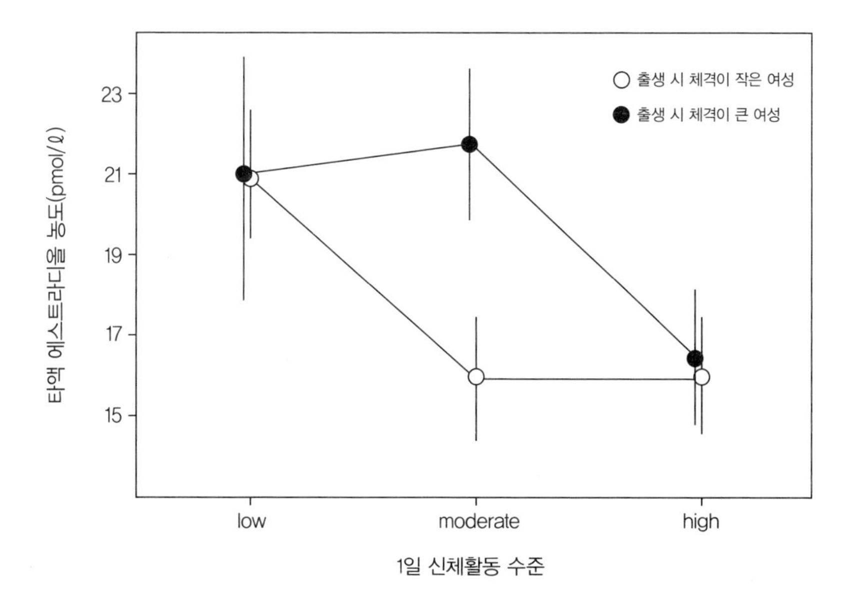

그림 3.1 성인 여성의 월경주기 동안의 평균 에스트라디올 농도에 대한 출생 체격과 신체활동의 상호작용 효과. 신체활동 수준이 낮은 여성은 출생 체격과 상관없이 에스트라디올 농도가 높다. 신체활동 수준이 높은 여성도 출생 체격과 상관없이 에스트라디올 농도가 억제된다. 중간 수준의 신체활동을 하는 여성들 중 출생 체격이 작은 여성은 에스트라디올 농도가 억제된 데 반해 출생 체격이 큰 여성은 난소 기능 억제가 나타나지 않는다.

난소 기능을 영구적으로 저하시키지 않는다.

지금까지의 사실들은 난소 기능의 반응을 진화론적 적응이라는 맥락으로 이해하는 데도 도움이 될 수 있다. 그렇다면 여성의 건강이나 예방책을 이해하는 데도 중요한 역할을 하지 않을까?

발육기의 프로그래밍과 유방암

출생 시 저체중과 건강의 관련성을 입증하는 증거는 많다. 출산 의료학과 공중보건 분야에서 저체중은 꽤 오랫동안 주요한 관심사였다. 저체중이 소아 질병 발병률 및 사망률 증가와 무관하지 않기 때문이다. 또한 출생 시 저체중은 성인기에 발현되는 만성적 질병의 발병률과도 관련이 있다.

여성의 출생체중은 심지어 생애 거래에도 영향을 끼친다. 특히 저체중과 과체중은 각기 불리한 점이 있다. 우선 과체중은 생애 후반기에 부정적인 결과들을 초래할 수 있다. 과체중아로 태어난 여성은 유방암 발병률이 높다.[40] 임산부의 환경이 태아의 유방 조직에 직접적으로 영향을 끼칠 수 있다고 주장하는 가설도 있다.[41] 일각에서는 임산부의 환경이 신경내분비 축neuroendocrine axis의 발달에 영향을 끼친다고 주장하기도 한다.[42] 두 가설이 주장하는 기제들이 모두 중요하지만, 앞서 설명한 폴란드 여성 연구[43]의 결과들은 두 번째 가설에 좀더 힘을 실어주고 있다.

출생 체격과 성인기 신체활동 수준 사이의 상호작용 효과로 미루어보건대, 폰데랄 지수가 높은 것을 바탕으로 출생 체격이 컸을 것으로 짐작되는 여성의 난소 기능은 에너지 스트레스에 대한 민감성이 낮다.[44] 태아기의 환경과 약 30년 후 월경주기의 에스트라디올 생산 사이에는 주목할 만한 관계가 확인되었다. 출생 체격이 큰 여성은 그렇지 않은 여성과 비교했을 때 월경주기를 통틀어 생산되는 에스트라디올 수치가 19퍼센트 더 높았으며, 황체기에는 25퍼센트나 더 높았다.[45] 이처럼 초경에서 폐경까지 생식 연령기 전반에 걸쳐 에스트라디올 수치가 꾸준히 높다는 것은, 여성 유방암의 주요 원인으로 꼽히는 에스트로겐에 대한 노출 빈도가 현저히 높다는 의미다.

물론 에스트라디올 수치는 개인의 생활 습관에 따라 바뀔 수 있다. 평균적으로 출생 체격이 큰 여성들은 에스트라디올 수치가 높은 편인데, 이 역시 성인기 신체활동량이 중간에 속한 여성들에게서만 나타난다. 신체활동량이 많은 여성은 출생 체격과 상관없이 에스트라디올 수치가 낮다. 이러한 결과들은 여성의 유방암 발병률을 낮추기 위해 요구되는 신체활동 수준이 출생 체격에 따라 다르다는 사실을 방증한다. 출생 체격이 큰 여성이 에스트로겐 수치를 바람직한 수준으로 유지하려면 좀더 강렬한 신체활동이 필요할 것이다.

여성의 건강을 결정하는 요인들을 완전히 이해하려면 태아기에 경험한 환경 조건들의 장기적인 영향을 고려해야 한다. 건강이라는 포괄적인 그림을 완성하기 위해서는 생애의 모든 단계—태아기, 유아기, 성인기—에서 경험하는 환경 조건들에 대한 지식이 필요하기 때문이다. 특히 생식생리 기능 측면에서, 태아기와 유아기 환경이 미래의 건강 상태에 끼치는 영향에 대한 우리의 지식은 극히 한정돼 있다. 심지어 생애 각 단계의 환경 조건들과 생리 기능의 상호작용에 대해서도 알려진 바가 거의 없다.

태아기 환경과 관련된 두 가지 가설에 대해서는 4장과 5장에서 살펴볼 것이다. 두 가설 모두 세대 간 신호를 전제로 한다. 달리 말해, 태아기 발육의 여러 측면은 태아가 '요약해서' 전달받은 최근 조상들의 영양 조건에 관한 정보에 바탕을 두고 있다는 것이다. 삶의 질이 양호하다는 정보를 담고 있는 세대 간 신호는 어쩌면 현재 프랑스인들에게서 관찰되는 심혈관계 질병의 낮은 발병률, 이른바 프렌치 패러독스French paradox를 설명하는 데 도움이 될 수도 있다. 수년에 걸친 노예생활로 장기간에 걸쳐 생물학적 박탈을 경험한 세대 간 신호는 어쩌면 현재 아프리카계 미국인들의 출생체중이 적은 까닭을 설명해줄지도 모른다.

4장과 5장에서는 여러 세대에 걸친 환경적 경험이 인간의 생물학적 측면과 건강에 끼치는 주요한 효과들에 대해 논의할 것이다. 앞에서도 살펴보았지만, 신생아의 출생체중은 임신한 여성의 영양 상태뿐만 아니라 이전 몇 세대 모계 조상들이 경험한 영양 상태에 따라서도 좌우될 수 있다. 출생체중은 심혈관계 질병을 포함한 여러 질병의 발병률과 건강의 중요한 예측 인자로, 저체중으로 태어난 사람은 앞서 말한 질병들의 발병률이 높다. 한편 모집단마다 심혈관계 질병의 평균 발병률이 달랐는데, 이 차이는 모집단들의 성인기 생활 방식의 특징만으로는 완벽하게 설명할 수 없다.

과거 몇 세대의 영양 상태가 현대인이 겪는 심혈관계 질병의 발병률에 영향을 끼칠까? 최근 몇 세대의 프랑스 여성과 유아들은 정책적으로 영양 및 건강 증진 프로그램의 수혜를 받았다. 현재 프랑스의 심혈관계 질병의 발병률은 비교적 낮은 편이다. 과연 이 두 현상은 관련이 있을까?

THE FRAGILE WISDOM

An Evolutionary View on Women's Biology and Health

4장

프렌치 패러독스 : 유아기의 건강과 심장병

영국의 산파였던 제인 샤프는 여성의 임신과 출산에 관한 책을 쓴 최초의 여성이었다. 『산파의 책, 임신과 출산, 양육과 수유에 관해 여성이 알아야 할 모든 기술The Midwives Book, or the Whole Art of Midwifery Discovered, Directing Childbearing Women How to Behave Themselves in Their Conception, Breeding, Bearing, and Nursing of Children』이 출간된 것은 1671년이었다. 샤프는 30여 년에 걸친 숙련된 산파 경험을 바탕으로, 임신의 상태가 출산 결과에 얼마나 지대한 영향을 끼치는지를 명확히 이해하고 있었던 것 같다. 샤프는 '아기를 만들기' 위해 선행되어야 하는 필요 조건을 세 가지로 설명한다. 첫째는 "양성으로부터 나온 형성력을 가진 영혼이 깃든 생산적인 씨", 둘째는 "씨에 영양을 줄 어머니의 피", 셋째는 "씨가 성숙할 수 있는 질 좋은 기반"이다. 이처럼 오래전부터 사람들은 신생아의 건강을 위해 여성의 영양 상태가 얼마나 중요한지를 인식하고 있었다. 3장에서 살펴보았지만, 한 개인의 태아기 환경이 생애 전반에 걸친 생물학적 상태와 건강에 끼치는 장기적인 결과를 파악하기 시작한 것은 그보다 최근의 일이다.

프랑스인들은 동물성 지방이 많이 함유된 식사를 하는데, 그래서인지 혈중 콜레스테롤 수치도 높은 편이다. 1988년의 한 조사에 따르면 평균적으로 프랑스인이 섭취하는 전체 칼로리 중 동물성 지방이 차지하는 비율은 25.7퍼센트였다. 1990년 50~70세 프랑스 남성의 평균적인 혈청 콜레스테롤 수치는 6.1나노몰(nmol/l)이었다.[1] 같은 해 영국인들의 동물성 지방 섭취량도 전체 칼로리 중 27.0퍼센트를 차지했고, 50세 이상 영국 남성의 평균 혈중 콜레스테롤 수치도 6.2nmol/l로 프랑스인들과 비슷했다.

이 두 나라의 심장 질환 발병률은 어땠을까? 심장 질환을 일으키는 위험 인자들을 알고 있는 사람이라면 영국이나 프랑스나 심장혈관계 질환의 발병률에는 큰 차이가 없을 것이라고 생각하겠지만, 실상은 그렇지 않다. 실제로 영국 남성은 프랑스 남성보다 심장병 발병률이 거의 4배나 높다. 더욱 놀라운 것은 영국 여성의 심장병 발병률이 프랑스 여성보다 무려 6배나 높다는 사실이다. 과다한 동물성 지방 섭취와 높은 혈중 콜레스테롤 수치에도 불구하고 프랑스인들의 심장병 발병률이 낮은 현상을 소위 '프렌치 패러독스'라고 하는데, 지금까지 아무도 이에 대해 설득력 있는 해명을 내놓지 못하고 있다.

몇몇 연구에서는 프랑스의 엄청난 와인 소비량을 근거로, 와인 문화가 심장혈관계 질환을 예방하는 효과를 냈다고 주장하기도 한다.(비단 와인뿐만 아니라 거의 모든 종류의 알코올이 유사한 효과를 지니는 듯 보인다.)[2] 하지만 와인 이외의 다른 변수들을 고려한 다변량 통계분석법이 도입되면서 와인의 예방 효과는 흐지부지돼버렸다. 영국과 프랑스의 와인 섭취량의 차이로는 양국 간 심장병 발병률의 차이를 설명할 수 없기 때문이다.

이에 대한 흥미로운 또 하나의 가설은 영국과 프랑스의 심장병 발병률의 차이를 '시간 지연' 효과로 설명한 가설이다. 맬컴 로와 니컬러스 월드는 프랑스인의 동물성 지방 섭취가 증가한 것은 비교적 최근인 반면,

영국은 그보다 수십 년 전부터 동물성 지방 섭취량이 높았다고 주장했다.(1999) 심장병이란 (바람직하지 못한 식생활을 포함한) 위험 인자들에 장기간 노출된 결과이므로 프랑스에서 식생활의 변화로 심장병 발병률이 증가하기에는 그 기간이 짧다는 것이다. 이 '시간 지연' 가설에 따르면 프랑스에서도 가까운 미래에 심장병 발병률이 증가할 것이 분명하다.

프랑스인들의 전반적인 식생활이나 생활 습관의 다른 여러 측면이 (가령 긴 식사 시간, 간식을 먹지 않는 습관, 올리브유 섭취 등) 심장병의 발병률을 낮춰주었을 가능성도 있다. 그러나 이번 장에서는 프렌치 패러독스를 설명할 또 다른 흥미로운 가설을 검증해볼 것이다. 영국의 전염병학자이자 태아기 환경과 성인병 관계 연구의 선구자인 데이비드 바커는 프랑스에서 최근 몇 세대 동안 태아가 자궁 내에서 발육하는 동안 심각한 영양 결핍을 일으킬 만한 사건이 없었다는 데 그 원인이 있다고 했다.(1999)

바커를 비롯한 여러 연구자는 태아기 발육 환경과 생애 후반기에 늘어나는 심장병을 포함한 몇몇 만성 질병의 발병률 사이의 관계를 입증하는 증거를 제시했다. 열악한 태아기 환경은 한 개인의 생리와 대사 기능에 영구적인 변화를 일으킬 수 있으며, 이는 차후에 심장 질환으로 나타날 수 있다. 그렇다면 프렌치 패러독스 현상이 나타날 정도로 임신한 여성과 아기의 환경이 향상될 수 있었던 프랑스만의 특별한 역사가 있었을까?

프랑스의 아동복지 프로그램

19~20세기 초반에 여러 국가에서 산모와 신생아 건강을 향상시키려는 운

동이 일어난 것은 역설적이게도 전쟁 때문이었다.[3] 전쟁은 인구 규모를 축소시켰고 종종 출산율 감소로 이어지기도 했다. 프랑스 정부는 1800년대 중반부터 '인구 감소'를 고민했는데, 실상은 프랑스군에 입대할 젊은 남성의 숫자가 줄어드는 데 따른 고민이었다. 정부는 영아 사망률이 줄어들면 군에 입대할 수 있는 남성이 얼마나 증가할지를 계산했다.

프랑스에서 영아 사망률이 높은 이유 중 하나는 도시의 아기들을 시골 여성에게 보내 젖을 먹이던 당시 풍습이라 할 수 있다. 유모를 맡은 시골 여성들은 대부분 자신이 낳은 자녀도 양육하면서 한 명 이상의 도시 아기에게 젖을 먹였기 때문에, 한 번에 최소한 둘 이상의 신생아에게 젖을 나눠 먹여야 했다. 결과적으로 유모에게서 젖을 나눠 먹은 도시 아기들은 영양이 결핍될 수밖에 없었고, 위생적으로도 불결한 상태에서 성장해야 했다. 1873년 유모 보육의 통제와 검열을 국가적으로 법제화한 이후로 유모에게서 자란 아기들의 건강은 향상되었다. 물론 유모 보육 풍습은 제1차 세계대전 당시까지 지속되었다.

그럼에도 불구하고 영아 사망률은 여전히 매우 높았다. 제2차 세계대전 후에도 프랑스의 영아 사망률은 신생아 1000명당 110명이었다. 이와 대조적으로, 같은 기간 미국의 영아 사망률은 1000명당 39.8명 수준이었다. 놀랍게도 전쟁이 끝나고 15년이 지난 후에 프랑스의 영아 사망률은 1000명당 27.4명으로 떨어져 1000명당 26명이던 미국과 비슷한 수준이 되었다.[4]

사실 프랑스의 공공 아동복지의 역사는 매우 길다. 1789년 프랑스 혁명 전에 이미 빈곤 노동자 부모를 지원하기 위한 공립 유치원ecole maternelle이 종교단체들의 후원을 받아 설립되었다. 1820년대까지 설립된 공공 보육기관들은 부모의 수입과 무관하게 전액 무료였으며, 그 수는 급격히 늘어났다. 1881년에는 모든 어린이의 무료 초등 교육을 법으로 보장했고, 공립 유치원은 아동복지 프로그램의 필수 과정이 되었다.[5] 배변 훈련을 마친 모든 어린이는 보육 학교에 입학할 수 있었고, 초등학교 1학년 교육을 받을 준비가 될 때까지 지속적으로 보육 학교의 혜택을 누렸다.

1945년, 프랑스에서 독일이 철수하자마자 프랑스 정부는 임신한 여성과 신생아의 예방적 건강관리를 위한 전국적인 프로그램으로 모자보건지원센터Protection Maternelle et Infantile, PMI를 설립했다. PMI는 프랑스의 모든 임산부와 아기들에 관한 자료를 토대로 여성과 아동의 건강을 지원할 뿐만 아니라, 위험률에 따라 임산부들을 분류하기도 했다. PMI의 임무는 아동의 건강에 관한 한 개인의 수입과 사회적 지위에 따른 불평등을 최소화하는 것이었다.[6]

최근에 프랑스 정부는 임신 3개월 이상인 여성들에게 매달 영유아지원수당Allocation de Jeune Enfant을 지급한다. 모든 여성은 수입이나 기존 자녀 수에 상관없이 아기가 생후 석 달이 될 때까지 정해진 수당을 받는다.(1991년 영유아지원수당은 875프랑이었다. 미국 달러로 134달러에 해당된다.) 수입이 많지 않은 가정의 경우, 아기가 세 살이 될 때까지 지원수당을 받을 수 있다. 2003년 프랑스 총리는 아기를 낳는 모든 여성에게 800유로를 포상금으로 지급하겠다고 선언했다.[7] 하지만 의무적으로 시행하는 임산부 무료 건강검진이나 신생아 무료 정기검진을 제때 받지 않으면 이 지원수당을 받을 수 없다. 이 제도가 시행된 첫 3개월 동안 수당을 받지 못한 임산부는 4퍼센트에 불과했다. (산모의 나이가 너무 어리거나 배우자나 동거인의 실직 등으로) 위험률이 높을 것으로 간주되는 여성들은 정기적인 가정 방문 서비스를 통해 관리를 받는다. 이전에 저체중아를 출산한 이력이 있는 여

성들에게는 의료진의 가정 방문 횟수를 늘려준다.[8]

신생아 대상: 수유기 영아와 이유기 유아를 위한 안전한 우유

1877~1886년 프랑스의 영아 사망률은 신생아 1000명당 226명꼴이었으며, 같은 기간 영국의 영아 사망률은 프랑스보다 훨씬 낮은 1000명당 167명이었다.[9] 다른 여러 국가와 마찬가지로 프랑스의 영아 사망률의 가장 주된 원인은 유행성 설사병이었는데, 특히 신생아용 우유를 먹는 신생아들에게서 빈번하게 나타났다.

이때 신생아 생존율을 높이기 위한 프로그램을 독자적으로 성공시킨 두 남자가 있었다. 1892년부터 파리에서 프로그램을 실시했던 피에르 뷔뎅,[10] 노르망디에서 1894년부터 프로그램을 실시했던 레옹 뒤푸[11]가 그 주역이다. 두 사람 모두 소아건강센터를 열고 모유 수유를 장려했다. 두 센터 모두 모유 수유를 연장하는 것이 최선이라고 강조했지만, 모유 수유를 할 수 없는 여성들에게는 살균한 우유를 거의 무료로 제공했다. 레옹 뒤푸의 센터에서는 아기가 24시간 동안 먹을 수 있는 분량의 우유를 더욱 강화하고 '모유화'〔물로 희석하고 설탕 약간과 크림을 첨가하여 인간의 젖과 성분이 흡사하게 만든 우유〕한 다음 살균해서 병에 담아 매일 제공했다. 우윳병의 개수는 아기마다 다르다. 이튿날 병과 바구니를 가져오면 새로운 바구니로 바꿔주었다.[12]

센터에서는 모유 수유를 장려하고 살균 우유를 보급하는 데서 나아가 생후 첫해 동안 아기들의 건강을 지속적으로 관리했다. 두 사람이 우연찮게 실시한 '자연적인' 소규모의 실험은 실로 놀라운 결실을 맺었다. 1898년 뷔뎅의 센터는 53명의 신생아를 관리했는데, 그중 19명이 모유 수유를 했고 34명이 살균된 우유를 지급받았다. 이 센터의 관리를 받은 아기들의 생후 첫해 사망률은 제로였다. 1895년에서 1896년 사이에 뒤푸의 의료센터 '구트 드 레Goutte de Lait'가 있던 페캉에서는 설사병으로 인한 영아 사망률이 18퍼센트를 넘어섰지만, 뒤푸의 의료센터에서 관리를 받은 신생아의 사망률은 7퍼센트가 채 안 되었다.

구트 드 레를 '졸업'한 신생아들은 이후 몇 해까지도 사망률이 낮았다. 1896~1897년에 페캉 전체의 영아 사망률은 9.5퍼센트였으나 구트 드 레의 영아 사망률은 4퍼센트에 그쳤으며, 1897~1898년에도 페캉 전체의 영아 사망률은 12퍼센트로 치솟았으나 구트 드 레의 사망률은 2.3퍼센트로 더 낮아졌다. 1898~1899년에 페캉 전체의 영아 사망률은 9.7퍼센트였던 데 반해 구트 드 레에서는 1.3퍼센트만이 사망했다.[13] 뷔뎅과 뒤푸의 의료센터는 날로 인기를 더해갔고, 센터를 찾는 어머니와 아기의 수가 급격히 증가했다. 1898년 뒤푸의 센터에 등록한 신생아는 174명에 불과했으나 3년 후에는 1438명의 아기가 센터의 건강관리를 받았다.

신생아에게 안전한 우유를 제공하기 위한 프로그램들은 프랑스뿐만 아니라 다른 국가들에서도 실시되었다. 한 예로, 영국에서는 1899년 최초로 세인트 헬렌즈 우유 보급소가 문을 열었다. 영국의 우유 보급소는 프랑스의 성공적인 모델을 기반으로 설립되었으나, 중대한 차이점이 있었다. 영국의 프로그램들은 모유 수유를 장려하지 않았을뿐더러 살균된 우유를 지급받는 아기들의 건강을 관리하지도 않았다. 게다가 프랑스에서는 '부모의 지불 능력에 따라 차등적으로' 우윳값을 책정했지만[14] 영국에서는 우윳값을 일괄적으로 받았다. 그 결과 영국의 가난한 어머니들은 프랑스의 가난한 어머니들에 비해 두 배나 되는 우윳값을 지불해야 했다. 결국 프랑스에서 여러 해 동안 성공적으로 실시된 우유 보급 프로그램은 영국에서 제대로 자리 잡지 못했다. 비용을 감당할 수 없는 가난한 부모들의 발길이 끊기면서 센터에서 관리하는 아기의 수는 줄어들 수밖에 없었다.

1905년 두 번의 파리 여행에서 돌아온 폴란드의 젊은 소아과 의사 타데우즈 '보이' 젤렌스키는 프랑스의 신생아 관리 모델, 특히 신생아에게 안전한 우유를 공급하는 프로그램이 자신의 고향 크라쿠프에도 반드시 필요하다고 확신했다.[15] 당시 폴란드 크라쿠프는 오스트리아-헝가리 제국의 통치 아래 있었기 때문에 정부가 이러한 프로그램을 지원할 리는 만무했다. 그러나 젤렌스키가 크라쿠프에서 신생아의 건강관리라는 주제로 강연을 했을 때 그 내용에 감명을 받은 사람이 있었다. 부유한 백작 부인 테레사 루보미르스카였다. 결혼 후 몇 년 동안 아기를 갖지 못한 루보미르스카와 그녀의 남편은 자선단체에 돈을 기부하기로 종교 서약을 한 바 있고, 젤렌스키의 주장에 감명받은 루보미르스카는 (기부에 대한 보상으로 아기를 갖게 되길 바라면서) '안전한 우유' 프로그램에 후원하겠다고 약속했다.

1905년 7월, 젤렌스키의 센터는 크라쿠프 중앙 광장의 한 건물에 방 두 개를 얻어서 '크로플라 멜카Kropla Melka(우유 보급소)'라는 이름으로 문을 열었다. 매일 아침, 포톡키라는 백작의 농장에서 짠 우유가 도착하면, 신생아 월령에 맞게 물로 희석하고 젖당을 첨가하여 작은 병에 담아서 살균한 다음 어머니들에게 나눠주었다. 물론 어머니들에게 나누어주기 전까지는 얼음을 채운 통에 안전하게 보관했다. 지불 능력이 없는 어머니들을 제외하고는 우윳값을 받았으나, 센터가 이윤을 남길 수준은 아니었다.

이 센터에서도 우유만 보급한 것은 아니었다. 매일 한 시간씩 젤렌스키는 어머니와 아기들에게 시간을 할애했다. 어머니들은 일주일에 한 번씩 아기를 직접 데리고 와서 체중을 재고 건강 검진을 의무적으로 받아야 했다. 그리고 신생아를 잘 돌보는 방법에 대해 설명도 들었다. 보급소에 등록한 여성이라면 모두 이러한 혜택을 무료로 받을 수 있었다. 크라쿠프의 크로플라 멜카는 하루에 50명의 신생아에게 우유를 보급하기로 계획을 세웠으나, 호응이 좋아서 1주일 만에 우유를 지급받는 신생아 수가 두 배로 늘었다. 보급소를 이용하는 어머니들은 대부분 크라쿠프의 유대인 자치구역인 카지미에시에 거주하고 있었는데 매일 보급소를 방문하기에는 먼 거리였다. 이들의 불편을 덜어주기 위해 젤렌스키는 카지미에시의 약국에 크로플라 멜카 분점을 세웠다.

크로플라 멜카가 문을 연 지 1년 만에 젤렌스키는 보강 기능을 담당할 또 다른 연구소를 열었다. 이번에도 프랑스에서 성공을 거둔 '모유 수유 상담' 프로그램을 본떠, 어머니들에게 모유 수유의 이점을 홍보하고 조언을 해주기 시작했다. 규칙적으로 연구소에 출석하고 신생아 관리 지침을 잘 따르는 어머니들에게는 금전적 보상도 해주었다.

하지만 안타깝게도 1907년 건강한 사내아이를 출산한 루보미르스카 백작 부인은 이후 자선 사업에 관심이 식어 젤렌스키에 대한 재정 지원을 중단했다.[16] 설상가상으로 그즈음 야기에우워 대학교의 소아임상학과 종신교수로 재직할 기회를 놓친 젤렌스키는 모든 직위를 포기하고 연구소를 떠나기로 했다. 그 후 몇 달 동안 다른 사람이 관리를 맡았으나, 경제적 지원도 끊기고 젤렌스키의 열정도 사라진 크로플라 멜카는 결국 1908년 초에 문을 닫는다.

비록 여러 국가에서 프랑스의 모델을 따라 임산부와 신생아 관리 프로그램을 운영했으나, 지속적으로 발달하고 개선되어 가장 포괄적인 관리 프로그램을 제공한 국가는 프랑스뿐이었다. 살균된 우유 제공, 모유 수유 장려, 신생아 건강 관리를 실시한 프로그램들 덕분에 프랑스에서는 애초에 프로그램이 의도했던 영아 사망률 감소라는 목적을 꾸준히 달성할 수 있었다. 모유나 살균된 우유를 먹은 아기들은 설사병에 걸리는 비율도 낮았고 성장 속도도 빨랐다. 결국 이러한 프로그램들 덕분에 정상적인 성장 패턴을 보이는 아이들이 더욱 많아졌고 전반적인 아동 건강도 양호해진 것이다. 이러한 결과는 모집단의 건강 및 생리학에 영양과 에너지 조건들의 세대 간 신호가 끼치는 영향을 고려할 때 결코 간과해서는 안 될 변수다.

어머니 대상: 임산부와 수유모를 위한 급식

임산부와 수유모를 위한 급식에서도 프랑스는 단연 선두 주자였다.[17] 1904년 파리에서 모유 수유를 장려하는 역할을 맡았던 기관(L'Oeuvre du Lait Maternel)이 수유모들에게 무료 식사를 제공하기 시작한 것이다. 1년 후에는 파리 시내의 5개 음식점에서 수유모들에게 하루에 두 끼씩 제공하기 시작했고, 모든 비용은 정부와 자선 기관이 지불했다. 수유모들은 신청만 하면 아침식사도 제공받을 수 있으나 고기의 양은 제한되었다. 이 프로그램을 공시한 문건에는 "어머니라면 누구라도 환영합니다. 이름이나 주소는 물론이고 어떤 증명서도 필요 없습니다. 아기에게 젖을 먹인다는 것만 증명하면 됩니다"라고 적혀 있다.[18] 영국도 즉시 이 프로그램을 도입했다. 1906년 첼시에서 처음으로 수유모에게 식사를 제공하는 음식점이 문을 열었고, 임신 6개월째에 접어든 여성들도 급식 대상에 포함했다. 다만 무료 제공이 아니라 하루에 한 끼를 매우 저렴한 값에 제공하는 방식이었다.[19]

이러한 급식 프로그램이 임산부와 신생아의 건강에 어떤 영향을 끼쳤는지 속단하긴 어렵다. 임산부의 영양 보충에 관한 최근의 연구들, 특히 감비아와 과테말라에서 실시된 연구들로 미루어보건대, 신생아의 출생체중에 끼친 영향은 극히 제한적이었을 테지만 임산부의 건강 상태는 매우 향상되었을 것으로 보인다. 아마도 칼로리를 추가 제공하는 프로그램으로 인해 임신 기간이나 수유기의 영양을 보조함으로써 여성이 새로 임신하기까지의 시간을 줄여주었을 것이다.[20] 따라서 급식 프로그램은 출산율을 높이는 데는 성공적이었겠지만, 신생아의 출생체중을 늘려주거나 신생아의 건강을 증진시켰다고 확신할 수는 없다.

어린이 대상: 학교 급식

프랑스의 학교 급식 시스템은 프랑스 혁명이 끝난 19세기 후반에 시작되었다.[21] 맨 처음 1867년 몇몇 지역을 선정하여 빈곤 아동들의 교육비를 사학기금으로 충당하는 법률을 제정했다. 나아가 1882년에는 모든 군소 도시까지 의무적으로 이러한 기금을 갖추도록 법제화했다. 일부 지역에서는 이 기금으로 모든 아동에게 학교 급식을 제공하기도 했다. 물론 급식 비용을 지불할 능력이 없는 가정의 아동들에게는 무료로 제공했다.

영국의 의학 저널 『랜싯The Lancet』의 한 편집위원은 프랑스의 학교 급식 프로그램을 견학하고 다음과 같이 기록했다. "건강한 시민과 강한 민족을 만드는 비결이 이 하나의 프로그램에 담겨 있을까? 우리 영국은 과연 여기서 입증된 사례를 무시해도 될까?" 그러고는 이렇게 덧붙였다. "우리 민족을 보존하려면, 단 한순간도 허비하지 말고 지체 없이, 단 한 명의 예외도 두지 말고 모든 굶주린 아동에게 반드시 급식을 제공해야 한다."[22] 영국에서도 유사한 프로그램이 등장하긴 했지만 "그 방식에 일관성이 없었다".[23] 1889년 런던학교위원회는 1주일에 기껏해야 한두 끼니를 제공하는 학교 급식은 안 하느니만 못하다고 밝혔다.

1907년 영국 북부의 공업도시 브래드퍼드에서 규칙적인 학교 급식이 아동의 건강에 끼치는 영향을 평가하는 '실험'이 석 달간 실시되었다. 빈곤 아동 40명을 선별하여 일주일에 닷새 동안 하루 두 끼의 급식을 제공한 것이다. 그 결과 석 달간 급식을 먹은 아동들은 평균 1.2킬로그램이 증가했던 반면 (급식을 먹지 않은) 대조군 아동들의 체중 증가량은 0.4킬로그램이었다. 이 프로그램을 감독한 브래드퍼드의 한 양호 교사 랠프 크롤리는 학교 급식의 성공에 대해 기술하면서 급식을 먹지 않은 아동들에 대해 다음과 같이 기록했다. "그해에 이 학급 아동들의 평균 체중 증가량은 (…) 1년 내내 겨우 2킬로그램도 안 되었다."[24]

여성의 어린 시절 신체 치수(성장률)와 그녀가 낳은 아기의 출생체중 사이에 강력한 비례관계가 있다는 사실을 보여주는 자료에 비추어보건대, 태아의 생리 기능과 출생체중에 영향을 끼치는 세대 간의 신호에서 특히 여성의 양호한 아동기의 영양 상태가 중요한 역할을 하는 것으로 보인다. 18세기 말에 프랑스에서는 공립 유치원의 설립과 때를 맞춘 모유 수유 권장, 살균된 우유 공급 그리고 낮은 설사병 발병률과 학교 급식이 조화를 이루면서 국민의 전반적인 건강 상태를 크게 향상시킬 수 있었다.

임산부와 유아를 위한 프랑스의 모델을 답습한 국가는 많았지만 성공 여부는 저마다 달랐다. 1870~1930년까지 런던에서 활동한 의료 종사자와 사회복지사들의 말에 따르면 당시 여성들의 영양 결핍과 건강 불량은 일상다반사였으며, 그중에서도 런던 동부의 빈곤 지역에 사는 여성들이 "초췌하고 야위었다".[25] 수전 페더슨은 프랑스와 영국의 가정복지 시스템 차이를 다음과 같이 설명했다.

"프랑스의 정책들은 '부모의' 복지 논리를 그대로 반영한 것인 반면, 영국의 선택은 '남성 가장의' 논리를 과시한 것이었다. 프랑스의 정책들은 모든 성인의 수입 중 일부를 아동 지원에 소비하도록 강제하고 있지만, 급여와 이자 소득이 남성에게 불균형적으로 편중되어 있는 영국의 정책들은 의존적인 아내와 아이들에게 소요되는 비용을 남성이 알아서 충당하리라고 기대만 하고 있다."[26]

당시 영국의 일부 아동은 가정 복지의 혜택을 제대로 누리지 못했을 것이다.

'태아 프로그래밍'의 논리를 따른다면, 여러 세대에 걸쳐 영양이 향상된 환경을 경험한 프랑스의 아기들은 미래의 영양 환경도 양호할 것으로 '생리학적으로 프로그래밍'되어 태어났을 것이다. 이러한 미래 예측은 과거 환경 조건의 세대 간 경험에 근거한 것이다. 임산부와 유아의 영양 및 건강을 증진하기 위한 프로그램들을 오래 유지한 덕분에 프랑스의 세대 간 신호는 삶의 조건들, 특히 대사 에너지의 가용성 측면에서 본 조건들이 매우 양호하다는 정보를 전달했을 것이다. 이러한 환경에서 태아들은 자신의 생리 기능을 영양적으로 만족스러운 환경에 '대비'하도록 발달시킨다. 즉 열악한 조건에 대비하기 위한 생리와 대사 조정들이 일어나지 않는다는 것이다.

근래에도 프랑스 시민 대다수는 실제로 출생 후 생애 전반에 양호한 조건들을 경험하고 있다. 따라서 글룩먼과 핸슨의 가설의 논리에 따라(2005, 4장) 다음과 같은 결론을 내릴 수 있다. 프랑스인들은 예측한 환경과 실제 경험하는 환경 사이에 부조화를 경험하지 않는다. 이 '부조화 가설'에 따르면, 자궁의 열악한 환경은 성인기에 대사성 질병의 발병률을 높이지만, 발육기의 환경이 성인기의 환경과 다를 때만 그렇다. 바로 이 부조화를 덜 경험한 프랑스인들은 지방 함량이 높은 식이를 하고 그로 인한 혈중 콜레스테롤 수치 또한 높음에도 불구하고 심장혈관계 질병의 발병률이 낮은 것이다.

5장에서는 계속해서 생애 초기의 발육 환경 조건들과 이것이 장기적으로 건강에 끼치는 영향에 대해 생각해볼 것이다. 이전 몇 세대가 경험한 양호한 환경 조건들이 현재 프랑스인의 건강에 긍정적인 영향을 끼치는 것과 마찬가지로, 열악한 환경이 오래 지속되면 부정적인 영향을 끼칠 수 있다. 5장에서는 노예제도가 존속했던 시기, 아프리카계 미국인들의 경험을 되돌아볼 것이다. 이 시대의 모집단들은 영양 결핍과 과도한 노동 그리고 매우 높은 질병 위험률을 감당했다. 그리고 오늘날 미국에 거주하는 노예의 후손들은 다른 미국인들에 비해 출생체중이 현저히 적다. 이러한 현상은 과거의 환경 조건들과 오늘날의 출생체중 사이에 모종의 관계가 있음을 암시하는 것이 아닐까?

5장

노예의 세대 간 메아리

아프리카계 미국인 임산부는 유럽계 미국인 임산부보다 조산의 위험이 높을뿐더러 아기의 출생체중도 적다. 국가인구동태통계보고서를 보면 2003년 아프리카계 미국인 신생아의 평균 출생체중은 3122그램이었고, 백인 신생아의 평균 출생체중은 3384그램이었다. 그해에 태어난 아프리카계 미국인 신생아 중 임상학적 저체중아(2500그램 미만) 비율은 11.58퍼센트였던 데 반해, 백인 신생아의 저체중아 비율은 5.11퍼센트였다. 같은 해에 미국의 라틴계 모집단의 평균 출생체중도 3324그램이었고, 저체중아 비율 역시 5.55퍼센트에 불과했다. 더욱 놀라운 점은 아프리카계 미국인 신생아의 평균 출생체중과 저체중아 비율이 꽤 오랫동안 변하지 않았다는 사실이다. 참고로 말하면, 1세기 전 아프리카계 미국인 신생아의 출생체중도 3183그램이었다.[1]

앞으로 쓰게 될 용어에 대해 미리 양해를 구하고자 한다. '인종'이나 '인종 간의'라는 표현을 사용할 수밖에 없는 이유는 그런 표현을 예사로 썼던 상당수의 옛 문헌과 관련지어야 하기 때문이다. 나는 사람을 인종으로 구분하는 것이 생물학적으로나 유전적으로 정당화될 수 없다고[2] 믿는다. 따라서 이 책에서 그러한 표현을 쓴 것은 단지 지리적 기원에 따라 모집단을 분류하기 위해서일 뿐임을 미리 밝혀둔다.

아프리카계 미국인과 유럽계 미국인의 출생 시 특징들의 차이는 부분적으로는 사회경제적 지위의 차이에서 비롯된 결과임이 분명하다. 교육은 수입에 영향을 미치며, 이 두 가지 요인은 어머니의 영양 상태뿐만 아니라 건강관리 서비스의 이용 빈도와 임신 중 예방 지침들을 준수하는 능력을 좌우할 수 있다. 하지만 사회경제적 불평등을 참작하더라도 출생 시 특징들의 심각한 차이는 여전히 설명이 안 된다. 저소득층을 대상으로 백인 모집단과 흑인 모집단을 나란히 비교해도 흑인 여성은 백인 여성에 비해 200그램 정도 체중이 적은 아기를 출산한다.[3] 흑인 여성이 낳은 신생아는 임신 수령도 훨씬 짧으며(백인 신생아는 38.7주인 데 반해 흑인 신생아는 38.1주), 그에 따라 흑인 여성들의 조산 비율도 (백인 여성의 경우 11.3퍼센트인 데 반해 흑인 여성은 14.8퍼센트로) 높다. 이러한 결과를 발표한 연구를 보면, 민족 집단마다 열악한 출생 결과에 영향을 미치는 요인들은 제각각이었다. 하지만 흑인 여성들은 백인 여성들보다 교육도 더 많이 받았고 흡연율도 낮았으며 생리 기능 검사에서도 더 높은 점수를 받았다. 그뿐 아니라 가정환경도 양호했으며 체중도 더 나갔다. 수많은 검사 요인 중에서 산모의 신장, 체중, 혈압, 혈당 수치, 흡연 여부가 출생 결과에 영향을 끼치긴 했지만, 이들 중 어떤 요인도 민족 집단들 사이에서 나타난 모든 차이를 설명하지는 못했다. 모든 잠정적인 위험 요인에 대한 통계적 분석을 적용한 후에도, 흑인 아기들의 체중은 여전히 백인 아기들보다 139그램이 적었다.

이 조사를 한 연구원들은 임산부들의 특징에 대한 검사로부터 신생아 출생체중에서 나타난 차이의 30퍼센트 정도만 설명할 수 있을 뿐이었으며, 흑인 여성들의 가장 중요한 위험 인자는 고혈압임을 확인했다. 사우스캐롤라이나에서 실시된 어느 연구에 따르면 교육 수준과 임신 전 건강관리, 출산 간격 등을 모두 감안하더라도 흑인 여성의 저체중아 출산 비율은 여전히 높았다.[4]

아프리카계 미국인과 유럽계 미국인의 출생체중에서 드러난 차이의 원인을 조사한 도라 코스타(2004)는 두 가지 자료를 근거로 삼았다. 첫 번째 자료는 볼티모어의 존스홉킨스 병원이 보유한 1897~1935년의 의료 기록이었고, 두 번째는 1988년 미국모자보건실태조사National Maternal and Infant Health Survey, NMIHS 자료였다. 이 두 자료에는 매우 중대한 차이가 있었다. 우선 NMIHS는 1988년 미국의 출생 기록을 무작위로 선별한 자료였으며, 존스홉킨스 병원의 자료는 볼티모어의 시민만을 대상으로 수집한 것이었다. 둘 모두 건강과 사회경제적 차이를 고려한 자료였다. 1897~1935년의 정상 출산 통계자료만을 근거로 보면, 유럽계 미국인 신생아의 평균 출생체중은 3422그램이었고, 아프리카계 미국인 신생아의 평균 출생체중은 그보다 약 239그램(7퍼센트) 적은 3183그램이었다. 1988년 유럽계 미국인 신생아의 평균 출생체중은 3426그램이었으며, 아프리카계 미국인 신생아는 3132그램으로 292그램(8.6퍼센트)가량 적었다.

1897~1935년의 의료 기록에서 관찰된 유럽계 미국인과 아프리카계 미국인 아기들의 출생체중 차이는 조산과 임신 수령으로 설명할 수 있다. 유럽계와 아프리카계 여성들에게서 나타난 조산율의 차이는 매독 감염율의 차이에 기인했다. 하지만 여기서 주목해야 할 점은, 조산율의 차이를 감안해도 만기 신생아의 체중이 보여주는 인종 간 차이의 91퍼센트는 설명되지 않는다는 사실이다. 사회경제적 요인들 중 어느 것도 이 두 모집단 간의 차이를 설명할 수 없었다.

1988년 NMIHS 조사에서도 출생체중에서 나타나는 인종 간 차이의 대부분을 조산율의 차이로 설명했다. 유럽계 미국인의 조산아 비율은 0.066퍼센트인 데 반해 아프리카계 미국인의 조산아 비율은 0.172퍼센트였다. 이러한 차이에 대해서는 아프리카계 미국인 여성들이 미혼모인 경우가 많았다는 것을 근거로 제시했으나, 이와 같은 결혼 유무의 차이는 조산아 비율의 16퍼센트밖에 설명이 안 되었다. NMIHS 조사가 흥미로운 점은 인종과 상관없이 선별한 표본 집단에서 통계적으로 여성의 출생체중이 신생아의 출생체중에 중대한 영향을 끼친다는 사실이 밝혀졌다는 것이다. 여성의 출생체중이 100그램 증가할 때마다 신생아의 출생체중은 16그램 증가했고, 만기 출산아의 경우에는 14그램 증가한 것으로 분석되었다. 하지만 여성의 출생체중 차이로도 역시 신생아의 출생체중에서 나타나는 인종 간 차이는 극히 일부만(6~7퍼센트) 설명될 뿐이다. 임신 기간에 늘어난 여성의 체중도 신생아의 출생체중에서 나타난 인종 간의 차이를 유발한 원인으로 볼 수 없다. 왜냐하면 산모의 체중 변화가 신생아의 체중에 끼치는 영향은 4~6퍼센트에 불과하기 때문이다.

요약하자면, 여성의 출생체중과 임신 중 늘어난 체중까지 고려하여 분석했던 NMIHS 조사에서도 인종 간의 출생체중 차이에 대해 '불과' 70퍼센트는 설명할 수 없었다. 존스홉킨스 자료 연구에서 출생체중의 인종 간 차이에 대해 91퍼센트가 설명되지 못한 것에 비하면 상당한 발전이다. 그러나 두 모집단 사이에 존재하는 다양한 차이점을 신중하게 고려하더라도 출생체중의 실질적인 차이는 여전히 미스터리로 남는다.

노예 아동

오랜 시기에 걸친 노예생활은 물론이고, 노예제도 폐지 후에도 지속된 경제적 빈곤으로 영양 결핍과 과도한 노동에 시달려야 했던 아프리카계 미국인들은 여러 세대에 걸쳐 건강 상태가 나쁠 수밖에 없었다. 성인 노예들의 영양 상태에 대해서는 학자들 사이에 여전히 견해차가 있지만, 노예 아동들이 심각한 영양 결핍을 겪었다는 데는 전반적으로 의견이 일치한다. 노예 아동의 출생체중을 측정한 자료는 없지만 청년기의 신장을 근거로 추정컨대, 평균적으로 2330그램이었을 것이다.[5] 노예 아동은 백인 아동보다 성장 속도가 느렸고 키도 훨씬 작았다. 영유아기에는 모유를 먹었으므로 아마도 생애 초기의 영양 상태는 비교적 양호했겠으나, 젖을 뗀 후 식생활의 질은 급격히 떨어졌다.[6] 농장주들은 어린이들에게는 반드시 지방과 옥수수빵 그리고—말린 옥수수알을 세균이 제거될 때까지 알칼리 처리한—옥수수죽을 먹여야 한다고 생각했다.[7] (비계를 제거한) '순'살코기는 어린이를 '허약'하게 만들기 때문에 "사춘기가 되기 전에 식단에 고기를 너무 많이 넣어서는 안 된다"고 생각했고, 채소 역시 "어린이에게 좋지 않다"고 여겼다.[8]

성인 노예들은 유당불내증을 겪는 일이 잦았지만 노예 아동들은 우유를 소화시킬 수 있었다. 하지만 자료를 보면 노예 아동들이 우유를 먹을 수 있는 것도 특정 계절에 한정되었다. 노예주들은 동물성 지방이 많이 함유된 식사가 건강에 좋지 않다는 사실을 알고 있었지만, 한편으로는 "흑인과 백인은 체질 및 구조가 매우 다르다고 생각했고, 비계가 많은 고기가 흑인에게는 생명의 음식이지만 백인에게는 질병과 죽음을 초래하는 원천"

이라고 믿었다.[9] 또한 노예 아동들에게는 옥수수와 지방이 "각별히 잘 맞는다"고 확신했다. 따라서 노예 아동들은 지방과 탄수화물은 풍부하지만 단백질과 칼슘, 마그네슘과 철분이 결핍된 음식을 먹으며 성장했다.[10]

빈약한 식사는 높은—질병 발병률—사망률로 이어지므로 노예 아동들은 백인 아동들보다 전형적인 소아 질병을 앓을 확률이 훨씬 더 높았다. 설사, 신생아 파상풍, 경기, 디프테리아, 호흡기 질환, 백일해 등을 앓는 아동이 많았다.[11] 유아기 사망률은 한 집단의 건강과 삶의 질을 보여주는 민감한 지표다.[12] 1850년 미국 인구조사 자료로 당시 흑인 집단의 사망률을 추정해볼 수 있는데, 생후 9세까지 흑인 아동의 사망률은 같은 연령대의 백인 아동보다 두 배나 높았다.(1000명당 백인 아동의 사망률은 12.9명인데 반해 흑인 아동은 26.3명이었다.)[13]

아동의 경우 생후 첫해의 생존은 생애에 걸쳐 가장 큰 도전이다. 그런데 노예 아동 1000명 중 생애 첫해를 넘기지 못하고 사망한 아동은 350명으로, 실로 충격적인 영아 사망률이었다. 당시 미국의 인구통계 자료에 따르면, 생후 첫해에 사망한 아동은 1000명당 179명이었다.[14] 2011년 미국의 동일 연령대 사망률이 6.1명이라는 통계에 비추어보면 당시의 사망률을 가늠할 수 있는데, 노예 아동의 사망률은 미국인의 평균 아동 사망률에 비해서도 두 배가 넘었다.(1~4세 아동 사망률은 1000명당 백인 아동이 93명인 데 반해, 흑인 아동은 201명이었다.) 5~9세 아동의 사망률도 마찬가지였다.(백인 아동의 사망률은 1000명당 28명이었고, 흑인 아동의 사망률은 54명이었다.)[15]

흑인 노예 아동들은 꽤 어린 나이에 노동을 시작했다. 물론 농장과 소유주에 따라 흑인 아동의 노동 시작 연령은 상당한 차이가 있었다.[16] 노예였던 제이컵 브랜치는 자신의 어린 시절을 회상하며 "걸음마를 떼자마자 일을 시작했다"고 말했다.[17] 평범한 크기의 농기구를 쓸 만큼 자라기도 전에 들판에 나가 일을 해야 했다고 회상하는 이들도 있었다.[18] 나이 어린 아이들은 대부분 아기를 돌봤으며, 10세가 넘으면 통상적인 가사나 농사를 거들기도 했고 공장에서 일을 하기도 했다.[19] 48퍼센트의 아동들이 7세 이전에 노동을 시작했으며, 11세가 되기 전에 노동을 시작한 아동은 84퍼센트에 이른다. 여아들은 남아들보다 더 일찌감치 일을 시작했다. 목화 따기 같은 일은 남아보다 여아들의 생산성이 훨씬 뛰어났다.[20] 대개 노동을 시작한 아동들은 음식을 더 먹을 수 있었다. 당시 농장주였던 맥도널드 퍼먼은 "들판에서 일하는 꼬맹이[아동]들은 '할당량을 전부 다' 지급받지만, 일하지 않는 아동은 '절반'만 지급받았다"고 증언했다.[21]

노예들의 키를 기록한 문서는 그들의 영양 결핍과 열악한 건강을 한눈에 보여주는 명백한 증거다. 노예들 한 명 한 명의 키를 잰 기록이 남겨질 수 있었던 것은 1807년 발효된 노예무역 금지 법안 덕분이었다.[22] 이 법안으로 미국 연안에서의 노예무역은 허가됐으나 아프리카 노예무역은 금지되었다. 노예를 싣고 미국의 연안들을 오가던 선주들은 항구에 들여온 노예가 아프리카에서 불법적으로 데려온 노예가 아니라는 사실을 증명하기 위해 노예들 각자의 키와 나이를 적은 증명서를 갖고 있어야 했다.[23] 당시의 기록을 보면, 3세였던 노예 아동의 평균 키는 현대 아동의 표준 키의 하위 0.2퍼센트에 속했다. 바꿔 말하면, 현대 세 살짜리 아동의 98퍼센트는 같은 나이의 당시 노예 아동들보다 키가 더 크다는 의미다. 이러한 통계 수치를 근거로 리처드 스테켈은 노예 아동의 생활 수준이 심지어 당시 아프리카 최빈국의 빈민촌 아동들의 생활 수준보다도 낮았다고 주장한다.

청소년기 소녀들은 임신을 하면 영양 결핍이 악화될 수 있다. 성인 여성이라면 기초대사 활동과 생리활동을 유지하기 위한 에너지만 필요로 하는 반면, 청소년기 소녀들은 성장에도 추가적으로 에너지를 할당해야 하기 때문이다.[24] 청소년기의 임산부라면 세 가지 중요한 기능—태아의 성장과 발육, 자신의 대사 활동과 성장—에 에너지를 할당해야 하므로, 그로 인해 상당한 생체에너지학적 도전을 받을 수 있다.

영양학적 관점에서 임산부인 노예가 감당해야 문제들을 이해하기 위해서는 우선 노예 여성들의 최초 출산 연령을 알아야 한다. 역사학자 로버트 포겔과 스탠리 엥거만은 노예 여성의 40퍼센트가 20세 이전에 아기를 낳았으며, 평균 최초 출산 연령은 22.5세, 중위 연령은 20.8세라고 추산했다.[25] 그러나 이것은 인구통계 조사가 실시될 당시에 생존한 정상 출산 아동의 수만 근거로 했다는 비난을 받았다.[26] 이런 식의 접근은 편향된 판단을 불러일으킬 수 있다. 즉 평균 연령과 중위 연령이 의외로 상당히 높다고 단정할 수도 있기 때문이다.

실제로 몇몇 농장을 조사한 다른 연구에서는 노예 여성의 최초 출산 연령이 17.7~19.6세로 다양하게 나타났다.[27] 볼Ball 가문이 운영하던 농장에서는 1750~1839년까지를 다섯 기간으로 나누고 평균적인 최초 출산 연령을 기록했는데, 기간별로 큰 차이 없이 19.1~20.0세 사이였다.[28] 이 농장의 기록은 노예 여성들의 일부는 본인의 성장과 임신 사이에서 에너지 갈등을 겪지 않았음을 암시하지만, 실질적으로 이 기록으로 알 수 있는 것은 최초 출산 당시의 연령 분포뿐이다. 12~16세에 첫 출산을 경험한 여성은 전체 여성의 10~20퍼센트에 이른다.(물론 그 기간에 20퍼센트의 여성이 출산을 했다고 보기에는 모집단 크기가 매우 작다.) 17~21세에 첫 출산을 경험한 여성은 전체 여성의 50퍼센트가 넘었다. 이러한 자료들을 종합해보면, 여전히 많은 노예 여성이 첫아이를 (어쩌면 둘째아이까지) 낳아 수유를 하는 동시에 스스로도 성장해야 했을 것이다.

일반적으로 경제적 여건이 불리할 때 여성은 남성보다 민감한 것처럼 보인다.(물론 대부분의 연령대에서 남성의 사망률이 여성보다 높다는 점도 주목해야 한다.) 미국의 경우 수십 년 동안 신장의 증가 추세로 본 20세기 초반 남성의 영양 상태는 상당히 향상되었다. 하지만 여성에게서는 그에 필적할 만한 변화가 일어나지 않았다.[29] 19세기 1800~1840년에 태어난 스코틀랜드와 아일랜드 여성들의 신장은 산업혁명 동안 꾸준히 작아지는 경향을 보였다.[30] 같은 기간, 1840년에 태어난 남성들의 키가 약간 커진 것을 제외하면 대부분의 남성의 신장은 크게 변동이 없었다. 영양 자원에 대한 양성의 접근성이 달랐는지는 분명치 않다. 또는 성장과 생식이라는 불가피한 거래로 인해 여성의 신장이 감소한 것인지도 확실치 않다. 어쩌면 오랜 기간에 걸친 영양 결핍으로 인해 영양이 양호해졌을 때도 여성들은 여분의 에너지를 자신의 성장보다는 생식에 먼저 분배했기 때문인지 모른다.

성인 노예의 영양과 노동

노예 제도의 시작과 함께 미국으로 건너온 아프리카인들의 영양 상태를 평균적인 값으로 나타내기는 어렵다. 농장의 형태에 따라서 그들에게 강요된 노동의 종류와 생활 방식이 크게 달랐기 때문이다. 게다가 남부의 노예들은 북부의 노예들보다 키가 작았는데, 사우스캐롤라이나와 조지아 같은 남쪽 주에서는 육체적 노동력이 더 요구되는 쌀농사를 지었고, 버지니아와 메릴랜드 같은 주에서는 그보다 덜 힘든 담배 농사를 지었기 때문이다.[31] 영양 상태를 파악하려면 칼로리 섭취량뿐만 아니라 소비량도 고려해야 한다. 당시의 노예들처럼 매우 강도 높은 노동에 종사하는 사람은 일반적인 정주성 노동에 종사하는 사람과 똑같은 식사를 하더라도 영양 상태가 양호할 수 없다. 영양 상태는 신장, 특히 신장의 전반적인 성장 추세를 조사하는 간접적인 방식으로도 파악할 수 있다. 그리고 아동들의 연령별 신장과 성장 속도는 영양 상태를 나타내는 매우 유용한 지표가 될 수 있다. 하지만 신장과 성장 속도는 에너지 섭취량과 소비량의 차이만으로 결정되지 않으며, 감염과 같은 다른 요인들의 영향을 무시할 수 없다. 물론 유전자도 영향을 끼친다.

노예의 영양 상태에 대해서는 역사학자마다 견해가 다르다. 40여 년 전에 공동으로 집필한 저서에서 로버트 포겔과 스탠리 엥거만은 노예들이 칼로리나 영양 면에서 매우 충분한 식생활을 했다고 주장했다.[32] 두 사람은 목화 농장들의 인구통계 조사를 바탕으로, 성인 남성 노예는 하루에 4185킬로칼로리를 섭취했을 것으로 추산했다. 쌀농사를 짓는 농장에서 노예에게 제공한 식단으로 성인 남성이 섭취할 수 있는 것은 3150~4200킬로칼로리였다.[33] 육체 노동을 하는 사람의 1일 섭취량이 4000킬로칼로리였다면 상당히 많은 편이지만, 조리 과정을 감안하지 않은 식재료의 칼로리와 영양 성분만으로 계산했다는 맹점이 있었다.[34] 조리 과정에서 식재료의 부피는 물론 에너지 함량과 영양 성분도 소실되기 때문이다. 베스 블로니겐은 1860년대 조지아주와 사우스캐롤라이나주의 쌀 재배 농장에서 일하는 성인 남성 노예들의 에너지 섭취량과 소비량을 계산했다. 가장 보편적인 식재료로 노예들이 매일 섭취하는 칼로리를 조리하지 않은 식으로 계산하면 3162킬로칼로리였지만, 조리 과정에서 소실되는 칼로리를 감안하면 하루에 겨우 2856킬로칼로리에 그쳤다.[35]

성인 남성의 1일 에너지 소비량은 계절에 따라 달랐는데, 하루에 약 15시간씩 노동에 매달려야 했던 수확기에 노예들은 4400킬로칼로리에서 많게는 8700킬로칼로리를 소모했을 것으로 추산된다.[36] 이 정도의 에너지 소비량은 그냥 많은 게 아니라 극단적으로 많은 양이다. 프랑스에서 매년 개최되는 사이클 경기 '투르 드 프랑스Tour de France'도 엄청난 에너지를 요하는 경기인데, 이 경기에 참여한 선수들이 하루에 소비하는 에너지는 7020~8600킬로칼로리에 이른다. 지금까지 기록된 인간의 에너지 소비량으로는 최정점일 것이다.[37] 그에 비해 군인 남성의 하루 에너지 소비량은 3230~5020킬로칼로리 정도다.[38] 노예 노동자가 하루에 15시간 내내 과중한 노동을 했다는 추측은 사실 비현실적이다. 현재의 농업 집단, 이를테면 과테말라의 사탕수수 농장에서 수수를 수확하는 농부들의 하루 에너지 소비량은 2579~4086킬로칼로리 정도다.[39] 에스키모족 사냥꾼들의 하루 에너지 소비량도 3310~4350킬로칼로리에 불과하다.

루이지애나주 사탕수수 농장들의 기록을 살펴보면, 남성 노예의 에너지 소비량을 좀더 현실적으로 계산할 수 있다. 재배기의 평균적인 에너지 소비량은 하루에 5100킬로칼로리가 넘은 데 반해 에너지 섭취량은 소비량보다 20~40퍼센트가량 적었다.[40] 반면 수확기에는 하루에 12~16시간까지 일해야 했으며, 노동 강도는 신체적 한계를 위협할 정도였다. "피로는 극에 달했고, 가혹한 채찍으로 몰아치지 않았다면 인간의 육체로는 도저히 감당할 수 없는 노동이었다."[41] 노동 강도가 가장 극심한 사탕수수 수확기에는 칼로리 보충을 위해 사탕수수 즙(설탕 녹인 물)을 먹을 수 있었다.

에너지 소비량이 극단적으로 높을 때는 음식을 마음껏 먹는다고 해도 섭취량만으로 상쇄될 수 없다. 비인간 종들에게서 입증된 사실이긴 하지만, 음식이 유용한 에너지로 전환되는 데 생리학적 한계가 있음은 이미 잘 알려져 있다.[42] 에너지 요구량이 극도로 높은 상황에서는 음식을 아무리 섭취해봤자 어느 시점에 이르면 에너지를 더 이상 공급받지 못한다.

대사 활동에 축적한 에너지를 이용하지 않고 섭취한 에너지를 연료로 쓸 때 우리 몸은 소위 유지된다. 이처럼 유지를 위한 에너지량은 에너지 최대 흡수율에 따라 제한되며,[43] 에너지 최대 흡수율은 다시 한두 가지 요인으로 억제된다. 그 첫째 억제 요인은 음식을 소화하는 데 필요한 생리학적 수용력으로 결정되며, 둘째 요인은 이미 소화된 음식에서 영양 성분과 에너지를 흡수하는 능력으로 결정된다.[44] 투르 드 프랑스에 출전하는 선수들은 경기 기간의 에너지 흡수율을 높이기 위해 에너지 밀도가 높은 특별식이를 한다. 하지만 이러한 초특급 식이에도 불구하고 선수들이 유지할 수 있는 에너지량은 상한선을 넘지 못한다. 즉 음식 섭취를 추가해도 어느 선에 달하면 에너지를 발생시키지 못한다는 뜻이다.[45] 노예들이 사이클 선수처럼 에너지 밀도가 높은 음식을 먹었을 리는 만무할 테니 분명 에너지 흡수율은 매우 낮았을 것이다. 강도 높은 노동에 시달린 노예들로서는 높은 에너지 소비량을 충당하기 위해 비축된 체지방에서 에너지를 얻어야 했다.

1936~1938년 17개 주에 거주했던 옛 노예들과 2000건 이상 인터뷰한 기록을 엮은 『노예 증언집Slave Narrative Collection』에 따르면, 대부분은 노예 시절에도 잘 먹었다고 답하고 있다.[46] 하지만 조이너는 그들의 증언에 편견이 개입되었을 가능성이 있다고 경고한다. 즉 몹시 가혹한 환경을 경험한

사람들은 음식에 신경 쓸 여력이 없다는 것이다. 노스캐롤라이나주의 노예였던 이는 "주인님은 우리가 먹을 수만 있다면 모든 걸 다 먹도록 허락했습니다"라고 증언했고,[47] 또 다른 옛 노예는 "백인들이 우리를 먹였습니다. 우리에게 꼭 필요하다고 생각하는 만큼 음식을 주었습니다"라고 증언했다.(304) 그러나 몇몇 노예는 늘 굶주렸다고 회상했다. "백인들은 우리에게 먹을 걸 절반도 안 줬습니다. 오히려 동물들을 더 잘 먹였습니다. 노새에게는 밤새도록 씹을 수 있도록 조 사료를 줬지만 우리에겐 씹을 것을 주지 않았습니다."(116)

설령 노예의 식단이 칼로리 면에서 충분했다 해도, 포겔과 엥거만의 반론(1974)에서 보듯, 중요한 영양 성분들이 결핍된 식단이었던 것만은 확실하다.[48] 케네스와 버지니아 키플은 노예에게 제공된 옥수수 가루와 돼지비계는 니아신과 단백질이 결핍된 식품이라고 주장한다. 따라서 노예들은 펠라그라pellagra와 같은 영양 결핍성 질병을 앓았을 확률이 높다는 것이다. 펠라그라는 보통 니아신이 결핍된 옥수수를 주식으로 하는 집단에서 흔히 발병한다. 니아신은 우유의 트립토판이라는 아미노산이 전환되면서 얻을 수 있는 영양 성분이지만, 미국에 거주하는 아프리카계 후손들은 유당불내성을 지녔을 확률이 (약 80퍼센트로) 매우 높다. 유당불내성을 지닌 사람들은 락토오스, 즉 유당을 대사할 수 없기 때문에 우유를 먹으면 극심한 장내 불쾌감을 느낀다. 우유 소화력이 없는 노예들의 식단에는 칼슘도 부족했을 게 뻔하다. 녹색 채소에서 칼슘을 섭취했을 테지만, 이 역시 채소가 자라는 계절에 한정되었기 때문이다. 철분도 부족했을 가능성이 높다. 노예 가정에 배급되는 단백질의 대부분은 성인 남성의 몫이었기 때문에[49] 여성과 아이들의 철분 결핍은 특히 더 심각했을 것이다.[50]

농장주들은 성인 노예나 노예 가정의 대표에게 대개 일주일 단위로 식량을 배급했다.[51] 그리고 식량의 부족분은 대개 노예들이 스스로 가꾼 텃밭이나 낚시 또는 사냥에서 얻은 식량으로 충당되었다. 노예였던 어떤 이는 이렇게 회상한다. "물고기를 낚는 일도 꽤 즐거웠지만, 그놈들을 노릇하게 구워서 뜨거운 옥수수빵 한 조각과 곁들여 먹는 즐거움에 비하면 아무것도 아니었죠."[52] 하지만 일부 농장주들은 노예에게 사냥이나 낚시를 허락하지 않았다. "낚시는 꿈도 못 꿨습니다. 일이 너무 고됐으니까요. 할 수 있는 일이건 아니건 간에 닥치는 대로 일을 해야 했습니다."[53]

여성 노예들의 에너지 섭취량이나 소비량에 대해서는 기록이 거의 남아 있지 않다. 몇몇 연구에서는 들판 노동과 가사노동을 범주로 하여 여성 노예와 남성 노예의 분업에 대해 조사했다. 들판 노동에는 거의 예외 없이 남성과 여성 모두가 참여했다.[54] 다만 통나무 굴리기와 옥수수 껍질 벗기는 일은 여성 노예들의 주된 노동으로 기록되어 있지 않다. 가사노동의 경우, 남성 노예들이 담당한 일은 음식을 나르는 정도였거나 개인적인 몸종으로서의 노동이 다였다. 여성 노예들은 그러한 영역을 포함하여 요리, 청소, 빨래, 바느질 등 잡다한 일을 다 해야 했다. 여성 노예에게 할당된 노동에 대한 자료를 바탕으로 기브스와 그의 동료들은 5시간 동안 노동을 했을 때의 에너지 소비량을 다음과 같이 계산했다.(1980) 강도 높은 노동엔 1800~3000킬로칼로리의 에너지가 소비되었고, 중간 정도의 노동엔 1200~2770킬로칼로리가 소비되었으며, 가벼운 노동에 소비된 에너지는 360~1170킬로칼로리였다. 남자 한 명이 5시간의 중노동을 하고, 중간 수준의 노동을 5시간, 가벼운 노동을 6시간 수행한 뒤 8시간 동안 잠을 잔다고 가정할 때 하루에 소비되는 에너지는 6360킬로칼로리다. 같은 일을 여성이 한다면, 상대적으로 체중이 가볍기 때문에 에너지 소비량은 남자보다 적겠지만 여성의 하루 소비량치고는 극심한 편이다.

노동과 임신

일부 농장 관리인들은 임산부에게도 임신 전과 동일한 노동을 강요했다. "그들은 폭력적 위협으로 여성들에게 노동을 강요했다. '절굿공이로 배를 짓이겨놓겠다'고 위협하면서 일상적으로 하던 노동을 계속하도록 요구했고, 형벌 기준을 엄수하겠다는 가학적인 열의로 여성 노예들을 복종케 했다."[55] 대부분의 농장 지침서와 노동 일지에 따르면 여성 노예들은 출산이 가까운 기간에는 덜 힘든 일을 맡았지만, 임신 5개월 이전에는 노동량을 감면받지 못했다.[56] 목화 농장들의 기록에 따르면, 임신하지 않은 여성들은 하루 평균 87.8파운드의 목화를 따야 했지만 출산일 전 1~4주 동안에는 이전 노동량의 75퍼센트 수준으로 일을 했다. 이 기간에는 하루에 67파운드의 목화를 수확했고, 출산을 한 주와 출산 후 1주 동안에는 31.3파운드를 수확했다.[57] 출산 직전과 직후에 매일 14킬로그램의 목화를 따는 일은 결코 가벼운 노동이라고 할 수 없다.

여성 노예들이 감당한 에너지 결핍은 출생 기록상의 뚜렷한 계절성으로도 입증된다. 출생 기록이 계절성을 나타낸다는 것은 임신에도 계절성이 있음을 암시한다. 임신은 또 그 자체가 명백히 여러 요인에 영향을 받을 뿐만 아니라 난소 기능에 따라 좌우된다. 앞서 2장에서도 살펴보았지만 난소는 신체활동에 상당히 민감하게 반응하는 기관으로, 신체활동이 증가하면 그 기능이 억제된다. 1735~1865년 볼 가의 농장에서 출생한 아기들은 대부분 8월과 9월, 10월에 태어났다. 이는 대부분의 여성이 노동 강도가 낮은 겨울 몇 달 사이에 임신했음을 의미한다.[58] 노동량이 가장 높은 (이를테면 목화 수확 준비를 해야 하는) 5~7월에는 임신할 가능성이 현저히 낮았을 것이다. 임신율이 8월에 증가한 것은 수확기 후에 식량 공급량이 증가하면서 여성의 영양 상태가 호전되었음을 보여주는 지표일 수도 있다. 8월 이후에도 여전히 높은 임신율은 식사의 질이 향상되었다기보다는 여성들의 에너지 소비량이 현저히 감소했고 동시에 난소 기능의 억제 수준이 지속적으로 낮았음을 암시한다.

농장 소유주들도 나름대로 여성 노예들의 노동과 생식의 관계를 주시했다. 1774년 서인도제도의 한 농장주는 다음과 같이 기록했다. "흑인들은 노동량이 가장 적거나 가장 쉬운 일을 할 때 가장 왕성하게 번식한다. 축사에서 일하는 흑인보다 가사노동을 하는 흑인의 자녀가 더 많으며, 사탕수수 농장에서 일하는 흑인보다는 우리에서 일하는 흑인의 자녀가 더 많다."[59] '우리'란 가축을 가둔 축사를 말하는데, 이 공간에서의 노동은 사탕수수 들판에서 하는 노동만큼 고되지 않았다.

강도 높은 육체노동은 난소 기능을 억제한다. 그렇다면 임신한 여성의 출산 결과에도 영향을 끼칠까? 지금까지 임신에 끼치는 신체활동의 영향에 관한 연구들은 대개 가벼운 오락용 운동을 전제로 하고 있다. 그나마 직업적으로 강도 높은 노동을 수행하는 여성에 관한 극소수의 연구도 여성의 열악한 영양 상태에 대해서는 해명하지 못했다. 그럼에도 불구하고 이러한 연구는 개발도상국가의 여성들이 저체중아나 조산아를 출산하는 현상과 과중한 육체노동의 관련성을 보여준다. 임신 기간에도 과도한 육체

노동을 하는 에티오피아 여성들이 낳은 아기는 신체활동 수준이 낮은 여성들이 낳은 아기들보다 평균 210그램이 적다.[60] 반면 영국 임신부의 경우 육체노동을 포함한 1일 신체활동량은 신생아의 출생체중에 영향을 미치지 않는다.[61] 영국 임신부들에 대한 연구에서 신체활동을 별로 중요하게 여기지 않은 것으로 보아, 이들의 신체활동 강도가 높았을 가능성은 별로 없다.

임신부의 강도 높은 신체활동은 생리학적 요구들 사이에서 충돌을 야기한다. 신체활동으로 인해 임신 초기에 자궁으로 분배되는 혈액량이 줄어들면 태아에게는 저산소증이나 이상 고열, 탄수화물 섭취 장애와 같은 위험이 초래된다.[62] 이후에도 자궁 내에서의 성장 속도가 느려지거나 출생체중 저하로까지 이어질 수 있다. 물론 고된 노동으로 자궁 수축이 진행될 수 있으며, 그런 경우에는 조산에 이른다. 비록 운동을 하는 여성들에 대한 연구들이 예외 없이 신체활동이 출생체중에 끼치는 부정적인 영향을 뒷받침하는 것은 아니지만,[63] 임신 중인 여성의 운동이 태아의 출생체중을 감소시킨다는 사실을 보여준 연구들도 있다.[64] 오스트레일리아에서는 임신 중에 주당 4시간 30분씩 격렬한 운동을 한 여성이 낳은 아기의 출생체중이 운동을 하지 않은 여성의 아기보다 평균 315그램 적었다는 연구가 보고되었다.[65]

임신 전에도 꾸준히 신체활동을 했던 여성들을 무작위로 세 그룹으로 나눈 뒤, 임신 기간의 운동 강도를 달리하여 관찰한 연구 결과도 있었다.[66] 연구에 참여한 모든 여성은 임신 20주까지 1주에 5회, 하루에 20~60분 동안 운동을 했다. 20주 이후 첫 번째 그룹은 1일 운동 시간을 늘려갔고, 두 번째 그룹은 매일 같은 시간을 유지했으며, 세 번째 그룹은 운동 시간을 줄여갔다. 첫 번째 그룹의 여성들은 세 번째 그룹의 여성들보다 더 작은 아기를 낳았으며 태반의 부피도 20퍼센트가량 적었다. 첫 번째 그룹이 낳은 아기는 45그램 더 가벼웠고 체지방도 30퍼센트 적었다. 주목해야 할 점은 이 연구에 참여한 모든 여성이 꽤 강도 높은 운동을 했다는 것과 출생 결과의 차이는 운동 강도가 달랐던 여성들에게서 나타난 차이일 뿐 전혀 운동을 하지 않은 여성과 비교한 차이가 아니라는 점이다. 이처럼 운동의 종류 역시 중요한 변수로 작용할 수 있으며, 특히 체중을 지탱하는 운동이 출생체중에 중대한 영향을 끼칠 가능성이 크다.[67] 전반적으로 건강하고 영양이 양호하다면 임신 기간의 적정한 운동은 별로 해롭지 않다. 그러나 강도 높은 육체노동, 특히 수확기 동안 노예 여성들이 경험한 노동은 아기들의 출생체중을 심각한 수준으로 떨어뜨릴 수도 있다.

장차 어머니가 될 여성들의 임신 중 과도한 육체노동은 아기들의 사망률에도 영향을 끼칠 수 있다. 목화 농장의 계절별 노동량은 생후 1개월의 영아 사망률에서 나타나는 계절별 차이와 일치한다. 이는 임신부가 감당한 노동량과 사망률의 패턴 사이에 명백한 인과관계가 있음을 말해준다.[68] 조지아주의 콜록 목화농장 기록에서도 이와 유사한 결론을 유추할 수 있다. 기록에는 생후 첫해에 무사히 살아남은 아기의 어머니들은 아기가 사망한 어머니들보다 임신 중노동을 면제받는 날이 더 많았다고 적혀 있다.(생존한 아기의 어머니는 27.2일을 쉰 반면 사망한 아기의 어머니는 19.2일을 쉬었다.)[69]

1944년 겨울에서 1945년까지 네덜란드에 기근이 들었던 기간에 영양 결핍을 겪었던 여성들이 낳은 아기들의 출생체중을 비교한 연구에 따르면, 임신 마지막 3개월 동안 여성의 에너지 상태는 신생아의 체격에 결정적인 영향을 끼친다. 마지막 3개월 동안 기아에 노출된 여성들의 아기는 기근 후에 태어난 신생아들보다 거의 300그램이나 체중이 적었다.[70] 마찬가지로, 임신 마지막 달에 과중한 노동에 시달린 여성 노예들도 출생체중이 매우 적은 아기를 출산했을 것이다.

출생체중은 생애 초반의 질병률과 사망률을 예측할 수 있는 강력한 지표다. 따라서 계절에 따른 노동량 증가는 출생체중과 신생아 사망률에서 계절별 차이를 나타내는 가장 유력한 원인이었을 것이다. 전염성 질병도 출생체중을 떨어뜨릴 수 있다. 말라리아에 걸린 여성들이 말라리아에 감염되지 않은 건강한 여성들보다 더 작은 아기를 낳는다는 사실은 잘 알려져 있다.[71] 그뿐 아니라 열대 피부병 중 하나인 매종yaws, 매독syphilis, 상피병elephantiasis처럼 영양 결핍 여성들에게 종종 나타나는 질병도 유산과 사산의 확률을 높인다.[72]

여성 노예들의 출산율은 비교적 높은 편이었는데, 일부에서 추산하기로는 생식 연령기에 7명[73]에서 많게는 8명[74]까지 출산했다고 한다. 짧은 모유 수유 기간과 높은 신생아 사망률도 출산율을 높인 원인으로 꼽힌다. 여성 노예의 모유 수유 기간은 1년이 채 안 되었을 것이며, 신생아들은 이르면 생후 2~3개월 만에 영양학적으로 질 낮고 단백질 함량이 낮은 빵죽이나 오트밀죽을 먹기 시작했을 것이다.[75]

노예 제도가 폐지된 후에도 미국에 거주한 노예들의 환경은 대부분 개선되지 않았으며, 해방 노예들은 이류 시민으로 취급받았다. 옛 노예들은 기술직에 고용되지 못했고 대부분 소작농 시스템을 벗어나지 못했다.[76] 소작농 시스템 아래 농부들은 남의 땅에서 일하고 그 대가로 소산의 일부나 급료를 받았다. "과세나 재정 정책들은 흑인에게서 백인에게로, 어쩌면 노예 제도일 때보다 훨씬 더 효과적으로 수입을 전달하는 수단이었다. (…) 특정한 제도는 몰락했지만 미국의 흑인들에게 수난의 시대는 끝나지 않았다."[77] 1900년 인구총조사 자료는 암을 제외한 주요 질병에 따른 사망률에서 아프리카계 미국인들이 유럽계 미국인들보다 훨씬 높은 기록을 나타냈다는 사실을 보여준다.[78] 노예 제도 폐지 후 아칸소주 서남부 모집단의 골격 분석 자료에 따르면, 유아기뿐만 아니라 성인기에도 영양 결핍은 지속되었다.[79]

카리브해 노예

18~19세기에 노예 노동력을 이용한 국가는 미국만이 아니었다. 미국으로 실려온 아프리카 노예는 약 40~50만 명이었고, 400~500만 명이 카리브해로 수입되었다. 카리브해 지역의 노예 거주 환경은 어떤 면에서는 미국 노예들보다 훨씬 더 열악했다. 히그먼의 말마따나 "영국령 카리브해 지역 노예 집단의 행복의 궁극적인 기준은 오로지 생존이었다."[80] 이들에게 생존은 그리 만만한 일이 아니었다. 1807년 대서양을 가로지르는 노예무역이 금지되어 아프리카에서 더 이상 노예를 들여올 수 없게 되면서 노예 수는 줄기 시작했다. 1807~1834년 노예 수는 77만5000명에서 66만5000명으로 감소했다.[81]

인구통계 자료에 따르면, 카리브해 지역의 노예 사망률은 매우 높았고 출생률은 상대적으로 낮아서 인구의 자연적인 증가율을 떨어뜨렸다. 그 원인에는 여러 요소가 얽혀 있지만 식생활, 노동, 질병과 같은 생물학적 요인들이 주요했다. 인구의 자연 증가율은 시간에 따라서 또는 노예 거주지의 유형에 따라서 차이를 보이는데, 가장 낮은 증가율을 보인 곳은 사탕수수 재배지였다. 1815~1819년 세인트루시아섬의 사탕수수 농장들의 출생 기록을 보면 인구 1000명당 15.4명이 태어났고 46.9명이 죽었다. 즉 노예 1000명당 자연 증가율이 마이너스 31.5명이었다. 다른 유형의 거주지도 출생률은 비슷했으나 (코코아 재배지와 같은) 일부 거주지는 사망률이 낮았다. 1000명당 28.7명으로, (아주 극적인 수준은 아니지만) 여전히 자연 증가율은 1000명당 마이너스 13.2명이었다.[82]

또한 카리브해 지역 노예의 출생률은 미국의 대다수 노예 거주지보다 낮았다. 자메이카의 경우, 크리올 태생 노예의 출생률은 1000명당 25~27명이었던 것으로 추산된다.(이러한 인구통계 지표를 조출생률이라고 한다.) 반면 미국 노예의 출생률은 1000명당 50~55명이었다.[83] 미국의 노동집약적인 사탕수수 농장들에서 일한 여성 노예는 평균 출산 간격이 25개월이었고, 노동 강도는 높지만 하루 노동 시간이 짧은 데다 계절에 따라 노동량이 달랐던 목화 농장들의 여성 노예의 출산 간격은 15~16개월이었다.[84] 카리브해 지역 여성 노예의 출산 간격은 사탕수수 농장에서 일하던 미국 여성 노예들과 비슷했을 것이다. 사탕수수 농장의 여성 노예들은 카리브해 지역 커피 농장에서 일하던 여성 노예들보다 출산 연령이 늦었다.[85] 이는 사탕수수 농장의 고된 일이 초경을 지연시키거나 성인기 초기의 난소 기능을 억제함으로써 생식 연령을 늦추는 효과를 낸 까닭이다. 늦은 초경은 난소 스테로이드계 호르몬 수치 저하, 월경 횟수 감소로 연결되며, 결과적으로 초경 이후의 생식력도 떨어질 수 있다.[86] 18세기 중반까지 카리브해 지역 여성 노예의 절반은 자녀가 없었을 것으로 추산된다.[87]

1807년 이후 영국령 카리브해 지역의 사탕수수 농장들은 일종의 업무 분담 시스템으로 운영되었으며, 노예들은 각자에게 주어진 업무를 완수해야 했다.[88] 여기서 업무란 하루 안에 완결지어야 하는 일의 양을 말한다. 자메이카의 경우 평일에는 하루 12시간 일했고 카리브해 동부 지역 대부분의 농장에서는 하루 10시간 일했다.[89] 자메이카의 노예들은 농장주를 위해 매년 평균 4000시간을 들에서 일했으며, 바베이도스의 노예들은 3200시간을 일했다. 남북전쟁 전(대략 1861년 이전) 미국 농촌지역의 노예들은 1년에 약 3000시간 일했으며, 1830년대 영국 공장 노동자들의 연평균 근무 시간은 2900시간이었다.[90]

노예들은 농장 일을 마친 뒤 자기 소유의 밭을 경작하곤 했는데, 여기서 생산한 작물이 끼니의 주를 이루었다. 18세기 말엽에 이르러서는 노예들도 일요일에 쉬는 것이 관행이 되었고, 크리스마스 연휴에는 2~4일 정도 일하지 않았다. 몇몇 지역에서는 그 외의 공휴일에도 노동을 면해주었다.[91]

키, 영양 상태의 지표

카리브해 지역의 노예들 가운데 아프리카에서 태어난 노예들은 노예사회 안에서 태어난 노예들보다 키가 훨씬 작았다. 트리니다드 모집단의 경우, 아프리카 태생의 성인 남성과 여성은 카리브해 지역에서 태어난 남성 노예와 여성 노예보다 각각 2.6센티미터와 3.1센티미터 더 작있다.[92] 게니스 키플은 아프리카 원주민 집단보다 노예 집단의 키가 큰 이유는 서아프리카 지역보다 단백질 함량이 높은 식생활과 관련이 있을 것이라고 주장했다.

물론 노예 거주지의 유형에 따라서도 신장에 차이를 보였다. 카리브해 지역의 사탕수수 재배지에서 태어난 노예들은 '변경'지역에서 태어난 노예들보다 키가 매우 작았고 유아기의 성장 속도도 느렸다.[93] 변경지역의 농장들은 사탕수수·커피·목화를 제외한 농작물을 경작했으며, 소금 생산·벌목·어업을 겸하기도 했다. 이러한 지역에 거주하던 노예들은 텃밭을 가꾸거나 낚시를 할 시간이 더 많았으며, 그로 인해 영양 상태도 좋았을 것으로 보인다.[94] 바하마 변경지역의 노예들은 심지어 미국 노예들보다 키가 더 컸다.

성장 곡선의 역사적인 추이를 보면, 7세까지는 가이아나에서 태어난 노예나 미국에서 태어난 노예나 비슷한 패턴으로 성장하지만 이후부터는 미국에서 태어난 노예가 훨씬 더 빠르게 성장한 사실을 알 수 있다. 미국 노예의 경우, 아프리카 태생과 미국 태생을 별도로 분류한 자료는 없지만 평균적으로 카리브해 지역의 노예들보다 키가 컸다. 1826~1860년까지 25~40세 사이의 미국 남성 노예의 평균 신장은 171.2센티미터였던 데 반해, 1813년 기록상 트리니다드의 아프리카 태생과 카리브해 태생 노예의 평균 신장은 모두 164.5센티미터에 불과했다. 여성의 경우는 전자가 159센티미터, 후자가 154.4센티미터로 달랐다.[95]

히그먼은 미국과 카리브해 노예들에게서 나타나는 신장의 차이를 칼로리 섭취량의 차이로 설명했다. 미국 노예들은 매일 소금에 절인 고기 230그램과 옥수수 900그램을 할당받았지만, 트리니다드 노예들은 고작 고기 195그램에다 옥수수도 520그램밖에 받지 못했다. 물론 그렇다 해도 미국 노예들의 키는 미국의 백인들보다 작았다. 남부의 백인 남성 농부들은 같은 시기 같은 지역에 태어난 노예보다 평균 3.8센티미터 더 컸다.[96]

카리브해 지역 노예들이 섭취한 영양과 칼로리를 정확히 계산할 수는 없지만 일부 자료를 근거로 보건대, 일반적인 농장의 식단으로는 1500~2000킬로칼로리 정도였으며, 하루 단백질 섭취량은 45그램에 그쳤을 것이다.[97] 키플은 가장 '최선'의 시나리오, 즉 노예 소유주들이 노예들에게 영양을 충분히 공급하도록 하는 법을 잘 준수했다는 가정 아래 계산을 했다. 그 결과 농장주들이 법을 제대로 지켰다고 해도 노예들은 단백질 결핍을 겪었을 뿐만 아니라 말린 고기와 생선의 높은 소금 함량으로 인해 심각한 칼륨 결핍을 겪었을 것으로 분석됐다. 그 외에도 노예들은 지방과 비타민 A, B1(티아민), B2(리보플라빈), C 그리고 칼슘 결핍에 시달렸다.

여기서 또 한 가지 문제는 식량이 가족 구성원 모두에게 고르게 분배되지 않았다는 점이다. 대개 성인 남성은 여성과 아동보다 단백질이 풍부한 식품을 더 많이 배급받았다.[98] 이러한 남성 위주의 관습은 아동과 특히 임신이나 수유 중인 여성에게 단백질과 철분 결핍을 야기했다. 키플은 노예들에게 일주일에 3파운드(약 1.5킬로그램)의 고기 또는 생선이 배급된 것으로 어림잡았지만, 일부 전문가는 노예들의 실제 식단은 그보다 질적으로 더 떨어졌다고 주장한다. 그도 그럴 것이, 17세기 말엽까지 바베이도스로 수입된 생선은 노예 1인당 매년 100파운드 공급되었는데, 이를 기준으로 계산하면 노예 1인당 배급량은 하루에 4분의 1파운드(약 0.1킬로그램)에 불과하다. 일주일 치를 계산해도 0.7킬로그램을 넘지 않는다.[99]

성인에게 이 정도의 영양 섭취는 심각한 영양 결핍을 초래하지만, 카리브해 지역 노예들은 유아기에 미국 노예들보다 영양적으로 더 양호했을 것이다. 카리브해 여성 노예는 서아프리카 고향의 전통을 고수하면서 대체로 더 오랫동안 모유 수유를 했기 때문이다. 미국과 카리브해 지역의 모유 수유 풍습이 달랐던 것은 아프리카에서 노예가 수입된 방식이 서로 달랐기 때문이다. 미국의 경우, 아프리카 태생의 노예 수입은 1807년 대서양 노예 무역이 금지되기 거의 60년 전부터 중단되었다. 그로 인해 18세기 초엽에 이르자 아프리카 태생의 노예들은 급격히 줄었다.[100] 이와 대조적으로 카리브해 지역으로는 더 오랫동안, 즉 1807년까지 아프리카 노예가 꾸준히 보충되었다.[101] 따라서 이 지역에서는 모유 수유를 포함한 아프리카의 전통적인 생활 방식과 문화적 풍습이 미국보다 오래 지속될 수 있었다.

미국 노예의 모유 수유 기간은 약 1년이었으나,[102] 카리브해 지역에서는 최소한 2년에서 길게는 3~4년까지 모유를 먹일 수 있었고 생후 1년까지는 이유식을 먹이지 않았다.[103] 일단 이유식을 시작하면서부터는 영양 면에서 미국 노예 아동과 다를 바 없이 질이 낮은 음식을 섭취했겠지만, 카리브해 노예 아동은 부족한 영양을 일부나마 모유로 충당할 수 있었다. 하지만 유아기 후반부터 청소년기까지 카리브해 노예 아동의 성장 속도는 미국 노예 아동의 성장 속도를 따라가지 못했다.[104] 이는 카리브해 노예 아동들이 젖을 뗀 후 영양 상태가 급격히 악화되었음을 암시한다.

초경 연령은 여아의 영양 상태를 알려주는 지표로 볼 수 있다. 노예 여아의 초경 연령에 관한 기록은 없지만, 제임스 트루셀과 리처드 스테켈은 청소년기 성장 자료를 바탕으로 미국 노예 여아들이 15세 이전에 초경을 시작했을 것으로 계산했다. 카리브해 노예 여아들의 초경은 그보다 2년가량 늦었을 것으로 보인다.[105]

카리브해 지역 여성 노예들의 출산율이 실제로 낮았다면, 그 까닭은 긴 모유 수유 기간과 열악한 영양 상태가 겹쳤기 때문일 것이다. 모유 수유 자체만으로는 임신을 방지하는 데 제한적인 역할밖에 하지 못한다. 왜냐하면 양질의 식사를 하는 여성들은 모유 수유가 난소 기능을 효과적으로 억제하지 못하기 때문이다. 하지만 모유 수유 기간이 긴 데다 열악한 식사와 강도 높은 노동까지 겹친다면, 가뜩이나 영양 상태가 불량한 여성이 출산 이후 다시 난소 기능을 회복하기까지는 상당히 긴 시간이 요구될 것이다. 모유 수유를 하지 않는 여성에게도 에너지 요인들은 임신 능력에 부정적인 영향을 끼칠 수 있다. 노예 여성의 경우, 심각한 영양 결핍과 과중한 노동, 기생충 감염과 같은 질병으로 인한 에너지 손실이 임신 확률을 떨어뜨렸다. 에너지 손실이 극도로 심각하면 아예 무월경증을 유발할 수도 있다. 카리브해 지역의 의사와 농장주들은 종종 여성 노예들의 '월경 폐색'을 목격했다.[106]

카리브해 지역 노예들의 노동과 질병

영양 상태는 식이뿐 아니라 에너지 소비량에 따라서도 달라진다. 일반적으로 사탕수수 농장의 노예 노동량이 다른 작물을 경작한 농장이나 도시 노예들보다 훨씬 더 많았다는 데는 이견이 없다.[107] 미국의 경우 19세기 루이지애나주에 사탕수수 농장이 몇 군데 있었지만, 카리브해 지역만큼 흔하거나 규모가 크진 않았다. 사탕수수 농장에서의 강도 높은 노동은 엄청난 에너지를 필요로 했고, 이는 영양 결핍으로 이어질 수밖에 없었다. 노예들은 자기 텃밭을 가꿀 시간도 없었지만 그럴 힘도 없었을 것이다. 칼로리와 영양을 섭취할 기회가 줄면서 노예들의 생리학적 기능마저 약화되었다. 사탕수수 농장의 강도 높은 노동은 사탕수수 재배지와 카리브해 변경

지역의 노예들 간의 신장 차이로도 설명된다.

영양 결핍은 몇몇 질병을 야기하기도 했을 것이다. 카리브해 지역 노예들의 질병을 진단한 역사적 기록은 없지만 그들이 식이와 관련된 질병을 앓았다는 몇 가지 증거는 있다. 비타민C 결핍으로 인한 괴혈병, 철분 결핍으로 인한 빈혈, 니아신과 리보플라빈 결핍에 따른 펠라그라병, 티아민 결핍으로 인한 각기병 등이 노예들에게서 흔히 발견되었다. 장내 기생충이나 말라리아와 같은 감염성 질병 역시 카리브해 지역, 특히 가이아나와 트리니다드, 자메이카 노예들의 성장을 둔화시킨 흔한 질병이었다.[109]

카리브해 지역 노예 집단의 사망률은 전반적으로 높은 편이었지만, 재배하는 작물의 유형에 따라 차이가 있었다.[110] 사탕수수 재배지에서는 인구 1000명당 사망률이 40명이었던 반면 목화 재배지에서는 25명이었다. 가장 흔하고 우세한 사망 원인은 설사병(주로 이질)이었다. 설사병에 이어 부종과 고열(말라리아와 황열병), 결핵, 신경계 질병과 소화기계 질병이 뒤를 이었는데, 이 질병들이 카리브해 노예 집단에서 확인된 질병의 70퍼센트를 차지했다.[111] 미국 노예들이 살았던 환경에서는 카리브해 지역보다 질병이 덜 만연했다.[112]

카리브해 지역 노예들과 그들이 이전에 살았던 환경을 비교 분석한 연구들에 따르면, 노예들이 경험한 가장 뚜렷하고 극단적인 차이는 질병과 식생활 측면이 아니라 육체노동의 정도에 있었다.[113] 노예들은 서아프리카의 자유농장보다 훨씬 더 고된 노동을 했다. 이처럼 에너지 소비량이 증가하면서 노예들의 영양 요구량도 크게 높아졌다. 에너지 소비가 막대하면 심지어 음의 에너지 균형 상태가 아닐 때도 난소 억제를 유발한다. 적어도 노동 강도가 가장 높은 계절에 여성 노예들은 대부분 음의 에너지 균형 상태에 처했을 가능성이 크다. 따라서 식이와 신체활동이 난소 기능에 미치는 생물학적 영향 자체만으로도 카리브해 지역 노예들의 낮은 출산율을 충분히 설명할 수 있다.

칼로리 섭취 부족과 사탕수수 농장의 강도 높은 노동 그리고 높은 감염성 질병 발병률로 인한 영양 결핍이 카리브해 지역 노예들의 건강을 극단적으로 약화시켰다면, 현재 카리브해 지역에서 태어난 신생아들의 출생체중도 적을 것이라는 예측이 가능하다. 앞서 논의했듯, 출생체중은 이전 몇 세대의 영양 조건들에 영향을 받는 것처럼 보이기 때문이다. 만약 카리브해 노예들의 영양 상태가 미국 노예들보다 현저히 열악했다면, 오늘날 카리브해 지역에서 태어나는 흑인 신생아들의 출생체중은 미국의 흑인 신생아들보다 적을 수밖에 없을 것이다. 근래 카리브해 국가들의 출생체중 기록은 이 가설을 뒷받침하는 것처럼 보인다. 바베이도스에서 1950년대 말에서 1960년대에 태어난 신생아의 평균 출생체중은 북아메리카의 아프리카계 신생아의 평균 출생체중보다 거의 200그램이 적다.[114] 자메이카에서 발표한 최근의 자료에 따르면, (1985~1989년에 태어난) 신생아의 평균 출생체중은 3232그램이었다. 같은 기간에 유럽계 미국인 신생아의 평균 출생체중은 그보다 거의 8퍼센트(약 270그램) 더 높았다.[115] 자메이카에서 보고된 또 다른 연구에서 1990년에 태어난 신생아의 평균 출생체중은 3191그램이었다.[116] 이 연구 보고서에는 산모의 신장이 신생아의 출생체중과 신장, 머리둘레, 태반 크기를 예측하는 주요한 지표라고 명시되어 있다. 이 연구 결과로 보건대, 20세기 말엽 자메이카에서 태어난 신생아들이 부실한 까닭은 임신 기간 중 여성의 건강뿐만 아니라 여러 세대에 걸쳐 장기간 영양 결핍에 노출된 탓이다.

동시대 이주 집단들의 출생체중

유럽계 미국인과 아프리카계 미국인 사이에서 나타나는 출생체중의 차이가 혹시 역사의 굴곡과 관계없이 유전적 요인에서 비롯됐을 가능성도 있을까? 두 모집단 사이에는 피부색과 같은 일부 유전적 차이가 엄연히 존재한다.[117] 환경적 조건에서 비롯된 장기간의 선택압은 대립유전자 빈도의 차이를 유발하고 특정 형질들의 빈도를 더욱 높인다. 서아프리카 환경에서 저체중이 선택적으로 이로웠기 때문에 이 지역 출신의 노예들이 '저체중' 유전자를 갖고 있었던 것은 아닐까? 만약 그렇다면, 그 후손들에게도 여전히 같은 대립유전자가 존재할 것이다.

아프리카계 미국인 대다수가 서아프리카인의 후손이다. 아프리카계 미국인의 유전자 구성의 4분의 3이 서아프리카에서 기원했고, 그 나머지는 유럽인에게서 유래했을 것으로 추산된다.[118] 만약 출생체중에 나타나는 인종 간 차이가 유전적 차이에 따른 것이라면(형질의 다유전자성일 확률이 큰데), 서아프리카 태생의 여성이 낳은 아기들도 아프리카계 미국인 여성이 낳은 아기들만큼 체중이 적을 것이라고 예상할 수 있다. 유전적 차이일 뿐이라는 주장에 근거한다면, 심지어 서아프리카 태생의 여성들이 낳은 아기의 출생체중이 더 적을 것이라는 예상도 가능하다. 무엇보다 아프리카계 미국인 여성들은 서아프리카 태생의 여성들에게는 없는 유럽계의 고체중 유전자를 갖고 있을 가능성도 배제할 수 없기 때문이다. 이러한 유형의 비교 연구에서 임신 중 여성의 건강 상태는 교란변수로 작용할 수도 있으므로, 산모의 삶의 질이 비슷한 모집단들을 찾는 게 우선일 것이다. 즉 이 가설을 검증하기 위한 이상적인 환경은 현재 미국에 거주하고 있는 여성들만을 대상으로 할 때 가능하다. 바로 이 환경에서 실시된 연구가 있었다.

미국 태생의 백인 여성, 아프리카 태생의 흑인 여성, 미국 태생의 흑인 여성, 이 세 그룹에 속한 여성의 신생아를 비교한 연구가 있었다.[119] 물론 이 세 모집단은 여러 면에서 차이가 있다. 백인 여성은 평균적으로 사회경제적 지위가 높지만, 이 변수는 통계적으로 조절하여 참작될 수 있는 변수다. 아프리카 태생의 흑인 여성 역시 여러 세대에 걸쳐 열악한 조건을 경험했으나, 앞서 논의했듯 그 조건들은 미국의 노예 집단만큼 열악하지는 않았다. 여러 아프리카 국가의 국민은 영양이 열악하고 질병이 만연한 환경에 놓여 있긴 하지만 육체노동의 강도는 과거의 노예 집단만큼 높지 않았고 생리학적 스트레스 수준도 훨씬 더 낮았다. 평균적으로 백인 여성이 낳은 신생아 출생체중은 3446그램이었고, 미국 태생의 흑인 여성이 낳은 신생아는 3089그램이었다. 아프리카 태생의 흑인 여성이 낳은 신생아의 평균 출생체중은 3333그램으로, 미국 태생의 흑인 여성이 낳은 아기들보다 훨씬 많이 나갔다. 게다가 백인 여성과 아프리카 태생의 흑인 여성들이 낳은 신생아는 전반적인 출생체중 분포에서 거의 동일한 패턴을 보였는데, 이는 이 두 집단의 신생아들이 출생체중의 각 범주에서 동일한 비율로 태어났음을 의미한다.(한 예로, 두 집단의 여성들이 낳은 신생아의 15퍼센트는 출생체중이 3000그램이었다.) 그러나 미국 태생의 흑인 여성이 낳은 신생아의 출생체중 분포는 달랐다. 분포 곡선은 전반적으로 왼쪽으로 치우쳐 있는데, 이는 이 여성들이 나머지 두 집단의 여성들보다 출생체중이 적은 아기를 낳을 확률은 더 높고 출생체중이 큰 아기를 낳을 확률은 낮다는 것을 의미한다.

이 연구에는 두 가지 흥미로운 다변량 해석이 동원되었다. 첫째는 두 집단의 연령, 교육 수준, 결혼 상태, 임신 횟수, 산전 관리 그리고 유산 이력에 대해 통계적으로 조정을 거친 후에도 백인 여성의 아기가 아프리카 태생 여성의 아기보다 여전히 98그램이나 무거웠다. 마찬가지로 위와 같이 저체중과 관련이 있는 위험인자들을 조정한 후, 백인 여성과 미국 태생의 흑인 여성을 비교한 결과에서도 여전히 아기의 평균 출생체중은 248그램의 차이를 나타냈다.

이번에는 저체중과 관련된 위험인자를 가장 최소한으로 갖고 있는 여성들만 대상으로 재분석해보았다. 이 여성들의 연령은 20~39세였고, 임신 최초 3개월에 산전 관리를 시작했으며, 최소한 12년 이상 교육을 받은 데다 마찬가지로 최소한 12년 이상 교육받은 배우자와 정상적인 결혼생활을 하고 있었다. 이러한 사회적 범주 안에서, 미국 태생의 백인 여성과 아프리카 태생의 흑인 여성이 낳은 신생아들의 출생체중 평균치의 차이는 훨씬 더 적었다. 반면 미국 태생의 백인 여성과 미국 태생의 흑인 여성이 낳은 신생아들의 출생체중 차이는 변화가 없었다! 물론 출생체중이 매우 적은(1500그램 미만) 신생아의 비율이 두 흑인 여성 집단에서 비슷하게 나타났다는 점도 주목할 만하다. 이러한 세부적인 분석이 의미 있는 까닭은 평균 출생체중의 차이가 (그 이유가 생리학적이든 해부학적이든, 아니면 환경적이든 상관없이) '더 작은 아기나 조산아를 출산하는 경향'과 무관하다는 사실을 보여주기 때문이다. 이 연구는 유전적인 요인으로는 미국에 거주하는 백인 여성과 흑인 여성이 낳은 신생아들 간의 심각하고 지속적인 출생체중의 차이를 설명하기 어렵다는 사실을 강력히 시사하고 있다.

보스턴 시립병원에서 아기를 낳은 미국 태생의 흑인 여성과 아프리카, 카보베르데, 카리브해, 영국 등 외국 태생의 흑인 여성을 대상으로 한 비교 연구에서도 외국 태생 흑인 여성들의 신생아 출생체중이 더 무거웠다.[120] 연구에 참여한 여성들의 생활 습관에도 차이가 있었다. 미국 태생의 흑인 여성들은 대부분 흡연, 알코올, 마리화나, 코카인 상용 등의 생활 습관을 갖고 있었고, 이것이 신생아의 출생체중에 부정적인 영향을 끼쳤을 수 있다. 이러한 위험인자들을 통계적으로 조정하고 다시 실시한 분석에서도, 여전히 외국 태생의 흑인 여성들이 낳은 신생아가 미국 태생의 흑인 여성들이 낳은 신생아보다 135그램 더 무거웠다.

물론 아프리카계 미국인들의 출생체중이 적은 것이 유전적으로 결정되었는지 여부에 초점을 둔다면, 미국 태생의 흑인 여성과 아프리카 태생의 흑인 여성들을 비교한 연구가 적절할 것이다. 하지만 미국 태생과 외국 태생의 흑인 여성들의 사회경제적 요인을 모두 고려한 후에도 여전히 이들이 낳은 신생아들의 평균 출생체중에서 나타나는 135~150그램의 차이는 어쩌면 노예의 표식이라고 불러야 마땅할지도 모른다.

출생체중의 완고성

몇 세대에 걸쳐 영양과 건강이 양호해져야 출생체중이 두드러지게 증가할까? 이를 정확히 예측하기는 어렵다. 20세기 후반 50년 동안 미국에 거주하는 백인 집단의 평균 출생체중은 향상되었다. 미국 태생의 백인 여성이 낳은 여아의 경우, 1956~1975년 기간에 출생체중이 3309그램이었으나 1989~1991년 기간에는 3374그램으로 증가했다. 10년에 26그램씩 증가하여 25년간 65그램이 증가한 것이다. 같은 기간 미국 태생의 아프리카계 흑인 여성이 낳은 여아의 출생체중은 현저히 적을 뿐만 아니라 증가량도 3060그램에서 3077그램으로 17그램에 그쳤다. 10년에 7그램도 채 늘지 않은 셈이다. 1956~1975년, 카리브해 지역에서 태어나 미국에 거주하는 여성이 낳은 여아의 출생체중은 통계적으로 의미 있는 변화를 보이지 않았다.[121]

경제 후진국에서 영양상 풍부한 국가로 이주한 인구집단에 관한 연구에서는 여간해서 출생체중이 증가하지 않는 완고성이 확인되었다. 영국에서도 지난 40년 동안 인도 아대륙에서 이주한 여성이 낳은 신생아의 출생체중은 변동이 없었다. 인도 아대륙에서 태어나 영국으로 이주한 뒤 임신한 여성이 낳은 신생아의 평균 체중은 영국에서 태어난 동일 민족 여성이 낳은 신생아의 출생체중과 사실상 별 차이가 없었다.(전자는 3120그램이었고, 후자는 3119그램이었다. 이 연구에서는 단생아 출산만을 대상으로 분석했다.)[122] 아시아 여성의 첫 세대와 그 2세를 비교한 영국의 한 연구에서도 출생체중의 차이는 거의 없었다.[123]

다른 민족 집단을 대상으로 한 연구에서도 영국으로 이주한 이후 출생체중에서 통계상 의미 있는 변화는 나타나지 않았다. 카리브해에서 태어나 그곳에 살고 있는 흑인 여성이 낳은 여아와 남아의 출생체중은 각각 3129그램과 3320그램이었고, 카리브해 후손으로 영국에서 태어난 흑인 여성이 낳은 여아와 남아의 출생체중은 각각 3223그램과 3275그램이었다. 아프리카계 흑인 어머니의 자녀의 출생체중에서도 마찬가지로 주시할 만한 변화가 없었다.

1979년 미국청소년추적조사와 1970년 인구총조사 자료를 분석한 결과에 따르면, 빈곤한 어린 시절을 겪은 유럽계 미국인 여성의 사회경제적 지위 향상은 출생체중을 증가시킨 반면, 그와 비슷하게 사회경제적으로 긍정적인 변화를 겪은 아프리카계 미국인 여성은 저체중아 비율에서 아무런 변화를 보이지 않았다.[124]

물론 경제적 발달 수준이 다른 여러 국가의 평균 신생아 출생체중에는 차이가 있다. 이를테면 영국에서 태어난 남아시아계 신생아는 인도 아대륙에서 태어난 남아시아계 신생아보다 출생체중이 현저히 (약 300그램) 높았다.[125] 감염성 질병에 대한 부담이 적고 임산부의 영양 상태가 양호한 서유럽 특유의 환경과, 그로 인한 삶의 질 향상이 원인일 수도 있다.[126] 하지만 앞서 논의한 것처럼, 흥미로운 점은 출생체중에서 나타난 최초의 긍정적인 반응이 다음 세대들에서 더 증강된 형태로 이어지지 않는다는 점이다. 즉 이주한 여성의 아기는 영국에서 태어난 백인 여성의 아기보다 여전히 훨씬 더 가볍다는 것이다. 이 모든 관찰 결과는 한 가지 명백한 사실을 암시한다. 영양의 질이 향상됨에도 불구하고 출생체중의 세대 간 구성은 매우 완고하다는 것이다. 과거 세대로부터 전해진 신호는 매우 느리게 약해진다.

아프리카계 미국인 신생아의 저체중이 노예 제도의 흔적일까?

현재도 아프리카계 미국인의 출생체중은 유럽계 미국인보다 현저히 적다. 사회경제적 요인의 차이와 위험인자 노출 빈도의 차이를 고려해도, 인종 간 출생체중의 차이는 여전히 무시할 수 없는 수준이다. 더욱이 이러한 차이가 유전적 요인에서 비롯되었을 가능성은 없다. 왜냐하면 노예를 수출했던 아프리카 국가들에서 태어나 현재 미국에 거주하는 흑인 여성의 아기는 노예의 후손으로 미국에서 태어난 흑인 여성의 아기보다 체중이 더 나가기 때문이다.[127]

출생체중은 세대 간, 특히 모계 세대가 경험한 생활 환경의 영향을 포함하여 여러 요인으로 결정된다. 노예 신분은 태아기, 유아기, 성인기까지 열악한 영양 상태를 경험했음을 의미한다. 열악한 영양 상태는 불충분한 식이와 과도한 노동, 에너지 섭취량과 소비량의 불균형 그리고 감염성 질병에 대항하는 에너지 비용의 결과다. 다른 책에서도 주장한 바 있듯이,[128] 현재 아프리카계 미국인 아동의 출생체중이 낮은 데는 적어도 세 가지 주요한 원인이 있는데, 이는 모두 과거의 노예 제도와 관련이 있다.(그림 5.1)

첫째, 노예 아동의 출생체중이 적은 직접적인 원인은 그 어머니의 영양결핍과 과도한 육체노동으로, 이 여성들은 임신 전뿐 아니라 임신 기간에도 열악한 환경에 노출되어 있었다. 둘째, 노예 아동의 어머니들은 어릴 적부터 영양 부족과 강도 높은 노동을 지속적으로 겪었다. 이러한 부정적인 영향으로 어머니의 유아기 성장 속도는 더딜 수밖에 없었고, 다시 그녀가 낳은 아기의 출생체중을 떨어뜨리는 결정적인 요인으로 작용했다. 셋째, 아기의 출생체중이 어머니의 (그리고 할머니와 증조할머니의) 출생체중에 영향을 받는다는 점에서, 노예 어머니뿐 아니라 역시 노예였던 할머니와 증조할머니도 성장기와 임신 기간을 포함한 성인기 동안 열악한 영양 상태를 경험했기 때문에 출생체중이 적은 아기를 낳게 된 것이다.

이 모든 요인이 출생체중에 강력한 상호합동 효과를 냈을 것이다. 예를 들어 출생체중이 적은 여아는 필시 유아기 동안의 성장 속도도 더딜 것이다. 출생체중이 적은 아동은 생애 초반에 질병을 앓을 확률이 더 높을 테고, 병약한 아동은 식욕이 없어서든 식량을 더 구할 능력이 없어서든 영양을 충분히 공급받지 못한다. 결과적으로 출생체중이 적고 유아기에 잘 성장하지 못한 여아는 성인이 되어 출생체중이 적은 아기를 낳을 것이다.

임신한 여성의 경우, 단기적인 영양 결핍일지라도 그 수준이 매우 심각하면 세대 간 효과를 유발하면서 한 세대 이상 반향을 일으킬 수도 있다. 임신 기간 중반에서 후반까지 어머니의 자궁 안에서 기아에 노출된 네덜란드의 신생아들도 출생체중이 적었다. 놀랍게도 그 영향은 세월이 흐른 후에도 나타났다. 이 아기들이 성인 여성이 되어 낳은 아기들도 출생체중이 적었던 것이다. 태아기 후반 3개월 동안 기아를 겪은 세대의 다음 세대가 낳은 첫째 아기(쉽게 말해 제2차 세계대전의 기근을 실제로 겪은 여성의 손주)의 출생체중도 여전히 낮았다.[129] 물론 이 아기들의 어머니는 영양 결핍을 전혀 겪은 적 없는, 적절한 식사와 양호한 영양 상태를 유지하며 현대적인 네덜란드에 살고 있는 여성들이다.

아프리카계 미국인은 그보다 훨씬 더 오랫동안 영양 결핍을 겪었으며, 그 효과는 영양 결핍을 겪은 세대 당사자는 물론이고 세대를 거치는 동안에도 지속되었다. 설령 이들의 칼로리 섭취량이 기근에 시달렸던 네덜란드의 여성들보다 많았다 치더라도, 노예의 에너지 소비 수준은 극단적으로 높았다. 칼로리 섭취량과 상관없이 임신 중 고된 노동은 그 자체만으로도 신생아의 출생체중을 떨어뜨릴 수 있다. 에너지와 관련된 환경이 여러 세대에 걸쳐 열악했다면 환경의 질에 대한 여성의 생리학적 판단을 바꿔놓을 수 있다. 심지어 임신한 여성의 영양 상태가 양호하더라도 한 개체로서 세대 간 신호를 거부할 수 없다. 또한 이 신호는 여성 자신의 대사 과정에 융화되어 특정한 생리학적 전략을 따르도록 유도할 수도 있다. 그러한 전

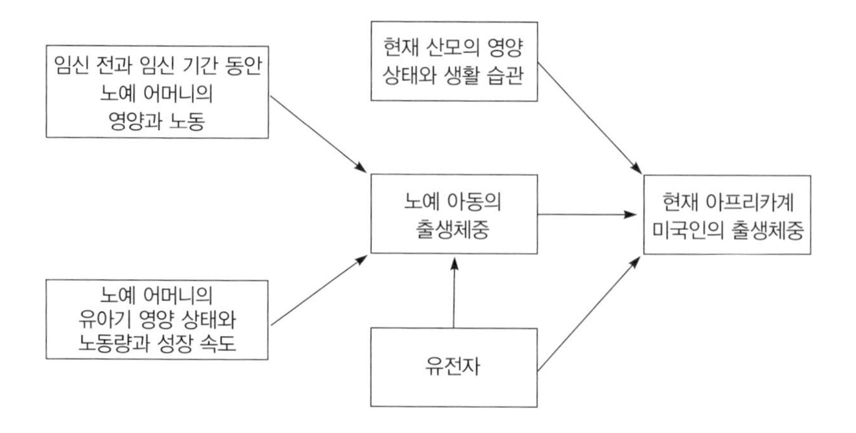

그림 5.1 노예 제도 기간에 산모의 열악한 영양 상태와 유아기의 영양 결핍은 현재 아프리카계 미국인 아동의 출생체중을 떨어뜨린 중요한 세대 간 요인이다.

략이 바로 아기의 출생체중을 떨어뜨리는 결과를 초래한다.

지금까지 정확한 생리학적 기전에 대해서는 밝혀지지 않았지만, 특히 과거 세대들이 경험한 열악한 환경 조건들의 신호가 여성에게 전달되었을 때 영양이 불량한 여성의 몸이 태아에게 영양과 에너지를 덜 분배하는 전략을 따르는 데는 상호 배타적이지 않은 두 개의 유력한 진화론적 근거가 있다. 첫 번째 근거는, 모계 유기체에게는 체격이 작은 아기—더 나아가 그러한 성인 자녀—를 출산하는 것이 이점이 될 수도 있다는 것이다. 작은 체격은 유지 비용이 적을 것이므로 에너지 가용성이 낮은 상황에서 생존력을 높일 수 있다. 두 번째 근거는, 미래의 에너지 상태가 악화될 것을 감안하여 임의의 자녀에게 에너지를 덜 투자하는 것이 모체의 건강 상태를 유지하는 최선의 방법이라는 점이다. 일반적으로 여성의 몸은 다세대 간 신호에 근거하여 앞으로도 영양 상태가 열악할 것으로 '예측'했을 때, 그 예측에 따라 현재의 생식 사건에 에너지를 덜 투자함으로써 미래의 생식을 위한 에너지를 비축한다.

출생 체격이 작은 아기를 낳는 것이 적응 측면에서 유익하고 실용적이며 전략적인 선택인지, 또는 주어진 상황에서 어머니가 할 수 있는 최선의 일이 그것뿐이므로 단순히 '불리한 상황에서 최대 이익'을 노린 전략인지 단정하기는 어렵다. 작은 출생 체격과 관련된 거래는 분명히 존재한다. 체격이 작을수록 제한된 자원 환경에서 생존할 가능성은 크지만, 생애 초반에 사망할 확률이 매우 높다. 이러한 신생아는 감염에 몹시 취약하며, 간혹 발달장애를 겪어 미래의 성장에도 부정적인 영향을 끼칠 수 있다. 심지어 현재 미국에서도 작은 출생 체격은 사망률과 관련이 있다. 과거 노예에게 강요되었던 생활 환경에서 출생 체격이 작은 아기를 낳는 것은 극도로 위험한 전략이었고, 투자한 에너지를 낭비하고 마는 결과를 초래할 가능성도 컸다.

이번 장에서 제시한 가설을 한마디로 요약하면, 여러 세대에 걸쳐 축적된 영양 결핍의 비극적 효과를 상쇄하기에는 향상된 영양 상태를 경험한 아프리카계 미국인 세대가 너무 적다는 것이다. 아프리카계 미국인의 출생체중이 적은 까닭을 설명할 다른 가설이 있을까? 출생체중에 나타난 차이를 조사한 미국의 연구들은 인종 집단 간의 사회경제적 차이와 생활 방식의 차이를 신중히 참작하고는 있지만, 그 외에도 정량적으로 평가하기 어려운 관련 요인들도 있을 것이다.

일부 전문가는 아프리카계 미국인 아동들의 출생체중을 떨어뜨린 원인으로, 현재 미국에 거주하는 수많은 아프리카계 미국인 여성들이 토로하는 인종 차별에 대한 심리적 영향을 지목한다.[130] 이와 관련하여 최근 자가보고 형식으로 조사한 차별에 대한 통계가 건강에 영향을 끼칠 수 있는 또 하나의 요인으로 주목을 받았다. 이를테면 차별이 정신건강뿐만 아니라 건강과 관련된 태도에 부정적인 영향을 끼칠 수 있다는 것이다.[131] 아직까지는 인종 차별과 저체중의 관계를 뒷받침할 만한 설득력 있는 증거가 발견되지 않았지만, 잠정적인 관련성을 주장하는 연구도 없지 않다. 인종 차별에 대한 자가보고 형식의 사례는 빈곤한 아프리카계 여성과 1500그램 이하의 심각한 저체중아 출산과의 관련성을 조사한 소규모 연구에서 발견되었다.[132] 일부 연구에서는 인종 차별에 대해 불만을 토로한 여성이 조산의 위험도 높다고 보고되었지만,[133] 모든 연구에서 그러한 결과가 나온 것은 아니다.[134]

인종 차별에 대한 자가보고 형식의 연구들은 인종에 대한 명확한 정의도 없을뿐더러 방법론적으로 심각한 한계를 안고 있으며 인종주의와 심리적인 압박을 혼동할 우려가 있다는 이유로 종종 비판을 받는다.[135] 하지만 연구 방법이 개선된다면 미래의 연구들은 아프리카계 미국인의 저체중에 관한 미스터리를 해결할 수도 있을 것이다.

3장부터 5장까지, 한 개인의 건강이 당사자는 물론이고 그 어머니, 더 나아가 가까운 조상 세대들이 경험한 에너지 환경(영양, 노동, 질병 등)에 따라 어떻게 달라질 수 있는지를 살펴보았다. 출생체중과 유아기 및 성인기의 건강은 에너지 환경의 영향에서 자유롭지 않다. 이제 관점을 바꿔서 생식활동이 아기가 아닌 어머니 당사자에게 어떤 영향을 미치는지 살펴볼 것이다.

아기의 출생 체격과 생물학적 상태는 그 어머니의 건강 상태와 매우 밀접하게 관련돼 있다. 이유는 간단하다. 생식에는 비용이 따르기 때문이다. 태아의 성장, 신생아를 위한 젖 생산, 손위 자녀의 육아활동 등의 모든 일은 산모에게 상당한 에너지를 요구한다. 에너지가 제한적이라면 아이의 건강만 위협받지는 않을 것이다. 여성 역시 생식 비용을 지불하기 때문이다. 6장과 7장에서는 생식 비용과 그 생식 비용을 해결하기 위한 여성의 전략, 산모의 건강과 수명에 끼치는 생식의 장기적인 효과에 대해 살펴보기로 하자.

6장 생식 비용

불충분한 식이, 과도한 노동, 질병에 대한 부담까지 더해진 열악한 환경에서 에너지 균형과 건강을 유지하기는 쉽지 않다. 여기에 생식 비용까지 추가되면 생존이라는 과업은 더 어려워진다. 생식 비용으로 인한 부담은 남성보다 여성이 더 크게 진다. 임신과 수유 그리고 전통적으로 여성에게 부과된 보육에 에너지와 영양을 지불해야 하는 까닭이다.

1898~1902년, (오스트레일리아의) 뉴사우스웨일스의 여성 중 6명의 자녀를 낳은 여성들은 더 많은 자녀를 낳은 여성보다 오래 살았다. 이 조사를 담당한 연구원은 1905년 이 결과를 책으로 출판하면서 다음과 같이 결론을 내렸다. "임신과 분만, 수유기에도 대가족을 부양해야 하는 여성은 체력적으로 끊임없이 스트레스를 받는다."[1]

에너지와 영양이 생식활동에 쓰일 때, 다른 기능이나 목적에 분배되는 양은 줄어든다. 이것이 바로 생활사 이론의 핵심이다. 식품 섭취로 얻은 에너지와 영양은 (이를테면 면역 기능, 조직의 복구, 독성의 중화, 소화를 포함한 모든) 생리 기능을 유지하고 신체활동을 지원하는 데 쓰인다. 유아기와 청소년기의 성장에도 상당한 양의 에너지와 영양이 요구된다. 성인 여성의 경우에는 임신과 수유가 추가적으로 에너지 손실을 초래한다.

자원에 대한 경쟁은 생활사의 특징들 사이에서 거래를 유발한다. 이용할 수 있는 자원의 양이 한정적일 때 어떤 기능에 자원을 쓰려면 어쩔 수 없이 다른 기능들의 희생을 담보로 해야 한다.[2] 특히 생식은 상당한 비용이 드는 기능임에도 불구하고 진화론적 관점에서 필수불가결하므로 이 비용을 피할 수는 없다. 현재의 생식에 더 많이 분배하게 되면 분명 미래의 생식에 타격을 입거나 수명이 줄거나, 또는 두 가지 결과를 모두 초래할 것이다. 이는 의심할 여지가 없는 명백한 논리이지만, 이러한 거래를 유발하는 정확한 기전이 무엇인지는 아직 완전히 밝혀지지 않았다. 임신과 수유가 다른 과정들로부터 영양과 에너지를 빼앗는다면, 정확히 어떤 생리 기능들이 타격을 받을까?

초파리의 경우, 평소보다 알을 더 많이 낳아야 하는 상황에 처하면 체내의 활성산소 노출에 대한 저항성이 감소한다.[3] 마찬가지로 금화조錦花鳥도 생식에 더 많은 비용을 할당할 때 체외의 활성산소 노출에 대한 적혈구 세포들의 저항성이 떨어졌다.[4] 포유류들은 젖 생산 비용에서 거래가 이루어진다. 가령 큰뿔야생양은 수유기에 기생충 감염 확률이 증가한다.[5]

하지만 생식 기능은 대개 경쟁적인 과정들을 지원할 자원이 한정적이거나 부족한 상황에 이르러서야 손실이 일어난다. 금화조를 대상으로 한 다른 한 연구에서는 알의 개수와 산화 스트레스에 대한 저항성 사이에 음의 상관관계가 있음이 입증되었지만, 흥미롭게도 카로티노이드를 강화한 먹이를 먹인 금화조에게서는 이러한 관계가 나타나지 않았다.[6]

생식의 에너지 비용

여성에게 생식은 난소와 자궁의 기능을 유지하기 위해 에너지를 필요로 하는 과정이다.[7] 규칙적인 월경주기를 유지하는 데도 정상적인 대사에 요구되는 정도 이상의 에너지가 들어간다.[8] 하지만 더 많은 에너지를 지속적으로 요구하는 임신과 수유 비용에 비하면 월경주기의 에너지 비용은 거의 무시할 만한 수준이다. 월경주기를 유지하는 데는 안정시 대사율resting metabolic rate, RMR을 6~12퍼센트 정도만 늘려도 되는데, 이는 하루에 필요한 정상적인 에너지 요구량에 70~140킬로칼로리만 추가해도 되는 양이다.[9] 여성이라면 알겠지만, 배란일 이후 며칠 동안 에너지 섭취량이 급격히 늘어나는 것도 대개 이러한 추가적인 에너지 비용을 마련하기 위해서다.[10] 이러한 에너지 비용도 월경주기 중 며칠의 황체기에만 필요할 따름이다.

인간 모계 유기체, 즉 임신한 여성은 우리와 가장 가까운 영장류 친척보다 훨씬 더 많은 비용을 들여 아기를 낳는다.[11] 여성의 체중은 암컷 침팬지보다 약간 더 가벼운 정도지만[12] 인간 신생아의 평균 출생체중은 3.5킬로그램으로, 평균 2.0킬로그램인 침팬지 새끼보다 무겁다.[13] 생후 몇 년 동안에도 유아는 다른 포유류 종 대부분의 새끼보다 훨씬 더 무겁다.[14] 영양 상태가 양호한 산업화된 국가의 여성이라면, 임신 기간 첫 3개월 동안 평균적인 1일 에너지 소비량은 90킬로칼로리, 다음 3개월 동안은 290킬로칼로리, 마지막 3개월 동안은 470킬로칼로리로 추산된다.[15] 임신 마지막 3개월 동안에는 에너지 요구량이 임신 전보다 약 22퍼센트 증가할 수도 있다.[16] 임신 기간에 체중이 평균 12킬로그램 증가한 여성이 임신에 쓰는 총 비용은 약 7만7200킬로칼로리다.[17]

수유에 따르는 에너지 비용은 그보다 훨씬 더 크다.[18] 수유 비용은 신생아의 월령月齡[19]과 수유 빈도에 따라 다르지만 하루 평균 626킬로칼로리가 들며,[20] 이 상태로 수유가 1년 이상 지속되기도 한다. 일각에서는 이러한 추정치가 비산업화 국가들의 여성이 임신과 수유기 동안 실제로 섭취하는 에너지에 비해 지나치게 높게 평가되었다고 반박한다.[21] 영양 상태가 양호한 영국 여성은 임신 기간 중 하루에 평균 1980킬로칼로리의 에너지를 섭취하고, 수유기에는 하루 평균 2270킬로칼로리 이상을 섭취한다.[22] 스웨덴 여성은 (모유 수유만 할 경우) 생후 3개월의 아기에게 젖을 먹이는 동안 하루에 2870킬로칼로리를 섭취하는 것으로 조사됐다.[23] 이와 대조적으로 감비아의 시골에 거주하는 여성은 (식량이 부족한) 우기 동안 임신과 수유를 할 경우 하루 평균 1290킬로칼로리밖에 섭취하지 못한다.[24] 에너지 공급이 제한된 상황에서도 생식 기능을 수행할 수는 있지만, 이러한 전략은 상당히 장기적인 손실을 야기한다. 열악한 에너지 환경은 여성의 생식 결과를 위축시키는 경향이 있기 때문이다. 이는 신생아의 건강[25]에도 반영되며, 흔히 산모 고갈 증후군maternal depletion syndrome으로 알려진 어머니의 영양 악화로 나타난다.[26] 산모의 고갈 상태가 미래 생식에 부정적인 영향을 미치는 것은 당연하다.

난소 기능의 억제가 여성으로 하여금 영양 상태가 열악할 때 임신을 방지하는 효과를 낸다는 사실은 앞에서도 살펴보았다. 하지만 생애 전반에 걸쳐 영양 결핍을 경험하는 일부 여성에게는 일시적으로 난소 기능을 억제할 수 있는 능력이 특히 더 중요하다. 열악한 환경이 지속되고 있을 때 난소 기능이 억제되면 임신 가능성이 낮아지고 출산 간격을 벌릴 수 있기 때문이다.[27] 이 메커니즘 덕분에 어머니는 임신과 수유기 이후에 몸을 회복할 시간을 벌 수 있다. 영양 상태가 호전되면 다시 난소 호르몬 수치가 높아지고, 새로운 임신으로 이어질 수 있다. 열악한 에너지 상태가 만성적으로 지속된다면, 새로운 임신에 에너지를 효율적으로 분배하고 생식 비용을 절감하기 위한 다양한 생리적 전략을 시행해야 할 것이다.

생식에 에너지를 분배하는 방식들

에너지와 영양이 제한돼 있고—인류의 진화기 내내 그랬을 테고, 오늘날에도 많은 모집단이 이러한 상황에 처해 있다—생식이 이러한 자원에 대한 요구를 증폭시킨다면, 여성들은 어떻게 건강을 유지하고 생존하며 아기를 낳는 모든 일을 해내는 것일까? 생식이 요구하는 추가적인 에너지 비용을 해결하는 한 가지 방법은 에너지 섭취량을 늘리는 것이다. 흔히 임신 중에는 '2인분'을 먹는다고들 하지만, 어쨌든 더 많이 먹는 것은 추가적인 요구를 해결하는 확실한 방법이다. 하지만 가장 쉬운 이 방법조차 실천하지 못하는 집단이 여전히 많다. 재정적 수단이 제한된 집단의 사람들은 음식 섭취량을 늘리기가 쉽지 않다. 과거 인간이 진화하는 기간에는 때에 따라서 음식 섭취량을 늘리는 게 가능했을 것이다. 하지만 그러기 위해서는 신체 활동량도 늘려야만 했다. 채집으로 식량을 더 얻는다는 것은, 바꿔 말하면 더 오래 걷고 더 깊이 뿌리를 파내며 더 무거운 짐을 집으로 운반해야 한다는 뜻이기 때문이다.

노동은 줄이고 휴식은 늘리고

비축한 에너지를 생식활동으로 전환하는 또 한 가지 방법은 노동을 줄이는 것이다. 실제로 임산부들 중에는 임신과 수유기 동안 신체활동을 줄이는 사람도 있다. 하지만 생활 방식이나 계절에 따라서 신체활동을 줄이지 못하는 임산부도 있다. 농경 집단에서 수확기과 같이 노동력을 요하는 계절에는 손 하나가 아쉽기 때문에 임신한 여성도 노동에 동참해야 한다.

지난 15년 동안 모지엘리카 인간생태학 연구단지의 일부였던 폴란드의 작은 농촌에서는 보통 8월 2~3주 동안 곡물을 추수한다. 집집마다 자기 소유의 논밭이 있으므로 가족 구성원 모두가 일손을 놓을 수 없다. 추수는 날씨에 따라 좌우되며, 비가 내리면 곡물을 베지 못하고 일일이 거둬야 한다. 날씨가 좋고 곡물이 잘 영글면 온 가족이, 그야말로 남녀노소 할 것 없이 추수에 나선다. 물론 임산부라고 빠질 수 없다. 올해로 80세가 된 안나는 아기를 낳을 때의 일화를 이렇게 회상한다. 화창한 어느 여름 안나는 출산이 임박해 있었는데, 그와 동시에 임박한 다른 출산이 있었다. 밀도 무르익어 추수를 코앞에 두고 있었던 것이다. 그래서 안나는 이른 아침부터 들에 나가 일을 거들어야 해야 했다. 이미 아기를 몇 명이나 낳았던 터라 진통의 추이로 출산이 닥쳤음을 느낀 그녀는 당장 집으로 가야 한다고 남편에게 알렸다. 남편은 부랴부랴 마을 산파에게 소식을 전한 뒤, 다시 일을 하기 위해 들로 향했다. 안나도 방금 낳은 갓난아기를 어린 딸에게 맡겨놓고 추수를 하기 위해 들에 나갔다고 한다.

안나의 이야기는 극단적인 사례겠지만, 한편으로는 일상의 노동에서 (특히 수확기 같은 농번기에) 여성이 일손을 놓기 어려웠던 정황을 말해준다.

안나는 추수한 곡식이 한 해 동안 자기 자신을 비롯한 아이들의 양식이라는 사실을 알고 있었다. 가난한 탓에 그녀를 대신할 일꾼을 살 수도 없었다. 자녀들도 일손을 보탰지만 그마저도 충분치 않았다. 농촌사회에서는 아이들의 노동도 상당히 요구되지만, 농사일에는 대부분 성인의 기술과 경험 그리고 신체적인 힘이 필요하다. 여러 사회의 여성들이 안나와 비슷한 상황에 처해 있으며, 생식을 위한 에너지 요구가 높을 때에도 신체활동을 줄일 수가 없다.

개발도상국가에서 보고된 122편의 연구 자료를 검토한 결과, 거의 모든 국가의 여성들이 임신 기간 내내 일상적인 노동을 해야 하는 상황에 처해 있었다.[28] 필리핀의 한 작은 마을에서는 출산 직전까지 평소의 노동을 유지하는 것을 당연시했다.[29] 네팔의 시골에서는 일손이 부족한 봄이나 계절성 우기에는 임신부든 수유모든 노동량을 줄일 수가 없다. 이들의 에너지 소비량 수준은 비임신 또는 비수유 여성들 못지않게 높다.[30]

살찐, 그러나 너무 뚱뚱하지는 않게

다른 수많은 종과 마찬가지로, 인간은 대사 에너지를 저장하는 능력을 갖고 있다. 시절이 좋을 때, 즉 식량은 풍부하고 노동량이 적을 때 인간은 소비하는 것보다 더 많은 에너지를 섭취한다. 이 여분의 대사 에너지는 지방의 형태로 저장된다. 이렇게 저장된 지방은 음식 섭취를 통한 에너지 수급이 원활하지 못할 때 대사되면서 에너지를 공급한다. 여성은 남성보다 생리학적으로 지방을 저장하는 '능력'이 뛰어나다. 그러한 능력은 고비용 생식과 관련이 있다는 데 여러 연구자가 동의하고 있다. 그렇다면 음식에서 얻는 것보다 더 많은 에너지가 필요할 때 여성들도 비축된 에너지를 사용할 수 있을까? 물론 그렇다.

에너지 소비량이 섭취량보다 월등히 높을 때 남녀 모두는 지방을 태운다. 이러한 에너지 상태를 '음의 에너지 균형' 상태라고 한다. 여성은 임신 기간에 지방을 비축하여 수유를 대비한다. 인간만이 갖고 있는(대부분의 영장류는 수유기 동안 먹이를 더 많이 먹어서 젖을 생산한다) 이러한 지방 저장 시스템은 급격히 성장하는 신생아의 두뇌에 에너지를 지속적으로 고르게 공급하고자 진화한 것으로 여겨진다.[31]

지방을 저장하는 방식이 젖을 생산하는 데 드는 에너지 비용을 충당한다는 점에서는 중요할 테지만, 그보다 중요한 점은 지방으로 저장된 에너지가 생식 전반의 비용까지 감당하진 못한다는 것이다. 물론 비축된 에너지가 생식 비용에 보탬이 되는 것은 맞지만, 임신과 수유에 드는 에너지 비용 전체를 감당하지 못하는 데는 나름의 이유가 있다.

첫째로, 영양 상태가 양호한 (종종 너무 과잉 상태인) 서구 국가의 여성들이 생리학적 표준이 아니라는 점을 상기할 필요가 있다. 앞서도 논의했지만, 진화에 따른 적응을 분석할 때는 인간 조상들을 반드시 염두에 두어야 한다. 인간의 모든 적응은 과거 수천 세대를 거치며 작동한 자연선택의 결과물이다. 진화하는 동안의 모계 조상들, 즉 수렵채집을 했던 모계 조상들은 틀림없이 지방 저장량이 적었다. 구석기 시대의 수렵채집 생활 방식은 지방을 넉넉히 저장하는 여유를 허락하지 않았다. 당시의 식생활은 칼로리가 충분했을지언정 칼로리 과잉으로까지는 아니었으며, 에너지 소비량은 상대적으로 높은 편이었다. 현대의 수렵채집 집단들에도 뚱뚱한 사람은 드물다. 다만 남아메리카의 몇몇 집단에서는 지방 축적이 뚜렷하게 나타나기도 한다.

둘째, 지방 저장량이 현저히 낮게 확인된 개발도상국들의 여성에 대한 자료를 근거로[32] 다음과 같은 가설을 세울 수도 있다. 개발도상국들에서 나타나는 지방 저장 기능은 젖을 지속적으로 생산하기 위한 용도라기보다 건강 상태나 환경이 매우 열악해졌을 때 응급 자원으로 활용하기 위한 것이라는 가설이다.[33] 감비아의 시골에 거주하는 여성들을 대상으로 한 연구들도 이 가설을 뒷받침한다. 만약 감비아 여성들이 저장한 지방으로 수유 비용의 50퍼센트를 충당한다면 모유 수유는 4개월 이상 지속할 수 없다.[34] 반면 영양 상태가 양호한 서구 여성들이 저장한 지방을 똑같이 사용할 경우, 11개월까지 모유를 먹일 수 있다. 모유 수유 기간이 길어진다면 영양 상태가 불량한 여성의 체지방으로는 젖 생산 비용을 충당할 수 없다.

마지막으로, 불확실한 환경에서 어머니는 저장된 지방을 너무 많이 써버릴 수 없다. 왜냐하면 에너지 저장고가 언제 다시 채워질지 알 수 없기 때문이다. 그뿐 아니라 미래의 생식활동에 부정적인 영향을 끼칠 수 있는 탓에 현재의 자녀에게 과도한 에너지를 투자하지 못한다.

자기 몸에서 훔친 에너지

생식 과정에 에너지를 나눠줄 수 있는 마지막 자원은 자신의 생리 기능을 유지하는 데 할당되는 자원이다. 인간이 기본적인 생리 기능을 유지하는 데 매일 지불하는 비용은 꽤 높다. 생물에너지학에서는 이를 기초대사율basal metabolic rate, BMR이라고 표현한다. 몇몇 수렵채집 집단과 목축 및 농경 집단 여성의 1일 평균 BMR은 약 1260킬로칼로리다.[35] 과연 여성은 생식활동에 에너지를 충당하기 위해 자신의 1일 대사 요구량을 줄일 수 있을까?

임신 비용은 태아의 성장뿐만 아니라 모체의 지지 조직의 발달 및 유지 그리고 산모의 지방 축적 때문에 발생한다.[36] 수유 비용은 젖 생산과 유선의 대사를 활성화하고 그 상태를 유지하는 데서 발생한다.[37] 이 모든 대사 활동을 통합한 지표가 바로 BMR이다. 따라서 임신 중이거나 수유 중인 여성은 BMR이 증가할 수밖에 없다. 임신 기간을 4기로 나눈다면, 임신한 여성의 BMR은 임신 전보다 기간별로 3, 7, 11, 17퍼센트 증가한다.[38] 이러한 이론적 예측을 뒷받침하는 실험 자료들이 있긴 하지만, 대부분 영양 상태가 양호한 여성들을 대상으로 한 실험이다.[39] 스웨덴 여성은 임신 초기부터 BMR이 증가하기 시작해서[40] 임신 기간을 통틀어 누적된 BMR이 5만 킬로칼로리(210메가줄megajoule, 메가줄은 에너지의 단위로, 1메가줄은 239킬로칼로리에 해당)가 넘는다.[41] 영양 상태가 양호하고 건강한 여성의 평균 BMR은 임신 첫 3개월에는 4.5퍼센트, 4~6개월까지는 10.8퍼센트, 마지막 3개월에는 24.0퍼센트까지 증가한다.[42]

하지만 임신 기간의 BMR 증가는 모든 여성에게 허락된 옵션이 아니다. 에너지 공급이 태아나 젖먹이의 에너지 요구를 지원할 수 없는 환경이라면, 이미 임신 중이거나 수유 중인 여성의 생리 기능은 에너지 저장을 위한 다양한 '절차들'의 스위치를 켤 수도 있다.[43] 생식에 에너지를 재분배하는 한 가지 메커니즘이 바로 임산부가 자신의 BMR을 줄이는 것이다.[44]

실제로 임신 중이거나 수유 중인 여성의 BMR이 감소되는 사례도 관찰된다. 영양 상태가 열악한 스코틀랜드와 감비아 여성은 임신 12주차까지 BMR이 감소했다. 이렇게 한 차례 감소한 후, 임신 22~26주차에는 임신 전 수준으로 BMR이 회복되다가 다시 증가하기 시작했다. 하지만 심지어 출산 때에도 이 여성들의 BMR은 영양이 양호한 스웨덴 여성의 BMR에 비해 현저히 낮은 수준이었다.[45] 감비아 여성은 임신 전 수치와 비교했을 때 임신 기간 전체를 통틀어 BMR이 1만1000킬로칼로리(45메가줄) 감소했다.[46] 나이지리아 임산부들도 각자의 영양 상태에 따라 기초대사율의 차이가 두드러졌다.[47]

심지어 영양이 양호한 서구 여성들도 임신에 따른 기초대사율의 반응에 상당한 차이를 보인다. 체지방량으로 평가했을 때 임신 전 영양 상태가 양호한 여성은 BMR 증가 폭도 컸다.[48] 임신 기간 중 산모의 체지방량은 BMR 변화를 보여주는 매우 중요한 지표다.[49] 바꿔 말하면, BMR은 체지방을 에너지로 전환할 수 있는 여성에게서 증가한다. 따라서 영양 상태가 열악한 여성에게는 임신 초기의 BMR 감소가 매우 중요하다. BMR이 감소하면 산모의 에너지 필요량이 현저히 떨어지면서 여분의 에너지로 임신을 지원할 수 있을 뿐만 아니라 일부를 지방 조직에 저장할 수 있기 때문이다. 이렇게 저장된 에너지는 장차 수유 비용을 충당하는 데 매우 유용하게 쓰일 것이다.

수유는 비임신일 때보다 BMR을 평균 12퍼센트 정도 증가시키는 것으로 보인다.[50] 임신과 마찬가지로, 수유기의 BMR 수치도 늘 이론적 예측대로 증가하는 것은 아니다. 수유기의 BMR이 임신 전보다 증가하는 경우도 있고, 감소하거나 그대로 유지되는 사례도 관찰된 바 있다.[51] 물론 여기서 관찰된 BMR 수치의 차이는 연구에 참여한 여성들의 영양 상태 차이로 설명할 수 있다.[52] 감비아 여성의 경우 수유를 시작한 첫해 동안 BMR 수치는 임신 전보다 5퍼센트 감소했다.[53] 감소폭이 매우 적은 것 같지만, BMR이 5퍼센트만 감소해도 하루에 약 120킬로칼로리(500킬로줄)를 절약할 수 있으며, 수유기 동안 BMR이 증가한 여성과 비교했을 때는 하루에 무려 215킬로칼로리(900킬로줄)를 추가 비축할 수 있다. 비축된 에너지는 젖 생산에 할당될 테고, 에너지 섭취량이 적은 어머니로서는 아이를 먹이는 데 적잖은 도움이 될 것이다. BMR 감소로 저장된 에너지량은 수유기 전체 비용을 충당할 정도는 아니지만, 영양 상태가 열악한 집단의 여성들이 젖을 생산하는 데 드는 비용이 하루에 약 480킬로칼로리(2000킬로줄)라는 점을 감안하면 꽤 쏠쏠한 양임이 분명하다.[54]

BMR이 감소한다는 사실은 일부 대사 과정(가령 단백질 전환과 같은 보전물질 대사의 일부나 항산화 작용, 면역 기능의 유지 등)이 일시적으로 느려지거나 심지어 중단될 수도 있음을 의미한다.[55] 물론 BMR 감소가 장기화되면 그에 따른 손실도 있을 테고 어쩌면 산모의 건강을 위협할 수도 있다.

일반적으로 영양 상태가 좋지 않은 여성은 임신과 수유기 동안 BMR이 감소하는 특징을 보인다. 임신과 수유기 동안 충분한 영양을 섭취할 수 없는 여성들에게 BMR 감소는 매우 중요한 에너지 저장 메커니즘이다. 생활사 이론의 예측에 따르면, 산모의 BMR과 자녀의 에너지 요구량 사이에서 일어나는 이러한 거래는 필시 모계 유기체에 전가되는 비용과 무관하지 않다.

세 가지 생식 역사에 견주어본 에너지 비용

러시아 슈야 지방의 표도르 바실리예프(1707~1782)[56]라는 남자의 첫 번째 부인은 아기를 가장 많이 낳은 여성이라는 기록(1998년 기네스북에 등재)을 보유하고 있다. 40년 동안 무려 27번 임신했으며, 장장 69명의 아이를 출산한 것으로 알려져 있다. 쌍둥이 16쌍, 세쌍둥이 7쌍을 낳았고 네쌍둥이도 네 번이나 낳았다. 그녀의 삶에 대해서는 알려진 바가 없으나, 임신과 관련해서 엄청난 에너지 비용을 치렀으리라는 점은 짐작이 되고도 남는다.

여성의 기본적인 생식 비용은 총 임신 횟수와 수유 비용을 기반으로 계산한다. 수유 비용은 총 생식 비용에서 매우 중요한 변수로 작용하는데, 그 이유는 수유기 하루에 필요한 산모의 에너지 비용이 임신 기간의 하루보다 훨씬 더 크기 때문이다. 하지만 정확한 비용을 산출하기는 어렵다.

원칙상 총 수유 기간이나 1일 수유 횟수에 대한 정보를 수집할 수는 있지만 산모들, 특히 아이가 여럿인 산모들이 이러한 수치를 정확히 기억하기란 거의 불가능하다. 게다가 수유 기간에 이유식을 병행한다면 모유의 양과 횟수가 줄 수 있다. 모유 양과 횟수가 줄면 젖 생산도 줄기 때문에 어머니의 에너지 비용 또한 줄어든다. 수유에 관한 역사적 기록 정보는 확인할 수 없지만, 일반적으로 알려진 생활 습관과 이유식의 가용성 수준을 바탕으로 집단과 시대별 수유 기간을 짐작해볼 수 있다.

임신과 수유에 따른 직접적인 비용 외에 보육이나 가정을 꾸리는 데 필요한 자원을 얻기 위한 노동 시간이나 강도와 관련된 간접 비용도 만만치 않다. 물론 이러한 비용도 계산하기가 쉽지 않다. 몇몇 인류학자는 신생아를 안거나 업고 다니는 일도 어머니에게는 상당한 에너지 부담이 된다고 지적하기도 했다.[57] 별도의 도움을 받지 못하는 여성들은 틀림없이 자녀에게 더 많은 시간과 에너지를 쏟아야 한다. 하지만 자녀가 성장하면서 동생을 돌보거나 가사와 농사를 거들 수도 있고 수입을 창출할 수도 있다. 따라서 자녀 수와 자녀를 보육하는 데 드는 산모의 비용이 반드시 비례한다고 볼 수 없다. 결국 총 생식 비용은 임신과 수유 그리고 보육을 바탕으로 계산되지만, 단순히 그 수치만으로 생식이 산모의 건강과 수명에 미치는 영향을 가늠할 수는 없다. 가령 금화조 암컷은 알을 더 많이 낳아서 엄청난 생식 비용을 지불해야 할 상황일 때도 먹이만 충분히 보충되면 대사 활동에 손실을 겪지 않는 것처럼 보인다. 인간 여성도 이와 비슷하다. 아무리 생식 비용이 커도 식사의 질과 양이 양호하고 신체활동 수준이 낮은 여성이라면 손실이 크지 않을 것이다.

에밀리 레녹스는 1731년 영국의 귀족 가문에서 태어났다.[58] 그녀는 16세에 첫아이를, 47세에 막내 아이를 낳았다. 30여 년의 생식 연령기 동안 에밀리는 22명의 자녀를 출산했다. 40대 중반에 몇 차례 임신을 더 했으나 유산했던 이력도 있다. 피임약은 사용하지 않았으며 임신을 피하는 방법은 오로지 성관계를 갖지 않는 것뿐이었다. 1777년 한 해 동안 46세의 에밀리는 딸을 출산했고 세 번의 유산을 겪었는데, 그녀의 두 번째 남편은 "몇 달 동안 떨어져 지내지 않았다면 또 임신을 할 수밖에 없었을 것이다. 두 사람 사이에 바다가 가로놓여 있었기에 첫 남편이 그나마 열정을 억누를 수 있었다"고 증언했다.[59]

에밀리 수준의 다산은 평생 동안 상당한 생식 비용을 감당할 수밖에 없고 결과적으로 건강과 수명에 부정적인 영향을 끼치게 된다. 그러나 에밀리는 당시 대다수의 귀족과 마찬가지로 자녀들에게 모유를 전혀 먹이지 않았다.[60] 그녀의 가정은 매우 부유했고, 첫 남편과 살 때는 거의 100명이나 되는 하인과 집사를 부렸다.[61] 당연히 칼로리와 영양이 풍부한 식사를 할 수 있었다. 에밀리에게 에너지를 요구하는 신체활동은 승마가 고작이었으며, 임신할 때마다 승마를 중단해야 하는 안타까움이 있었을 따름이다. 유모들이 젖을 먹이고 보모들이 어린 자녀들을 돌봐주었으며 좀더 나이 많은 아이들은 집사들이 키워주었다.

반면 안나는 제1차 세계대전이 끝난 직후 폴란드 남부 작은 마을의 가난한 가정에서 태어났다. 결혼한 뒤에도 경제적 형편은 나아지지 않았다. 안나와 남편이 물려받은 농지 12에이커도 두 산의 기슭 여기저기에 흩어져 있는 데다 토질마저 좋지 않아서 일일이 손으로 경작해야 했다. 집도 동물 축사와 살림집이 한 지붕 아래 붙어 있었다. 1970년대 말 새집을 짓기 전까지 안나와 가족들은 커다란 방 하나를 침실 겸 거실과 부엌으로 삼았다.

안나의 가족은 식생활도 단출했다. 전해에 수확한 식량이 거의 바닥나고 햇곡식은 아직 무르익지 않은 이른 봄철에는 특히 칼로리와 영양이 부족했다. 농사일이라는 게 워낙 계절성이 뚜렷해서 농번기인 여름에는 노동의 강도도 매우 높았다. 그렇다고 1년 내내 해야 하는 집안일이나 보육, 가축 돌보는 일의 에너지 요구량이 적은 것도 아니었다. 심지어 일요일마다 교회에 가려면 왕복 4킬로미터를 걸어야 했다. 안나는 12명의 자녀를 출산했는데, 그중 한 명은 태어나자마자 죽었고 또 한 명은 아동기 후반에 사망했다. 안나는 11명의 자녀에게 생후 1년까지 모유를 먹였다.

에밀리 레녹스와 안나의 삶에 견주어볼 만한 또 한 명의 여성이 있다. 인류학자 마조리 쇼스탁이 말년에 쓴 『니사Nisa』(1983)에서 아름답게 묘사한, 보츠와나 칼라하리 사막에서 수렵채집을 하며 살아가는 쿵 부시먼족의 여인 니사이다. 이 세 여인—귀족 부인과 시골 농가의 아낙 그리고 수렵채집인 여성—의 생식과 관련된 에너지 비용을 정량적으로 비교해보는 것도 흥미롭다. 물론 아주 정확한 비용을 계산할 수는 없겠지만 말이다.(표 6.1)

이들에 대해 알 수 있는 정보는 많지 않다. 우선 임신만 해도 출산한 자녀 수만 기록되어 있을 뿐이다. 엄밀히 따지자면 임신 월령도 자녀마다 다를 수 있는데, 이 세 여성의 임신 기간을 파악할 수 있는 정보가 없다. 다른 한편으로 보면, 세 여성의 임신 기간은 산업화된 현대사회 여성들과 큰 차이가 없을 것이다. 의학 기술이 발달하지 않은 시대에 조산아로 태어난 아기는 생존 가능성이 낮았을 뿐만 아니라, 만삭 또는 거의 만삭에 이르러 태어나 몇 주 이상 생존한 신생아만 정상 출산으로 인정되었을 것이기 때문이다. 따라서 여기서 임신으로 간주된 수치들은 모두 만삭을 채운 정상 출산을 의미한다.

수유 비용을 정확히 산출하기는 더 어렵다. 다만 평균 수유 기간을 시골 농가 아낙의 경우 자녀 한 명당 12개월로, 수렵채집인 여성의 경우 36개월로 어림잡을 수 있다.[62] 물론 농경 집단과 수렵채집인 집단 안에서도 수유 기간은 개인별로 다르다. 농경 집단에서는 계절에 따라 이유 시기도 달라진다. 가령 아기가 여름철에 1세가 된다면 보통 젖을 떼고 이유식을 시작하지만, 봄에 1세가 되면 이유식으로 쓸 식량이 없기 때문에 모유를 계속 먹일 수도 있다. 심지어 식량이 풍부한 수렵채집 집단에서도 어떤 계절에는 이유식에 적합한 식량이 없을 수도 있다.[63] 칼라하리 사막에서는 단백질이 풍부한 유충이나 애벌레를 이유식용 식자재로 이용했지만, 이러한 식량들은 특정한 계절에만 얻을 수 있다. 쿵족 중에서도 유목민들은 출산 간격이 평균 44개월이었는데,[64] 이는 모유 수유 기간이 길었음을 암시한다. 쿵족 여성들은 아기가 서너 살이 될 때까지는 모유를 먹여야 한다고 생각했다.

수유 비용은 자녀의 성별에 따라서도 달라질 수 있다. 자녀의 성별에 따라 모유의 성분,[65] 산모의 유방 크기[66] 그리고 수유 기간이 다르다. 가령 남아를 선호하는 사회에서는 남아 신생아가 여아 신생아보다 더 오랫동안 젖을 먹는다.[67]

성격이 매우 다른 세 집단을 대표하는 여성들이 평생 지불하는 임신과 수유 비용을 비교한 결과, 생식활동은 에밀리 레녹스가 가장 왕성하게 했으나 가장 많은 비용을 감당한 사람은 안나였다.(표 6.1) 안나가 감당한 에너지 비용은 에밀리보다 두 배나 많다. 에밀리는 자녀에게 모유 수유를 하지 않았기 때문이다. 의외로 놀라운 점은, 자녀 수가 4명밖에 안 되는 니사 역시 22명의 자녀를 낳은 에밀리가 지불한 에너지 비용의 거의 두 배나 된다는 것이다.

생식에 따르는 에너지 비용은 반드시 일상생활에 드는 에너지 비용과 견줘봐야 한다. 여성마다 생식과 신체활동에 할당할 수 있는 에너지량에 차이가 있다. 또한 음식 섭취를 통해 소비한 에너지를 얼마나 쉽게 만회할 수 있는지도 중요한 변수다. 에너지 섭취량과 소비량에서 나타나는 차이는 한 개인의 영양 상태를 보여주는 지표다. 안나와 에밀리 그리고 니사가 일상생활에 에너지 비용을 얼마나 지불했는지는 알 수 없지만, 그들과 유사한 사회의 여성들의 에너지 섭취량과 소비량을 계산한 기존의 수치들에 견주어볼 때 에밀리의 에너지 소비량은 정주성 생활을 하는 현대 여성과 매우 흡사할 것이다. 그녀의 초상화가 사실적이라고 할 때 비만한 상태가 아닌 것으로 미루어보건대, 에너지 섭취량이 지나치게 많지는 않았을 것이다. 에밀리가 70대였을 때 남편은 그녀에게 쓴 편지에 "모든 또래 중에서 가장 아름다운 여인"이라고 불렀다.[68]

표 6.1 생활 방식이 다른 집단들을 대표하는 여성들의 생식 비용과 에너지 소비량과 섭취량 산출표

	에밀리 레녹스 귀족 아일랜드 18세기	안나 시골 농부 폴란드 20세기	니사 수렵채집 민족 아프리카 20세기
임신 횟수ⓐ	22	12	4
임신에 따른 총 에너지 비용(㎉)ⓑ	1,697,000	926,000	309,000
평균 수유 기간(개월)	0	12	36
수유에 따른 총 에너지 비용(㎉)ⓒ	0	2,479,000ⓓ	2,704,000
생애 전반에 걸친 총 생식 비용(임신과 수유, ㎉)	1,697,000	3,405,000	3,013,000
비임신, 비수유 상태의 하루 에너지 소비량(㎉)	1,835ⓔ	2,558ⓕ	1,771ⓖ
하루 에너지 섭취량(㎉)	충분히 섭취	2,870ⓕ	2,140ⓗ

주: 총 비용은 반올림하여 1000칼로칼로리(㎉) 단위로 나타냈다. 하루 섭취량과 소비량은 연구자들이 추산한 값을 각각의 기간으로 나눈 값이다.
ⓐ: 만삭의 정상 출산만을 포함한 값
ⓑ: 만삭 임신의 총 비용을 323메가줄(77,147㎉)로 추산했을 때의 값(Butte and King 2005)
ⓒ: 하루 수유 비용을 2.62메가줄(626㎉)로 계산했을 때의 값(Butte and King 2005)
ⓓ: 태어나자마자 사망한 아기는 제외하고 11명의 자녀 수유 비용만 계산한 값
ⓔ: Cordain et al., 1998.
ⓕ: Jasienska and Ellison, 2004.
ⓖ: Leonard and Robertson, 1992.
ⓗ: 이 수치는 !쿵산족 성인의 하루 섭취량으로, 여성만을 대상으로 한 값은 아니다.(Lee 1968)

안나의 경우, 1장에서 설명했던 난소 기능과 생활 습관의 계절별 차이 연구의 일환으로 안나의 마을에서 실시한 개별 인터뷰를 통해 확인된 그녀의 활동 결과를 바탕 삼아 에너지 소비량을 계산했다.[69] 하지만 이 역시 사람들이 영양 결핍에서 벗어난 20세기 후반에 조사한 자료들이다. 이처럼 최근의 수치를 기반으로 계산한 안나의 에너지 소비량은 정확하기는 하겠지만 에너지 섭취량이 과대평가되었을 가능성이 크다. 제1차 세계대전 직후 폴란드의 시골 마을이라면 영양 결핍은 지극히 흔한 현상이었고, 특히 수확기를 한참 앞둔 봄이라면 두말할 나위가 없다.

니사처럼 수렵채집을 하는 여성의 에너지 섭취량은 소비량과 매우 밀접하게 연결된다. 섭취량을 늘리기 위해서는 그만큼을 소비해야 하기 때문이다. 니사는 거의 평생 에너지 면에서 부족하지 않은 식사를 했겠지만 칼로리 과잉은 결코 없었으며, 계절에 따라서는 이따금 영양 결핍을 겪기도 했을 것이다. 수렵채집 집단의 경우, 에너지 요구량이 매우 높은 임신이나 수유기에는 비임신이나 비수유 상태일 때보다 식량을 구하기가 극단적으로 어렵다.

에너지 소비량과 섭취량은 비임신, 비수유 여성들을 기준으로 계산했지만 체중의 차이를 고려하지 않은 값이다. 쿵족 여성의 체중은 겨우 41킬로그램인 반면, 안나가 사는 마을 여성들의 평균 체중은 64킬로그램이었다. 에밀리의 체중을 계산할 만한 자료는 없었다. 체중은 기초대사 비용을 결정하는 요인이므로 매우 중요하다. 총 에너지 소비량은 기초대사율과 신체활동을 포함한 값이다. 따라서 체중이 가장 적은 쿵족 여성의 신체활동 비용은(표 6.1에서 보듯) 사실상 체중이 훨씬 더 나가고 그에 따라 BMR도 높은 에밀리의 그것보다 상대적으로 더 클 것이다.

생식 비용이 건강에 끼치는 장기적인 영향

태아의 발달과 신생아 양육을 위해 모체는 반드시 에너지와 영양을 더 확보해야만 한다. 그뿐 아니라 생식활동이 일어날 때마다 생리와 대사 기능도 조정해야 하는데, 이러한 조정은 모계 유기체의 몸에 영구적인 변화를 야기할 수도 있다. 물론 임신 횟수가 많을수록 그 가능성은 더 커진다. 생식 비용은 안나나 니사처럼 전통적인 생활 방식을 고수하는 집단의 여성들에게나 해당되는 이야기일까? 아니면 경제적으로 발달한 선진 국가의 여성들도 지불해야 하는 비용일까?

미국에서 실시한 자가보고 형식의 건강 실태조사를 보면 연령, 민족, 교육 수준, 결혼 상태, 가족 수입, 자산과 같은 요인들을 조정한 후에도 최소한 3회 이상 임신한 여성은 건강 상태가 나빴다. 임신 횟수가 6회가 넘는 여성들의 건강 상태는 더 심각했다.[70] 자가보고 형식인 탓에 객관성이 결여됐을 수도 있지만, 이 조사 결과는 꽤 신뢰할 만한 사망률 예측 지표라는 점에서 큰 의미를 지닌다.[71]

심장혈관계 건강과 당뇨병

생식 비용이 높으면 정말 건강의 여러 측면에 부정적인 결과를 초래할까? 모든 연구가 그런 것은 아니지만, 영양 상태가 양호한 여성의 자녀 수는 비만 위험률과 비례관계임을 대부분의 연구 결과가 뒷받침할 뿐만 아니라, 포도당 내성이나 인슐린 비의존성 당뇨병, 심장혈관계 질병을 악화시키는 것으로 나타났다.

프래밍햄 심장연구Framingham Heart Study에서 실시한 종적 조사와 국민 건강영양 실태 조사에 참여한 여성들에게서도 임신 횟수와 향후 심장혈관계 질병 발병률이 비례관계인 것으로 관찰되었다.[72] 영국에서도 자녀가 최소 2명 이상인 여성들은 아이가 늘어날 때마다 관상동맥성 심장병의 위험률이 30퍼센트씩 증가했다. 실제로 심장병으로 진행되는 비율은 낮았지만 비만과 같은 교락交絡 요인들과 대사적인 위험인자들을 고려한 후에도 위험성은 여전히 통계학적으로 유의미하게 높았다.[73] 임신 횟수는 뇌졸중과도 비례관계가 있을 것이다. 임신 횟수가 6회 이상인 미국 여성들에게서 모든 유형의 뇌졸중 위험률은 70퍼센트까지 증가했다.[74]

모든 연구에서 입증된 것은 아니지만, 다수의 연구에서 출산아 수와 당뇨병 발병률 사이에 관련성을 보이고 있다. 예를 들어 핀란드에서 자녀가 5명 이상인 여성들의 당뇨병 발병 위험률은 전국 평균보다 42퍼센트나 높았다.[75] 오스트레일리아의 시골에서는 비만도의 차이를 감안한 후에도 자녀가 4명 이상인 여성의 당뇨병 발병 위험률은 자녀가 3~4명인 여성보다 28퍼센트 높았고, 자녀가 1~2명인 여성보다는 35퍼센트 높았다.[76] 흥미롭게도 몇몇 조사에서는 자녀가 아예 없는 여성의 당뇨병 발병 위험률이 높게 나타나기도 했다.[77] 자녀가 없는 여성은 출산아 수와 당뇨병 위험률 사이에 선형적인 관계가 나타나지 않기 때문에 이러한 결과가 도출된 것일 수 있다.

경제적으로 발달한 국가에서는 출산율이 높을수록 여성의 과체중이나 비만의 위험도 함께 증가한다. 임신할 때마다 체중이 늘어나지만 그렇게 늘어난 체중이 여간해서는 줄어들지 않기 때문이다. 미국에서 실시한 대규모 조사에 따르면, 자녀 1명을 출산할 때마다 여성의 체중은 (설령 체중이 0.55킬로그램 정도로 근소하게 증가할지라도) 영구적으로 증가한다는 사실이 밝혀졌다. 3명 이상의 자녀를 출산한 경험이 있는 여성 중 상당수는 그보다 출산 경험이 적은 여성보다 과체중이었다.[78] 유타주에 거주하는 미국 여성들은 출산아 수와 비만과의 관계가 용량반응 유형으로 나타났다. 즉 정상 출산 1회당 비만 위험률은 11퍼센트씩 증가했다. 이러한 관계는 사회경제적 상태 또는 비만에 영향을 미치는 다른 인자들의 차이와는 별도로 나타난 것이다.

개발도상국들에서는 여성의 출산 횟수와 비만의 관계에 다른 패턴이 나타나기도 한다. 생식 사건이 반복될수록 체중과 체지방이 증가하는 게 아니라 오히려 감소했다. 산모 고갈 증후군이라는 개념은 산모의 영양 상태에서 나타나는 장기적이고 부정적인 변화를 설명하기 위해 제시된 개념으로, 단일한 임신 사건과 뒤이은 모유 수유에 따른 단기적인 (쉽게 회복될 수 있는) 손실과는 의미가 다르다.[79]

산모 고갈 증후군은 영양이 열악한 상태로 살아가는 여러 집단에서 보고되고 있다. 아프리카 쿵산족에서도 생존 자녀 수와 여성의 체중은 반비례관계를 나타냈다.[80] 반면 남성에게서는 정반대 패턴, 즉 생존한 자녀 수가 많을수록 남성의 체중도 늘어나는 결과가 관찰되었다.[81] 이처럼 대조적인 남녀의 패턴은 여성의 체중 감소가 생식 비용의 결과이며, 쿵산족의 사회적 요인들이 이러한 효과를 더욱 부추겼음을 방증하는 것이다. 대부분 식량 부족을 자주 겪고 마른 체격을 지닌 케냐 서북부의 투르카나족에서도 유목 집단이든 정착 집단이든 모두 출산아 수가 많은 여성일수록 체지방량이 적었다.[82]

파푸아뉴기니 여성들의 영양 상태 역시 출산아 수에 비례해서 악화되었다.[83] 심지어 이 집단에서는 출산 간격이 비교적 긴 (평균적으로 3년인) 경우에도 산모 고갈 증후군이 나타났다. 임신 중에 체중이 5킬로그램 남짓 증가한 여성도 있지만, 이것을 산모의 체지방이 증가한 것으로 보기는 어렵다. 태반과 태아의 무게를 제외할 때 혈액과 세포의 부피 확대와 함께 지방 축적으로 늘어난 체중은 고작 650그램에 불과하기 때문이다.

사회경제적 상태가 양호하면, 반복적인 생식 사건에 따르는 에너지 비용과 생리학적 부담을 감당하기도 수월한 것으로 보인다. 파푸아뉴기니에서도 앞서 언급한 영양 상태 악화는 수렵채집-식물재배 전통을 생계로 삼는 여성들에게 더욱 심각하게 나타났다. 급여생활을 하는 여성들에게서 그만한 수준의 부정적인 변화가 관찰된 적은 없었다.[84] 케냐의 렌딜레족의 경우, 유목생활을 하다가 대도시로 이주한 여성들은 생활 습관이 바뀌면서 영양 상태도 향상되었다. 반면 유목생활을 지속하는 여성은 여전히 출산아 수에 비례하여 BMI 지수와 체지방량이 감소했다.[85] 영양 상태가 양호한 아르헨티나의 토바족 여성들에게서는 산모 고갈 증후군이 관찰되지 않았다. 유목과 수렵채집을 겸하던 집단이었으나 점차 도시 인근에서 정착생활을 하기 시작했기 때문이다. 이 집단의 여성들은 모유 수유 기간도 길고 모유 의존도가 매우 높음에도 불구하고 임신 중 늘어난 초과 체중이 줄지 않았다.[86]

당뇨병 발병률과 관련된 임신과 수유기 동안의 생리학적 메커니즘

경제가 발달한 국가의 여성들을 대상으로 유행병 연구를 실시한 결과, 출산아 수와 심장혈관계 질병 사이에 관계가 있음이 드러났다. 이는 두 현상에 여러 메커니즘이 작용한다는 사실을 암시하는 것이다. 임신 초기는 한마디로 동화同化 상태, 즉 합성 단계라고 말할 수 있다. 이 단계에 일어나는 대사적 변화가 지질 합성과 지방 축적을 촉진하기 때문이다. 반면 태아의 성장이 빨라지는 임신 후기에 산모의 몸은 이화異化 상태, 즉 산모의 지방 조직이 에너지로 전환되는 단계로 접어든다.

임신은 인슐린 저항성의 변화로도 설명할 수 있다. 인슐린은 지방 조직에서 지방분해를 촉진하고, 그로 인해 산모의 간으로 유입되는 지방산의 양이 증가하는 결과를 초래하기 때문에 임신에서 매우 중요한 기능을 담당한다. 인슐린은 초저밀도 지단백질very-low-density lipoprotein, VLDL의 합성을 촉진하며 트리글리세리드 수치를 높인다.[87] 보통 VLDL은 체외로 배출되지만 인슐린 저항성이 높아지면 이를 배출하는 효소의 활성이 떨어진다. 산모의 혈장에 VLDL이 축적되면 소위 나쁜 콜레스테롤로 알려진 저밀도 지단백low-density lipoprotein, LDL의 양이 증가한다. 임신 초기에 콜레스테롤 수치가 정상이었거나 심지어 매우 낮았더라도 임신 말기에 이르러서는 지질 대사의 변화로 인해 트리글리세리드 수치가 증가한다. 따라서 임신 말기에는 트리글리세리드와 LDL 수치가 모두 높게 나타난다.

LDL은 죽상동맥경화를 유발하는 중요한 인자다. 미세한 LDL 입자들의 농도가 높을수록 증상이 나타날 위험이 높은데, 비임신 여성보다 임신 중인 여성에게서 이 유형의 콜레스테롤 수치가 높다.[88] 이 미세한 입자들은 산화에도 취약하다. 산화 스트레스는 활성산소 폐해와 항산화 단백질 사이의 불균형으로 정의할 수 있다. 그러므로 임신은 곧 산화 스트레스가 증가하는 과정이라고 할 수도 있다. 보통 산화 스트레스 수준은 지질하이드로과산화물의 농도로 알 수 있다.[89]

1회의 임신에서 동맥 혈관벽의 가장 안쪽 막에서 일어나는 변화, 즉 죽상粥狀[죽처럼 끈적끈적한 모양을 뜻함]은 비교적 낮은 수준이지만 반복적인 임신으로 손상이 축적되면 폐해가 심각할 수 있다. 한 예로, 4800명의 여성을 대상으로 실시한 로테르담 연구에서 분만을 경험한 여성은 분만 경험이 없는 여성보다 죽상동맥경화의 발생 빈도가 36퍼센트 높았으며, 4명 이상의 자녀를 출산한 여성은 자녀가 없는 여성보다 무려 64퍼센트나 높았다.[90] 이러한 결과는 지질 수치와 인슐린 저항성, 비만과 같은 요인을 조정한 후에도 통계적으로 매우 유의미하게 나타났다.

임신 후반 20주 동안 인슐린 감수성은 약 50퍼센트 감소하지만,[91] 대개는 산욕기(산후 회복기)에 임신 이전 수준으로 회복된다.[92] 하지만 반복적인 임신으로 인슐린 저항성이 꾸준히 증가할 수 있다. 결과적으로 인슐린 저항성 증가는 포도당 내성을 약화시켜 2형 당뇨병을 야기할 수 있다.[93] 이를 입증하는 자료도 있다. 생식 연령기 이후의 여성들 가운데 공복 인슐린 수치가 높거나 인슐린 감수성이 떨어진 여성들은 임신 횟수가 많았던 것으로 조사됐다.[94]

생식과 뼈 그리고 골다공증

임신과 수유 기간에 태아의 골격 발달을 지원하기 위해서는 칼슘이 요구된다. 칼슘 요구량이 증가한다는 것은 결국 모체의 뼈에서 칼슘이 빠져나간다는 것을 의미한다.[95] 그렇다면 임신 횟수가 많고 모유 수유를 많이 한 여성일수록 골밀도가 낮고, 노년기에 골다공증을 앓을 가능성이 크다는 가설을 세울 수 있다.

임신할 때마다 요추 부위의 골밀도는 3~4.5퍼센트씩 낮아지며,[96] 수유기에는 3~6퍼센트가 추가로 더 낮아진다.[97] 폐경기 이후 여성의 척추와 골반의 골밀도가 1년에 1~3퍼센트씩 떨어지는 점을 감안하면, 생식 사건마다 일어나는 골밀도 변화는 상당한 수준임을 알 수 있다.

골밀도가 단 10퍼센트만 낮아져도 골절 위험률은 두 배나 증가할 수 있으므로 매우 위험하다.[98] 다행히 산업화된 사회의 여성들은 임신과 수유기 동안 감소한 골밀도를 금세 회복할 수 있다.[99] 그러나 자녀 수와 어머니의 노년의 골밀도 사이에 부정적인 관계가 있음을 증명한 신뢰할 만한 증거는 아직 발견되지 않았다.[100]

골밀도는 초경부터 폐경까지의 기간으로 측정한 생식 연령과 비례관계다. 에스트로겐이 뼈에 긍정적인 영향을 미친다는 점으로 미루어보건대, 에스트로겐이 생산되는 월경주기의 횟수는 실제로 골밀도에 긍정적인 영향을 미치는 것이 분명하다.[101] 실제로 안드로겐과 에스트로겐은 뼈의 발달과 유지에 중요한 역할을 하므로 에스트로겐 결핍은 골다공증의 주요 원인으로 꼽히기도 한다.[102]

자연 피임을 하는 집단의 경우, 출산아 수가 많은 여성들은 생식 연령기도 길 것이다. 빠른 초경과 늦은 폐경은 여성의 가임 기간을 늘려준다. 어쨌든 빠른 초경과 늦은 폐경 그리고 출산 횟수는 서로 비례적인 관계일 수밖에 없다. 예측하자면 영양 상태가 양호한 여성들에게서 이러한 특징들이 모두 나타날 것이다.

양호한 영양 상태는 빠른 성성숙과 관련 있으며, 이는 여성의 가임 기간을 몇 년 더 늘려주는 효과가 있다. 성성숙이 빠른 여성은 그렇지 않은 여성보다 월경주기에 생식 호르몬의 수치도 높은데, 호르몬 수치의 차이는 초경을 시작한 후 몇 년간 지속된다.[103] 또한 성성숙이 빠른 여성이 성인기에도 양호한 영양 상태를 유지한다면 월경주기의 생식 호르몬 수치 또한 높게 유지된다. 앞서 논의한 대로, 호르몬 수치가 높으면 임신 가능성이 증가하고 결과적으로 출산아 수도 증가한다. 따라서 영양 상태가 양호한 여성이라면 출산아 수가 많아도 골밀도에 부정적인 영향을 미치지 않을 것이다. 왜냐하면 에스트로겐을 분비하는 월경주기가 많아서 이를 상쇄하기 때문이다.

출산아 수가 매우 많은(평균 7.6명) 아미시파Amish〔현대의 기술문명을 거부하고 소박한 농경생활을 하는 미국의 한 종교 집단. '암만파'라고도 함〕 여성을 대상으로 한 연구는 자녀 수가 많은 어머니일수록 노년기의 골반뼈의 골밀도가 더 높다는 결과를 보여주었다.[104] 하지만 출산아 수와 뼈 구조의 비례관계도 여성의 BMI 지수를 고려했을 때는 통계적으로 유의미하게 나타나지 않았다. 아미시파 여성의 경우 BMI 지수와 출산아 수가 비례하는 경향이 나타났다. 즉 출산아 수가 많은 여성이 BMI 지수도 높았다. 출산아 수와 BMI 지수의 비례관계는 산업화된 국가들의 여성에게서도 흔하게 나타난다.

BMI 지수는 보통 체지방이 축적된 결과다. 앞에서도 언급했듯이, 지방 조직은 폐경기 이후의 여성들에게 가장 중요한 자원이다. 부신에서 분비되는 안드로스테네디온이라는 안드로겐 스테로이드계 호르몬은 지방 조직 안에서 방향화 효소인 아로마타제에 의해 에스트로겐으로 전환된다. 따라서 지방 조직이 많은 과체중의 여성은 폐경 이후에도 에스트로겐 수치가 높다. 에스트로겐 수치가 높으면 뼈도 더 단단해진다. 출산아 수가 많은 아미시파 여성은 출산아 수가 적은 여성보다 폐경이 늦은 편이므로 에스트로겐에 노출되는 기간(폐경기 연령에서 초경 연령을 뺀 기간)이 더 길다.[105] 즉 출산아 수가 많은 아미시파 여성들은 폐경 이전은 물론이고 이후에도 에스트로겐에 더 많이 노출된다. 에스트로겐 노출 기간이 길면 여성의 골밀도를 떨어뜨리는 생식의 고갈 효과를 상쇄하기가 수월할 것이다.

게다가 산업화된 국가들의 여성은 생식 횟수가 다소 적은 편이다. 이탈리아에서 4만 명을 대상으로 실시한 대규모 연구에 따르면, 출산아 수는 골밀도에 거의 영향을 미치지 않았다. 이 연구는 임신 경력이 아예 없는 여성과 한 자녀 이상을 출산한 여성을 비교한 연구였다.[106] 앤 프렌티스가 지적한 것처럼, 임신 경력이 없는 여성은 이러한 유형의 연구에 대조군으로 적합하지 않다. 이러한 여성들은 불임이나 에스트로겐 수치 저하를 비롯하여 다양한 생리학적 문제들을 겪고 있을지도 모른다. 따라서 이 연구만으로 임신과 수유 횟수가 산모의 뼈 건강에 아무런 영향을 끼치지 않는다고 속단하기는 어렵다.

선진 국가들은 임산부에게 칼슘 보충제를 섭취할 것을 권고한다. 그러나 몇몇 증거는 칼슘 보충제를 섭취하지 않아도 임신과 수유 기간에 태아의 발달과 젖 생산에 필요한 칼슘을 공급하는 생리학적 적응이 있다는 사실을 보여준다. 임신 초기, 태아의 성장에 필요한 칼슘이 요구되기 전부터 모체에서는 칼슘 대사와 뼈 대사에 변화가 나타난다. 진화론적 관점에서 보면, 여성은 추가적인 칼슘 공급이 없어도—우리의 수렵채집인 조상들에게는 칼슘 섭취를 위해 따로 식단을 보충할 기회가 없었으므로—임신부터 수유까지 모든 일련의 과정을 위해 자신의 칼슘 저장소인 뼈로부터 칼슘을 공급받는 것이 분명하다. 하지만 영양 상태가 열악하고 자녀 수가 많은 여성들, 특히 재임신 간격이 매우 짧은 여성들은 생식 연령기 이후의 뼈 손실이 불가피한 것으로 보인다.

영양 상태가 열악한 집단의 여성들을 대상으로 연구를 진행하기는 녹록지 않다. 그러한 집단의 식생활에서는 대체로 칼슘 결핍은 물론이거니와 그 밖의 다른 영양소들의 결핍도 흔하기 때문이다. 빈곤한 여성은 단백질도 충분히 섭취하기 어렵다. 감비아에서 칼슘 섭취량이 매우 적은 수유기 여성에게 (영국의 수유기 여성들이 하루 평균 1200밀리그램의 칼슘을 섭취하는 데 반해 감비아의 수유기 여성들의 하루 칼슘 섭취량은 300밀리그램도 채 안 되었다) 매일 약 700밀리그램의 칼슘을 보충한 결과, 보충제를 먹은 여성과 그렇지 않은 여성의 칼슘 흡수율에 별 차이가 없었다.[107] 그뿐 아니라 뼈 대사에도 칼슘 보충제가 아무런 영향을 끼치지 않았다.[108] 단백질이 부족하면 장내 칼슘 흡수율이 떨어지기 때문에 저단백 식이자들의 골밀도가 낮을 수밖에 없다는 사실은 이미 잘 알려져 있다.[109] 하지만 감비아 여성들의 경우, 보충제를 섭취해도 칼슘 흡수량이 저조했던 일차적 이유가 단백질 부족이라고 말하기는 어렵다.

위 실험에서 보듯, 임신과 수유기 동안 칼슘 보충제가 반드시 필요한 것 같지는 않다. 임신과 수유기 동안 보충제의 섭취 유무는 여성의 골밀도 손실 규모에 영향을 끼치지 않았다. 실제로 영양이 양호한 여성에게는 칼슘 보충제가 오히려 건강에 해로울 수도 있다. 칼슘 과잉은 신장 결석이나 요로 감염의 위험율과 관련 있을 뿐 아니라 철분이나 아연의 흡수율을 떨어뜨릴 수도 있기 때문이다.[110] 요약하자면 생식과 뼈 건강 그리고 골다공증 발병률 사이의 관계를 이해하기 위해서는 출산아 수가 많은 여성에 대한 연구들이 축적되어야 한다.

면역 기능

생식이 면역 기능에 부정적인 영향을 끼칠 뿐 아니라 질병, 특히 감염성 질병에 대한 면역력을 떨어뜨린다는 주장은 오래전부터 제기되어왔다.[111] 물론 인간 여성이 생식 비용과 면역 기능을 거래한다는 사실을 입증하는 직접적인 증거는 없지만, 생식 과정으로 인해 면역 기능이 타격을 입으리라는 추정은 가능하다. 임신 과정에는 산모의 면역계가 태아의 발달을 거부하지 못하도록 하는 면역학적 변화들이 수반된다.[112] 이러한 변화들은 모계 유기체에게 중립적이지 않기 때문에 임신한 여성은 인체면역결핍바이러스Human Immunodeficiency Virus, HIV와 같은 감염을 포함하여 박테리아나 바이러스 감염률이 높아질 수 있다.[113]

생식 비용이 크면 면역 노화를 가속화하여 조기 노화를 초래할 수도 있다.[114] 생식에는 많은 비용이 따르며 생식 사건마다 산모의 생리와 대사 기능에 일어난 변화들이 누적된다. 곧 회복되는 일시적인 변화도 있지만, 생식활동이 많은 여성들은 그러한 변화가 누적되었을 때 장기적인 손상을 입을 수 있다. 특히 열악한 환경에서 살아가는 여성들은 생식 비용 지불로 인한 피해가 더 크다. 물론 임신과 수유에 따른 비용을 감당하기 위해서 여러 생리학적 적응에 의존하지만, 이러한 적응들 역시 모계 유기체에게는 위해한 결과들을 초래한다.

고가의 생식 비용이 궁극적인 거래와 관련 있을까? 각각의 생식 사건이 산화 손상, 면역 저항성 저하, 생리와 대사 기능의 부정적인 변화들과 관련 있다면, 생식활동이 많은 여성은 질병 발병률도 높고(5장에서 제시한 증거), 사망률도 높을 수밖에 없을 것이다. 그렇다면 자녀가 많은 여성은 수명도 짧을까? 7장에서 살펴볼 주제가 바로 이것이다.

7장

생식 비용의 궁극적인 검증, 수명

생식과 수명: 고갈된 어머니들

생식과 수명의 관계는 그동안 수많은 유행병학 연구와 인구통계학적 연구의 주요 관심사였다. 유행병학 연구는 자녀 수와 여성의 수명 관계보다는 출산 자녀가 있는 여성과 없는 여성의 질병 발병률 및 사망률 차이를 주로 다루고 있다. 그럴 수밖에 없는 것이, 유행병학 연구들은 주로 여성의 생식 횟수가 적은 현대의 선진 국가들에서 추출한 모집단들을 대상으로 삼고 있기 때문이다. 물론 그러한 모집단들 중에 출산아 수가 극단적으로 많은 여성은 거의 없다. 이러한 연구들은 흡연이나 음주, 체중과 같은 현대 생활 습관의 특징을 이루는 수많은 교락—그래서 흥미로운—변수에 대한 정보를 수집했다는 측면에서 가치가 있다. 반면 과거의 인구통계학적 연구들은 대개 위와 같은 생활 습관의 특징에 관한 정보를 이용하진 않았지만, 대신 엄청난 생식 비용을 감당한 출산아 수가 많은 여성들을 고려했다는 장점이 있다.

생식력과 수명의 관계를 조사한 연구들 중에서, 이와 유사한 관계가 남성에게서도 나타나는지를 살펴본 연구는 거의 찾아보기 힘들다. 이에 대한 가장 주요한 원인은 남성은 생식에 직접적이고 생리학적인 비용을 부담하지 않기 때문일 것이다. 그러나 여성에게서 관찰되는 현상들이 어떤 메커니즘에 따른 것인지를 설명하려면 부계 유기체, 즉 남성까지 연구 대상에 포함해야 할 것이다. 따라서 자녀 수가 모계 유기체와 부계 유기체 모두의 수명에 부정적인 영향을 끼친다는 사실을 입증한 연구가 있다면, 그 결과는 임신과 수유를 위한 비용 외에도 대가족을 부양하는 데 따르는 심리적 압박, 제한된 자원을 여러 가족 구성원과 나눔으로써 야기되는 영양 결핍, 가족 간 상호작용의 복잡성과 같은 비용까지 반드시 고려해야 한다는 사실을 방증하는 셈이 될 것이다. 또한 그러한 연구의 결과를 바탕으로, 대가족의 경우 구성원들의 사망률이 높은 까닭을 낮은 경제적 지위와 그로 인한 건강 불량 때문이라고 유추할 수도 있다. 어머니와 아버지의 사망률이 비슷하다면, 여성이 감당하는 생리학적 비용이 사망률에 추가적인 영향을 거의 끼치지 않는다고 볼 수도 있다. 따라서 출산아 수가 많을수록 여성의 수명이 단축되는 것이 단순히 사회경제적 요인에서 비롯되지 않는다는 가설을 입증하는 데 '아버지'는 매우 중요한 변수로 작용할 것이다.

최근 이스라엘의 한 모집단을 조사한 연구에 따르면, 사망률이 가장 낮은 여성은 자녀를 2명 둔 경우였다.[1] 자녀가 없거나 2명 이상인 여성의 사망률은 더 높았다.[2] 몇몇 다른 연구에서도 자녀 수와 산모의 수명 사이에 이와 유사한 U형 관계가 보고된 바 있다.[3]

과거에 스웨덴에서 실시된 한 조사에서도(1766~1885) 자녀 수가 산모의 수명에 부정적인 영향을 미쳤다는 결과가 보고되었다.[4] 자녀 수가 4명 이상인 여성의 사망률은 자녀 수가 그보다 적은 여성보다 30~50퍼센트가량 높게 나타났다. 자녀 수가 4~5명인 여성의 수명은 자녀가 아예 없거나

1명인 여성에 비해 3.5년이 짧았다. 그보다 좀더 심화된 분석 결과를 보면, 이 모집단 내에 거주하는 네 그룹의 농부 여성들 사이에서도 차이가 발견된다. 사회경제적 상태를 기준으로 나눈 네 그룹 가운데 생식력과 사망률이 비례관계인 그룹은 토지를 소유하지 않은 그룹의 여성들뿐이었다. 사회경제적 지위가 높은 왕족이나 상류 소작농 여성과 반소작농 여성들에게는 생식 비용으로 인한 손실이 없었다. 출산아 수와 사망률이 비례관계인 토지를 소유하지 않은 여성들은 대체로 강도가 매우 높은 육체노동에 노출되어 있었다. 남성의 사망률(이 연구에서는 보기 드물게 남성과의 관계도 분석했다)은 자녀 수와 별 영향 관계가 없었다. 이러한 사실은 여성에게서 나타나는 자녀 수와 사망률의 관계가 사회경제적 지위보다는 생식생리학적 비용 및 에너지 비용의 결과이거나, 또는 출산아 수와 상관없이 다자녀 가정이 갖고 있는 특정한 생활 방식이 부모의 사망률을 높이는 요인이었음을 암시한다.

과거 독일 서북부의 한 모집단을 대상으로 한 조사(1720~1870)에서도 자녀 수가 수명에 부정적인 영향을 끼친 사실을 확인한 바 있지만, 이번에는 토지를 소유하지 않은 빈곤한 여성에게서만 그 관계가 나타났다.[5] 이 조사에서 주목할 만한 점은 경제적 지위가 높은 여성에게서는 자녀 수와 사망률 사이에 긍정적인 관계가 나타났다는 것이다. 따라서 생식 비용과 수명 사이에 일어나는 거래는 전체 에너지 예산 중 생식 비용이 차지하는 비율이 큰 여성에게만 일어난다고 볼 수 있다.

영국 귀족 계급을 조사한 과거의 한 자료에서는 에너지가 풍부한 식생활을 하고 노동 강도는 낮았을 텐데도 출산율과 사망률 사이에 부정적인 관계가 확인되었다. 그러나 이러한 이례적인 결과는 '관찰 불가능한 건강'

이라는 추가적인 변수를 포함시켰기 때문으로,[6] 그로 인해 비난이 일기도 했다.[7]

18~19세기 펜실베이니아의 자연 피임을 하는 아미시파 여성들은 평균 7.2명의 자녀를 출산했는데, 이 모집단에서 통계적으로 출산아 수가 수명에 현저히 부정적 영향을 끼친 경우는 자녀 수가 14명 이상인 여성들뿐이었다.[8] 1~14명 미만의 출산은 산모의 수명을 늘렸다. 마지막 자녀를 출산했을 때의 연령은 수명에 더 강력한 영향을 끼쳤다. 막내 아이를 출산했을 때의 연령이 한 살 더 많을 때마다 어머니의 수명은 평균 0.29년 늘어났다. 이 경우에는 아버지의 수명도 자녀 수에 비례해서 늘어났다.

이 사례를 어떻게 설명해야 할까? 비튼, 율, 피어슨은 건강한 사람이 자녀를 많이 출산한다는 전제로 이 관계를 설명했다.(1900) 아미시파 모집단을 연구한 전문가들도 위 사례를 "우월한 개인"이라는 유사한 표현으로 설명했다.[9] 출산율이 높고 수명이 긴 부모는 유전에 기인했든 발육 환경에서 기인했든 생식력과 건강이 모두 우월하다는 것이다. 고령에 아이를 출산했다는 것은 생식력이 오래 지속되었음을 의미할 것이다. 그런 여성은 폐경도 늦었을 것이고, 그것은 어쩌면 전반적으로 노화가 느리게 진행되었다는 증거일지도 모른다.

한편 자녀 수와 수명 사이의 긍정적인 결과가 부모 모두에게 나타난 데는 사회경제적 요인도 작용했을 것이다. 출산아 수가 과도한 경우를 제외하고, 가족 간의 유대를 중요시하는 아미시 공동체에서 일반적으로 자녀들이 주는 이점은 출산에 따른 어머니의 생리학적 비용을 웃돌았을 것이다. 이 연구에서는 어머니의 영양 상태와 수유 기간 등은 논의되지 않았다.

딸보다는 아들에게 에너지 비용이 더 많이 들어가는 점으로 미루어보건대, 자녀의 성별 역시 생식에 따른 에너지 및 생리학적 비용과 수명 사이의 관계에 중요한 변수로 작용한다. 남아는 자궁 내에서의 성장 속도가 빠르고 출생 체격도 크다. 출생 체격이 큰 만큼 수유 요구량도 클 것이다.[10] 핀란드의 사미족과[11] 플랑드르 지방의 한 마을[12]에서도 아들을 많이 낳은 여성들은 수명이 짧았다. 물론 딸을 낳은 경우는 그렇지 않았다.

그러나 일로나 넨코가 폴란드의 작은 농촌 네 곳에 대해 1886~2002년의 출생통계 자료를 바탕으로 분석한 바에 따르면, 남아와 여아 모두 어머니의 수명을 단축시켰을 뿐만 아니라 단축 수준도 비슷했다.[13] 남아든 여아든 1명당 평균적으로 95주—거의 2년—씩 어머니의 수명을 단축케 했다. 자녀 수가 수명에 이토록 엄청난 영향을 미치는 까닭을 설명하기 위해서는 생식 사건마다 소비되는 에너지와 영양적인 비용 외에도 이 농촌의 전형적인 생활 방식이 요구하는 과도한 노동량을 감당했다는 사실을 상기할 필요가 있다. 생식 비용 연구에 참여한 폴란드 농촌 집단들의 여성 대부분은 앞 장에서 설명한 안나와 비슷한 삶을 산다.

아버지의 수명과 딸

폴란드 농촌 모집단들을 대상으로 한 연구에서는 자녀 수와 아버지의 수명에서 매우 뜻밖의 관계가 발견되었다. 다른 모집단들에서와 마찬가지로 총 자녀 수는 부계 유기체, 즉 아버지의 수명에 이렇다 할 영향을 미치지 않았다. 그런데 아들과 딸의 효과를 각각 분석했더니, 아들의 수는 아버지의 수명에 영향을 미치지 않은 반면 딸의 수는 영향을 미치고 있었다. 물론 긍정적인 영향이었다. 딸 1명당 아버지의 수명은 무려 74주나 늘어났다! 다른 연구들에서 이 같은 사실이 입증된 적은 없으나, 앞서도 언급했듯이 그것은 증거가 없어서가 아니라 이런 주제를 다룬 연구가 거의 전무하기 때문이다.

딸을 낳는 것이 아버지에게는 왜 이득이 될까? 과거의 자료들로는 이 질문에 답을 할 수가 없다. 하지만 서로 연관성은 없어 보이더라도 이러한 현상을 설명하는 몇 가지 유력한 근거가 있다.

연구에 참여한 폴란드 농촌 집단들은 과거에는 물론이고 현재까지도 전통적인 부계사회의 모델, 즉 장자가 아버지로부터 재산과 토지를 물려받는 전통을 따르고 있다. 대부분의 가족이 이러한 상속 전통을 계승하고 있기 때문에 아들들은 아버지로부터 인정받기 위해 경쟁할 필요가 없다. 딸들은 결혼할 때 돈이나 (소나 돼지 같은) 다른 재산을 물려받지만, 여기에는 "장녀에게 모든 걸 상속한다"는 식의 규칙이 없다. 즉 아버지에게 사랑을 가장 많이 받는 딸이 더 많은 재산을 물려받기 때문에 딸들은 아버지에게 인정받기 위해 경쟁할 수밖에 없을 것이다. 서로 경쟁하는 딸들은 아버지를 극진히 대접하고자 주로 요리나 식사 준비를 맡기 때문에 딸이 많으면 많을수록 아버지의 영양 상태는 훨씬 더 양호해진다. 게다가 청소나 세탁도 딸들의 몫이므로 딸을 많이 둔 아버지는 더 위생적인 환경에서 살 수 있다.

몇몇 연구에서는 자녀를 둔 아버지의 테스토스테론 수치가 낮다는 사실이 보고되기도 했다.[14] 테스토스테론이 면역 억제제로 작용한다는 점을 고려하면 이 호르몬 수치가 낮을수록 아버지의 건강에 이로울 수 있다.[15] 자녀의 성비가 아버지의 테스토스테론 수치에 영향을 미치는지에 대해서는 밝혀진 바가 없으나, 딸이 많은 가정과 달리 아들이 많은 가정은 수컷 경쟁이 더 잦을 것이므로 그 아버지는 테스토스테론 수치가 높을 가능성이 크다.[16]

어머니의 수명에 영향을 끼치는 교락 인자

생식이 여성의 수명을 결정하는 중요한 인자인가 하는 문제로 돌아가서, 과거의 모집단 연구들은 자녀 수와 수명 사이에 관련이 있다는 결과를 보고했다. 마찬가지로, 17세기와 18세기 프랑스계 캐나다인 모집단에서도 자녀 수가 많을수록, 특히 고령까지 출산한 여성일수록 수명도 길었다.[17] 그 원인으로 난소를 비롯한 전반적인 신체의 노화 속도가 느리기 때문이라는 가설도 제기되었다.[18] 하지만 이미 살펴보았듯이 생식력과 수명의 관계에서 그 반대 결과를 보여주는 연구 사례들, 즉 생식력이 산모의 수명을 단축시키는 경우도 분명히 있었다. 이는 여성에게 생식 비용이 장기적인 영향을 끼친다는 사실을 암시한다. 물론 자녀 수가 어머니의 수명에 긍정적으로든 부정적으로든 아무런 영향을 끼치지 않는다는 연구 결과도 있다.[19]

이렇게 연구마다 견해나 주장이 엇갈리는 것은 생식력과 수명 사이의 관계가 그만큼 파악하기 어렵다는 방증일 수도 있다. 게다가 피임법을 사용하는 모집단에서는 수명에 영향을 줄 만큼 자녀 수가 많지 않다. 그리고 경제적으로 부유한 모집단들은 자녀 수가 많더라도 그에 따르는 에너지나 생리적 비용을 감당할 수 있기 때문에 수명과 거래할 필요가 없다. 마지막으로, 높은 생식력과 관련이 있는 요인들이 높은 사망률과 독립적으로 관계할 수도 있다. 따라서 생식력과 사망률 사이에 상관관계는 있지만 인과관계는 없다. 다만 경제적 지위가 낮은 모집단들에서는 인과관계로 나타날 수도 있다. 이들은 피임약이나 피임법을 이용할 수 없는 탓에 출산율이 높을 수밖에 없다. 높은 아동 사망률이나 자녀를 경제적 자산으로 보는 관점도 자녀를 많이 낳는 이유로 볼 수 있다. 게다가 이러한 집단에서는 성인들도 영양 결핍이나 감염성 질병에 따른 사망률이 높은데, 이 역시 경제적 빈곤에 그 원인이 있다. 따라서 빈곤 집단에서 두 변수가 비례적으로 나타날 때 생식력과 사망률의 관계는 뚜렷하다.

생식의 긍정적인 효과

앞에서도 살펴보았지만, 영양 상태가 양호한 여성은 누적된 임신 비용을 심장혈관계 질병이나 당뇨병, 뇌졸중과 같은 질병의 위험에 고르게 분산한다. 하지만 모든 연구에서 출산율이 높은 여성의 사망률이 높다는 결과는 확인되지 않았다. 왜 그럴까? 심지어 일부 연구에서는 정반대로 자녀를 많이 출산한 여성의 사망률이 더 낮게 나타나기도 했다. 이처럼 연구 결과가 서로 모순되는 배경에 대해 방법론적 문제나 사회적 요인, 생의학적 원인 등을 의심해볼 수 있지만, 그중에서도 한 가지 원인이 거래의 중요성을 명확히 보여준다는 점에서 상당히 흥미롭다. 역설적이긴 하지만, 대사와 생리학적 측면에서 생식 비용의 가장 많은 부분을 차지하는 요인들, 즉 이른 연령의 생식과 높은 출산율이 특정한 질병으로 인한 사망률을 낮춰주는 기능을 할 수도 있다는 것이다.

최초의 생식을 경험한 연령이 빠르고 자녀 수가 많으면 유방암을 비롯한 여러 생식 암이 예방된다. 이미 두 요인이 유방암을 예방한 놀라운 효과가 입증되었다.[20] 유방암 발병률은 모유 수유로도 감소되는데, 모유 수유가 난소의 활성을 억제해주기 때문이다. 비록 그 효과는 (식품이 모유를 대체할 경우) 독점적이지도 않고 일시적일 뿐이며, 경제적으로 발달한 국가의 여성들에겐 모유 수유로 인한 질병 예방의 이로운 효과가 그다지 크지 않다.[21] 하지만 (경제적으로 발달한 국가와 개발도상국가를 합쳐서) 30개 국가에서 실시된 47개의 연구 자료들을 분석한 바에 따르면, 모유 수유 기간 12개월마다 유방암 발병률이 4.3퍼센트씩 감소했다.[22] 나이지리아 여성의 유방암 발병률은 모유 수유 12개월마다 7퍼센트씩 감소했고,[23] 인도 여성들은 9퍼센트 이상 감소했다.[24]

이처럼 경제적으로 발달한 국가보다 개발도상국의 여성들은 모유 수유를 함으로써 유방암의 발병 위험률이 현저히 낮은 것으로 나타난다. 모유 수유가 장기적으로 난소 기능을 억제하는 효과는 특정한 환경 조건, 즉 수유 빈도가 높고 영양 상태가 열악한 경우에 해당된다. 수렵채집 집단인 쿵족의 수유모들은 대부분 15분마다 한 번씩 수유를 하는데, 그 결과 수유모의 에스트라디올과 프로게스테론 수치가 낮은 편이다.[25] 그러나 이러한 빈도로 수유를 해도 어머니의 영양 상태가 양호하다면 장기적인 난소 억제를 유발하지 못한다.[26] 이러한 까닭에 부유한 국가들의 여성은 오랫동안 수유를 해도 난소 기능이 훨씬 더 일찍 회복되곤 한다.

생식 암들에 대한 임신의 예방 효과는 여러 연구에서 입증되었으나, 핀란드에서 실시한 최근의 연구에서는 그 효과가 기대 이상으로 강력하다는 사실이 밝혀졌다. 이는 출산아 수가 많고 정확한 사망 원인이 밝혀진 여성들을 대상으로 했기 때문이다.[27] 이 연구에서 출산아 수가 5명 이상인 (소위 다산부多産婦로 분류되는) 8만8000명의 여성 중 3678명은 최소한 10명의 자녀를 출산했다. 이 연구에서 다산부들은 대부분 모든 종류의 피임약 사용을 금지하는 루터교의 한 분파인 경건주의파Laestadian movement 소속이었다. 연구자들은 이 집단의 사망률과 핀란드 여성의 평균 사망률을 비교한 결과, 다산부들은 유방암으로 사망할 확률이 36퍼센트 낮았고, 자궁암과 난소암으로 사망할 확률은 32퍼센트 낮았다. 모든 암에 대한 사망률도 11퍼센트 낮았다.

이러한 자료는 생식 비용과 각종 생식 암의 발병률을 줄여서 얻는 이득 사이에 거래가 이루어지고 있음을 강하게 시사한다. 무엇보다 이러한 거래를 이해하지 못하면 여성의 생식과 수명의 관계를 파악하기 어렵다. 또한 이러한 거래가 수명에 끼치는 영향은 집단에 따라서도 다를 것이다. 유방암은 생애 전반에 걸쳐 에스트로겐과 프로게스테론에 과도하게 노출될 때 발병률이 높아진다.[28] 각각의 생식 사건은 월경주기를 억제하는데, 임신 횟수가 많은 여성은 평생 누적된 수유 기간도 더 길고, 생애 전반에 겪는 월경주기 횟수도 적다. 이른 나이에 생식을 시작한 여성은 유방암이 추가적으로 예방되는 셈으로, 이 경우 유방 조직의 분화가 일어나면서 (종양의 발달과 같은) 악성 변환에 대한 민감성이 감소한다. 게다가 임신 후에는 내생 에스트로겐의 수치가 낮기 때문에 종양의 발달을 억제하는 일거양득의 효과도 있다.

그러니 빈곤한 농경사회의 여성은 에스트로겐과 프로게스테론을 포함하여 일반적으로 월경주기에 생산되는 스테로이드계 호르몬의 수치가 낮다.(그림 7.1) 1장에서도 살펴봤지만, 영양 결핍 그리고 주기적이고 강도 높

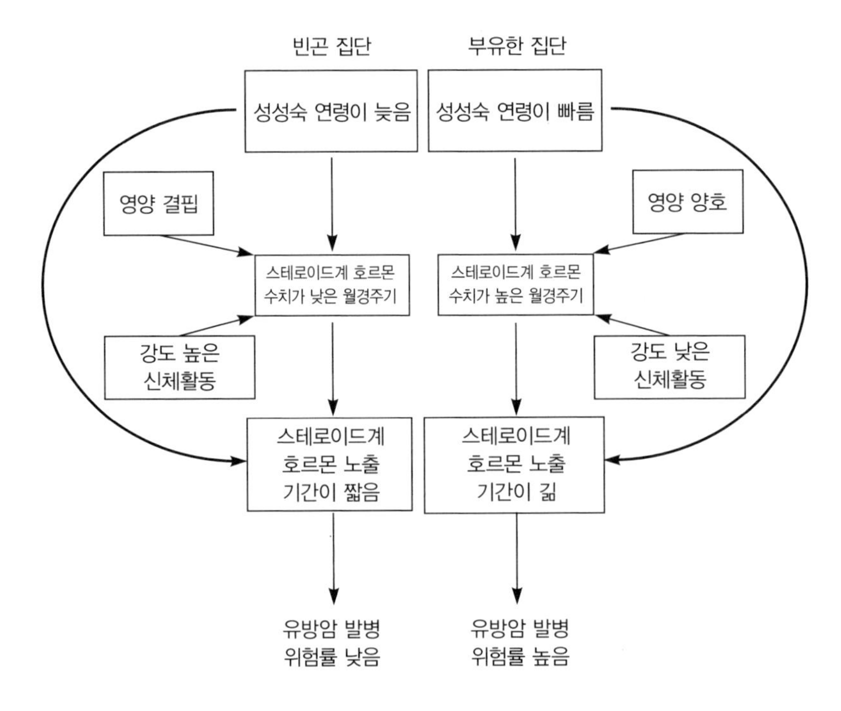

그림 7.1 빈곤한 집단과 부유한 집단 여성들의 스테로이드계 호르몬 노출 규모와 유방암 발병 위험률의 차이

은 노동은 난소 기능을 억제한다. 그뿐 아니라 월경주기가 시작되는 성성숙 연령도 늦기 때문에 에스트로겐 노출 기간이 짧다. 월경주기 횟수도 적고 주기마다 생산되는 호르몬 양도 상대적으로 적다.

경제적으로 부유한 집단의 여성은 난소 억제를 경험할 일이 드물기 때문에 월경주기의 호르몬 수치가 높다. 이 여성들은 대부분 에너지 가용성을 제한하여 난소 억제를 유발하는 인자들을 경험하지 않는다. 생식력이 수명에 끼치는 영향에 대해 알아보고자 실시된 과거의 계통학적 분석들은 대개 부유한 가계를 대상으로 한 것이었다. 그러한 가계 중 출산율이 높은 여성들의 에스트로겐 노출량이 현저히 적은 것은 각각의 임신 사건이 월경주기의 재개를 완벽하게 막아주었기 때문이다. 반면에 열악한 환경의 여성들은 (영양 결핍과 강도 높은 노동으로 인해) 애초부터 에스트로겐 수치가 낮았기 때문에 잦은 출산에 따라 에스트로겐 노출 빈도가 줄었음에도 불구하고 그 효과는 상대적으로 적었을 것이다. 어쨌든 이 집단의 여성들의 에스트로겐 수치는 낮을 수밖에 없었다. 부유한 환경에 사는 여성들의 다

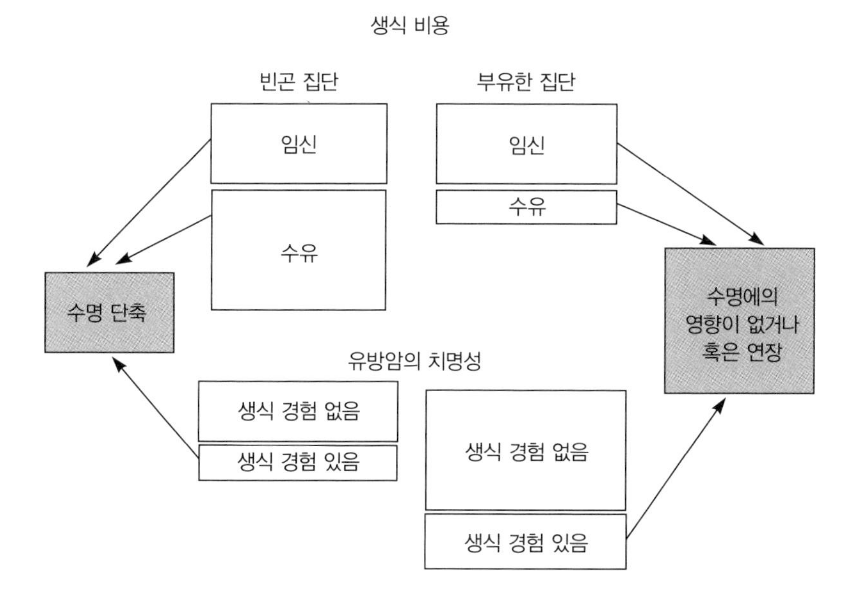

그림 7.2 출산아 수가 동일한 경우, 과거 빈곤한 집단과 부유한 집단의 여성에게서 나타난 수명의 결과. 빈곤한 집단의 여성은 수유로 인해 생식 비용이 매우 높았던 반면, 부유한 집단의 여성은 일반적으로 수유 비용을 감당하지 않았다. 빈곤한 집단의 여성의 유방암 발병률은 처음부터 낮았기 때문에 생식에 따른 추가적인 위험률 감소는 전반적인 사망률에 별 영향을 끼치지 않았다. 이와 대조적으로, 부유한 집단의 여성은 유방암 발병률이 처음부터 높기 때문에 생식으로 인한 위험률 감소 효과가 두드러졌다. 게다가 부유한 집단의 여성은 (그림에는 나타나지 않지만) 영양 섭취를 늘리거나 신체활동량을 줄여서 생식 비용을 쉽게 만회할 수 있었다. 그러므로 부유한 집단의 여성들에게서 다산이 사망률 감소나 수명 연장으로 이어지리라 예측하기는 어렵다.

산이 수명 단축으로 이어지지 않은 데는 여러 이유가 있다. 임신 비용이 반드시 수유 비용을 수반하지 않는 경우도 많은 데다 각각의 비용 자체가 매우 적었기 때문이다. 물론 임신과 수유로 발생한 비용도 추가적인 에너지 섭취로 쉽게 보충되었다. 특히 신체활동에 따른 에너지 요구량이 없다면 더 쉽게 만회된다.(그림 7.2)

그뿐 아니라 생식 비용과 유방암 예방으로 얻는 이득 사이에도 거래가 이루어진다. 부유한 여성은 이득이 비용을 초과할 가능성도 있고, 실제로 다산이 수명 연장과도 관련이 있을 수 있다. 핀란드에서 다산 여성들은 집단 평균보다 대사성 질병, 특히 당뇨병과 심장혈관계 질병으로 인한 사망률이 훨씬 더 높았지만 전반적인 사망률은 집단 평균보다 약간 더 낮게 나타난 것으로 보아, 대사성 질병이나 심장혈관계 질병으로 인한 높은 사망률도 유방암으로 인한 사망률이 약간 더 낮아지면서 상쇄되었을 것이다.[29]

자녀와 손주 그리고 건강

자녀들이 부모에게 생물학적 비용을 부과하는 것은 분명하지만, 이점을 제공하는 것도 사실이다. 자녀들은 다양한 방식으로 가사를 돕기도 하고 가정 경제에 보탬을 주기도 한다. 특히 연금제도나 건강보험이 없던 산업화 이전의 사회에서 노령의 부모들에게는 큰 도움이 되었다.[30] 수명과 생식의 관계를 논의하면서, 노령에 접어든 부모의 관점에서 자녀를 낳는 데 따르는 비용과 이점을 비교해보는 것도 중요한 의미가 있다.

경제적 상태와 사회적 요인들, 그중에서도 가족의 구조와 노령의 부모에 대한 부양 패턴을 보면 자녀가 부모의 수명과 건강에 어떤 영향을 끼치는지 알 수 있다. 과거 일부 유럽 사회에서는 자녀를 낳는 것이 부모의 기대수명에 긍정적인 영향을 끼쳤다.[31] 1749~1909년, 중국의 랴오닝 성에서는 아들 없는 부모의 사망률이 높았다.[32] 특히 아들이 없는 어머니의 사망률은 12퍼센트나 높았다. 아들이 없는 늙은 과부나 홀아비의 사망률은 배우자가 생존해 있거나 아들이 최소한 한 명이라도 있는 사람보다 무려 50퍼센트나 높았다. 늙은 아버지들은 홀아비가 아닌 이상 아들이 있으나 없으나 사망률에는 변화가 없었다.

지금도 일부 집단에서는 여전히 이루어지고 있는 형태지만, 전통적으로 나이 든 사람들은 자녀 중 한 명의 가족들과 함께 살았다. 그렇기 때문에 이들의 수명은 생식 연령기에 지불한 생리학적 비용에 따른 손실과 이득은 물론이고 자녀나 손주와의 관계에도 영향을 받는다. 이러한 상호작용에 따른 손실과 이득도 건강이나 사망률을 논할 때 반드시 고려해야 한다. 산업화가 이루어지기 전인 1716~1870년까지 경제적 발달이 거의 전무했던 일본의 농촌 두 곳에서는 가족의 구조도 사망률과 중요한 상관관계를 보였다.[33] 가족 내에 할머니가 생존한 경우 여아 신생아의 사망률은 낮은 반면 남아 신생아의 사망률에는 주목할 만한 차이가 나타나지 않았다. 반면 할아버지가 생존한 경우에는 남아의 사망률이 40퍼센트 이상 증가했다. 이러한 할아버지의 부정적인 영향에 대해, 가족의 가장이 제공하는 한정된 자원을 두고 아동과 노인 사이에 경쟁이 일어나기 때문이라고 이 연구를 진행한 저자는 주장했다.[34] 가부장제 안에서 할아버지는 할머니보다 더 강한 경쟁자다. 할아버지의 존재가 여아의 사망률에 영향을 끼치지 않는 이유는 확실치 않지만, 여아는 남아보다 적은 양을 먹고 자원 경쟁에 참여하지 않기 때문이라는 주장도 있다. 앞서 언급한 중국의 랴오닝성의 인구통계학적 자료에서는 할아버지가 생존한 경우 2~15세의 남아와 여아 모두의 사망률이 현저히 높았다. 물론 남아보다는 여아의 사망률이 더 높았다.[35] 그 외에 친척들의 존재는 아동의 사망률에 그다지 영향을 미치지 않았으나, 다만 어머니가 생존해 있다면 여아보다 남아의 사망률이 낮았다.

몇몇 사회 집단에서 할머니는 인구학적으로 중요한 역할을 한다. 과거 독일[36]과 일본[37]에서는 모계 쪽 할머니, 즉 외할머니와 함께 성장한 아동의 생존율이 훨씬 더 높았다. 탄자니아의 수렵채집 부족인 하드자족에서도 할머니와 함께 사는 손주들의 영양 상태가 훨씬 양호했고,[38] 감비아의 시골에서도 할머니가 있는 손주들이 영양 상태도 좋았으며 생존율도 높았다.[39]

할아버지와 할머니 당사자들은 어떨까? 조부모가 손주에게 미치는 영향에 대해서는 알려진 바가 많다. 그렇다면 노인과 젊은 세대 사이의 상호작용이 조부모의 건강에는 어떤 영향을 미칠까? 각 집단이 갖고 있는 사회적 구조를 파악하지 않고서는 이 질문에 답을 할 수 없다. 가부장제 집단에서 조부모와 손주 간 상호작용의 이득 및 손실은 할아버지와 할머니가 각각 다르다. 보통 할아버지는 가사 참여를 요구받지 않는다. 그러나 경제적으로 궁핍한 시기에도 할아버지에게는 할머니보다 더 많은 영양 자원이 분배된다. 토지나 재산도 부계 혈통으로 상속되기 때문에 나이 든 남성은 더 존중받고 더 세심한 보살핌을 받는다. 할머니는 사정이 다르다. 이런 사회에서 할머니들의 양육이나 육체노동 참여는 당연시된다. 심지어 잠비아 외곽의 그웸베 벨리에 사는 통가족과 같은 일부 모계사회에서도 남성

은 노후를 대비할 만큼 재산을 축적할 수 있는 반면 여성은 재산을 모을 수 없다.[40]

게다가 손주와의 상호작용에 지불하는 비용도 모계 손주와 부계 손주가 서로 다르다. 혈연 선택[41]과 부계 불확실성[42] 이론에 따르면, 할머니는 아들의 자녀보다는 딸의 자녀에게 더 헌신적일 것으로 예측된다. 부계는 늘 어느 정도의 불확실성을 내포하고 있기 때문에 할머니는 아들의 자녀가 자신의 혈통이라는 확신을 갖지 못한다. 하지만 딸의 자녀에 대해서는 그런 염려를 할 필요가 없다. 그래서 며느리와 함께 사는 할머니는 유전적으로 관련이 없을지도 모를 손주에게 손실을 감수하면서까지 도움을 줄 의무를 느끼지 못한다는 것이다. 이미 몇몇 연구에서도 모계 쪽 할머니와 함께 살 때 얻는 이점을 부계 쪽 할머니와 함께 살 때는 얻지 못한다는 사실이 입증되었다.[43] 따라서 할머니들은 결코 공짜로 손주들에게 이익을 제공하지는 않을 것이다.

손주가 주는 이점

또 다른 이론에서는 할머니가 손주에게 제공하는 이익과 할머니가 지불하는 비용은 거래 대상이 아니라고 가정한다. 이 이론은 소렌슨 재미슨을 비롯한 몇몇 연구자가 일본의 한 소작농 마을에 남아 있는 1603~1867년의 자료를 분석한 결과다.(2005) 이들은 세라 블래퍼 허디가 '좋은 어머니' 가설에 '할머니' 가설을 결합하면서(1999) 발전시킨 '할머니의 시계' 가설을 검증해보았다. 이 두 가설은 인간 여성이 생식 연령기 이후에도 상당히 오래 사는 까닭을 설명하고자 세워졌다.

좋은 어머니 가설에 따르면, 인간 여성은 가장 어린 자녀가 충분히 성장할 때까지는 반드시 생존해야 한다.[44] 인간 아동은 미성숙 기간이 길기 때문에, 막내 아이를 45세에 출산한 여성이 이 마지막 생식 비용 투자 대상을 보호하려면 최소한 60세까지 살아야 한다. 할머니 가설의 이면에 깔린 핵심 개념은 생식 연령기가 지난 여성이 손주의 성장을 도우면서 이점을 얻는다는 것이다.[45] 이러한 이점은 반드시 진화론적인 맥락에서 이해해야 하며 진화론과 관련된 용어로 표현되어야 한다. 적응도가 다음 세대로의 유전자 전달로 측정된다면, 손주에게 도움을 제공하는 할머니는 자신의 포괄적응도를 높이는 셈이다. 포괄적응도는 생식을 통해서도 높일 수 있지만 똑같은 유전자의 복제본을 공유하는 혈족의 생식과 생존을 지원하면서 높일 수도 있다.

일본의 소작농 마을을 조사한 자료도 두 가설을 뒷받침하는 것으로 보인다.[46] 비교적 고령에 막내를 출산한 여성은 더 일찍 막내를 출산한 여성보다 생식 연령기 이후에 사망할 확률이 적었는데, 이는 좋은 어머니 가설을 뒷받침한다. 게다가 이 마을의 할머니들은 손주가 없는 여성보다 사망률이 낮았다. 즉 손주가 있는 여성의 수명이 평균 4.75년 더 길었다. 이 연구의 공저자들은 "아이를 먹이는 일을 책임진 양육자는 스스로를 위해서도 추가적인 식량을 마련할 수 있기 때문에" 손주가 있는 할머니의 영양 상태가 더 좋다고 주장했다.[47] 양육 지원이 할머니에게 비용을 전가하기보다 오히려 영양적인 이점을 추가로 제공하여 결과적으로 할머니의 수명을 연장시키는 효과를 낸다는 것이다.

이 연구자들은 할머니가 손주의 양육을 지원한다고 가정했을 뿐 유효한 자료에 근거하여 구체적인 지원을 입증하지는 못했다. 어쩌면 연구된 집단의 경제적 환경이 양호했고, 손주의 양육을 지원하는 할머니가 영양이나 에너지 면에서 과도한 손실을 겪지 않았을 가능성도 있다. 또한 대가족 특유의 원만한 관계 속에서 할머니들이 이점을 얻었는지도 모른다. 그러나 경제적으로 궁핍한 환경에서라면, 손주에 대한 지원이 할머니의 수명을 연장시키는 결과를 낳지 못할 것이다. 제한된 자원을 할머니와 손주가 나눠야 하는 상황이라면 손주보다는 할머니의 영양 상태가 나빠질 확률이 높다. '감정적인 만족감'으로 상쇄되기에는 지나치게 큰 손실일 것이다.

손주들의 성비性比 역시 생식의 손실과 이득 수준을 평가할 때 반드시 고려해야 할 요인일 것이다. 아동의 건강에서 성별 차이가 사회적 요인들의 영향을 받는다는 사실은 전 세계 여러 모집단에서 발견된다. 18~19세기 유럽과 아시아의 몇몇 모집단을 비교 연구한 자료에 따르면, 아동 사망률은 50년 이상 한 가정에서 함께 거주한 성인의 수와 관계가 있다.[48] 여기서 성인은 대개 할머니나 할아버지이지만, 경우에 따라서는 결혼하지 않았거나 과부 혹은 홀아비가 된 삼촌이나 숙모가 될 수도 있다. 이러한 모집단 거의 모두에서 나이 많은 성인의 수가 많을수록 2~14세 사이의 남아 생존율은 증가했으나, 같은 연령대 여아의 생존율은 감소했다. 여아는 가족 내에서 자원을 얻기 위해 경쟁해야 하는 반면 남아는 경쟁에서 자유롭다. 이는 추가적인 성인 가족 구성원들로부터 남아가 이점을 얻고 있음을 방증하는 현상이다.[49]

자원의 분배에서 나타나는 아동의 성 불평등은 단기적으로 경제가 위축된 상황에서도 드러난다. 과거 일본 농촌의 사망률에서 나타난 패턴도 이러한 단기적인 식량 부족에서 비롯되었을 것이다.[50] 이들의 주식인 쌀의 가격이 상승하자 여아의 사망률은 증가했던 반면 남아에게는 주목할 만한 변화가 나타나지 않았다. 이러한 현상으로 미루어보건대, 자원이 제한된 가정에 손녀가 많다면 조부모가 더 많은 자원을 획득할 수 있었을 것이다. 이와 대조적으로 손자가 많은 가정의 조부모는 치열한 자원 경쟁에 참여했을 테고, 결과적으로 수명과 건강에 부정적인 영향을 받았을 가능성이 크다.

자녀가 없는 여성의 수명이 가장 길지 않은 까닭

생식에 엄청난 대사 비용이 든다면, 자녀가 없는 여성이 자녀가 있는 여성보다 평균적으로 더 오래 산다는 추정도 가능하지 않을까? 이러한 추정의 타당성을 제기한 두 가지 가설이 있다. 첫 번째 가설은 앞서 논의한 '산모 고갈'에 근거하여, 생식에 따른 생리와 대사 비용이 모계 유기체를 고갈시키는 원인이라고 설명한다. 두 번째 가설은 인간 수명의 진화를 설명하기 위해 제기된 가설로, 생식에 쓰이는 자원이 모체의 유지와 보수로 전환됨으로써 수명을 연장하는 유전자들이 활성화된다고 설명한다.[51] 이 유전자들이 생식을 효과적으로 제한하는 역할을 한다는 것이다. 에너지가 제한된 기간에 이러한 유전자들은 생식 과정을 지원하기보다는 생리 기능 유지에 주력하기 때문이다.[52]

두 가설 모두 무자녀와 긴 수명에 대해 같은 예측을 내놓고 있다. 비유전적 원인에서든 아니면 생식을 제한하는 대립유전자를 갖고 있어서 생식에 따른 손실을 겪지 않기 때문이든, 자녀가 없는 여성은 생식에 따르는 대사 비용을 전혀 지불하지 않는다. 물론 두 번째 가설은 검증하기가 쉽지 않다. 왜냐하면 이러한 여성은 생식을 제한하는 대립유전자를 갖고 있는 것 외에도 생식과 관련된 대사 비용을 부담하지 않기 때문이다.

그러나 대부분의 연구는 자녀가 없는 여성의 수명이 더 길다는 사실을 입증하지 못한다. 그러한 증거가 없다는 이유로 생식과 수명이 무관하다는 부적절한 주장이 제기되기도 했다.[53] 영국의 귀족 계급을 대상으로 한 연구에서 생식과 수명 사이의 거래는 자녀가 없는 여성과 자녀가 한 명인 여성을 분석 대상에서 제외하고 나서야 확연하게 드러났다.[54] 자녀가 없는 여성은 생식에 따른 생리학적 비용 연구에서 최적의 대조군으로 삼을 수 없는 것과 같은 이치로, 생식과 수명 연구의 대상으로도 부적절할 수 있다. 역사적으로도, 결혼했으나 아이가 없는 여성은 대부분 임신을 불가능하게 하는 건강상의 문제들을 갖고 있었다. 이러한 문제들은 수정 능력이나 임신 능력을 저하시킬 뿐만 아니라 여성의 사망률을 증가시키는 원인이기도 했다. 게다가 지금도 많은 사회 집단에서 자녀가 없는 여성을 배척하는데, 이러한 문화 역시 여성의 건강을 악화시킬 수 있다.[55] 영국 여성의 경우 2명의 자녀를 가진 여성의 심장병 발병률이 가장 낮았다. 반면 자녀가 아예 없거나 한 명인 여성도 다산을 한 여성만큼이나 위험률이 높았다.[56]

어떤 경우에 생식이 수명을 감소시킬까?

생식에 소요되는 비용이 만만치 않고 생식이 여성의 생리학적 기능의 장기적인 변화와 관련 있음을 증명하는 신뢰할 만한 증거들은 있지만, 그렇다고 생식이 수명에 늘 부정적인 영향만 끼친다고 단정할 수는 없다. 생식에 따른 에너지와 대사 비용은 단순히 자녀 수에 비례하지는 않는다. 자녀 수가 같은 여성이라도 수유 비용이 다를 수 있으며, 그 차이는 무시할 수 없는 수준이다. 마찬가지로 생활 습관이나 식생활, 신체활동 정도에 따라서도 생식에 따르는 생리적 비용과 에너지 비용에 대처하는 개인의 능력이 다를 수 있다. 생식이 요구하는 막대한 비용과 건강의 일부 측면에 끼치는 부정적인 영향이 또 다른 측면의 긍정적인 영향으로써 만회되지 못할 수도 있다. 일부 여성의 경우 과도한 생식이 생식 암들의 발병률을 현저히 감소시키기도 하지만, 이러한 암의 발병률은 자녀가 많지 않은 일부 여성에게서도 매우 낮게 나타난다. 또한 할머니의 양육 지원과 같이 간접적으로 만회되는 비용도 어쩌면 전반적인 생애 비용과 생식이 주는 이점의 비율을 변화시킬 수도 있다.

그러므로 생식과 수명의 부정적인 관계는 어쩌면 생식에 막대한 비용을 지불할 뿐만 아니라 영양 섭취가 매우 불량하고 신체활동의 강도가 매우 높은 여성에게 나타나는 현상일지도 모른다. 수명을 단축시키는 다산의 효과는 특히 성장기와 성인기에 지속적으로 경험한 열악한 에너지 환경으로 전 생애 누적 에스트로겐 수치가 낮은 여성에게서 두드러진다. 이런 여성의 경우 생식으로 인해 추가적으로 감소하는 난소 호르몬(에스트로겐과 프로게스테론)의 수치는 비교적 미미하며, 다산을 한다면 심장혈관계 질병과 성인기 발증형 당뇨병, 골다공증의 발병 위험에 노출될 뿐 아니라 호르몬 유인성 암들로부터도 자유롭지 못할 것이다.

생물학적 유기체로서 인간이 에너지를 다루는 방식은 이 책의 주요한 주제 중 하나다. 에너지 가용성은 태아의 발달 초기부터—심지어 그보다 더 이전부터—한 개별 유기체의 건강과 미래의 생물학적 특질에 영향을 미친다. 여성에게 에너지는 생식생리 기능을 결정하는 주요한 인자로서, 월경 주기와 수정, 임신과 수유에 막대한 영향을 미친다. 에너지는 스테로이드계 호르몬 수치와 체중에 영향을 미침으로써 간접적으로 유방암을 포함한 여러 질병의 발병률을 좌우할 수 있다. 8장에서는 식사를 통한 에너지 섭취에 대해 살펴볼 것이다. 또한 에너지의 양 못지않게 중요한, 생리 기능과 건강의 여러 측면에 필요한 영양 성분의 종류 및 양에 대해서도 논의할 것이다.

산업화된 국가들에서 식생활의 에너지 결핍은 더 이상 문제가 되지 않는다. 실제로 현대인들의 건강 문제는 대개 불균형한 영양 성분의 식사로 지나치게 많은 에너지를 섭취하여 발생한다. 오늘날 우리의 식생활은 조상들이 소비한 식품 범주와는 크게 다르다. 현대인의 식사는 과거 진화기에 인간이 섭취한 음식과 얼마나 다를까? 이른바 구석기 시대의 식사 구성은 어떠했으며, 우리는 그것을 어떻게 알 수 있을까? 구석기 시대의 식사가 오늘날 인간에게도 여전히 바람직할까? 당시의 식사 패턴을 따라하면 현대의 대사성 질병들, 특히 심장혈관계 질병과 성인기 발증형 당뇨병, 암과 같은 질병들의 발병률을 현저히 줄일 수 있을까?

8장

진화기와 오늘날의 식사

인간의 건강 및 질병과 식사의 관계는 지금까지 유행병학과 공중보건 분야에서 가장 집중적으로 다룬 연구 분야다. 하지만 어떤 식사가 인간에게 가장 유익한지에 대해서는 여전히 이렇다 할 합의가 이루어지지 못했다. 게다가 다른 것도 아니고 건강이라는 중대한 사안을 다루면서, 각 분야는 서로 상반되거나 모순되는 단발성 견해들만 쏟아내고 있는 것이 사실이다. 심지어 매우 기본적인 문제라고 할 수 있는 (지방, 탄수화물, 단백질과 같은) 다량 영양소의 적절한 섭취량을 놓고도 여전히 논란이 계속되고 있다. 미국을 비롯한 몇몇 국가에서는 최근 체중 감량이나 '건강한 식사'를 실천하려는 사람들이 정부가 권장하는 '저지방 고탄수화물' 식이를 저버리고 '저탄수화물 고지방' 식이로 갈아타고 있는 실정이다. 미국 농무부가 제시했던 식품 피라미드—식품군별 섭취 권장량—는 비만 증가의 주범으로 비난받았으며, 인간의 영양을 연구하는 과학자들로부터 뭇매를 맞은 바 있다.[1] 이 피라미드는 대대적인 수정을 거쳐 2005년에 새로운 모형으로 발표되었다. 최근에는 영양소 피라미드가 사라지고 한눈에도 알아보기 쉬운 마이플레이트MyPlate가 등장했다.

우리 식단에 함유되어야 할 다량 영양소의 적정한 비율 논란도 정리되지 않았지만, 비타민과 미네랄 같은 미량 영양소에 대한 견해도 저마다 다르다. 가장 건강한 식품이라거나 질병을 예방하는 식품이라는 이름으로 실로 다양한 식품이 순서를 바꿔가며 과대 선전되고 있다. 올바른 식사의 전형과 나쁜 식사의 전형으로 이른바 지중해식 식단과 미국식 패스트푸드가 비교되는가 하면, 여러 나라 또는 집단의 전통 음식들이 좋은 음식과 나쁜 음식의 본보기로 유행을 타기도 했다. 그러나 미국의 전형적인 식단보다 심장혈관계 질병의 발병률을 낮춘다고 알려진 지중해식 식단도 인간이 비교적 최근에 소비하기 시작한 식단의 한 예일 뿐이다. 농경문화에서 유래했다는 점에서, 지중해 식단도 이론적으로는 인간에게 필요한 최적의 영양 식단으로 볼 수 없다. 인간의 영양학적 요구는 식물을 재배하기 훨씬 이전 수천 년 동안 수많은 세대를 거치면서 자연선택을 통해 형성되었다. 최근에는 농경문화 이전의 식단, 소위 석기 시대나 구석기 시대의 식단으로 돌아가자는 운동도 전개된 바 있다.[2] 이러한 경향은 진화론적 견해에 바탕을 두고 있기 때문에 좀더 상세하게 논의해볼 만하다.

'불량' 식품에 대한 갈망

새로운 환경에 대응하여 한 집단 안에 진화적 적응이 자리 잡기까지는 꽤 오랜 시간이 걸린다.[3] 식생활을 포함하여 인간의 생리와 대사 기능이 과거 구석기 시대의 환경에 최적화되었다는 주장은 오래전부터 제기돼왔다.[4] 인간의 생리 기능과 현대의 생활 방식의 부조화를 묘사할 때 자주 인용되는 매우 설득력 있는 예가 바로 '불량' 식품에 대한 갈망이다. 지방과 단당류가 풍부한 현대의 식단은 비만뿐 아니라 심장혈관계 질병들과 인슐린 비의존형 당뇨병 등을 포함해 산업화된 국가에 만연한 질병들을 유발하는 주범으로 지목되고 있다.

식단에서 당류와 지방 섭취를 줄이기 어려운 까닭은 우리가 그러한 맛을 갈망하기 때문이다. 또한 그 맛들은 에너지 함량이 높은 식품을 알려주는 가장 강력한 지표라는 점을 인식할 때 그런 갈망은 당연한 것일지도 모른다. 에너지 공급이 제한적이었던 과거 진화기 환경에서 에너지 밀도가 높은 음식을 갈망하며 적극적으로 찾아 나선 개체는 에너지 함량이 낮은 근채류를 선호한 개체보다 영양적으로 더 건강한 체형을 갖게 되었을 것이다. 게다가 구석기 시대 환경에서는 지방과 당 함량이 높은 식품이 드물었기 때문에 과식의 위험이 없었다. 야생동물의 고기는 농장에서 키운 동물의 고기보다 지방 함량이 훨씬 낮고,[5] 당 함량이 높은 식품이라봤자 구하기 어려운 야생 꿀이나 계절별로 채집이 한정된 과일 정도였다.

인간의 진화 환경에서 고지방 고탄수화물 식품이 드물었다는 사실은 현재 우리에게는 불행한 일이다. 그런 식품이 풍부하고 흔했더라면, 많이 먹어도 건강에 유해한 결과를 초래하지 않도록 인간 스스로 생리학적 적응을 진화시켰을 테니 말이다. 산업화된 오늘날 풍부한 식품 자원에 둘러싸인 많은 사람이 지방과 당에 대한 강렬한 선호 때문에 건강을 망치게 된 근본 원인은, 강렬한 선호만 물려주고 그것을 처리할 생리학적 능력은 길러주지 못한 진화 시대 조상들에게 있을 것이다.

우리의 진화된 생리와 대사 기능에 상응하는 구석기 시대 식단은 현대인에게도 권장할 만한 식단으로 적절해 보인다. 하지만 구석기 시대의 식단에도 문제가 전혀 없는 것은 아니다. 우선 많은 비평가는 구석기 시대에는 '보편적인' 식단이 존재하지 않았다고 주장한다. 당시에는 모두 수렵과 채집을 하면서 살았지만 지역과 계절에 따라 인간이 섭취한 식품은 크게 달랐다.[6] 섭취한 식품이 달랐다는 것은 인간이 매우 다양한 식생활 환경에 적응할 수밖에 없었음을 암시하며, 따라서 식품에 대한 인간의 욕구도 광범위했을 것으로 짐작된다. 두개부 뒤의 골격과 치아의 형태학적 구조의 변화로 짐작건대, 약 400만 년 전의 조상들은 매우 다양한 식품을 소화하는 능력을 진화시켰다.[7]

진화기 인간의 식생활에 커다란 차이가 있었던 것은 분명하지만, 다행히 몇몇 공통적인 패턴도 발견되었다. 이를테면 (설탕과 같은) 단당류를 과도하게 소비한 집단은 없었음이 분명하다. 모든 집단이 동물성 단백질을 섭취했으며 그 양도 대체로 많았다. 북극의 몇몇 집단을 제외한 대부분의 집단은 오늘날 가축화된 동물의 고기보다 비계가 적은 고기를 섭취했다. 따라서 포화지방 섭취량이 낮은 편이었다. 게다가 다양한 종의 식물을 섭취했으므로 비타민과 미네랄은 매우 풍부했다.

현대적 환경과 구석기 시대 식단

구석기 시대 식단은 구석기 시대의 환경에 효과적이었다. 하지만 현대인은 신체활동과 생식 패턴 면에서 옛날과는 생활 방식이 다르기 때문에 다른 식단이 필요할 수도 있다. 가령 수렵채집인들은 오늘날 정주생활을 하는 직장인보다 칼로리를 더 많이 섭취해야 했을 것이다. 칼로리뿐 아니라 영양소도 마찬가지다. 신체활동량이 줄고 여성의 경우 생식 횟수가 줄면서 전반적인 영양 요구량도 감소한 만큼 조상들보다 비타민이나 미네랄이 덜 필요할 수도 있다.

인간은 끊임없이 환경을 변화시키는 존재이기 때문에 과거 환경에서의 효율적인 적응이 현재에도 효율적이라고 볼 순 없다. 리처드 르원틴의 말처럼 "연속한 두 세대에서도 같은 목적으로 같은 형질들이 선택될 수는 없다. 일반적으로 유기체와 환경은 끊임없이 서로를 추격할 수밖에 없다."[8]

진화로 파생된 거래를 살펴봐도 구석기 시대의 식단을 현대인에게 권장하기에는 문제가 있다. 구석기 시대의 식단도 분명히 생식 연령기의 생존과 생식을 촉진하는 데는 적합할 것이다. 따라서 생식 연령기에 있거나 그보다 어린 젊은이들의 건강에는 구석기 시대의 식단이 도움이 된다. 그러나 알다시피 우리는 이미 진화의 맥락에서 통용된 이점들이 반드시 건강에도 이로운 것은 아니라는 사실을 알고 있다. 특히 노령기에 접어든 개인의 건강에는 이러한 등식이 성립하지 않는다. 생식력을 높여주는 식품이나 영양소에 대한 갈망은 (설령 그러한 생리학적 경향이나 행동이 노령기 건강을 악화시킨다고 해도) 자연선택에 의해 촉진되어야 하고 실제로 그랬을 것이 분명하다.

나이가 들면서 인간의 생리학적 기능도 변하기 때문에 생식 연령기 이후에 알맞은 식단이 따로 있을 것이다. 따라서 이런 추측도 가능하다. 구석기 시대의 식단도 당시 노인들에게는 영양학적으로 최선의 선택이 아니었으며, 오늘날에도 결코 최선이 될 수 없을 것이다. 하지만 진화론적으로 노인을 위한 최선의 식단이라는 개념은 존재하지 않는다. 자연선택은 생식 연령기 이후에는 작동하지 않기 때문이다. 작동한다고 해도 간접적으로만 작용할 뿐이다. 7장에서도 살펴봤듯이, 일부 사회 집단에서 조부모(특히 손주의 생존과 건강에 긍정적인 영향을 끼치는 것처럼 보이는 할머니)[9]는 여전히 어떤 선택적 압력에 노출되어 있을 수도 있다.

구석기 시대 사람들의 '접시'에 무슨 음식이 있었는지 어떻게 알 수 있을까?

구석기 시대의 식단을 재구성하기란 불가능에 가깝다. 특히 영구적인 가옥이 없었던 수렵채집 집단의 경우 식품의 품목을 알 수 있는 흔적들, 그 중에서도 식물 종들의 흔적은 거의 남아 있지 않다. 구석기 시대의 식단을 복원하는 한 가지 방법은 동시대를 살아가는 수렵채집 집단의 식생활을 조사하는 것이다. 이러한 접근법도 분명히 중요한 단서를 제시해주지만, 여기에도 몇 가지 방법론적인 문제가 있다. 무엇보다 수렵과 채집만을 생활 수단으로 삼는 집단의 수가 매우 적다. 이 집단들이 전통적인 생활 방식을 고수하던 20세기에 민족지학적 연구와 인류학적 연구의 일환으로 수집된 자료들이 있지만, 그것으로는 식생활을 정량적으로 분석하기 어렵다. 게다가 현대의 수렵채집 집단들은 농사를 짓기에 적합하지 않은 변경에서 살아가고 있다. 즉 옛 수렵채집인들과는 다른, 그보다 더 열악한 환경에서 살고 있다. 따라서 현대 수렵채집인들의 식품은 구석기 시대의 그것과 다를 가능성이 높다.

게다가 최근 수십 년 동안 정부 정책에 떠밀려서든 자발적으로든 수렵채집인들은 바깥 세계와의 접촉이 빈번해지면서 현대적인 생활 방식을 추구함에 따라 전통적인 생활 방식이 급속히 사라졌고, 많은 채집인은 영구적인 정착생활로 옮겨가고 있다.

이 모든 방법론적인 장애에도 불구하고 내릴 수 있는 결론은, 구석기 시대의 식단이 다른 어떤 식단, 특히 농경문화에서 비롯된 식단보다 현대인에게 훨씬 더 적합할 가능성이 매우 높다는 것이다. 그렇다면 어째서 유행병학 분야에서 구석기 시대 식단의 중요성이 부각되지 않았을까? 지중해식 식단, 그중에서도 가난한 시골 지역의 전통 식단과 일본식 식단은 대사성 질병의 발병률 감소와 관련 있음이 심심치 않게 입증되고 있으며, 그러한 발견이 대중의 건강을 위한 권장 식단에도 영향을 미치고 있다. 하지만 유행병학 학자들은 구석기 시대의 식단이 주는 건강상의 이점들을 논의조차 하지 않는다. 이러한 현상을 설명하는 이유로 가장 먼저 제시되는 것은, 유행병학의 발견들은 대부분 사망률과 질병률의 상이한 원인들을 알아낼 수 있을 만큼 충분히 큰 모집단만을 대상으로 한 연구 분석에 기반하고 있다는 점이다. 불행히도 구석기 시대의 식단은 인기 있는 연구 주제가 아니며, 따라서 건강한 생활 습관을 권장하는 기관이나 조직들에게도 관심의 대상이 아니다.

진화기의 식품 소비 패턴과 현대의 권장 식단

구석기 시대의 식단과 식품 소비의 진화 패턴을 알아보는 것은 오늘날 최적의 식단을 찾는 데도 중요하지만, 각종 권장 식단을 실천하기 어려운 까닭을 이해하는 데도 의미가 있다. 우선 앞에서도 설명했지만, 우리가 선호하는 맛들은 현대의 환경에서 바람직하게 여기는 식품들의 맛이 아니다.

선천적인 맛의 기호에 따르는 사람들은 대부분 지방과 당류를 먹는다. 그리고 안타깝게도 많은 사회에서는 그러한 식품들에 대한 접근에 별 제약이 없다.

구석기 시대의 식품 소비 패턴이 암시하는 또 한 가지 사실은, 인간의 생리학적 메커니즘은 우리가 섭취할 수 있는 음식의 양을 제한하지만[10] 오스트레일리아 토착민의 사례가 말해주듯 그러한 제한이 상당히 높게 설정되어 있다는 것이다. 전통적인 수렵채집 생활 방식을 고수하고 있을 당시에 오스트레일리아 토착민은 한 끼에 2~3킬로그램의 고기를 먹었다.[11] 하지만 그 정도로 많은 양의 고기를 먹을 기회는 극히 드물어서 대개 캥거루 사냥을 했을 때나 가능했다. 물론 일단 기회가 왔을 때 최대한 그 기회를 활용했다. 수렵채집인들이 생존하는 데 이처럼 드문 '축제'에서 엄청난 양의 음식을 섭취하는 능력은 매우 중요했을 것이다. 지방으로 저장된 잉여 에너지는 식량이 부족한 기간에 주요한 에너지 공급원으로 쓰인다. 구석기 시대의 환경에서 식량을 저장하기는 거의 불가능했을 테니 채집하고 사냥한 즉시 먹어야 했을 것이다. 식량을 저장하기 어려운 이유는 음식을 도둑맞을 위험도 있었겠지만, 여럿이 나누어 먹어야 했기 때문일 것이다.[12]

앉은 자리에서 먹을 수 있는 만큼 음식을 먹는 오스트레일리아 토착민의 경향은 전통적인 삶의 방식에서 벗어난 후에도 사라지지 않았다. 생활 방식은 서구화되었지만 토착민들은 여전히 상점에서 구입한, 지방이 많은 값싼 쇠고기나 양고기를 엄청나게 소비한다.[13] 하지만 고기의 양 말고도 중요한 차이가 있다. 캥거루 고기처럼 비계가 없는 3킬로그램의 육식은 약 3000킬로칼로리의 열량을 제공한다. 굉장히 높은 것 같지만 가축화된 동물의 고기와 비교하면 새 발의 피다. 가축화된 고기 3킬로그램이 제공하는 열량은 무려 1만2000킬로칼로리나 된다! '구식'의 소비 패턴은 다른 식품에 대해서도 마찬가지다. 오스트레일리아 토착민들은 열두 개짜리 달걀 한 꾸러미를 사서 한꺼번에 요리를 한다. 물론 1인분이다.[14]

규칙적인 식사를 하고 간식을 피하는 것, 아침을 든든히 먹고 하루를 시작하는 것 등은 현대인의 권장 식생활에 빠짐없이 등장하는 내용이다. 하지만 이러한 권고는 인간 진화기의 식품 소비 패턴과 관련이 없다. 당시 인간은 먹을 수 있을 때는 무조건 먹었다. 다른 수렵채집 집단들과 마찬가지로 오스트레일리아 토착민도 하루에 한 번 주主식사를 하는데, 채집하거나 사냥한 식량을 가지고 캠프로 돌아온 늦은 오후의 끼니가 그것이다.[15] 낮 동안의 간식도 진화기의 전형적인 식품 소비 패턴 중 하나였다. 거의 하루 종일 유충, 열매, 고무, 개미 그리고 야생벌에서 채취한 꿀 등을 먹었다. 조개류나 물고기도 잡은 자리에서 무시로 익혀 먹거나 날로 먹었다. 캥거루를 잡은 사냥꾼들은 캠프로 옮겨오기 전에 캥거루의 간을 요리해서 먹기도 했다. 식품 소비는 계절에 따라 달랐고, 하루하루 소득에 따라서도 달랐다. 식물이 쇠할 무렵에는 며칠씩 굶기도 했고 큰 동물을 잡은 날에는 '축제'가 벌어졌다.

오늘날에도 브로콜리보다 스테이크나 햄버거를 더 좋아하는 사람이 많다. 육류에 대한 이러한 선호는 인간 종에게 새삼스러운 것이 아니다. 아프리카 칼라하리 사막에 거주하는 수렵채집 집단인 쿵산족의 영양에 대해 최초로 연구한 결과, 이들은 하루에 2140킬로칼로리를 섭취했고 단백질 섭취량은 평균 93.1그램이었다고 계산했다.[16] 하루에 섭취하는 칼로리에서 육류가 차지하는 양은 33퍼센트였고 식물성 식품은 67퍼센트를 차지했다. 신체활동량이 많고 쿵산족의 평균 신장인 사람의 하루 권장 칼로리가 1975킬로칼로리이고 단백질 권장량이 60그램이라는 점에 비추어보면 2140킬로칼로리는 적절하다고 볼 수 있다.(이들의 실제 섭취량이 남성을 기준으로 했는지 여성을 기준으로 했는지, 아니면 양성의 평균인지에 대한 정보는 없다.) 쿵산족의 식생활은 다음과 같이 요약되어 있다. "도베 지역의 부시먼족은 원하는 만큼 식물성 식품을 섭취했고 먹을 수 있는 만큼 고기를 먹었다."[17]

수렵채집인들에게 식물성 음식은 언제든 채집 가능하지만, 동물 사냥은 사정이 다르다. 동물을 발견하기 어려울뿐더러 포획하기도 쉽지 않기 때문이다. 접시에 고기를 담기 위해서는 훨씬 더 큰 노력이 요구된다. 쿵족의 남성이 한 시간 사냥으로 100킬로칼로리를 생산하는 반면, (주로 여성들이) 한 시간 채집으로 생산하는 칼로리는 약 240킬로칼로리다. 인간이 고기 맛에 대한 기호를 진화시키지 않은 채 동물 사냥에 그토록 많은 에너지를 소비할 수 있었을까? 십중팔구 아닐 것이다. 과거 진화기에 우리 조상들이 오늘날 쿵산족만큼 고기를 선호했다면, 기본적으로 인간은 식물성 식품보다 육류를 훨씬 더 가치 있게 여기는 경향으로 진화되었으리라 추측할 수 있다. 우리와 가까운 영장류인 침팬지들도 사냥을 하며, 분명히 육식을 즐긴다.[18] 인간 대부분이 식물을 충분히 섭취하지 않는 까닭도 혹시 그 때문일까? 아마도 그럴 확률이 크다.

구석기 시대의 식단

오스트레일리아의 토착민들은 적어도 4~5만 년 전부터 유럽의 지배를 받게 된 최근 200년 전까지 오로지 수렵과 채집에만 의지해 살았다.[19] 1970년대까지도 오지의 토착민 소집단들은 사냥과 채집을 하면서 살았다. 이들의 식단에는 광범위한 종류의 동물과 식물이 포함되어 있었다. 포유류나 조류뿐만 아니라 파충류와 곤충, 각종 바다 생물도 음식으로 소비되었다. 육류는 식단의 중요한 성분이긴 했으나 야생동물은 지방 함량이 낮다. 따라서 이들이 동물성 식품에서 섭취한 주요한 지방도 긴사슬-다가불포화지방산으로 이루어져 있었다.[20]

과거 수렵채집인의 식량 자원은 오늘날 우리의 자원과 달랐다. 가령 오스트레일리아 토착민의 식사거리였던 식물성 식품은 덩이뿌리류, 씨앗, 과일, 견과, 고무, 과즙이 주를 이루었다.[21] 재배된 식물과 비교했을 때 야생식물에는 단백질과 섬유질뿐 아니라 칼륨, 마그네슘, 칼슘과 같은 미네랄과 비타민도 풍부하다. 오스트레일리아 북부의 토착민들이 주로 먹는 야생 자두는 총 질량의 2~3퍼센트가 비타민C다. 이는 지금까지 알려진 어떤 식품보다 월등히 많은 양이다. 야생식물에 함유된 탄수화물은 재배 식물의 탄수화물보다 소화 및 흡수율이 낮기 때문에 섭취했을 때 혈액 속의 포도당 농도—인슐린 수치를 낮게 유지하기 위한 중요한 인자—를 급격히 올리지 않는다.[22]

구석기 시대의 식품 소비 모델

이튼과 코너는 고고학적 유물들과 현재의 채집인들의 식단을 연구하면서 야생동물과 재배되지 않은 식물의 영양 성분을 바탕으로 구석기 시대 사람들의 영양소 섭취량을 수량화한 모델을 제시했다.(1985) 이들 모델을 근거로 이루어진 최근의 연구는 지금까지 인류 진화기의 식생활을 가장 잘 분석한 자료로 평가받고 있다.[23] 구석기 시대인은 하루 평균 약 900그램의 육류와 1700그램의 식물을 섭취했으며, 여기서 3000킬로칼로리의 열량을 얻었을 것으로 보인다. 그중 단백질은 37퍼센트, 지방은 22퍼센트, 탄수화물이 41퍼센트를 차지했다.(그림 8.1)

또 다른 구석기 시대 식단 모델에서는 단백질이 19~35퍼센트, 지방은 28~58퍼센트, 탄수화물은 22~40퍼센트를 차지하는 것으로 나타났다.[24] 현대 미국 성인의 경우, 평균적으로 단백질에서 약 15퍼센트, 지방에서 34퍼센트, 탄수화물에서 49퍼센트의 에너지를 얻고 있으며, 알코올 섭취로도 약 3퍼센트의 에너지를 얻는다.

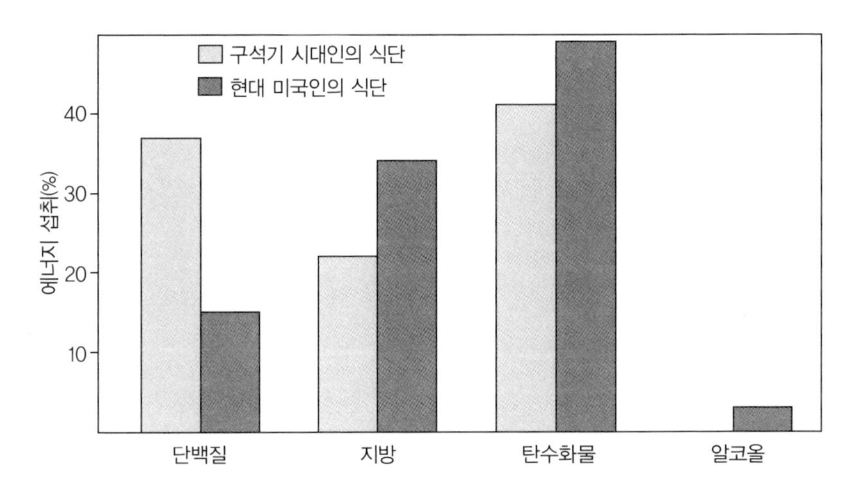

그림 8.1 현대 미국인의 식단과 구석기 시대 식단에서 나타나는 다량 영양소의 비율. 알코올 소비는 현대 미국인에게 추가적으로 칼로리를 제공한다. 이튼, 이튼 3세, 코너의 자료(1997)와 코데인 등의 자료(2000)

이튼과 이튼 3세 그리고 코너는 구석기 시대인의 비타민과 미네랄 섭취량을 분석한 결과, 현재 미국 정부가 권장하는 하루 섭취량이나 미국인들이 실제 섭취하는 양보다 월등히 높다고 추산했다.(1997) 구석기 시대인의 경우 1000킬로칼로리당 비타민 섭취는 현대의 미국인보다 (엽산 기준) 1.5배에서 (비타민C 기준) 8.4배나 높았다. 미네랄도 구석기 시대인이 현재 미국인보다 (칼슘 기준) 1.7배에서 (철분 기준) 5.8배나 많이 섭취했다. 현재 미국인이 구석기 시대인을 앞지르는 미네랄 성분은 나트륨이 유일한데, 구석기 시대인의 나트륨 섭취량은 1000킬로칼로리당 256밀리그램에 그쳤으나 현재 미국인의 나트륨 섭취량은 1882밀리그램이나 된다.

현재와 구석기 시대를 비교했을 때 다량 영양소의 비율에도 물론 차이가 있지만, 비율 못지않게 중요한 것은 탄수화물, 지방, 단백질 공급원인 식량 자원이 다르다는 점이다.[25] 구석기 시대의 탄수화물 공급원은 주로 과일과 식물 그리고 약간의 곡물이나 꿀이었다. 반면 현대 미국인이 과일과 식물로 섭취하는 탄수화물 비율은 23퍼센트밖에 되지 않는다. 유럽은 그 비율이 훨씬 더 낮다. 나머지는 영양은 적고 칼로리는 높으며 혈중 포도당 수치를 급격히 상승시키는 정제된 밀가루, 설탕, 감미료가 차지한다.[26]

지방과 콜레스테롤

다가불포화지방산에는 두 가지 주요한 유형이 있다. 오메가-3와 오메가-6이다. 이 두 지방산의 상대적 비율은 여러 대사에서 매우 중요한 것처럼 보인다. 오메가-3지방산은 어유魚油에 함유되어 있으며, 오메가-6 지방산은 주로 옥수수유나 홍화유에 함유되어 있다. 오메가-3 지방산에 비해 오메가-6 지방산 섭취가 지나치게 높으면 심장혈관계 질병을 포함하여 유방암, 결장암, 췌장암의 발병률이 증가할 수도 있다.[27] 이 두 지방산의 상대적인 비율은 현대인의 식단보다 구석기 시대의 식단에서 더욱 바람직했다. 오스트레일리아 토착민은 오메가-3와 오메가-6 다가불포화지방산의 상대적 비율이 약 1대 3이지만, 서구 식단에서는 약 1대 12다.[28] 우리에게는 오메가-3가 더 많이 필요하다.

앞에서도 언급했듯, 야생동물은 비계가 적다. 따라서 과거에는 식사로 섭취하는 에너지에서 포화지방이 차지하는 비율이 평균 6퍼센트 정도였다. 미국심장협회는 포화지방 섭취 권장량을 7퍼센트 미만으로 제한하고 있다.[29] 구석기 시대의 엄청난 육류 섭취량으로 추정할 때 하루에 섭취한 콜레스테롤은 480밀리그램가량이었을 것이다. 반면 오늘날 바람직한 콜레스테롤 섭취량은 하루 평균 300밀리그램 미만이다.[30] 콜레스테롤 섭취량이 많음에도 불구하고 현대의 수렵채집인들의 혈중 콜레스테롤 수치는 매우 낮아서 혈액 1데시리터당 125밀리그램(*mg/dl*)에 불과하다. 미국인의 총 혈청 콜레스테롤 농도는 1988년 이후 약간 감소했지만, 1999~2002년의 평균 수치는 203밀리그램으로 여전히 매우 높았고, 그중에서도 저밀도지단백 콜레스테롤, 일명 '나쁜' 콜레스테롤로 알려진 LDL 콜레스테롤 수치가 특히 더 높았다.[31]

총 혈청 콜레스테롤 농도는 몇 가지 다른 유형의 지질로 구성된다. 콜레스테롤 분자들이 체내로 들어오기 위해서는 세포에서 세포로 운반해주는 수단이 필요하다. 이들의 운송을 지단백이 맡는다. 나쁜 콜레스테롤이라고 하는 저밀도지단백LDL과 '좋은' 콜레스테롤인 고밀도지단백HLD이다.

LDL콜레스테롤은 다른 분자들과 결합하여 플라크를 형성해 동맥 혈관벽에 침착되는 경향이 있기 때문에 지나치게 많으면 문제가 된다. 좁아진 동맥은 혈전으로 막히기 쉬운데, 혈액이 심장이나 뇌로 원활하게 공급되지 않아 심장마비나 뇌졸중을 일으킬 수 있다. 이와 대조적으로 HDL콜레스테롤은 보통 동맥에서 콜레스테롤을 제거하고 이미 침착되기 시작한 플라크에서 콜레스테롤을 떼어내기도 한다.[32] 좋은 콜레스테롤이 너무 적으면 심근경색이나 심장마비 발병 위험이 높아질 수 있다. 콜레스테롤 섭취량이 많은데도 불구하고 수렵채집인의 총 혈청 콜레스테롤 농도가 낮은 까닭은 이들의 식단에서 다른 유형의 지방이 차지하는 상대적인 비율 때문일 것이다.[33] 수렵채집인의 다가불포화지방 섭취량은 포화지방 섭취량보다 무려 1.4배나 많다. 현대 미국인의 식단에서는 이 패턴이 반대로 나타난다. 미국인은 불포화지방보다 2.5배나 많은 포화지방을 섭취한다.

두 개의 포화지방산, C14미리스트산과 C16팔미트산은 총 혈청 콜레스테롤 수치를 높일 수 있다. 이 두 지방산은 모두 육류에 존재하지만 야생동물의 함량은 저조하다. 식사에 함유된 지방의 유익한 비율 외에도 수렵채집인의 콜레스테롤 수치가 낮은 또 다른 원인은 강도 높은 신체활동이다. 신체적으로 매우 활동적인 현대인도 총 콜레스테롤과 LDL콜레스테롤 수치는 낮고 HDL콜레스테롤 수치는 높게 나타난다.[34]

트랜스지방산은 대개 단일불포화지방산이지만, 이것 역시 혈청 콜레스테롤 수치에 중요한 영향을 끼친다. 식물성 유지를 부분적으로 수소화 처리한 트랜스지방산은 대부분 식품 기업들이 생산한 것이다. 따라서 구석기 시대의 식단에는 아예 존재하지도 않았다. 패스트푸드를 비롯해 주로 식품을 튀기거나 구울 때 사용되는 트랜스지방산은 지금도 엄청난 양이 소비되고 있다. 혈청 콜레스테롤 수치를 높이는 방식은 트랜스지방산이나 C14, C16 지방산이나 비슷하지만, 트랜스지방산은 유익한 HDL콜레스테롤의 비율을 떨어뜨리는 효과도 있다.[35] 따라서 트랜스지방산 섭취는 심장혈관계 질병의 발병률을 높인다. 전체 칼로리 중 트랜스지방산의 비율이 2퍼센트 늘어나면 심장혈관계 질병의 발병률은 23퍼센트 증가한다. 그뿐 아니라 당뇨병 발병률도 높아진다.[36]

그나마 다행이라면, 적어도 일부 지역에서는 트랜스지방산의 소비가 점차 감소하고 있다는 점이다. 2003년 덴마크에서는 트랜스지방을 함유한 모든 제품에 대해 판매 금지 법안을 통과시켰다. 2006년 미국에서도 뉴욕시가 모든 식당의 트랜스지방 사용을 법으로 금지한 이후 몇몇 도시에서도 강제성은 덜하지만 트랜스지방을 금지하는 법을 시행하고 있다. 그러나 식품성분 표시제를 시행하지 않는 수많은 지역에서는 아직도 트랜스지방이 식품에 이용되고 있으며, 심지어 자신이 트랜스지방을 섭취하는지 여부를 모르는 사람도 부지기수다.

단백질과 섬유질

세 가지 다량 영양소(단백질, 탄수화물, 지방) 중에서 구석기 시대에 섭취한 양과 오늘날 권장량의 차이가 가장 큰 영양소는 단백질이다. 오늘날 단백질 권장 섭취량은 하루에 체중 1킬로그램당 0.8~1.6그램인 반면, 구석기 시대인은 그보다 거의 두 배나 많은 2.5~3.5그램을 섭취했다. 이튼, 이든 3세 그리고 코너가 주장한 바에 따르면, 우리와 가까운 친척인 침팬지와 고릴라를 포함해 서식지에서 가장 우세한 식물을 주식으로 소비하는 영장류의 단백질 섭취량도 하루에 체중 1킬로그램당 약 1.6~5.9그램까지 매우 높다. 식물도 매우 훌륭한 단백질 공급원이 될 수 있으며, 게다가 영장류들은 단백질 함량이 높은 식물을 선별할 수 있다고 알려져 있다. 가령 중앙아프리카의 가봉에 서식하는 고릴라는 일반적으로 흔히 먹는 식물과 섞어놓아도 단백질 함량이 높고 섬유질이 적은 잎을 선택한다.[37]

수렵채집인의 식단에서 단백질은 대부분 고기로부터 공급받았는데, 그 양도 상당히 많았다. 모든 수렵채집 집단 중 70퍼센트는 에너지의 절반 이상을 고기에서 섭취했고, 식물에서 칼로리의 절반 이상을 섭취한 집단은 14퍼센트에 불과하다.[38]

오늘날 고단백 식사는 몇 가지 질병의 위험 인자로 간주되기도 하는데, 여기서 중요한 것은 현대인이 섭취하는 단백질 대부분이 가축화된 동물의 고기와 유제품에서 공급받는다는 사실이다. 당연히 포화지방산 섭취량 증가로 연결된다. 구석기 시대 식단에는 이처럼 연쇄적으로 불리한 관계가 없다. 왜냐하면 그들의 식단에 오른 고기는 비계가 없는 살코기였을 뿐 아니라 단백질의 상당 부분이 식물성 자원에서 비롯되었기 때문이다.

구석기 시대의 섬유질 섭취량도 오늘날의 섭취량을 훌쩍 넘어선다. 식물성 음식의 비중이 매우 높은 수렵채집인의 식단은 하루에 100그램이 넘는 섬유질을 제공한다.[39] 반면 현대 미국인의 섬유질 섭취량은 하루 평균 20그램 미만이다. 미국심장협회가 권장하는 하루 섬유질 섭취량이 에너지 1000킬로칼로리당 14그램인데, 그마저도 인간 진화기의 평균 섭취량에는 한참 못 미친다.

섬유질 섭취가 여성에게 특히 더 중요한 까닭은, 유방암 발병률 감소와 관련 있기 때문이다.[40] 영국에서는 폐경기 이전의 여성들 가운데 하루 평균 30그램 이상의 섬유질을 섭취한 여성은 20그램 이하로 섭취한 여성보다 유방암 발병률이 약 50퍼센트 낮다고 보고된 바 있다.[41] 유방암 발병률의 감소는 섬유질이 풍부한 식사를 하는 여성들의 혈중 에스트로겐과 프로게스테론 수치가 감소한 데서 비롯되었을 확률이 크다.[42] 앞서도 논의했지만, 이 두 호르몬 수치가 높으면 암의 발달과 성장이 촉진된다. 한 실험에서 모든 영양소의 섭취를 정밀하게 조정하고 섬유질 섭취량을 하루 40그램으로 높인 결과, 월경주기의 난포기 동안 에스트로겐 수치가 현저히 감소했다.[43] 또 다른 실험에서는 2개월 동안 폐경기 이전의 여성 피험자들에게 밀기울이 추가된 식사를 통해 하루에 32그램의 섬유질을 섭취하게 한 결과, 혈중 에스트로겐 수치가 10~20퍼센트까지 감소했다.[44]

고섬유질 식사는 폐경기 이후 여성의 에스트로겐 수치도 떨어뜨릴 수 있을 것이다. 식생활 개선 연구에 참여한 유방암 가족력이 있는 여성에게 1년 동안 섬유질이 풍부하고(하루 평균 29그램) 지방 함량이 적은 식사를 하게 한 결과, 에스트라디올 수치가 현저하게 떨어졌다.[45] 통계적으로 분석한 결과도 지방 함량을 줄인 식사보다 섬유질 함량을 높인 식사가 에스트라디올 수치를 떨어뜨리는 데 더 효과적이었다.

현대인을 위한 구석기 시대 식단

지금까지 살펴본 것처럼, 구석기 시대의 식단에는 단백질과 섬유질이 매우 풍부할 뿐만 아니라 비타민과 미네랄도 오늘날 영양학자들이 권장하는 최적의 양보다 월등히 많았다. 영양학자들이 틀린 걸까? 구석기 시대 식단과 동량의 영양소를 섭취하는 것이 현대인의 건강에 해로울 수도 있다는 주장으로 영양소에 대한 영양학자들의 모순을 해명할 수도 있다. 한편에서는 영양학자들이 영양소들에 대한 현대인의 생리학적 요구량이나 대사적 요구량을 과소평가하고 있다고 주장한다. 현재로서는 이들 중 어느 한쪽 견해를 택하기 어려운 것이 사실이다.

구석기 시대의 비타민과 미네랄 섭취량이 높다고 해도 최소 중독량에는 훨씬 못 미친다.[46] 구석기 시대 수준으로 단백질이나 섬유질을 섭취했을 때 현대인의 건강에 해로울 수 있다는 사실을 뒷받침할 만한 확실한 증거도 없다. 또 한편으로, 특정한 다량 영양소나 미량 영양소의 섭취량을 구석기 시대의 생활 방식과 따로 떼어서 분석해서도 안 될 것이다. 오늘날에는 전반적인 신체활동의 수준이 낮고 여성들의 생식 비용도 낮기 때문에 에너지 요구량(이를테면 칼로리 필요량)은 물론이고 특정한 영양소에 대한 요구량도 크지 않을 것이다. 예컨대 영양 상태는 양호하지만 구석기 시대인보다 식이 섭취를 통한 예비 비축량이 적은 여성에게 칼슘 보충제는 신장결석이나 요로감염 위험률을 높일 수 있으며, 철과 아연의 흡수율을 떨어뜨릴 수 있다.[47]

현대적인 생활 방식을 따르는 사람들은 구석기 시대 식단에는 드물었던 식품으로부터 이득을 얻기도 한다. 이를테면 알코올 같은 식품이다. 적당한 알코올 섭취는 심장혈관계 질병의 발병률을 낮춰준다는 사실이 많은 연구로 입증되었다. 알코올로 인해 관상 혈류가 증가하거나 동맥이 확장되기 때문일 것이다.[48] 하지만 여성이 알코올을 섭취할 때는 모종의 거래가 불가피하다. 심지어 심장병의 위험률을 낮춰줄 정도로 적은 양의 알코올을

섭취한다고 해도 유방암 발병률이 증가하는 결과를 초래할 수 있다.[49]

구석기 시대에는 없었을 또 다른 식품들이 현대인의 건강에 이점을 제공할 수도 있다. 녹차에는 심장을 보호하거나 항암 효과가 뛰어난 항산화 성분이 풍부하다. 물론 구석기 시대의 식단에 녹차는 없었지만, 대신 오늘날에는 볼 수 없는 항산화 효과가 큰 다른 식물이 많았을 것이다. 강렬한 태양빛을 받고 자란 식물들은 항산화 성분과 같은 화학 물질을 이용해 광합성 과정 중에 생산되는 활성산소로부터 자신의 세포를 보호한다.[50] 오늘날의 많은 식물, 특히 온실에서 재배된 식물들은 야생이나 지중해 같은 지역에서 오랫동안 강렬한 햇빛을 받고 자란 식물들보다 항산화 성분의 농도가 매우 낮다. 어쩌면 이것이 지중해 지역에서 대사성 질병의 발병률이 낮은 배경인지도 모른다.

구석기 시대 환경에서 통용되던 것이 현대에도 유용함을 증명하기 위해서는 산업화된 서구의 생활 방식을 따르고 있는 현대인의 건강에 구석기 시대의 식단이 어떤 영향을 끼칠지 정확히 평가해야 한다. 식성이 매우 까다로운 유아들은 시금치와 같은 잎채소를 선뜻 먹으려 들지 않거나, 한 번에 한 가지 음식만을 먹으려고 고집한다. 엘리자베스 캐시던은 유아들의 이러한 행동은 뿌리 깊은 진화의 흔적이라고 주장했다.(1998) 식물 중에는 독성을 함유한 것이 많기 때문에 중독을 피하려면 일단 식물을 멀리하는 게 상책이다. 또한 새로운 식품을 섭취했을 때의 결과를 알아보려면 한 번에 한 가지 음식을 먹는 것이 효과적이다. 유아들의 식습관이 오래된 환경 적응의 결과일지도 모르지만, 그런 선택이 오늘날 도시 어린이들의 영양 상태에 얼마나 영향을 끼치는지는 분명치 않다.

체중과 신체 구조도 감안하고, 구석기 시대 식단을 바탕으로 결정한 최적의 식단이라고 해도 남성과 여성의 식단은 질적으로 같을 수가 없다. 식생활이나 신체활동 면에서 구석기 시대와 현대의 생활 방식에는 양성 모두 차이가 있지만, 여성에게는 생식 패턴에서 일어난 중대한 변화가 추가되기 때문이다. 이른 초경, 월경 횟수의 증가, 월경주기에 분비되는 호르몬 양의 증가, 저출산, 짧은 수유 기간 그리고 생식 비용을 충당하기가 수월해진 점 등으로 미루어, 현대 여성에게 요구되는 영양소는 구석기 시대 여성의 그것과 다를 수 있다.

게다가 구석기 시대 사람들이 섭취했던 영양소가 건강과 생존에 반드시 최고의 이점을 선사했다고 볼 수도 없다. 이를 입증하려면 잠시 분류학적 범위를 벗어나야 한다. 초원 귀뚜라미Teleogryllus connodus를 실험한 흥미로운 연구에서 영양소의 효과가 성별 특이성을 띤다는 사실이 밝혀졌다.[51] 귀뚜라미들에게 영양소의 조합을 달리한 먹이를 공급한 결과, (단백질과 탄수화물의 비율을 1대 3으로 배합한) 저단백 고탄수화물 먹이를 먹은 수컷과 암컷은 모두 수명이 가장 길었다. 하지만 이 조합이 생식력을 최대로 유지하는 가장 좋은 먹이는 아니었다. 적어도 모든 귀뚜라미에게 최선은 아니었다. 성별에 따라 생식력을 높여준 식단이 달랐던 것이다. 수컷의 경우에는 수명을 최대화한 식단이 생식을 수행하는 데 가장 중요한 요인, 즉 암컷을 유혹하는 소리의 빈도를 최대로 늘려주었다. 그러나 암컷 귀뚜라미의 경우, 매일 알을 낳는 비율과 생애 전반에 걸쳐 낳은 알의 수는 단백질과 탄수화물의 비율을 동등하게 (1:1로) 조합한 먹이를 먹었을 때 최대화되었다. 즉 생존에 가장 유리한 먹이가 생식력을 높여준 것은 아니었다. 이 연구는 암컷 귀뚜라미가 생식력과 생존력을 함께 높여주는 먹이를 선택할 수 없다는 사실을 분명히 보여주었다.

인간 여성의 경우, 생식에 최적인 식단이 건강에 최선이 될 수 없음을 입증한 설득력 있는 실험 자료는 없다. 하지만 철분에 대해서만큼은 인간 여성도 암컷 귀뚜라미와 유사한 딜레마를 겪는다. 임신한 여성은 태아의 발육을 위해서 적절한 양의 철분을 섭취해야 한다. 빈혈증이 있는 여성은 조산할 위험이 높기 때문이다. 출생체중이나 체지방이 적은 아기를 낳을 수도 있고, 행동 발달에 문제가 있는 아기를 낳을 위험도 있다.[52] 하지만 여성의 체내에 철의 농도가 높으면 (임신으로 인해 이미 높은 상태인) 산화 스트레스가 더 증가한다. 활성산소 수치가 지나치게 높으면 여성의 세포들이 손상을 입을 수 있는데,[53] 그 결과로 노화 속도가 빨라진다.[54]

철분 과잉 섭취로 인한 폐해는 산화 스트레스에서 그치지 않는다. 여성의 면역 기능은 임신과 동시에 매우 약화되며, 그로 인해 새로운 병원균이나 바이러스의 감염 속도가 빨라지고 말라리아와 같은 지속성 감염의 증상도 심각해질 수 있다.[55] 이러한 병원균의 증식에 반드시 필요한 성분이 철이다. 따라서 철이 풍부한 체내 환경은 병원균의 온상이나 마찬가지다.[56] 철이 풍부한 식사가 태아의 발육에는 유리한 반면 모체는 위태로워질 수 있다. 철 함량이 낮은 (하지만 빈혈을 일으킬 정도는 아닌) 식사가 어머니의 (특히 병원균에 노출되기 쉬운 환경에서 사는 여성의) 생존은 극대화시킬 수 있겠으나, 생식력 향상을 위해서는 철 함량이 높은 식사가 요구된다.

수렵채집인의 건강

몇몇 수렵채집 모집단에서 추출한 자료를 바탕으로 분석한 바에 따르면,

전통적인 생활 방식을 따르는 소수의 집단에서만 영양 결핍이 발견되었을 뿐 대체로 건강했다.[57] 일상적인 식단으로도 기본적인 영양소 요구량이 충분히 채워지는 것으로 보인다. 농경 집단에서는 식량 결핍이 자주 발생했으나, 수렵채집 집단 중 (북극 지방의 모집단들이 겨울에 기근을 자주 겪는 것을 제외하면) 열대 지방이나 온화한 지역의 집단들은 좀처럼 식량 결핍을 겪지 않았다. 수렵채집 집단에서는 만성적인 질병도 비교적 드물었던 것으로 보인다. 그러한 질병을 일으키는 위험인자에 노출될 일이 거의 없었기 때문이다.

케린 오데아는 오스트레일리아 토착민들의 체질량지수(BMI 지수가 20㎏/㎡ 미만)와 안정혈압 자료를 다시 분석했다. 두 가지 수치 중 어느 것도 서구의 패턴, 즉 나이가 들면서 수치가 모두 증가하는 패턴을 보이지 않았다. 수렵채집인의 공복 혈당 수치와 콜레스테롤 수치 역시 도시화된 토착민이나 유럽계 오스트레일리아인보다 낮았다.

수렵채집인의 생활 방식과 건강 사이의 긍정적인 관계는 '생활 방식의 역전환'에 대한 연구에서도 이미 입증되었다.[58] 케린 오데아가 이 연구를 수행하기 전에 실시된 생활 방식과 건강에 대한 또 다른 '실험 아닌 실험'으로, 서구화된 생활 방식에 적응한 이후 토착민들의 건강 상태는 급격히 저하되고 있었다. 식생활의 변화와 신체활동의 감소는 이미 비만 증가로 가시화되어, 35세 이상의 성인 50~80퍼센트가 과체중이거나 비만이었다.[59] 당뇨병만 보더라도, 서구화된 생활을 하고 있는 토착민들의 발병률은 유럽계 오스트레일리아인의 10배를 넘어섰다. 관상동맥성 심장질환과 고혈압 역시 서구화된 토착민들에게서 더 빈번하게 발병했다.

'생활 방식의 역전환' 실험은 비록 단기간이긴 하지만 수렵과 채집의 생활 방식으로 다시 돌아가는 실험이었다.[60] 1980년대에는 서구화된 생활을 하면서도 많은 토착민이 수렵과 채집에 필요한 지식과 기술을 잊지 않고 있었기 때문에 예전의 전통적인 생존 방식으로의 복귀가 가능했다. 웨스턴오스트레일리아주의 모완줌 공동체에 거주하는 토착민 중 당뇨병을 앓고 있고 과체중인 중년의 토착민 10명이 이 실험에 참여했다. 수렵과 채집으로 돌아간 지 7주 만에 참가자들의 건강에 놀라운 변화가 나타났다. 체중이 평균 8킬로그램 감소했고 당뇨병의 모든 대사적 증상이 개선되었을 뿐만 아니라 심장병 발병의 징후가 줄어들었다.

농경문화와 인간의 생물학적 건강

놀랍게도 생활 습관과 관련된 건강상의 문제들은 산업혁명과 도시화 그리고 결정적으로 고칼로리 식품에 대한 접근성이 높아진 최근에 나타난 것이 아니다. 물론 이 모든 변화가 건강을 악화시켰다는 데는 반론의 여지가 없다. 생활 습관의 부정적인 영향은 그보다 훨씬 전부터 시작된 것으로 보인다.

많은 사람은 수렵채집에서 농경사회로의 전환이 인간에게 유익한 것이었으며, 삶의 질을 향상시켰다고 생각한다. 때로는 농경의 시작을 문명의 출발점으로 간주하기도 한다. 여기저기 옮겨다닐 필요가 없어졌고 일정한 주택에서 영구히 살게 되었을 뿐만 아니라 부를 축적할 수도 있게 되었기 때문이다. 노동이 점차 계절성을 띠게 되자 전반적으로 육체노동량도 감소했다. 더불어 인구도 늘기 시작했다. 이는 생식력이 증가했거나 사망률이 감소했거나 혹은 그 두 현상이 동시에 일어났음을 암시하며, 삶의 환경이 향상된 주요한 증거로 언급되곤 한다.

그러나 최근 수십 년에 걸쳐 속속 드러난 새로운 증거들은 농경사회로의 전환에 대한 우리의 시각을 변화시키고 있다. 분명 농경문화는 인간의 생물학적 건강에 일어난 변화들과 관련 있지만, 그 변화들은 대부분 나쁜 쪽이었다.[61] 채집으로 매우 다양한 식품군을 섭취하던 식생활은 소수 작물에 의존하는 쪽으로 변했다. 유골의 동위원소를 분석한 자료를 보면, 심지어 해안가 근처에 살았던 초기의 일부 농경민도 해산물을 추가적으로 섭취하지 않았음을 알 수 있다.[62] 수렵채집을 하는 쿵족의 경우 105종의 식물과 144종의 동물을 섭취하고,[63] 오스트레일리아 퀸즐랜드주 북부의 토착민들은 무려 240종의 식물과 120종의 동물을 먹는 것으로 추산된다.[64] 반면 농경사회에 거주하는 사람의 식단에는 일반적으로 식물 4종과 동물 2종이 오를 뿐이다.[65]

농경의 시작은 식품의 다양성을 사라지게 했을 뿐만 아니라 영양적 기반이 약한 식품이 주식主食이 되는 결과를 초래했다. 예를 들어 옥수수가 주식이 되면서 철의 생물학적 이용 가능성도 감소했고 필수아미노산의 결핍을 초래해 성장에도 타격을 입혔다.[66] 아프리카의 주식 중 하나인 수수(기장)와 아시아의 온화한 지역과 유럽의 주식인 밀은 제분되었을 때 철 결핍을 야기하고, 쌀이 주식인 경우에는 단백질 결핍을 초래할 수 있다. 유골을 분석해보면 실제로 신석기 시대의 농경 집단 사이에 철 결핍성 빈혈이 만연했음을 알 수 있다.

식물성 탄수화물 섭취가 늘어나면서 구강의 건강 상태가 전반적으로 약화되어 충치도 증가했다.[67] 가령 농경사회 이전 북아메리카 집단의 충치 비율은 5퍼센트 미만이었지만 옥수수를 주식으로 한 농경 집단의 충치 비율은 15퍼센트가 넘었다.[68] 채집인과 비교했을 때 농부들은 영양 결핍이나 감염성 질병 혹은 그 두 가지로 인해 치아의 에나멜 결함도 더욱 빈번했다.[69] 뼈도 예외가 아니어서, 골막 반응periosteal reaction이라고 하는 손상이 흔했다. 이 역시 농경사회로 전환된 후에 감염성 질병이 더욱 늘어났음을 암시하는 증거다.

감염성 질병이 만연하게 된 까닭은 정착 문화와 군집생활이 보편화되고 위생적으로 열악해졌기 때문인 것으로 보인다. 식사의 품질 저하, 특히 단백질 섭취량의 감소는 유아기의 성장 속도에 영향을 미쳐 성인의 평균 신장을 낮추었다.[70] 전체적인 골격도 농부보다 채집인이 더 건장했다. 뼈의 크기와 구조는 물리적인 힘을 요하는 일에 반응하면서 형성되는데, 정주성 생활을 하는 사람보다 활동적인 사람의 뼈가 더 크고 구조적으로도 강하기 때문이다.[71]

인간의 생리 기능과 유전자 그리고 대사 과정에 대한 지식을 바탕으로 진화론적 관점에서 식생활을 연구하면 적어도 두 가지 쟁점을 이해할 수 있다. 하나는 진화기의 식사 패턴과 현대 식생활 사이의 차이점이고, 다른 하나는 진화된 우리의 요구에 적합하지 않은 식품이 건강에 끼치는 부정적인 영향이다. 분명한 것은 현대인에게 완벽한 식단이 무엇인가라는 문제의 답을 찾으려면 아직 갈 길이 멀다는 사실이다. 그 까닭은, 이 장에서도 논의했듯 구석기 시대의 원시적인 식량 자원을 그대로 이용할 수 없다는 점을 비롯해 구석기 시대의 식단과 현대인의 생활 방식이 양립할 수 없다는 점에 이르기까지 매우 복잡하게 얽혀 있다. 완벽한 식단은 어쩌면 존재하지 않을 수도 있다. 생식력 향상을 유도한 식생활 패턴은, 심지어 생리 기능에 손상을 입히고 노년기의 질병 발병률을 높이는 결과를 초래할지언정 자연선택으로 촉진된 것이 분명하다.

식생활 이외에, 생활 습관과 관련된 건강의 예표로서 가장 중요한 것은 신체활동이다. 구석기 시대의 식생활에 대한 지식을 바탕으로 오늘날 우리가 무엇을 먹어야 하는지 알 수 있는 것처럼, 구석기 시대의 신체활동을 알면 현대인에게 권장할 만한 유익한 운동의 유형을 파악하는 데 도움이 될 것이다. 하지만 구석기 시대의 식단에만 의지하는 데 문제가 있는 것처럼, 신체활동도 마찬가지다.

여성에게 조깅이 유익할까? 물론 유익하다. 구석기 시대의 여성들에게도 조깅이 일반적인 이동 수단이었을까? 그렇지 않았을 것이다. 식량을 채집하기에는 걷기가 더욱 실용적이며, 임신했을 때나 아기를 안고 돌아다닐 때도 걷기가 훨씬 수월하다. 그렇다면 오늘날의 여성들도 조깅보다는 걸어야 한다는 의미일까? 구석기 시대의 모델에 근거해서 현대 여성에게 운동을 권한다면 걷기를 추천하는 것이 맞다. 하지만 여기서 말하는 걷기는 대부분의 현대 여성이 실천하기 어렵다. 구석기 시대 여성들이 걸었던 거리는 현대 여성들이 감히 엄두도 내지 못할 만큼 엄청나기 때문이다.

9장

진화와 신체활동

우리와 동시대를 살고 있는 수렵채집 민족인 쿵산족의 성인은 1년에 보통 2400킬로미터, 하루 평균 6.6킬로미터를 걷는다. 쿵족의 평범한 남성의 하루 활동 범위는 14.9킬로미터다. 사무직에 종사하는 평범한 미국인 남성과 비교했을 때 수백 미터 정도의 차이밖에 나지 않는다.[1] 쿵족 여성도 남성과 비슷한 거리를 걷는데, 대신 엄청난 짐을 지고 걷는다. 생후 첫 2년 동안 아기들이 어머니에게 업히거나 안겨서 이동하는 거리는 1500킬로미터에 이른다. 태어날 때 3킬로그램이던 체중은 4세가 되면 15킬로그램까지 늘어나는데, 보통 식량을 채집할 때 어머니들은 아기는 물론이고 채집용 도구를 들고 다닌다. 돌아오는 길에는 채집한 견과나 뿌리, 각종 식물까지 추가된다.[2]

인간의 생리와 대사 기능은 특정한 패턴의 신체활동을 부과했던 고대의 환경에서 형성되었다. 물론 정확한 활동량이나 그에 따른 에너지 비용은 알 수 없으므로 추측에 기댈 수밖에 없다. 인간 조상의 식사 패턴의 경우와 마찬가지로, 현재의 수렵채집 집단에 대한 연구들은 중요한 통찰을 제공한다. 하지만 구석기 시대의 신체활동 패턴을 재구성할 때는 현재의 수렵채집 집단에 대한 연구들에 근거하여 구석기 시대의 식단을 추측할 때 발생한 것과 유사한 문제들이 나타난다. 수렵채집 생활 방식의 경우 일반적으로 식량을 찾는 과정이나 먹기 위해 준비하는 과정에 필요한 신체활동은 모두 강도가 높고 오랫동안 지속되었던 것이 분명하다. 오스트레일리아 토착민의 신체활동은 오래 걷기는 물론이고 뿌리를 캐거나 파충류, 꿀개미, 꿀벌레큰나방의 유충을 얻기 위해 거친 땅을 파거나 씨앗을 가는 활동들로 구성된다. 날로 먹을 수 있는 식량도 있지만 대부분은 요리 과정이 추가되어야 한다.[3] 큰 동물을 요리할 때는 구멍도 넓게 파고 장작도 많이 모아야 한다. 물론 기온이 떨어지는 밤에 체온을 유지하기 위한 장작도 필요하다. 일반적으로 수렵채집인의 생활 방식은 유산소 활동과 근력 활동을 모두 요한다.[4]

우리는 활동하는 쪽으로 진화했다

당연한 말이지만, 수렵채집 집단들의 신체활동 수준이 모두 같을 수는 없다. 그러나 수렵채집인 대부분의 신체활동량이 오늘날 도시화된 생활 방식을 따르는 대다수 사람보다 훨씬 많다는 데는 이견이 없다.[5]

한 사람의 에너지 소비량은 여러 방식으로 표현할 수 있는데, 비교를 목적으로 할 때는 기초대사량에 대한 총 에너지 소비량의 비율로 나타낸 신체활동수준physical activity level, PAL이 자주 이용된다.[6] PAL은 신체 치수의 차이를 감안한 값이기 때문에 개인별 신체활동을 비교할 수 있다. 신체 치수는 기초적인 대사활동에 소요되는 에너지 비용을 예측할 수 있는 주요한 변수다. 기초대사량도 기초대사율BMR이나 안정시대사율RMR로 나타낼 수 있다. 신체 치수가 큰 사람은 기초대사량도 높다.

오늘날의 수렵채집인은 집단의 유형에 따라 신체 치수가 상당히 다르다. 쿵족 남성의 평균 체중은 46킬로그램밖에 안 되는 반면, 또 다른 수렵채집 집단은—파라과이의 아체족의 경우[7]—60킬로그램에 가깝다.[8] PAL 값이 알려진 수렵채집 집단은 소수에 불과한데, 가령 쿵족 남성은 1.71, 아체족 남성은 2.15, 이글루릭 에스키모족 남성은 2.2다.[9]

여성은 남성보다 신체 치수가 작은 점을 고려하더라도 신체활동 수준이 낮다. 여성의 PAL 값은 쿵족의 경우 1.51, 아체족은 1.88, 이글루릭족이 1.8이다. 이 값을 기준으로 보면 아체족과 이글루릭족의 신체활동 수준은 양성 모두 높은 편이고, 쿵족의 경우 여성은 낮고 남성은 중간 수준이다.[10] 정주성 생활을 하는 현대인의 PAL 값은 그보다 훨씬 낮은데, 남성이 1.18, 여성이 1.16이다.[11]

코데인과 갓설과 이튼은 약 180만 년 전[12] 호모 에렉투스가 등장한 때부터[13] 인간의 평균 PAL 값을 1.87로 추산하고, 이 값이 "인간 종이 유전적으로 적응한 신체활동 수준"이라고 주장하면서 진화론에 근거하여 현대인에게 운동의 필요성을 강조했다.(1997) 일반적으로 정주성 생활을 하는 현대인이 웬만한 운동으로는 달성하기 어려운 수준이다. 수렵채집인 남성이 하루에 신체활동으로 소비하는 에너지는 체중 1킬로그램당 24.7킬로칼로리인 데 반해, 사무직 남성은 겨우 4.4킬로칼로리를 소비한다.[14] 이 남성이 하루에 4.8킬로미터 정도를 걷는다고 해도 체중 1킬로그램당 소비 에너지는 8.7킬로칼로리에 불과하며, 여전히 전통적인 생활 방식의 신체활동 수준에는 한참 못 미친다. 사무직 남성이 하루 한 시간씩 시속 12킬로미터의 속도로 달리기를 한다면, 인간 조상의 에너지 소비량을 얼추 따라잡을

수 있을 것이다.[15]

이런 고강도의 운동을 매일 할 수 있는 사람도 드물겠지만, 설령 한 시간 동안 전력질주를 한다고 해도 하루의 나머지 시간을 책상이나 자동차 안 또는 텔레비전 앞에 앉아서 보낸다면 수렵채집인의 하루 활동량과 동등할지는 미지수다. 매일 장시간의 전력질주는 비교적 많은 양의 에너지를 소모시키지만 전체적인 신체활동의 유형이나 패턴은 크게 다를 것이다. 무엇이 중요할까? 달리기만으로도 수렵채집인의 에너지 소비량을 따라 잡을 수 있을까? 아니면 비슷한 유형의 신체활동을 비슷한 시간대에 골고루 분산시키면서 해야 할까?

신체활동 시간과 패턴

미국심장협회는 "모든 성인은 거의 매일 30분씩 신체활동을 해야 한다"고 권고하면서 최소한의 권고보다 활동량을 더 늘리면 추가적인 이점을 얻을 수 있다고 주장한다.[16] 체중 감량을 원하거나 감량한 체중을 유지하고자 한다면 어린이든 성인이든 거의 매일 최소한 60분씩 운동할 것을 권장하고 있다. 게다가 신체활동은 "하루 종일 축적될 수" 있다는 것이다.

이런 부담스럽지 않은 권고에 맞춰, 일부 유행병학적 증거도 어떤 신체활동이든 하지 않는 것보다 유익하다는 사실에 힘을 실어주고 있다. 일주일에 한 시간 걷기와 같은 약간의 운동으로도 심장혈관계 질병의 발병률이 감소한다는 것이다.[17] 여성 건강 연구를 비롯한 여타의 연구들도 걷기 운동은 강도보다 시간이 훨씬 더 중요하다고 밝히고 있다.[18] 또 다른 연구, 예를 들어 5만1000명의 남성을 대상으로 한 의료 전문가 추적 연구에서는 운동 시간보다 운동의 강도가 건강에 더 중요한 역할을 하는 것으로 나타났다고 발표했다.[19] 후자의 경우, 하루 30분 이상 빠르게 걸으면 심장혈관계 질병의 위험률을 18퍼센트까지 감소시킬 수 있다며, 걷는 시간보다는 걷는 속도와 관련 있다고 주장한다.

어쨌든 신체활동의 강도를 높이고 더 오래 지속할수록 건강상의 이점이 증가하는 것은 명백하다. 아울러 심장혈관계 질병이나 당뇨병 또는 유방암의 발병률도 현저히 떨어질 것이다. 하지만 지나침은 부족함과 마찬가지인 이치로, 일부 연구에서는 운동의 강도가 부상이나 갑작스러운 심장사를 일으킬 정도라면 그 유익한 효과도 줄어든다는 사실이 입증되기도 했다.[20]

가벼운 신체활동이 건강에 유익하다는 결과를 모든 연구가 보여주지는 않는다. 1만3000명의 남성을 대상으로 한 하버드 졸업생 건강 연구에서는 (RMR을 4배 미만으로 높이는 수준의) 가벼운 활동이 사망률을 감소시킨다는 증거를 찾지 못했다.[21] 사망률 감소로 이어지려면 최소한 (RMR을 4~6배까지 높이는 수준의) 적당한 활동을 하거나 (RMR을 6배 이상 높이는 수준의) 강렬한 활동이 필요하다고 한다. 적당한 수준의 활동이라면 적어도 매일 규칙적으로 해야 하며, 강도 높은 활동이 가장 유익하다는 사실을 암시하고 있다. 적당한 수준의 활동, 가령 강아지 산책은 RMR을 3배로 높여주고, 자전거 출퇴근은 4배, 골프를 치면서 걷기는 4.5배, 테니스 치기는 RMR을 5배까지 높일 수 있다. 강도 높은 활동의 예라면, RMR을 6배 높여주는 눈 치우기, 7배 높여주는 조깅이 있다. 달리기는 속도에 따라 적게는 8배에서 많게는 18배까지 RMR을 높여준다.

신체활동에 관한 연구들은 운동의 효과를 주로 두 가지로 평가한다. 지구력에 끼치는 효과와 질병 발병률 및 사망률 감소에 끼치는 효과가 그것이다. 지구력 효과는 최대산소섭취량(maximal oxygen uptake, VO_2max)으로 결정한다. 최대산소섭취량이란 강도를 높이면서 운동을 하는 동안 유기체가 운반하고 이용하는 최대 산소 용량을 반영한 수치다.[22] 흔히 운동 같은 강렬한 활동을 하면 건강이 향상되고 질병의 발병률이 감소하는 효과도 노릴 수 있지만, 강도가 낮은 활동은 지구력 향상에 별 효용이 없을 수도 있다. 다만 (늘 그렇지는 않지만) 질병의 발병률 감소에는 종종 영향을 끼치기도 한다. 과거 미국대학스포츠학회는 일주일에 3~5일, 15~60분까지 적당한 수준에서 점차 격렬한 수준으로 운동 강도를 높일 것을 권장했다.[23] 그러다 1990년대에 이르러 권장 지침을 따르기 어렵다는 의견을 반영하여, 거의 매일 적당히 강도 있는 신체활동을 30분 이상씩 해야 한다는 개정안을 발표했다.[24]

누구나 따라 하기 쉬운 지침임은 분명하나, 놀랍게도 그러한 정도의 활동이 실제로 건강에 유익한지에 대해서는 입증된 바가 없다. 특히 한 번에 오랫동안 하는 운동과 여러 차례에 나누어 하는 운동의 비교 분석은 지금까지 어떤 연구에서도 다룬 적이 없다. 만약 체력과 건강이 하루의 총 활동량이나 혹은 그러한 활동에 소비되는 에너지 총량에 따라 좌우된다면, 어떤 패턴으로 운동을 하든 그 효과는 같다고 추측할 수 있다. 그렇다면 하루에 한 번 30분의 운동은 10분씩 세 번에 나눠서 하는 운동과 소비되는 에너지 총량이 같으므로 동일한 효과를 내야 한다. 운동의 효과가 그렇게 단순히 누적될 수 있을까? 우리는 인간이라는 유기체의 몸이 소비된 에너지량에 대한 정보를 어떻게 통합하는지 잘 모른다.

이 문제를 해결하기 위해 홍콩에서 연구를 수행한 적이 있다. 연구자들은 정주성 생활을 하는 성인들을 두 팀으로 나눠 각기 다른 운동 프로그램에 참여시켰다. 한 팀은 일주일에 3~4일 하루 30분씩 운동을 했고, 또 다른 팀은 일주일에 4~5일 하루에 5차례 6분씩 운동을 했다.[25] 8주 후 측정한 VO_2max는 당연히 첫 번째 팀이 약간 더 높았으나 두 번째 팀도 VO_2max가 크게 향상되었다. 또 다른 연구에서는 하루 한 번 지속적으로 운동한 그룹이 세 차례에 나눠서 운동한 그룹보다 VO_2max 수치는 높았지만, 심장박동 수는 두 그룹이 비슷한 수준으로 감소했다.[26] 매일 30분씩 8주 동안 걷기를 한 경우, 30분을 연속해서 걷든 10분씩 세 번에 나눠서 걷든 참가자들의 VO_2max가 동일한 수준으로 현저히 상승했다는 사실을 보여주는 연구도 있었다.[27] 하지만 활동을 전혀 하지 않은 대조군과 비교했을 때, 하루에 30분 동안 걸었던 그룹은 체지방률뿐만 아니라 긴장성 불안, 기분 침해와 같은 심리적 상태도 현저히 감소했으며 참여자 스스로 활력이 증가했다고 보고했다. 정주성 생활을 하는 비만 여성의 경우, 하루 한 번 길게 운동을 한 그룹과 몇 번에 나눠서 한 그룹 모두 VO_2max가 높아졌지만(하루 한 번 길게 운동한 그룹이 조금 더 높았다), 여러 차례에 나눠서 운동한 그룹의 참여자들이 운동에 대한 충실도가 더 높았다.[28]

물론 운동뿐만 아니라 습관적인 활동들도 질병의 발병률 감소에 영향을 끼친다. 게다가 이러한 활동들은 한 차례에 그치지 않는다. 가령 계단 오르기—여러 차례 걸친 활동—는 남성의 사망률을 낮춰준다고 알려져왔다.[29] 일주일에 20회 미만 계단을 오른 남성은 그 이상 계단을 오른 남성보다 조기 사망 위험률이 23퍼센트 더 높았다.

걷기와 같은 가벼운 활동은 앉아서 생활하는 시간이 많은 사람에게 심장혈관계 질병과 성인기 발증형 당뇨병의 발병률을 감소시켜주는 효과가 있다. 하지만 다른 질병들의 발병률이 감소하려면 더 강렬한 활동이 요구된다. 신체활동으로 결장암과 유방암의 발병 위험이 감소한다는 사실은 이미 입증되었으나,[30] 그러기 위해서는 적정 수준의 강도를 유지해야 한다.[31] 일반적으로 신체활동과 대다수 질병의 발병률 사이의 용량반응 관계는 다음과 같이 나타난다. 가벼운 신체활동은 발병률을 약간 감소시킬 수 있지만, 그보다 더 실질적이고 뚜렷한 이점을 얻으려면 활동의 강도를 높여야 한다. 전반적으로 무기력 수준이 높은 집단들에서 제안하는 공중보건 지침들이 단지 가벼운 신체활동만을 요구하는 것도 일리가 있다. 가벼운 활동이 건강을 증진시키고 사망률을 낮출 수 있다는 사실이 입증된 것도 중요하지만, 당사자들의 실천을 유도하기에는 훨씬 효과적이라고 보기 때문이다. 특히 비만이 있고 체력도 약한 사람들은 그나마 가벼운 운동이라야 실천 가능성이 높을 것이다. 그러나 대다수의 건강한 성인이 체력과 건강에 주목할 만한 향상을 경험하려면 하루 30분 걷기로는 충분치 않다. 인간 조상의 활동량에 맞먹는 신체활동을 할 수 있는 사람도 물론 있겠지만, 중간 수준의 신체활동을 하는 것이 바람직하다. 단순한 걷기보다 강도가 더 높은 신체활동의 이점들을 널리 알리는 것이 중요하고, 그러한 활동을 할 수 있도록 장려하는 일도 중요하다. 비교적 낮은 수준의 활동도 체력과 건강을 유지하기에 충분하다고 홍보하는 미국대학스포츠학회의 권장 지침은 건강한 성인들에게는 오히려 해가 될 수도 있다.

현재 수렵채집 집단은 동일 연령의 도시민 집단보다 신체적으로 더 건강하다. 20~49세의 수렵채집인 남성은 1분당 평균 VO_2max가 57.2*ml/kg*인 반면, 같은 연령대의 도시 남성은 37.22*ml/kg*에 불과하다.[32] 또한 나리의 최대근력 측정에서도 수렵채집인들이 20퍼센트나 더 강하게 나온다.[33]

유산소성 체력과 몇몇 질병의 발병률, 특히 심장혈관계 질병 발병률의 관계는 이미 잘 알려져 있다. 유산소성 체력이 좋을수록 질병의 발병률이 감소하는 것으로 관찰된다. 운동 능력은 건강한 사람과 질병을 갖고 있는 사람 모두에게 전반적인 사망률을 예측하게 해주는 훌륭한 지표다.[34] 무엇보다 남성의 경우 운동 능력은 심장혈관계 질병의 위험 요소로 알려진 다른 지표들보다 과체중 수준을 비롯한[35] 사망률을 보여주는 더욱 강력한 예표로 여겨진다.[36]

활동하지 않을 때의 지방 연소

육체적으로 활동적인 생활 습관은 건강에 도움이 된다. 심지어 스포츠 활동에 참여한 사람들은 일시적으로 활동성이 떨어지더라도 BMR이 늘 높은 상태로 유지되는 경우가 많다.[37] BMR이 높다는 것은 활동하지 않는 기간에도 대사 과정을 유지하는 데 에너지가 많이 소비된다는 의미다. 쉽게 말하면 노력을 덜 들이고도 마른 몸매를 유지할 수 있다. 대개 BMR 증가는 주로 운동으로 신체 구성이 달라진 사람, 특히 장기간의 신체 단련으로 근육량이 늘어난 사람에게 나타난다. 대사적으로 매우 활동적인 근육 조직을 지탱하기 위해서는 상당한 에너지가 소비되며,[38] 이러한 추가적인 에너지 소비가 BMR 증가로 나타난다.

그러나 모든 운동이 신체 구성을 바꿔주는 것은 아니며, BMR이 반드시 증가한다고 볼 수도 없다. 한 예로, 강도가 높든 낮든 15주에 걸쳐 근력운동을 한 여성들에게서는 신체 구성의 주목할 만한 변화가 관찰되지 않았다.[39] 그도 그럴 것이 이 여성들의 BMR은 운동을 하기 이전 수준 그대로였다. 이와 대조적으로, (보통 체지방체중의 비율이 일반인보다 높은) 마라톤 선수들을 대상으로 한 연구들과 운동을 하는 동안 신체 구성에 변화가 일어나는지 조사한 연구들은 대부분 BMR에 대한 운동의 효과가 긍정적이라고 보고한다. 카누와 같이 노를 젓는 스포츠 여성 선수들의 경우 BMR의 변화가 체지방체중의 변화에도 그대로 반영되었다.[40] 마라톤 선수들은 비운동 대조군에 비해 BMR이 16퍼센트나 높았다.[41] 저항력(근력) 운동에 참가한 남성은 10주 후에 BMR이 상당히 증가했지만, 달리기나 조깅 같은 지구력 훈련에 참가한 남성에게서는 변화가 없었다.[42] 아마도 훈련 중 획득한 근육량의 차이 때문일 것이다.

신체활동뿐만 아니라 에너지 순환율도 기초대사량과 비례적인 상관관계를 보인다.[43] 한 개인의 에너지 섭취량과 소비량이 모두 많을 때 에너지 순환율도 높다. 에너지 순환율이 높은 남성만이 운동으로 BMR이 증가했다고 보고한 연구도 있다.[44] 여성의 경우에도 RMR은 에너지 순환율과 (VO_2max로 측정한) 유산소성 체력에 비례적 관계를 보였다.[45] 장기적인 신체활동, 특히 신체 구성의 변화를 유발하고 에너지 순환율을 높이는 신체활동은 기초대사량을 상당히 그리고 유익하게 높여줄 것이다.

최적의 신체활동량 같은 것이 존재할 수 없는 까닭

다이어트에 관한 연구들과 비교했을 때 신체활동에 대한 유행병학 연구들은 좀더 일관적인 결과를 보여준다. 신체활동이 여러 질병의 발병률과 사망률을 낮춰준다는 데는 거의 동의하고 있다. 그러나 그것을 어떤 유형의 활동이든 또는 어떤 종류의 운동이든 모두 이롭다는 식으로 확대 해석해서는 안 된다. 무엇보다 지금까지 유행병학 연구들의 목적은 최적의 운동량과 이점을 발휘하는 운동의 최소치를 밝히는 것이었다. 최적의 운동량을 정해놓는다면 신체활동을 장려하는 측면에서는 매우 실용적이겠지만, 사실 몇 가지 이유에서 최적의 운동량이라는 개념은 성립될 수 없다.

첫째, 다음과 같은 딜레마를 고려해볼 필요가 있다. 유방암과 골다공증 발병률은 신체활동으로 모두 감소되지만 활동량과 발병률 감소량 사이의 관계는 질병마다 매우 상이할 것으로 예측된다.(그림 9.1) 신체활동이 유방암 발병률을 감소시키는 까닭은 (1장에서 살펴본 것처럼) 에스트로겐 수치를 떨어뜨리기 때문이다. 하지만 신체활동은 에스트로겐 수치를 감소시키는 '한편' 골다공증 발병률도 감소시킨다. 뼈의 골밀도가 유지되는 데는 다른 여러 요인 중에서도 에스트로겐의 비중이 높기 때문에 에스트로겐 수치가 낮으면 골밀도에 해롭고 골다공증의 발병률을 높인다. 신체활동이 골다공증에 대한 예방 메커니즘으로 작동하는 까닭은 뼈의 체중지지 효과에 긍정적인 영향을 미치기 때문이다. 하지만 폐경 전 여성이 에스트로겐 수치를 급격히 떨어뜨릴 정도로 강도 높은 신체활동 지속한다면 유방암 발병률 감소에 이득이 될 수 있는 반면 골다공증 발병률을 증가시킬 수 있다.[46] 특히 체중지지 효과를 내지 않는 수영 같은 운동에서는 이런 딜레마가 더욱 뚜렷이 나타난다. 여기서 우리는 또 다른 거래와 맞닥뜨린다. 즉 에스트로겐이라는 인자는 한 가지 질병의 발병률을 감소시키는 반면 다른 질병의 위험률을 증가시키는 게 문제다. 결국 신체활동이라는 동일한 인자가 한 가지 질병의 위험률을 낮추는 대신 다른 질병의 위험률을 높일

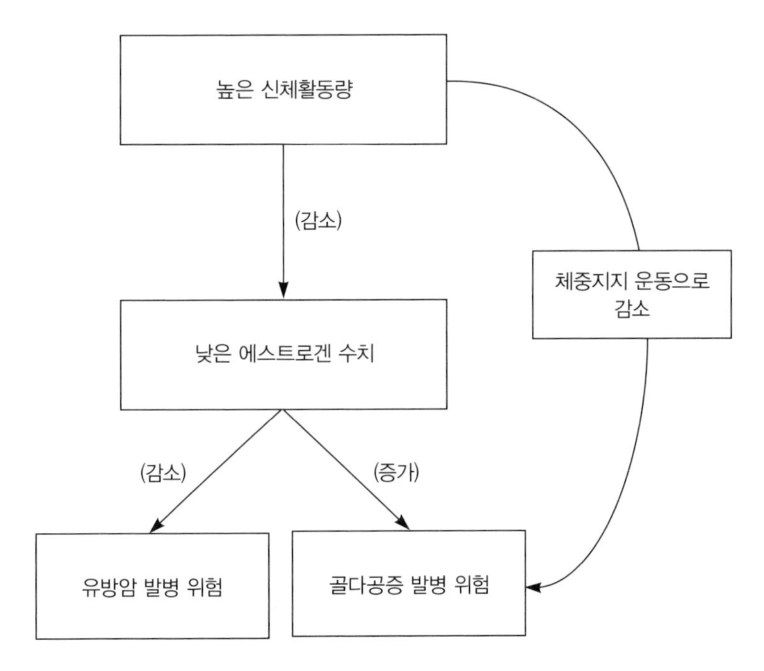

그림 9.1 신체활동은 에스트로겐 수치를 떨어뜨려서 유방암 발병 위험률을 감소시킨다. 그러나 체중지지 효과를 내는 운동이 아니라면, 골다공증 발병 위험률을 높일 수도 있다. 왜냐하면 에스트로겐 수치가 낮아지면 뼈의 광화작용이 저해될 수 있기 때문이다.

수 있다.

둘째, 개인적인 변수가 유방암 예방 효과를 복잡하게 만들 수 있다. 같은 수준의 신체활동을 한 모든 여성이 유방암 발병률에서 똑같은 효과를 볼 수 없는 까닭은 난소 반응에 대한 개인의 민감성 차이 때문이다. 앞서 논의했듯, 난소 반응의 민감성은 태아기 동안 경험한 환경과 관련이 있다. 출생 체격이 비교적 큰 것으로 미루어 태아기 환경이 양호했던 여성의 난소 기능은 성인기의 신체활동에 대한 민감성이 낮다. 반대로 출생 체격이 작았던 여성은 민감성이 높다.

이러한 발견은 유방암 예방에 중요한 의미를 내포하고 있다. 유방암 발병률을 낮춰줄 것으로 예상되는 최소 신체활동량은 출생 체격에 따라 매우 다를 것이다. 출생 체격이 작은 여성은 적정 수준의 신체활동에도 에스트로겐 수치가 감소하겠지만, 출생 체격이 큰 여성의 난소 기능은 같은 수준의 활동량에 반응하지 않을 것이다. 후자의 경우, 스테로이드계 호르몬 수치 저하로 유익한 효과를 얻기 위해서는 활동의 강도를 높이거나 시간을 연장해야 한다. 여기서 반드시 짚고 넘어가야 할 점은, 출생 체격과 유방암 발병률을 낮춰주는 신체활동 수준의 관계는 아직까지 가설일 뿐이라는 것이다. 이 관계가 사실인지 입증하는 것이 바로 유행병학 연구의 과제다.

신체활동은 질병을 피하기 위한 적응일까?

인간의 진화 역사에서 신체활동은 생활 방식의 가장 두드러진 특징이었다. 그러나 식생활의 경우와 마찬가지로 자연선택은 한 개체가 생식 연령기 동안 경험하는 강도 높은 신체활동과 생리 기능을 잘 조화시켰다. 대부분의 질병이 발병하는 시기인 생식 연령기 이후는 선택이 개입하여 향상을 도모할 대상이 아니었을 것이다. 신체활동의 유방암 예방 효과는 자연선택의 직접적인 산물이라기보다 환경 조건들에 반응하면서 진화된 난소 기능의 부산물이었다.(그림 9.2) 강도 높은 신체활동은 난소 기능—에스트로겐 생산—을 억제하여, 과도한 활동으로 에너지 소비량이 늘어나 생식 에너지가 모자란 시기에 임신을 방지한다.

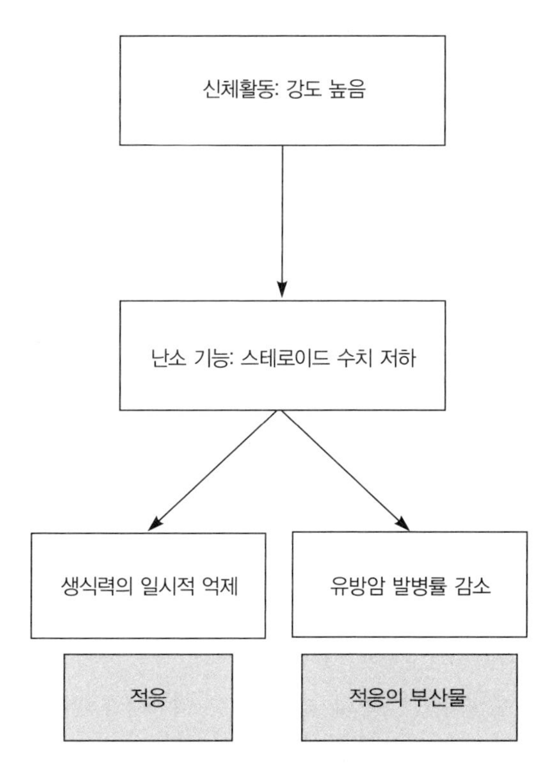

그림 9.2 신체활동은 유방암 발병률을 감소시키지만 이 관계가 적응을 나타내는 것은 아니다. 강렬한 운동으로 기능이 억제되는 난소의 적응 반응에서 파생된 부산물이다. 난소 스테로이드계 호르몬 수치가 특히 장기간에 걸쳐 저하됨으로써 유방암 발병률이 감소될 수 있다.

생식생태학자들은 이러한 난소 반응이 자연선택으로 진화된 적응이라고 생각한다. 그러나 유방암 발병률 감소에 끼치는 신체활동의 효과는 적응이 아니다. 신체활동의 예방 효과는 에스트로겐이 개입된 두 개의 상이한 과정이 조합된 결과다. 하나는 신체활동에 따라 생산량을 조절하는 에스트로겐의 적응력이고, 다른 하나는 유방세포의 분열을 촉진하는 에스트로겐의 적응력이다. 세포 수의 증가는 수유에 필수적이지만, 암의 발병 가능성도 증가시킨다. 따라서 신체활동으로 인한 유방암 발병률 감소는 진화에 따른 적응의 부산물인 동시에 우연의 일치로 일어난 행운일 뿐이다.

어떤 운동을 얼마나 해야 할까?

신체활동과 특정한 질병의 발병률 그리고 전체적인 사망률 사이의 관계는 단순하지 않다. 유행병학적 증거들은 대체로 신체활동이 질병의 발병률과 사망률을 낮춰준다는 관점을 강력하게 뒷받침한다. 활동의 유형은 2차적인 문제로 보이며, 에너지 소비량의 증가가 가장 중요한 관건이다. 기분 전환용 운동이나 가사노동 또는 직업적인 노동 등 모든 활동은 위험을 낮춘다. 그러나 일부 질병은 특정한 유형의 운동을 예방 차원으로 요구한다. 이를테면 앞에서도 언급한 것처럼 골다공증을 예방하기 위해서는 반드시 체중지지 효과를 내는 운동을 해야 한다. 따라서 수영과 같은 운동은 선수 수준으로 한다고 해도 뼈에 도움이 안 된다.[47] 운동이나 활동을 수행하는 방식, 즉 한 번에 길게 하느냐 아니면 여러 차례에 나눠서 하느냐 등은 별로 중요해 보이지 않는다. 물론 대부분의 연구가 질병의 발병률이 아니라 VO_2max의 변화를 측정한다는 사실은 반드시 염두에 두어야 한다.

연구 수행의 결과가 제각각인 까닭은 두 가지로 설명할 수 있다. 유행병학 연구가 안고 있는 방법론적인 문제가 첫 번째 이유일 것이다. 대부분의 연구나 조사가 기억에 의존하여 진행되므로 과거 또는 생애 전반에 걸친 신체활동 수준을 평가하는 방법은 설문지뿐이다. 이러한 평가 방법은 과거의 활동들을 기억해야 하는 문제뿐만 아니라 연구마다 설문지 유형이 다르다는 맹점을 안고 있다. 따라서 연구 결과들을 비교하기가 어렵다.

하지만 연구 결과의 다양성이—모든 연구가 기본적으로 활동을 하느냐 아니냐가 중요하며, 활동량이 많을수록 좋다는 사실을 보여주므로—실제 현상을 반영할 가능성도 있다. 인간이 다양한 식생활 환경에 적응했던 것처럼, 광범위한 신체활동에도 똑같이 적응했을지 모른다. 현재의 수렵채집 집단에 관한 연구들이 이 가설을 뒷받침하고 있는지도 모른다. 무엇보다 수렵채집 집단마다 에너지 소비량이 서로 다르다. 아체족의 경우 에너지 소비량이 높은 반면, 쿵족—특히 여성—의 에너지 소비량은 비교적 낮은 편이었다. 게다가 대부분의 수렵채집 집단들이 성별에 따라 분담하는 노동의 종류가 다르다. 프랭크 말로가 말한 대로, "남성과 여성은 서로 다른 식품을 찾고 그것을 서로 공유한다."(2007) 남성과 여성 모두 작은 동물을 사냥하지만—개를 이용해서 사냥하는 아그타족(필리핀의 수렵채집 민족) 여성을 제외하면—큰 동물의 사냥은 거의 전적으로 남성의 몫이다.[48] 환경 조건에 따라 남성이 채집을 하는 집단도 있고, 계절의 변화가 거의 없고 생산성이 높은 환경에서는 남성이 채집을 더 많이 하는 집단도 있지만 일반적으로 남성과 여성 모두 채집활동을 한다.[49]

성별에 따라 감당한 노동의 종류가 다르다는 것은 남성과 여성의 신체활동 유형이 다르다는 사실을 의미한다. 물론 식량을 구하는 임무나 생식에 따른 요구가 다르다는 점, 또는 여성이 양육을 전담하는 것도 부분적으로 신체활동 유형의 차이를 야기한다. 예컨대 인간은 놀라울 만큼 오래 달리는 능력을 지녔지만,[50] 아이를 데리고 다니는 여성이나 임신 말기의 여성에게는 달리기가 아니라 걷기가 주요한 이동 방법이었다.

게다가 수렵채집인들의 활동 시간과 유형은 계절 및 주간에 따라서도 다양한 패턴을 보인다. 한 주의 며칠은 사냥과 채집활동을 지속적으로 해야 하지만, 그러지 않는 날들은 주거 공간에 머물면서 먹고 쉬며 사교적인 시간을 보냈다. 남성은 보통 매주 이틀에서 나흘꼴로 사냥을 했고, 여성은 이틀에서 사흘꼴로 채집을 했다.[51] 며칠 동안 일하고 난 후에는 또 며칠씩 쉬기도 했을 것이다. 쉬는 날에 대한 선호는 명백히 대사 에너지를 보존하기 위한 적응으로 볼 수 있다.[52] 진화기에 인간의 신체활동은 선택이 아닌 숙명이었다. 몸을 움직이지 않으면 달리 식량을 구할 방법이 없었기 때문이다. 어쩌면 현대인이 운동 계획을 세워놓고도 실천하지 못하거나 장기간 지속하지 못하는 데에는 비활동에 대한 인간의 선호가 바탕에 깔려 있는지도 모른다.

중요한 것은, 우리의 진화론적 조상들이 운동이 좋아서 신체활동을 한 것이 아니라 많은 에너지를 연소해야 하는 행동이 요구되었기 때문이라는 점이다. 자연선택은 근력과 지구력을 촉진했고, 인간의 생리 기능은 각종 식량을 찾고 요리하고 포식자로부터 도망치고 아이를 돌보는 데 필요한 여러 종류의 활동을 수행하도록 진화했다. 이는 현대인이 강도 높은 다양한 신체활동을 수행할 수 있는 생리 기능을 상속받았음을 의미한다. 그러나 이러한 인간의 능력이 중년과 노년의 질병들을 예방하도록 진화한 것은 아니다. 이미 논의한 것처럼, 자연선택은 생식 연령기 이후의 건강을 유지하는 것보다는 젊은이의 건강과 생식 가능성을 높이는 데 훨씬 더 집중했다. 조상들의 생활 방식에 대한 진화론적 접근과 지식도 현대의 질병들을 예방하기 위해 어떤 운동을 얼마나 해야 하는지 말해주지 않는다.

비록 유행병학적 연구와 실험적인 연구들이 중요한 정보를 제공하지만, 이러한 연구는 대부분 신체활동에 따라 선택된 생리학적 기능이나 대사적 기능 또는 건강적인 측면들만을 고려한다. 의학과 유행병학적인 틀에 진화론적 접근을 더한다면 신체활동과 건강에 대해 좀더 포괄적인 그림을 그릴 수 있을 것이다. 그렇지만 진화론적 관점이 더해진 연구들이 건강 유지에 관한 구체적인 활동 패턴을 정확히 제시할 것이라는 기대는 순진한 것일 수 있다.

지금까지 우리는 생리 기능들 사이의 거래, 생식과 생존 사이의 거래 그리고 다양한 질병의 발병률 사이의 거래들을 살펴보았다. 그러나 문화의 영향을 고려하지 않은 인간 생물학 논의는 완성될 수 없다. 인간은 문화적 관례와 습관이라는 형식으로 가혹한 생물학적 거래들을 해결할 특정 방법을, 그리고 거래들을 모면하거나 최소화하거나 또는 상쇄하기 위한 믿음을 고안해냈다. 역설적이게도 때로는 그러한 관행이 거래를 더욱 악화시키기도 했다. 10장에서는 진화론에 입각한 생식생태학 관점에서 몇 가지 문화적 관행의 사례들을 선별하여 살펴볼 것이다.

10장

진화론적 거래들과 문화

문화적 믿음과 관습들이 생물학적 거래를 해결하는 데 도움을 줄 수도 있지만, 어떤 관습들은 인간의 생물학적 건강에 명백히 해롭다. 다시 말해 문화의 어떤 측면들은 인간의 생물학적 거래를 완화하여 생존이나 생식력을 강화시켜주지만, 개인의 생물학적 '품질'을 강화시키는 관습과 약화시키는 관습을 쉽게 구별할 수도 없을뿐더러 문화적 관습들이 인간의 생물학적 특징과 상호작용하면서 복잡하게 얽혀 있는 경우도 많다. 그렇기 때문에 인류학 문헌들도 이러한 문화적 신념이나 관습들이 추구하는 목적을 추측하는 정도로 그칠 때가 많으며, 관찰된 현상에 대한 설명이 일치하지 않을 때도 왕왕 있다.(이 책에서는 인류학적인 설명들을 다 다루지는 않을 것이다.)

예를 들어 여러 집단에서 흔히 발견되는 여성의 생식기 절단 관습은 여성의 행복과 건강 그리고 심지어 생명까지도 위협한다. 여성들이 그러한 관습에 순순히 따르는 이유를 설명하기는 복잡하지만, 일부 인류학자의 주장에 따르면 여성의 생식기 절단 관습은 여성의 순결과 정절을 높이 평가하는 집단에서 나타나며[1] 부권夫權을 강화하기 위한 관습일 가능성이 높다. 한편 몇몇 집단에서는 그런 관습이 단지 배우자의 정절을 중요시하는 남성만을 위한 것이 아니라 여성 본인을 위해서도 필요하다고 믿는다. 음핵이 잘린 여성이 산후 성교 금기—산모와 아기 모두의 건강을 위해 중요하게 여겨지는 또 다른 문화적 관습—를 더 충실하게 준수할 수 있다고 생각하기 때문이다.

이번 장에서는 인간의 생식에 영향을 미치는 문화적 관습의 몇 가지 사례를 집중적으로 살펴보겠지만, 그 관습들이 유전적으로 결정되는지 아니면 학습 또는 관찰과 같은 다른 형태로 전달되는지를 여기서 논의하는 것은 부적절하다. 무엇보다 나는 종종 논쟁의 화두로 거론되는, 인간의 행동이 유전적 진화와 문화적 환경 간 상호작용의 결과라고 설명하는 '유전자-문화 공진화'에 대해서는 관심이 없다. 또한 여러 사회 집단에서 생물학적 목적을 이루기 위해서 소위 생식력을 높여준다고 여기는 관습들이 나타났는지, 아니면 상이한 (문화적) 근거에서 출현하여 오로지 문화적으로 이롭기 때문에 지금까지 유지되고 있는지의 여부를 분석할 생각도 없다. 마지막으로, 누가 봐도 생식력에 해가 되는 관습들이 여러 사회 집단이나 종교 집단에 이토록 만연하게 된 이유에 대해서도 거론하지 않을 것이다. 물론 매우 흥미로운 사안임에는 분명하나 이 책의 의도에서는 벗어난 주제이기 때문이다.

산후 성교 금기

전 세계의 많은 집단이 공통적으로 갖고 있는 산후 성교 금기는 여성의 생식 비용을 해결하기 위해 만들어진 관습으로 보인다. 여성은 출산을 하자마자 곧바로 임신해서는 안 되기 때문이다. 이러한 금기는 새로운 임신으로 에너지 고갈이 시작되기 전까지 산모가 영양 상태를 회복할 시간을 벌어주는 동시에 출산 간격을 넓혀준다.

탄자니아의 도도마 지구에 거주하는 목축민 집단 와고고족 여성은 아이가 생후 24~30개월이 될 때까지 모유를 먹인다.[2] 모유 수유를 끝내는 시점은 아기가 '적당한 나이'가 되어 빨리 걸을 수 있을 즈음에 어머니가 결정한다.[3] 막내 아기의 경우 거의 5세가 될 때까지도 모유를 먹는데, 한 여성의 말을 빌리면, 어머니들이 그때까지 젖을 먹이는 이유는 "아기에게도 좋지만 자신의 행복을 위해서"이기도 하다.[4]

와고고족은 임신 중 성교가 태아의 성장에 꼭 필요하며, 남편과 아내가 모두 "임신을 지켜봐야 한다"고 믿는다.[5] 임신을 지켜본다는 것은 서구 국가들에서 임신부를 보살피는 것과는 전혀 다른 관습이다. 와고고족 여성은 임신 기간을 그저 평범한 삶의 일부로 받아들여, 일이나 식생활에 특별한 변화를 주지 않는다.[6] 대신 미래의 부모로서 두 사람은 임신 5개월이 될 때까지 성적 활동을 함께 하면서 태중의 아기를 보살핀다. 즉 태아에게 영양을 공급하고 아기로 잘 성장하도록 여성의 혈액과 남편의 정자가 섞여야 한다고 믿는다.

하지만 아기가 태어난 다음에는 어떤 성적 활동도 엄격하게 금지한다.[7] 아기에게 젖을 먹이는 어머니는 절대로 성적인 관계를 맺어서는 안 된다. "열심히 젖을 먹여야 하는 기간에 또 임신이 된 고고의 어머니는 (물론 아기가 태어난 첫해에 임신이 되면 상황은 더 나빠진다) 다른 여성들로부터 일레마 이비 사나ilema ibi sana—갓난아기를 돌보지 않은 가장 명백한 증거—라는 혹독한 비난을 받는다."[8] 금욕의 규칙을 따르지 않으면 아기의 건강에 심각한 문제가 발생한다고 여기기 때문이다. 다른 여성들의 말대로라면, 신생아들에게 흔히 나타나는 설사를 포함하여 아기가 겪는 모든 건강상의 문제는 산모가 성적인 금욕을 지키지 않았기 때문이다.

젖먹이 어머니가 또 임신했다는 사실이 알려지면 수유를 중단하도록 강요받는다. 물론 생리학적 관점에서 보면 이러한 강요에도 일리가 있다. 어머니로서는 세 명을 위해 대사를 해야 하는 부담을 안게 되며, 이처럼 과중한 대사는 산모 고갈로 이어지거나 발육 중인 태아에게 전달되는 에너지가 줄어들 수밖에 없기 때문이다. "한 여성은 '젖먹이를 키우면서 임신한 여성의 상황'을 이렇게 설명했다. '몸은 하나인데, 두 명의 체중을 들고 있어야 한다. 뱃속에 하나, 등에 하나. 정말 성가시고 부끄러운 상황이다. 이런 일은 일어나면 안 된다. 한 번에 아기 한 명만 키워야 한다.'"[9]

수많은 사회가 이와 유사한 신념을 고수하고 있다. 케냐 서부에 옥수수, 수수, 기장 등을 주식으로 삼는 농경 집단 루오족은 유아 사망률이 상당히 높다.[10] 루오족 사람들은 에너지 분배 딜레마를 아주 잘 이해하고 있다. 임신한 여성의 젖은 아기에게 해로우며, 전형적인 단백질-에너지 결핍 증세로 나타나는 '레드호ledho'라는 질병을 일으킬 수 있다고 믿는다. 그뿐 아니라 루오족 사람들은 임신 기간에 아기에게 젖을 먹이면 태아의 건강도 위협할 수 있다고 확신한다. 왜냐하면 젖먹이가 태아에게 갈 영양을 가로채기 때문이다. 물론 어머니의 몸도 "마르고 지치게" 된다고 여긴다.

멕시코 중앙의 농경 집단에서는 아기를 키우는 중에 임신하면 그 사실을 알게 된 순간부터 수유를 중단해야 한다.[11] 태아의 발육에 손상을 입힐 수 있기 때문이다. 세계에서 인구 밀도가 가장 높은 촌락 중 하나인 사바섬 중앙의 응아그릭족 사람들은 "젖을 먹이는 동안 최소한 1년 안에 성관계를 맺는 부부에게 부과하는 강력한 제재"를 확립해놓았다.[12] 여느 사회와 마찬가지로 응아그릭족도 성교가 젖먹이 아기에게 나쁜 영향을 끼친다고 생각한다. 이는 성교가 젖의 품질을 바꿔놓는다고 믿기 때문이다. 심지어 자바섬 언어에는 수유 중 임신을 가리키는 케순드훌란kesundhulan이라는 단어도 있다.(한 아기가 그다음 아기로 대체된다는 뜻의 용어다.) 가나에서는 동생이 태어날 때 손위 형제에게 생기는 병을 ('거절당한 아기'라는 의미의) 콰시오커kwashiorkor라고 한다. 피지제도에서는 임신한 어머니의 젖을 먹은 아기는 생명을 위협할 수도 있는 사베save라는 병을 앓게 된다고 믿는데, 식욕을 잃고 다리와 몸이 점점 약해지는 병이라고 한다.[13] 필리핀의 이고로트족은 임신한 여성의 젖은 기름기가 많아서 소화가 잘 안 되므로 젖먹이에게 설사병을 일으킨다고 믿는다. 그래서 이곳 여성들은 젖먹이의 설사병은 곧 어머니의 임신을 증명하는 표시로 받아들인다.[14] "대부분의 성인이 '균형 잡히지 않은' 식사를 하거나 먹을 게 충분치 않은 사가다족과 같은 집단에서는 어머니와 아기 모두를 보호하기 위해 임신한 여성이 젖을 먹여선 안 된다고 믿는다."[15]

파푸아뉴기니의 우시노족은 여성의 젖과 남성의 정자가 접촉하면 젖이 누레지거나 검어져서 아기를 병들게 한다고 믿는다.[16] 또한 젖이 남성의 정자로 오염되면 아이의 성장이 느려질 뿐만 아니라 엉덩이가 작고 다리도 새 다리처럼 가늘어지며 전반적으로 발육이 안 좋아진다고 생각한다. 역시 파푸아뉴기니의 메이신 마을 사람들은 수유 기간에 부부가 성관계를 하면 젖먹이의 머리와 배가 커지고 엉덩이와 다리가 작아진다고 믿는다.[17] 우시노 마을에서 사회적으로 용인하는 최소한의 출산 간격은 2년이다. 하지만 과거 외부 세상과의 접촉이 없었던 시기에 토착민들의 산후 성교 금기는 4년이었다고 한다. 이웃 마을과의 잦은 전투에 가담해야 하는 우시노 마을의 아버지들로서는 대가족이 되는 것이나 아이들이 너무 촘촘히 태어나는 것이 달갑지 않았다. 아버지들이 싸움터에 나가 있는 동안에는 작물 재배가 순탄치 않아서 어린 자녀들이 허약해질 수밖에 없기 때문이다. 하지만 1920~1930년대에 걸쳐 이웃 마을들과 평화 협정을 맺으면서 우시노족의 산후 금기 기간은 1년 또는 2년으로 짧아졌다.[18] 이처럼 정책들이 인간의 성생활을 망치기도 하지만, 향상시킬 수도 있다.

과거에는 유럽의 국가들도 수유기 동안 섹스를 금지하는 관습이 있었다. 15세기 피렌체의 상인 계급에서는 임신한 어머니의 젖을 먹은 신생아는 사망할 수 있다고 믿었다. 이 역시 임신이 젖의 질을 떨어뜨린다고 생각한 것이다.[19] 17세기 프랑스에서는 성관계가 수유모의 젖 분비를 방해한다는 믿음이 일반적이었는데, 기독교 교회들이 프랑스의 산후 성교 금기를 없애기 위해 유모를 두는 관습을 권장했다.[20] 신생아를 교외 지역에 있는 유모에게 보냄으로써 어머니는 수유의 의무로부터 자유로워지고 부부의 성관계도 회복되었다. 사실 이러한 관습이 신생아 사망률을 높였음에도 불구하고 교회는 남편들의 혼외정사를 방지하는 유일한 방법이라는 판단 아래 이 관습을 지지했다. "아내들은 가능하면 아기를 유모에게 보내야 한다. 의지가 약한 남편이 결혼의 의무를 지키게 하려면, 그래서 순수한 부부관계를 죄로 더럽히지 않으려면 반드시 그래야 한다."[21]

수유기 임신은 영양 상태가 양호한 여성들에게서 훨씬 더 빈번하게 일어나며, 이런 경우 수많은 집단은 생식에 에너지를 분배하는 데 곤란을 겪는다. 네팔의 농경 집단인 타망족을 연구한 캐서린 팬터브릭의 설명에 따르면, 수유기 여성들은 과중한 노동을 감당하고 있으며 특히 가정 경제에 막중한 비중을 차지하는 수확기에는 노동량을 줄일 수 없다고 설명했다.[22] 폴란드 남부의 작은 마을에서도 수확기에는 임신부도 다른 가족 구성원들에 버금가는 일을 해야 한다. 필리핀 사가다 마을의 이고로트족 여성들은 출산이 임박하여 "심지어 구토가 일거나 기운이 없고 어지러워도" 여느 때와 같이 일해야 한다고 여긴다.[23] 출산 직후에는 친척들이 밭일을 대신 해주지만 아기 돌보기는 여전히 산모의 몫이다. 출산하고서 두 달이 지나면 평상시의 노동을 다시 시작한다.[24]

산후 성교 금기가 거의 일반화된 오세아니아 사람들은 이 금기를 반드시 준수해야 하는 몇 가지 근거를 갖고 있다.[25] 우선 그들은 공통적으로 수유 중인 여성이 불결하다는 인식을 지니고 있다. 부인의 불결함이 남편의 체력과 건강을 해치고 본인에게도 병을 일으킬뿐더러 아기의 건강까지 위협한다고 믿는다.[26]

이러한 집단에서 산후 성교 금기를 깨면 복잡한 문제들이 발생한다. 무엇보다 젖먹이에게 모유를 먹이지 못하게 하여 어머니는 아기의 먹을거리를 찾아내야 한다. 특히 가뭄이 지속되는 계절에 모유를 대신할 식량을 구하기란 가뜩이나 과중한 노동에 시달리는 어머니에게 엄청난 부담이다.[27]

레셍, 미커스 그리고 카우프만은 농경 집단의 산후 성교 금기가 수렵채집 집단이나 목축 집단과는 극적으로 다르다고 주장한다. 수렵채집 집단과 목축 집단은 약 23퍼센트만이 산후 성교를 금기시하는 반면, 농경 집단은 약 85퍼센트가 이 관습을 갖고 있다. 농경 집단의 산후 성교 금기가 더 넓은 것은 당연한 현상으로 보인다. 수렵채집 집단에는 출산 간격을 넓히기 위한 문화적 관습의 필요성이 강하지 않다. 빈도도 높고 기간도 긴 모유 수유로 난소 기능이 충분히 오랫동안 억제되기 때문이다. 특히 영양 상태가 비교적 좋지 않을 때는 억제 효과가 더 오래간다. 반면 농경 집단에서는 산모의 영양 상태가 열악할 수도 있지만—물론 열악할 때가 많다—계절적으로 에너지 섭취량과 소비량의 변화도 매우 크다.

식량을 생산하는 집단의 여성들은 수확기 이후에 풍부한 영양 환경을 맞이하는데, 이 기간에는 수유를 하고 있어도 임신이 될 만큼 난소 기능이 회복된다. 이 시기에 임신을 하게 되면 '셋을 위한 대사'에 따르는 생리학적 손실을 감수해야 한다. 따라서 산후 성교 금지는 재임신을 방지함으로써 수유모가 영양적으로 고갈될 위험을 제거해준다.

되도록 뚱뚱하게

오, 주여 그녀는 눈에 아름다우니,

신은 그녀에게 균형이 잘 잡힌 초록색의 새로운 유방을 선사했노라…….

그녀에게 줄을 그어 허리선을 만들었고

아랫배에서 무릎까지 이어진 넓적다리에는 힘을 선사했노라…….

–니제르의 친 타바라덴 마을의 보우키아가 재인용한 시의 일부[28]

현재 서구의 여러 사회에서 비만은 자존감의 수준을 나타내는 상징으로 낙인찍혔지만, 비산업화된 일부 사회에서는 성적 매력의 상징이다.[29] 서구 사회에서 흔히 비만과 관련이 있다고 여기는 건강상의 문제들도 비산업화된 사회에서는 발생할 확률이 적다.

니제르의 자르마족은 수확기가 끝나면 기혼 여성들끼리 독특한 대회를 연다. 이 대회에서는 가장 뚱뚱한 여성이 우승자가 되는데, 특히 목둘레에 접힌 살이 많을수록 우승할 확률이 높다.[30] 사하라 사막의 목축민 무어족은 가장 뚱뚱한 여성을 아름다운 여성으로 간주한다.[31] 멕시코 북부의 타라우마라족은 두꺼운 다리를 가장 아름다운 미인의 첫째 조건으로 여기고, 매력적인 여성에게는 "아름다운 허벅지"라는 칭호를 붙인다.[32] 케냐의 킵시기스족 사회에서는 뚱뚱한 신부가 신붓값[매매혼 사회에서 신랑이 신부의 집에 제공하는 귀중품이나 식료품]을 가장 많이 받는다.[33] 자메이카에서 비만은 행복과 활력 그리고 건강의 상징이다.[34] 심지어 현재 미국 필라델피아에 거주하는 푸에르토리코인들에게 비만은 사회적으로도 용인될 뿐만 아니라, 결혼한 여성의 비만은 원만한 결혼생활과 아내를 돌보는 남편의 능력에 대한 징표로 간주되고 있다.[35] 1949년부터 민족지학적 자료와 인류학적 자료를 꾸준히 기록해온 '지역별 인간관계 자료'에 따르면, 전 세계 81퍼센트의 집단이 포동포동한 체격에 호감을 갖고 있다.[36]

일부 사회에서는 소녀들을 일부러 뚱뚱하게 키우는데, 우유를 많이 마시게 하거나 신체활동을 제한하는 방법을 종종 이용한다. 무어족 소녀들은 사춘기가 시작되기 몇 해 전, 대략 8세 때부터 기름진 음식을 많이 섭취한다. 그렇게 지방이 축적된 여성은 모두가 선망하는 몸매를 갖게 된다.[37] 그 밖에도 여러 집단의 여성들이 결혼 직전에 살을 찌우려고 노력한다. 나이지리아의 에피크족은 소녀들을 2년 동안 특별한 오두막에 머물게 하고 살을 찌운다.[38]

무어족은 "아주 어린 나이에 살을 찌워 오랫동안 유지하는 것이 여성의 삶에서 성취해야 할 핵심적인 일"이라 여기며, 매우 유능하게 그 일을 수행한다.[39] 소녀들을 살찌게 할 때도 지방은 비교적 적게 하되 기장과 수수 같은 곡물 탄수화물과 우유를 많이 먹인다. 소녀라고 해서 모두 살을 찌우는 절차를 겪는 것은 아니다. 특히 과거에는 특별한 소녀들만 그런 혜택을 누렸다. 살을 찌우는 절차에는 음식도 많이 들 뿐 아니라 에너지가 많이 소비되는 농사일이나 가사노동에 참여시켜서도 안 되기 때문에 대개는 부유한 가정의 소녀들만 뚱뚱해지는 혜택을 누릴 수 있었다. 하지만 뚱뚱해지는 것이 부족의 모든 여성에게는 생애 목표나 다름없었기 때문에 가난한 가정들도 엄청난 비용을 들여 딸들을 살찌우려 했다. 소녀의 어머니가 뚱뚱하거나 소녀가 결혼할 가망성이 별로 없을 때—말하자면 아버지가 죽었거나 가족이 공동체와의 유대가 돈독하지 않을 때, 또는 소녀가 매력이 없을 때—는 아무리 비용이 많이 들어도 무조건 살을 찌워야 했다.[40]

과거에는 살을 찌우는 데 우유만 한 것이 없다고 여겼고, 소녀에게 우유를 먹이는 역할은 아버지가 맡았다.[41] 어머니가 딸들을 살찌우는 경우는 거의 없었고, 대신 주로 부계 쪽 여성 친척들이 담당했다. 소녀가 음식을 많이 먹는지 감독을 맡은 여성은 경우에 따라 완력을 동원하는 등 수단을 가리지 않았다.

내가 아이차토우를 처음 만났을 때 그 아이는 5세인가 6세쯤이었고, 할머니의 정성스런 보살핌을 받으며 자라고 있었다. 어느 날 아이차토우의 할머니 파티마의 천막에 들어갔다가 조금 색다른 광경을 목격하게 되었다. 할머니와 손녀 사이에 서늘한 기운이 흘렀다. 아이차토우는 구석에 앉아서 고개를 푹 숙이고 있었고, 아이 앞에는 아이의 것이라 하기에는 매우 큰 사발이 놓여 있었다. 이따금씩 파티마는 아이차토우를 바라보며 고함을 쳤다. "뭘 꾸물거리니?" "어서 먹어!" "꿀꺽 삼켜라!" 등등. 파티마가 다른 집에서 소녀들을 살찌게 할 때 쓰는 전략들—소녀에게 가재도구를 집어던지거나 음식을 삼키게 하려고 손가락을 뒤로 잡아당기거나 아예 뒷목을 조이는 등의 전략—을 쓰지는 않았지만, 파티마와 아이차토우 사이에 흐르는 감정의 기류는 충분히 험악했다. 그때부터 6~7년 동안 아이차토우의 중대한 삶의 목표는 오로지 할머니의 감시 아래 살을 찌우는 것이었다.[42]

대체 왜 그래야 했을까?

"수많은 아랍 여성도 내게 비만은 생식력과 아무런 관계가 없다고 말했다. 출산에 전혀 문제가 없는 마른 여성들을 숱하게 봐왔기 때문이다. 살을 찌우는 것은 소녀를 성적으로 좀더 성숙하게 보이게 하고 매력적인 여성으로 만들어주기 위해서다."[43] 실제로는 체지방이 성인 여성의 생식력을 제한할 수도 있지만(앞에서도 논의했듯, 과도한 체지방은 생식력을 떨어뜨린다), 소녀들을 살찌게 하는 절차가 장기적으로는 생식력을 강화할 수도 있다. 아동기 초기의 영양 상태는 초경 연령과 관련 있으며 잘 먹고 자란 소녀들, 특히 신체활동 수준이 낮은 소녀들은 성장 속도와 성성숙도 빠르다. 이른 성성숙은 생식 기간을 연장시켜줄 뿐만 아니라 난소 호르몬 수치 상승과 초경 이후 배란 주기의 빈도와도 밀접한 관련이 있다.[44] 따라서 사춘기 전에 살을 찌우는 것이 결과적으로 소녀의 생식력을 높일 수도 있다.

생식 측면에서 보면 결혼 직전 단기간에 살을 찌우는 것도 실용적일 수 있다. 특히 전반적으로 영양 상태가 빈약한 여성에게 이처럼 집중적으로 에너지가 공급되면, 여성의 몸은 양의 에너지 균형 상태가 되면서 생식 호르몬 수치가 상승하고, 결과적으로 결혼부터 첫 임신까지의 시간이 단축될 수 있다. 짧은 기간에 첫 임신에 성공해서 자신의 생식력을 증명한 여성은 아내로서의 가치가 더 높아지기 때문에 남편도 기꺼이 투자를 아끼지 않는다.

살을 찌우는 절차는 소녀가 신체적으로 지방을 축적할 수 있는 능력—식량 부족이 빈번한 집단에서는 중요한 능력—을 갖고 있음을 증명하는 절차이기도 하다. 지금까지 조사된 바로는 산업화가 이뤄지지 않은 118개 국가에서 식량 부족이 발생한 적이 있었다.[45] 약 50퍼센트의 집단이 최소한 1년에 1회 또는 그 이상 식량 문제를 겪었고, 특히 농경 집단의 경우 평균 체중에도 매우 심각한 영향을 끼쳤다.[46] 몇몇 연구자는 잦은 식량 부족으로 인해 지방 축적 능력이 뛰어난 개체가 자연선택의 혜택을 입었으리라 추측한다.[47] 이 능력의 차이는 유전자에서 비롯되었을 가능성도 있으며, 따라서 지방을 잘 축적하는 여성은 이 소중한 능력을 자녀에게 전달할 수도 있다.

다소 놀랍지만, 비만은 심리적 건강과도 관련 있을 수 있다. 알다시피 유럽과 미국의 모집단을 대상으로 한 몇몇 연구에서 비만인 사람이 우울증을 앓을 확률이 높다는 주장이 제기되기도 했지만,[48] 다른 연구들은 우울증과 관련 있는 비만은 단순한 비만이 아니라 심각한 고도비만이라고 설명한다.[49]

뚱뚱한 사람이 우울증에 걸릴 확률은 양성 모두 낮으며 우울증으로 인한 증상도 많지 않을 것이라고 설명하는 이른바 '즐거운 뚱보Jolly Fat' 가설에 부합하는 집단들도 있다.[50] 중국의 노인들 중 비만인 남성과 여성은 평균 체중의 노인들보다 우울증이 덜하다.[51] 폴란드의 경우에도 교육 수준이 낮은 폐경기 이후의 여성들에게서 BMI 지수와 우울증 증상 사이에 반비례관계가 나타났다. 말하자면 BMI 지수가 높을수록 더 "즐거웠다".[52]

정확한 메커니즘은 알려지지 않았으나, 폐경기 이후 여성의 에스트로겐이 체지방과 우울증 관계에 관여할 가능성이 있다. 폐경기 이후 여성은 평균적으로 혈중 에스트로겐 수치가 폐경 이전의 여성보다 현저히 낮은데, 이는 에스트로겐을 생산하는 주요 기관인 난소에서 스테로이드계 호르몬 생산을 사실상 중단하기 때문이다. 하지만 폐경기 이후라도 유방, 뼈, 뇌와 같은 특정한 말초 부위에서는 여전히 에스트로겐을 다량 생산할 수 있다.[53]

에스트로겐 수치는 지방 조직의 양과 직접적이고 긍정적인 관계를 맺고 있다.[54] 지방 조직은 아로마타제—부신에서 분비된 안드로겐을 에스트로겐으로 전환하는 효소—의 공급원이다. 따라서 뚱뚱한 폐경기 이후 여성은 체지방이 적은 동일 연령대의 여성보다 에스트로겐 수치가 더 높을 수도 있다.

에스트로겐은 비만과 즐거움을 연결하는 중요한 고리다. 에스트로겐은 신경전달 물질인 세로토닌의 기능을 전환하는 능력이 있는데,[55] 이렇게 전환된 세로토닌은 우울증에 중요한 역할을 수행한다.[56] 비만에 대해 사회적 낙인이 없는 집단에서라면, 폐경기 이후 체지방이 많은 여성들은 에스트로겐 수치가 높기 때문에 우울증을 앓을 확률도 낮고 더 행복할 수 있다.

여성 할례

여성 할례female genital mutilation, FGM라고 알려진 여성의 생식기 절단 관습은 음핵 제거에서 음문 꿰매기—음핵은 물론이고 소음순과 대음순도 최소한 3분의 2가량 절단한 다음 외음부 양쪽을 명주실이나 장선腸線〔동물의 창자로 만든 실〕 또는 가시 등을 봉합사로 이용해서 꿰매는 것—모두를 일컫는다. 일부 사회에서는 꿰매서 봉합하는 대신 소변과 생리혈이 분비되도록 작은 구멍만 남기고 (수단 서부의 몇몇 집단에서는) 동물의 분변을 이용하거나 상처를 치료한다고 여기는 다양한 물질을 발라서 아물게 한다.[57] 여성 할례는 보통 사춘기 전에 실시된다.[58] 할례 과정이 끝나고 나면 상처가 아물 때까지 움직이지 못하게 엉덩이와 발목을 묶어놓는다. 보통 40일 정도가 걸린다.

FGM은 '수술하는' 동안의 고통, 음핵 혈관 파열로 인한 출혈, 수술 후의 쇼크와 같은 단기적인 후유증을 남긴다. 간혹 요도를 비롯하여 괄약근, 질벽 등 다른 기관에도 손상을 입힌다.[59] 대개 살균되지 않은 도구를 이용하기 때문에 소녀들은 파상풍이나 패혈증에 감염되기도 하고 최근에는 인체면역결핍바이러스HIV나 B형 간염에 감염되는 사례도 발견되었다. 결혼으로 외음부가 다시 열리면 더 심각한 위험을 초래할 수 있다.[60] 장기적으로는 불감증이나 월경통, 성교 통증을 유발할 수 있다. 그리고 대부분의 경우 출산 과정에서 상처가 찢어지면서 극심한 고통과 함께 지연 분만이나 폐색 분만, 출혈 과다를 야기한다.[61]

여성 할례 관습은 아프리카의 최소한 28개 국가에서 지금도 지켜지고 있다. 그중 일부 국가에서는 거의 모든 여성이 할례를 받지만, 극소수의 여성만 할례를 받는 국가도 있다. 아프리카에서만 약 1억 명 이상의 소녀와 여성들이 생식기를 절단당했으며, 매년 200만 명의—하루에 6000명의—소녀들이 할례를 받고 있다.[62] 소말리아와 지부티의 여성 98퍼센트가 할례를 겪고, 케냐와 라이베리아에서는 50퍼센트의 여성이 겪는다. 우간다에서는 할례를 겪는 여성이 5퍼센트 미만이다.[63] 정확한 통계를 내기는 어렵지만, 생식기를 절단하는 과정에서 약 15퍼센트가 출혈과 감염으로 사망한다.[64]

할례가 가장 흔한 곳은 아프리카지만, 아프리카 외에도 이 관습을 따르는 국가들이 있다. 예컨대 러시아의 한 기독교 종파인 스콥토지 집단은 처녀성을 지키는 방식으로 할례를 실시한다.[65] 전하는 바에 따르면, 12세기 유럽에서는 십자군에 의해 도입된 정조대가 할례와 비슷한 기능을 했다. 정조대는 십자군 전쟁으로 남편이 멀리 떠나 있는 동안 부인의 정절을 지키기 위해 이용되었다. 19세기 런던에서도 아이작 블레이저 브라운이라는 의사가 불면증을 비롯하여 '불행한 결혼생활'에 이르는 다양한 질병을 치료하기 위해서 음핵 제거를 추천했다.[66] 할례 시술은 아니지만, 오늘날 런던의 개인 병원들도 3000달러면 처녀막을 복원할 수 있다고 광고한다. 일본 남성도 여성의 처녀막을 매우 중요하게 여기기 때문에 6000달러 이상을 들여서 처녀막 복원 수술을 받는 여성들이 있다. 마케도니아 공화국도 예외는 아니어서, 법으로 금지되어 있고 비용이 매우 비싼데도 불구하고 많은 여성이 처녀막 복원에 나서고 있다. 이 수술에 미국 달러로 550달러 정도가 드는데, 이는 마케도니아 직장인들의 2개월 치 월급에 해당된다.

왜 이렇게 많은 문화권에 할례 관습이 존재할까? 대부분의 사회에서 할례는 여성의 성적 쾌감을 방지하기 위해 만들어진 관습으로 보인다. 성적 쾌감을 느끼지 못하는 여성이 남편에 대한 충절이 깊다고 여기기 때문이다. 이와 관련된 관습들 중에서는 아마도 할례가 가장 극단적이지만, 처녀막에 대한 집착이나 하렘harem〔전통적인 이슬람 가옥에서 여자들이 생활하는 영역〕과 같은 여성 격리, (20세기 초까지 성행했던 중국의) 전족纏足을 포함한

다른 관습들도 하나같이 여성의 이동을 제한하여 남편의 절대적인 부권을 강화하기 위한 것들이다.[67]

할례 관습이 지켜지고 있는 집단의 많은 사람은 부권의 확립과 할례는 무관하다고 설명한다. 부르키나파소의 모시족과 말리의 밤바라족 및 도곤족 사람들은 할례가 출산할 때 아기를 보호해준다고 믿는다.[68] 음핵에 아기의 머리가 닿으면 죽기 때문에 이 위험한 기관을 제거해야 새 생명을 지킬 수 있다는 것이다. 밤바라족은 음핵의 위험성을 더 심각하게 여긴다. 음핵에서 매우 강한 독이 분비되어 성교를 하는 동안 남성을 죽일 수도 있다고 믿는다.

서아프리카의 요루바족을 비롯한 몇몇 집단에서도 여성의 음핵 절단을 아이의 건강과 연관시킨다. 또한 음핵이 절단된 여성이 산후 성교 금기를 더욱 잘 준수한다고 믿는다. 이러한 극단적인 방법들이 실제로 수유기의 성교 행위를 방지하는 데 반드시 필요한지 단정하기는 어렵지만, 앞에서도 논의한 것처럼 긴 출산 간격이 아기와 어머니의 영양 상태를 향상시키는 중요한 요인인 것은 분명하다. 어쩌면 그런 논리가 이러한 관습을 탄생케 하고 존속시킨 진화론적인 존재 이유인지도 모른다.

물론 문화적 관습이 진화론적 관점에서 설명될 수 있다고 해서 윤리적으로 올바르거나 수용 가능하다는 뜻은 아니다. 할례가 남성의 건강에 이롭든 말든(실제로 그런지 알 수도 없고), 심지어 여성의 건강과도 무슨 관련이 있는지 모르겠지만(어떤 집단들에서는 할례를 받은 여성이 그렇지 않은 여성보다 아기를 더 많이 낳는다[69]), 할례 때문에 전 세계적으로 수백만 명의 여성이 고통과 함께 심각한 건강상의 문제를 평생 안고 살아야 한다는 데는 변명의 여지가 없다.

몸 감추기와 비타민D

대개 종교적인 전통에서 비롯되었을 테지만, 여러 국가의 여성들이 온몸을 가리는 옷을 입는다. 가령 모로코 여성들은 집 밖으로 나올 때 젤라바Djellaba〔두건이 달린 길고 헐렁한 긴소매 망토〕로 몸을 빈틈없이 가리고 스카프로 머리까지 덮는다.[70] 이런 전통적인 옷을 입는 여성은 입지 않는 여성보다 폐경기 이후 골다공증 발병률이 더 높다는 사실을 증명한 연구들도 있다. 추측이지만 골다공증 발병률이 높은 까닭은 비타민D 합성이 저해되었기 때문일 것이다.

여러 요인이 있겠지만, 성장기와 성년 이후의 뼈 건강은 비타민D의 공급이 좌우한다. 뼈의 광화鑛化에서 비타민D가 중요한 까닭은 칼슘과 인의 흡수에 결정적인 역할을 하기 때문이다.[71] 비타민D가 결핍되면 칼슘의 장내 흡수율이 떨어지면서 결국 뼈의 광화 작용도 원활하지 못하게 된다. 따라서 비타민D 결핍은 골 흡수bone resorption〔골조직에서 칼슘이 혈액 속으로 빠져나가 뼈에 구멍이 생기고 부서지기 쉬운 상태가 되는 과정〕와 골다공증의 원인이라고 볼 수 있다. 결핍 정도가 더 심각하면 광화 작용이 아예 이루어지지 않아서 어린이에게는 구루병을, 성인에게는 골연화증을 초래한다.[72] 그 외에도 결핵이나 류머티즘성 관절염, 다발성 경화증을 비롯하여 각종 염증성 장 질환과 고혈압 그리고 몇몇 암 종류도 비타민D 결핍으로 야기될 수 있다.[73]

비타민D가 우리 몸에 들어오는 경로는 두 가지다. 식사를 통해 섭취할 수도 있고 햇빛, 특히 자외선B(UV-B)에 노출된 피부에서 합성되기도 한다. 하지만 안타깝게도 우리가 먹는 음식물 중의 비타민D 함량은 매우 낮기 때문에 식사를 통해서는 충분한 비타민D를 공급받지 못한다. 결국 우리에게 필요한 비타민D의 대부분은 몸의 합성에 의지할 수밖에 없다. 피부에서 합성되는 양은 나이, 계절, 위도, 하루의 시간대, 자외선 차단제의 사용 여부와 같은 요인들에 따라 다르다.[74] 하지만 간혹 비타민D 합성에 문화가 간섭하면 결핍을 야기하거나 건강상의 문제로 이어질 수 있다.

터키에서도 몸 전체를 가리는 의상을 입는 여성의 비타민D 수치는 얼굴과 손이라도 노출된 의상을 입는 여성보다 낮다.[75] 하지만 비슷한 의상을 입는 아랍에미리트 여성들에게서는 이러한 차이가 발견되지 않는다.[76] 아랍에미리트 여성들은 상대적으로 피부 색소가 더 검기 때문에 비타민D를 합성하기 위해서는 UV-B를 더 많이 쬐어야 한다고 연구자들은 보았다. 비타민D의 유익한 효과를 얻기에는 노출 면적이 너무 적은 것이다. 베이루트에서도 온몸을 가리는 전통 의상을 입는 여성들의 비타민D 결핍 수준은 사회적으로 용인되는 선에서 몸을 덜 가리는 의상을 입는 여성들보다 무려 3배나 높았다.[77] 전통적인 의상을 입는 여성 중 84퍼센트가 비타민D 결핍을 겪고 있었다.

이스라엘에서는 출산한 지 2~3일 지난 여성들의 비타민D 수치를 측정했는데, 정통파 유대교 여성의 수치는 몸을 덜 가리는 옷을 입는 비유대교 여성의 수치보다 훨씬 낮았다.[78] 비유대교 여성들은 여름보다 겨울에 비타민D 결핍이 더 흔했지만, 유대교 여성들은 계절에 상관없이 항상 비타민D 결핍을 겪고 있었다. 이러한 사실은 눈이 부실 정도로 밝은 이스라엘의 여름에도 여성의 옷이 피부 노출을 상당히 제한하고, 결과적으로 비타민D 합성을 저해하고 있음을 방증한다.

터키에서는 임신한 여성의 약 80퍼센트가 비타민D 결핍을 겪는다.[79] 임산부의 비타민D 결핍은 불행히도 그 자녀의 비타민D 수치까지 떨어뜨린다. 인도에서는 임산부가 비타민D 결핍이면 탯줄의 비타민D 농도도 낮게 측정되었다. 이는 태아에게 전달되는 비타민D의 양이 적다는 사실을 암시한다.[80] 오스트레일리아에서는 임산부가 임신 중에 비타민D 결핍을 겪으면 그 신생아도 비타민D가 부족했는데, 특히 조제 분유가 아닌 모유를 먹는 신생아에게 결핍이 더 두드러졌다.[81]

임신한 여성의 비타민D 결핍은 태아의 칼슘 부족으로 이어질 수 있다. 원래 임산부는 태아에게 필요한 칼슘을 공급하기 위한 생리학적 메커니즘, 즉 임신 초기 장내 칼슘 흡수율을 사실상 거의 두 배가량 증가시킬 수 있는 생리학적 적응을 갖고 있다.[82] 임신 초기에는 태아에게 칼슘이 많이 필요하지 않으므로 장내에 흡수된 칼슘은 태아의 요구가 늘어나는 임신 후기까지 일단 산모의 뼈에 저장된다. 그러나 칼슘의 흡수를 중재하는 비타민D가 없으면 저장은커녕 흡수도 안 된다. 비타민D 농도가 낮으면, 심지어 칼슘이 풍부한 음식을 섭취하더라도 모체에 칼슘이 저장될 수 없다.

여성이 햇빛에 피부를 많이 노출할 수 없는 문화권에서는 소녀들의 피해가 가장 클 것이다. 어머니에게서 이미 비타민D가 결핍된 상태로 태어났을 뿐만 아니라 본인 스스로도 몸을 가리는 옷을 입어야 하므로 비타민D 결핍은 점점 더 악화될 수밖에 없다. 터키의 십대 소녀 중 50퍼센트가 온몸을 가린 옷을 입으며, 야외에서 오랜 시간을 보낼 수 없다.[83] 이란의 14~18세 소년들의 비타민D 수치는 동일한 연령대의 소녀들보다 두 배 높고[84] 단 2퍼센트의 소년들이 비타민D 결핍으로 분류된 반면, 20퍼센트의 소녀들은 비타민D가 결핍인 것으로 조사되었다. 물론 소년들은 몸을 가리는 옷을 입을 필요가 없다.

비타민D는 면역 시스템에도 중요한 역할을 하기 때문에 부족하면 감염에 취약해질 수 있다. 예컨대 영국에 거주하는 아시아 이민자들은 결핵 발병률이 높은데, 특히 이주한 후 처음 몇 년 동안 더 높다.[85] 이미 본국에서 결핵에 감염된 것으로 보이는 이들은 햇빛 노출 빈도가 높아 비타민D가 충분하게 합성되어 질병이 더 이상 진행되지 않았을 것이다. 그 후 영국으로 이주하고는 UV-B에 대한 노출이 줄어들어 비타민D 합성 저하로 면역 시스템이 기능하기 어려운 상황이 된 것이다.

마지막으로, 여성의 비타민D 결핍 문제의 해결책을 찾기 어렵게 만드는 또 하나의 요인은 사회경제적 요인이다. 종교적 규율에 따라 여성에게 몸을 가리는 옷을 가장 엄격하게 강요하는 집단들은 공교롭게도 가장 빈곤한 편이다. 이러한 집단의 여성과 어린이는 비타민D 보충제를 살 형편도 안 되고,[86] 보충제가 필요하다는 인식조차 못 하는 경우가 많다.

여성 삶의 여러 측면이 그렇듯, 여기에도 거래가 연루되어 있다. 햇빛에 대한 노출로부터 몸을 보호하는 것이 생식에는 다소 유익할 수도 있다. 햇빛에 노출되면 엽산의 광분해가 일어날 수 있다. 엽산은 DNA 합성과 복구 그리고 메틸화에 관여하기 때문에 인간의 몸에 없어서는 안 될 영양소다. 이러한 까닭에 임신 기간에도 엽산의 역할이 막중한데, 이 영양소가 결핍되면 선천적 결손증, 특히 신경관 결손증을 야기할 수 있다. 인간의 진화기에 검은 피부 색소는 햇빛 노출량이 많은 지역에서 엽산의 광분해를 방지하기 위한 보호 조치로 진화되었을 것이다.[87] 그렇다면 과연 몸을 가리는 의상을 입는 여성들의 엽산 결핍 확률은 적을까? 이것은 흥미로운 연구 주제가 될 것이다.

집단이 갖고 있는 환경과 함께 문화적 관습들은 각 집단의 생활 양식에 다양한 영향을 미친다. 그중 여성의 생식과 관련된 관습들이 생겨난 배경에는 진화에 따른 생물학적 거래들을 완화시켜준다는 믿음이 작용했기 때문일 것이다. 지나치게 가까운 출산 간격, 셋을 위한 대사(젖먹이와 태아 그리고 산모 자신의 대사)는 여성에게 부담스러운 에너지 스트레스다. 수유기 동안 난소 기능을 효과적으로 억제하지 못하는 환경 조건에서, 출산 간격을 연장해주는 산후 성교 금기들은 이러한 에너지 스트레스를 완화하기 위한 문화적 방편으로 형성되었다. 당연히 이 금기를 잘 준수하면 여성과 아기의 건강에 유익할 것이다.

그 외의 문화적 관습들, 가령 몸을 빈틈없이 가리는 복식 문화는 어쩌면 여성과 아기의 건강에 해로울 수도 있다. 그러나 이 문제는 문화를 바꾸지 않더라도 비교적 간단한 공중보건의 중재로 해결할 수 있다. 여성이 집 밖에서 반드시 몸을 가려야 한다면, 임신 기간에는 자기 집 뒤뜰에서 마음껏 햇볕을 쪼이도록 하면 될 것이다. 이처럼 작은 변화는 비용이 들지 않을뿐더러 매우 효과적이다. 물론 안전하게 권장하기 위해서는 여성들의 엽산 수치에 대해 좀더 많이 알고 있어야 할 것이다. 하지만 생식적으로 부과된 비용과 거래들이 모두 이처럼 쉽게 해결되지는 않을 것이다.

오늘날 우리가 지닌 주요한 적응들은 아주 오래전, 우리 조상들이 수렵채집인으로 살았을 때 진화된 것이다. 그러나 농경의 출현과 함께 시작된 생활 방식의 커다란 변화로 인해 이 오래된 적응들은 점차 그 유효성을 잃어가고 있다. 예컨대 어머니의 열악한 영양 상태와 긴 수유 기간은 조상들의 임신 능력을 억제했고 출산 간격을 충분히 연장해주었다. 또한 농경문화로 인해 아기들을 위한 이유식을 쉽게 얻을 수 있게 되자 모유를 오래 먹일 필요가 없어졌다. 짧은 수유 기간으로 출산 간격도 좁아지면서 어머니와 아기의 건강에 지장을 초래했다. 지금까지 우리는 일부 집단에서 생식생물학과 건강을—대개 의도적이지는 않지만—방해하는 문화적 관습과 믿음을 살펴보았다. 오늘날 정부는 물론이고 민간 단체들도 여성과 아기의 건강을 증진시키기 위해 인간 생물학에 간섭을 시도하고 있지만, 이러한 간섭이 늘 기대한 결과를 가져다주는 것은 아니다. 11장에서는 여성과 아이의 건강을 증진시키고자 하는 공중보건과 박애주의적 노력들이 맞닥뜨리는 문제들에 대해 살펴보고자 한다.

11장

박애주의의 오류

정원사들은 노란 장미가 서리에는 강하지만 진균성 질병에는 취약하다는 사실을 잘 안다. 이 거래만 알고 있어도 아름다운 장미 정원을 충분히 가꿀 수 있다. 서리가 덜 내리는 지역이라면 분홍과 빨간 장미를 곁들여 심는 것으로도 문제없이 장미 정원을 가꿀 수 있으니 노란 장미가 서리와 질병 모두에 저항성을 갖추지 않은 이유까지 알 필요는 없다.

하지만 인간의 건강과 관련된 분야에 종사하는 전문가들에게 아마추어 정원사와 같은 수준의 지식을 기대할 수는 없는 일이다. 건강 전문가라면 인간 생물학에 거래가 존재한다는 사실뿐 아니라 거래가 존재하는 이유나 의미를 정확히 이해해야 한다. 따라서 거래들의 바탕에 깔린 진화론적 논리를 이해하지 못하면 매우 위험할 수 있다. 공중보건의 개입은 예기치 못한 결과를 초래할 수 있으며, 때로는 도움은커녕 대상 집단의 상태를 악화시킬 수도 있다. 특히 어머니와 아기의 건강과 관련해서는 더욱 신중해야 한다. 문제점 발견, 좋은 의도, 넉넉한 재정적 자원도 모두 중요하지만 그것들로 충분치 않을 때가 종종 있기 때문이다.

간혹 도움을 필요로 하는 집단의 생활 방식을 잘 이해하지 못해서 자선 활동이나 정부의 정책들이 실패하기도 했다. 예컨대 철 결핍성 빈혈은 전

세계적으로 많은 집단이 겪고 있는 문제인데, 개발도상국에서는 좀더 심각하다. 철 결핍은 어린이의 지능과 신체 발달에 악영향을 초래하며, 작업능력과 생산성을 떨어뜨릴 뿐만 아니라 유해한 임신 결과를 야기할 수 있다. 또 엽산이 부족하면 발육 중인 태아에게 신경관 결손증을 유발하여 정신 지체로 이어질 수 있다. 1960년대 초, 과테말라를 포함한 중앙아메리카의 몇몇 국가는 밀가루에 철분을 강화하기 시작했다. 2002년에는 엽산을 비롯한 다른 영양소들도 첨가했다.[1] 철분과 엽산 결핍이 흔했던 과테말라에서 밀가루 강화 프로그램은 절박하고도 반드시 필요한 프로그램이었으나, 영양 결핍을 겪는 대다수의 사람은 밀가루 대신 옥수수를 주식으로 하는 가난한 시골 사람들이었다. 그래서 무려 40년 동안 밀가루 강화 프로그램이 시행되었음에도 불구하고 가장 시급한 사람들의 영양 상태를 개선시키지는 못했다.

과테말라에서 밀가루 강화 프로그램이 실패한 근본적인 이유는 쉽게 이해할 수 있지만, 건강을 증진하기 위해 고안된 프로그램들 중에는 진화생물학의 원리가 아니면 도저히 설명할 수 없는 뜻밖의 결과를 초래한 프로그램도 있었다.

보충제의 역효과: 건강한 아기보다는 더 많은 아기를

수많은 국제기구가 개발도상국 어린이의 영양을 향상시키기 위해 고심하고 있다. 세계은행과 유엔아동기금과 같은 기구들은 삶의 질을 개신하고 경제 발전을 도모하기 위해 어린이의 영양 증진을 최우선 전략으로 삼고 있다.[2] 어린이는 가능하면 태아기부터 좋은 영양소를 섭취해야 하지만 개발도상국에서는 쉽지 않은 일이다. 감비아의 시골에 거주하는 여성들이 낳은 아기들은 대체로 출생체중이 적은 편으로, 농경 집단 대다수의 영양 상태가 열악하다는 점에서는 그리 놀라운 일이 아니다. 이 지역 여성들은 대체로 신체활동 수준이 높은 반면 칼로리 섭취량은 적다.[3] 특히 식량이 부족해지는 계절에는 하루에 약 1000킬로칼로리 정도밖에 섭취하지 못한다. 에너지 요구량이 부쩍 늘어나는 임신이나 수유기 동안에도 칼로리 섭취량을 늘리기 어렵다. 이 여성들에게 임신기에 더 많은 음식을 공급하면 어떨까? 그렇게 한다면 이 여성들이 낳는 아기의 출생체중도 반드시 늘어날 것처럼 보였다.

1960년대, 영국의 의학연구위원회와 케임브리지대학의 던 영양연구소는 감비아의 여성과 어린이의 영양 상태를 관찰하고 어린이의 사망률을 낮추기 위한 전략들을 설계하는 장기 프로그램에 돌입했다.[4] 이 프로그램의 주요 목표 중 하나는 1년 안에 사망할 확률이 높은 출생체중이 적은 아기들의 출생 결과를 향상시키는 것이었다. 그에 따라 임신한 여성들에게 단백질을 비롯한 영양소와 칼로리를 충분히 보강한 음식이 매일 제공되었다.[5] 임신 중에 감비아 여성이 추가적으로 섭취한 칼로리는 하루에 약 725킬로칼로리였다. 보통 에너지 소비가 가장 큰 임신 마지막 3개월 동안의 필요 열량이 평균 470킬로칼로리라는 점에서 이 여성들은 상당히 많은 에너지를 섭취한 셈이다. 따라서 신생아의 출생체중도 크게 증가할 것으로 기대되었다. 그러나 임신 여성들에게 보충식을 제공하여 태어난 아기들의 출생체중 증가량은 놀라울 만큼 미미해서, 평균 50그램이 늘었을 뿐이다.

수유기의 산모들에게 제공된 추가적인 음식도 효과가 없기는 마찬가지였다. 일부 여성에게는 임신기에 이어서 수유기에도 보충식을 제공했고, 그 외의 여성에게는 수유기에만 보충식을 제공했다. 이러한 보충식으로 젖의 양과 품질이 강화될 것으로 예측했으나, 양쪽 모두에서 눈에 띄는 변화는 없었다. 산모의 젖에 단백질이 약간 더 포함된 점을 제외하면, 에너지 함량 면에서 보충식을 먹지 않은 여성과 차이가 없었다. 피터 엘리슨은 젖 생산이 산모의 영양 상태의 변화에 대해 완충적으로 조절된다는 점을 언급하면서 이 결과를 설명했다.[6] 어머니는 영양이 부족한 상태일 때도 임신기에 축적된 지방에서 필요한 에너지를 충당하고 자신의 대사 요구량을 줄이면서 젖의 품질을 높게 유지한다는 것이다.

보충식으로 얻은 에너지가 자궁 안의 태아에게 전달되지 않는다면, 또 젖의 에너지 함량을 증진시키는 데도 이용되지 않는다면, 여분의 에너지는 다 어디로 가는 걸까? 추가적으로 에너지를 보충받은 여성은 다음 임신까지의 출산 간격이 짧은 것으로 나타났다.[7](그림 11.1) 결국 보충식으로 얻은 에너지는 대부분 산모의 영양 상태를 향상시키는 데 쓰였으며, 태아에게 전달된 에너지는 극소량에 그쳤다.

이러한 결과는 생활사 이론이 주장하는 기본적인 거래를 완벽하게 설명해준다. 즉 현재의 생식과 미래의 생식 사이의 거래다. 영양이 부족한 산모가 추가적인 영양을 공급받으면, 그 대부분은 산모 본인의 생리적 요구나 대사적 필요를 지원하는 데 할당된다. 영양 상태가 향상된 여성은 미래의 생식에 더 많은 에너지를 투자할 수 있다. 감비아에서 관찰된 현상도 이와 정확히 일치한다. 보충식을 받은 여성은 다음번 임신이 더 빨랐던 것이다. 만약 유기체가 생식 연령기 전반에 걸쳐 이 전략을 따른다면, 그 결과 더 건강한 아기가 아니라 더 많은 아기를 출산하게 될 것이 분명하다.

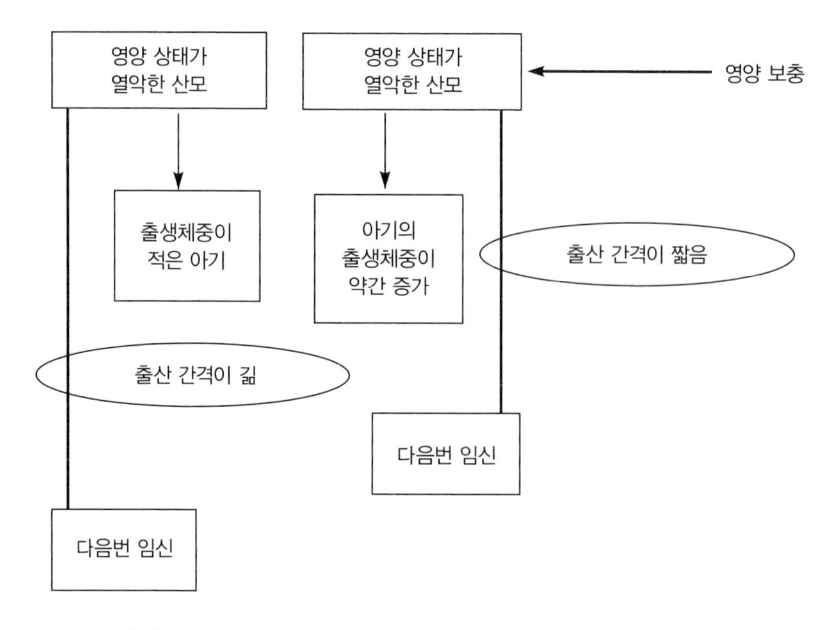

그림 11.1 영양 상태가 열악한 여성에게 임신 기간에 영양 보충을 해도 아기의 출생체중 증가에 미치는 영향은 크지 않다. 그보다는 다음번 임신까지의 간격을 줄여준다.

영양 보충과 산후 생식력 사이의 생리학적 관계는 젖 생산을 자극하는 호르몬인 프로락틴 수치로 나타났다. 출산 후 80주가 될 때까지 영양 보충식을 먹은 산모와 먹지 않은 산모의 프로락틴 수치는 현저한 차이를 드러냈다. 보충식을 먹지 않은 산모의 프로락틴 수치는 최대에 이르렀고, 임신기와 수유기에 보충식을 먹은 산모의 프로락틴 수치는 최저가 되었다. 수유기에만 보충식을 먹은 산모의 프로락틴 수치는 중간 정도였다. 프로락틴은 젖 생산뿐만 아니라 난소 기능 억제에도 관여한다.[8] 영양 상태가 양호한 (또는 약간만 향상되어도) 여성의 프로락틴 수치는 훨씬 더 빨리 떨어진다. 지속적인 수유에도 불구하고 이 수치는 산후 생식력을 유지할 정도로 상승되지 않는다. 따라서 영양 보충식은 프로락틴 수치를 떨어뜨리고 월경 주기를 좀더 빠르게 회복시킨다.

칼슘 보충은 뼈를 강하게 만들어줄까?

감비아의 신생아들은 출생체중도 적을 뿐 아니라 키도 작고 골밀도도 낮았다. 이는 모체로부터 칼슘을 충분히 공급받지 못했음을 암시하는 것으로 보인다.[9] 임산부와 수유모의 하루 칼슘 섭취 권장량이 약 1200~1500밀리그램인 것과 비교했을 때, 하루에 약 300~400밀리그램을 섭취하는 감비아 임산부의 칼슘 섭취량은 극도로 낮았다. 태아의 하루 평균 칼슘 요구량은 200밀리그램이며, 성장이 급속도로 빠른 시기에는 330밀리그램까지 치솟는다. 더욱이 임산부 본인에게도 칼슘이 공급되어야 하기 때문에 감비아 임산부들의 하루 칼슘 섭취량으로는 턱없이 부족하다. 물론 산모들의 젖에도 칼슘 함량이 낮았다.

칼슘을 강화한 식단만 제공하면 이 문제를 해결할 수 있을 것처럼 보였다. 이 프로그램에 참여한 감비아 여성 125명 중 절반에게 임신 20주째부터 출산일까지 하루에 1500밀리그램의 칼슘을 제공했고, 나머지 절반에게는 플라세보 약품을 제공했다.[10] 칼슘은 골격 성장의 필수 영양소이므로 강화 식단을 제공받은 여성이 낳은 아기들은 당연히 뼈도 더 강하고 키도 클 것으로 예측했다. 산모들의 모유에도 칼슘 함량이 높을 것으로 기대되었다. 그러나 모든 예측이 빗나갔다. 모유의 칼슘 함량은 수유를 시작한 지 13주째와 52주째에 두 차례에 걸쳐 측정했는데, 사실상 칼슘 강화 식단을 제공받은 경우와 그렇지 않은 경우에 차이가 없었다. 또한 생후 2주째에 신생아의 골밀도를 측정한 결과, 칼슘 강화 식단을 먹은 산모의 신생아와 대조군의 신생아는 뼈의 무기질 성분과 뼈의 너비, 골밀도가 한 치의 오차도 없이 동일했다. 심지어 두 그룹의 출생체중, 신장, 머리 둘레까지 똑같았고 생후 52주까지 체중과 성장 속도도 기본적으로 차이가 없었다.

어머니와 발육 중인 태아의 '유전적' 관심이 서로 다르다는 데서 도출한 '어머니-태아 간 갈등' 개념은 임신부에게서 나타나는 칼슘 대사의 기이한 패턴을 설명할 때 자주 인용되곤 했다.[11] 이 이론은 모계에서 유래한 태아의 게놈 절반과(이를테면 난자를 통해 태아에게 전달된 게놈) 부계에서 유래한 태아의 게놈 절반(아버지로부터 전달된 게놈)이 진화적 관심이 서로 다르다는 것을 전제로 한다. 무엇보다 모계에서 유래한 태아의 게놈은 전 생애 동안 생식력을 최대화하려는 어머니의 관심에 맞춰 행동한다. 심지어 그 관심이 현재 임신 중인 자녀의 생존을 위협할 때도 마찬가지다. 임신 중 어머니의 몸에 칼슘이 부족하면, 모계에서 유래한 태아의 대립유전자들은 태반으로 유입되는 칼슘의 흐름을 줄이는 데 찬성한다. 이 절반의 게놈은 바로 그 대립유전자의 복사본을 갖고 있는 어머니의 건강이 더 이상 악화되는 것을 원치 않기 때문이다. 따라서 산모의 골격에는 칼슘이 늘어나고 발육 중인 태아의 골격에 공급되는 양은 줄어든다. 하지만 부계에서 유래한 대립유전자들은 이 문제에 대해 전혀 다른 관점을 갖고 있다. 즉 이 대립유전자들은 태아의 대사를 돕는 데 관심이 있다. 태아에게 가는 칼슘의 흐름을 최대화하는 것도 관심을 표현하는 한 가지 방식이다.

칼슘을 보충해도 신생아의 뼈 건강이 향상되지 않는다면, 결국 칼슘 섭취량이 매우 낮은 집단의 임신부에게 칼슘을 추가적으로 공급하는 건 소용없는 걸까? 이 질문에 답하기 위해서는 장기적인 관점의 연구들이 선행되어야 한다. 앞에서도 논의한 바 있듯이, 감비아 여성들의 단백질 섭취량이 낮은 것도 칼슘 흡수를 저해하는 요인이 될 수 있다. 따라서 칼슘과 단백질을 모두 강화한 식단을 제공한다면 결과도 달라질 것이다. 설령 신생아에게는 이점이 없다고 해도 적어도 여성 자신에게는 이득이 되지 않을까? 멕시코의 임신부를 위한 단기적인 칼슘 강화 프로그램은 칼슘 보충식이 오히려 여성의 골교체율을 저해할 수도 있음을 보여주었다.[12] 보충식을 먹은 여성의 뼈의 무기질 구성을 파악하려면 몇 차례의 임신에 걸쳐 칼슘 보충식을 공급하고, 생식 연령기 이후의 골다공증 발병률을 측정해야 한다. 임신기와 수유기 동안 칼슘과 에너지를 모두 보충한다 해도 단기적으로는 아이와 어머니의 건강에 대해 기대했던 이점이 나타나지 않았다.

노동량과 출산아 수

임신한 여성은 에너지 섭취량을 늘리든가 아니면 소비량을 줄여서 태아의 발달에 필요한 추가 에너지를 얻을 것이다. 어머니의 추가적인 에너지 섭취가 신생아에게 도움이 안 된다면, 어머니의 신체활동량을 감소하는 것은 어떨까? 임신이나 수유 중에도 일상의 노동을 손에서 놓을 수 없는 여성들이 에너지 소비량을 줄인다는 건 선택의 문제가 아니다.[13] 적어도 특정한 계절에는 선택권이 없다.[14] 그러나 기술적 발전은 노동에 할애되는 여성의 시간과 에너지를 줄여주기도 한다. 에티오피아 남부의 목축민 집단에서 여성의 노동량이 극적으로 줄어든 계기가 있었다.[15] 빈곤한 이 지역의 여성들은 아주 먼 거리를 걸어서 물을 길어와야 했다. 특히 건기에는 진흙으로 만든 항아리에 물을 가득 담고 30킬로미터 이상을 걸어야 했다. 그런데 1996~2000년 이 작은 마을에 수도가 설치되어, 물을 긷는 데 걸리던 3시간이 단 15분으로 단축되었다.

마이리 깁슨과 루스 메이스는 물에 대한 접근성 향상으로 여성의 에너지 소비량이 감소했을 때 인구통계학적 수치에 어떤 변화가 일어나는지를 분석했다. 그 결과 첫째, 가장 어린 자녀의 생존율만 따져보면 긍정적인 효과를 나타냈다. 수도가 설치된 후 39개월 동안 유아 사망률이 50퍼센트까지 감소한 것이다. 하지만 불행히도 15세 이하의 어린이들은 영양실조에 걸릴 위험률이 더 높아졌다. 이에 대해서는 나중에 자세히 살펴보기로 하자. 놀라운 점은 여성의 노동량이 극적으로 감소했음에도 불구하고 BMI 지수로 평가한 영양 상태에는 별다른 변화가 나타나지 않았다는 것이다. 수도 시설이 가져온 가장 놀라운 결과는 출산율에서 나타났다. 물에 대한 접근이 쉬워진 여성들은 아직도 물을 얻는 데 많은 에너지를 쏟은 여성들보다 출산율이 세 배나 높았다.

알다시피 육체 노동으로 인한 에너지 소비는 난소 기능을 억제한다. 에스트라디올과 프로게스테론 수치가 감소하고 그에 따라 임신 가능성도 현저히 떨어진다. 물에 대한 접근이 쉬워진 덕분에 에티오피아 여성들은 에너지 소비가 줄고, 난소의 스테로이드계 호르몬 분비가 활발해지면서 임신 능력이 상승한 것이다. 기술적 발전이 도입되기 전, 이 집단의 여성들은 과도한 노동으로 인해 비임신 기간이 길었을 것이다. 그러나 강도 높은 노동에서 자유로워지자 대사 에너지를 저장할 수 있게 되었고, 새로운 임신에 에너지를 분배할 수 있게 되었다.

반면 출산 간격이 짧으면 자녀에게 몇 가지 불리한 상황이 연출된다. 브라질의 도시 어린이 중 24개월 미만의 간격으로 태어난 어린이는 출생체중도 적었고, 생후 1년간 사망률이 높았을 뿐만 아니라 생후 19개월이 되었을 때의 영양 상태도 좋지 않았다.[16] 에티오피아 집단에서는 수도가 설치된 이후의 유아 사망률이 감소했으나 어린이들의 전반적인 영양 상태는 악화되었다. 출생체중이 적은 영아의 생존율이 증가한 것이 사망률 감소의 주요 원인일 것이다. 수도 설비가 도입되기 전, 여성들이 물을 긷는 데 시간과 에너지를 많이 소모하던 시절에는 출생체중이 적은 영아의 생존율이 매우 낮았다. 이후 물 운반의 과중한 노동에서 자유로워지자 여성들은 영양이 더 부실한 영아들을 돌보는 데 많은 시간을 할애하면서 영아 생존율이 높아졌을 것이다. 하지만 영양 경쟁은 더 치열해졌다. 한 가정의 자녀수는 늘어났지만 식량 사정은 그렇지 못한 것이 원인이었다. 수도 설비가 도입된 마을의 어린이들이 영양 상태가 더 나빠진 것도 식량 경쟁으로 설명할 수 있다.

이러한 결과는 기본적인 생물학적 원리를 확증해준다. 즉 섭취량을 늘리든 소비량을 줄이든 어머니에게 추가적으로 공급되는 에너지는 현재 자궁 속의 태아나 젖먹이의 건강을 증진시키는 데 쓰이지 않는다는 것이다. 대신 어머니는 이 여분의 자원을 다음 임신을 앞당기는 데 분배한다. 아이가 생존해서 생식을 한다면 이 전략도 어머니의 진화 적응도에는 이득이 되겠지만, 인구통계학이나 정책적 관점에서는 그다지 바람직하지 않을 수도 있다.

유아기의 영양 상태가 양호하면 생식력도 높아진다

이처럼 태아기에 자궁의 영양 상태가 향상된다고 해도 신생아의 건강에 미치는 영향은 매우 제한적인 것으로 나타났다. 그러나 이를 근거로 유아의 몸이 태아기의 영양적 향상과 전혀 무관하다고 결론지어서는 안 된다. 실상은 그와 정반대다. 생애 초기에 향상된 영양 상태는 장기적인 효과로 나타날 수 있다. 1969년 과테말라 시골에서 실시되었던 임신 기간과 유아기 초반의 보충식에 관한 연구에서 여러 흥미로운 사실이 발견되었다. 임신한 여성과 3세 이하의 유아에게 두 가지 유형의 보충식 중 한 가지를 무작위로 공급했다. 하나는 아톨레atole〔물이나 우유에 옥수수가루를 푼 뜨거운 음료〕라는 고칼로리 고단백 보충식이었고, 다른 하나는 칼로리가 낮을 뿐 아니라 단백질도 함유되지 않은 프레스코Fresco라는 보충식이었다.[17] 두 보충식의 비타민과 미네랄 함량은 동일했으며 하루 두 번 공급했다.

약 23년이 지나자 보충식을 공급받아 성장한 여성들이 생식활동을 시작했고, 몇 년에 걸쳐 수집된 결과들은 실로 놀라웠다. 954명 여성의 유아기 성장 속도, 초경 연령, 첫 섹스 경험과 임신과 출산 시기 등이 밝혀졌다. 고칼로리 고단백 보충식 아톨레를 제공받은 여성들은 초경에서 첫 섹스까지, 첫 섹스에서 최초의 출산까지의 평균 간격이 더 짧았다. 최초의 출산을 경험한 평균 연령은 아톨레 그룹이 프레스코 그룹보다 1.17년이 더 적었다. 즉 유아기 초반에 성장 속도가 빨랐던 여성이 최초 출산 연령도 적었다.

앞에서 설명한 두 연구의 증거들은 생명이 잉태될 때의 양호한 영양 상태와 이후의 생식력 간에 숨겨져 있을지 모를 메커니즘을 살짝 드러내고 있다. 첫째, 폴란드 여성을 대상으로 실시했던 연구는 성인기의 난소 민감성이 여성의 출생 체격과 관련 있음을 증명했다.[18] 따라서 자궁 내의 영양 상태가 난소 민감성을 좌우한다고 볼 수도 있다. 영국으로 이주한 방글라데시 여성들에 관한 연구는 유아기 초기에 양호한 에너지 환경을 경험한 여성들의 난소 기능이 더 활발한 이유에 대해 감염률이 낮아지면서 면역 기능의 '유지' 비용이 적게 들기 때문이라는 사실을 입증했다.[19] 태아기와 유아기의 양호한 영양 환경은 난소 기능을 활발하게 만들어주며, 따라서 임신 능력도 향상될 수 있다.

소녀들의 초경 시기를 늦추는 요인으로 유아기 초반의 발육 부진(건강한 대조군에 비해 특정한 연령기 동안 성장이 매우 저조한 현상)이 작용하는 것처럼 보인다. 과테말라에서 실시된 추적 연구(같은 피험자를 대상으로 오랜 기간에 걸쳐 관찰과 측정을 반복하는 종적 연구)는 발육 부진을 겪은 소녀들이 일반 소녀들보다 약 7개월 더 늦게 성숙한다는 사실을 보여준다.[20] 늦은 초경은 월경주기의 빈도 감소, 난소 호르몬의 수치 저하로 연결된다.[21] 따라서 유아기에 영양 결핍을 겪은 여성은 첫 임신도 늦어질 수 있으며, 생애 전반에 걸친 임신 능력도 저하될 수 있다.

앞서 설명한 과테말라 연구에서는 두 가지 요인이 아톨레 또는 프레스코 보충식의 효과와 상호작용을 했다. 글을 읽을 수 있는 정도의 교육을 받은 부친을 둔 여성은 문맹의 부친을 둔 여성보다 초경에서 첫 섹스까지의 간격이 평균 2년 더 길었다. 초경에서 첫 출산까지의 기간과 첫 출산 연령 역시 약 2년 더 지연되었다. 여성 자신의 교육 수준은 더 중요한 영향을 미쳤다. 초등 교육을 마친 여성은 초경에서 첫 섹스까지의 기간이 약 6년 더 길었고, 첫 출산을 경험한 평균 연령은 4년 이상 늦어졌다.

양호한 영양은 유아기에 특히 더 중요해 보인다. 이 시기에 에너지와 영양 섭취가 부족하면 인지 발달이 지연되거나 학업 성취도가 낮아질 수 있으며,[22] 성인기 삶의 여러 측면에서도 장기적으로 불리한 결과를 초래할 수 있다. 과테말라 추적 연구는 생애 초기의 보충식이 여성의 교육 성취도에 끼치는 영향도 평가했다.[23] 생애 초기에 아톨레 또는 프레스코 보충식을 제공받은 여성들이 22~29세가 되었을 때 이해력과 계산력 그리고 읽기 능력을 검사한 결과, 아톨레를 제공받은 여성은 프레스코를 제공받은 여성보다 교육 성취도가 높았다. 그러나 보충식보다 교육 성취도에 훨씬 더 강력한 영향을 끼친 것은 초등 교육의 이수 여부였다. 보충식의 종류와 관계없이 초등 교육을 받은 여성들은 모든 검사에서 월등히 뛰어난 점수를 받았다. 초등 교육을 받은 여성 가운데 아톨레를 제공받은 여성은 프레스코 그룹보다 우수한 성취도를 보였으나, 이 여성들이 초등 교육을 이수하지 않았다면 아무리 영양이 풍부한 보충식도 여성의 지적 능력에 영향을 미치지 못했을 것이다!

역설적으로, 어린이의 영양 보충식이 장기적으로는 문제를 야기할 수도 있다. 앞서 논의한 대로 신생아의 저체중은 몇몇 질병에 대한 성인기의 발병률 증가와 명백히 관련이 있다. 하지만 가장 위험률이 높은 그룹은 저체중으로 태어났으나 유아기에 체중과 신장이 급격히 증가한 사람들이다. 헬싱키에서 관상동맥성 심장병으로 인한 사망률이 가장 높은 집단은 마른 아기로 태어났다가 유아기 초반에 체중이 급격히 늘어난 경험을 지닌 남성이었다.[24] 따라서 출생체중이 적었던 어린이에 대한 보충식, 특히 유아기에 성장을 빠르게 만회시키는 수준의 보충식은 성인기에 심장혈관계 질환이나 당뇨병 같은 질병으로 이어질 가능성을 내포하고 있는 셈이다. 하지만 이러한 질병의 발병률은 유아기에 급격한 영양 개선을 경험하고 성인기에도 에너지를 지나치게 많이 섭취할 경우에만 증가할 것이다. 예컨대 감비아의 시골 마을에서는 출생 전에 영양 결핍에 노출되었던 사람들, 심지어 출생체중이 매우 적었던 사람들도 혈당이나 인슐린 수치에 변화를 보이지 않았으며 지질 대사에도 변화가 없었다.[25] 하지만 이 사람들의 영양 상태는 생애 전반에 걸쳐 그다지 양호하지 않았다.

과테말라와 에티오피아 연구에서 어떤 결론을 이끌어낼 수 있을까? 여성과 어린이를 위한 영양 보충식은 생식력과 출산율 증가로 이어진다. 공중보건의 관점에서 이는 분명히 바람직한 결과가 아니다. 특히 출산율이 높은 빈곤 집단에서는 더 바람직하지 않다. 반면 영양이 결핍된 사람들에게 보충식을 제공하지 않는다면 여러 건강상의 문제를 초래할 수 있다. 가장 심각한 피해자는 어린이일 것이며, 이는 윤리적으로도 결코 옳지 않다. 분명히 말하지만, 에너지나 영양을 보충하는 프로그램들은 삶의 질을 향상시킬 수 있는 매우 중요한 방법이지만, 반드시 대상자들에게 교육의 기회를 제공하고 가족계획 방법을 전달해야만 완전한 프로그램이 될 수 있다. 여성의 노동 부담을 줄여주기 위한 기술 도입도 마찬가지다. 피임법이 동반되지 않는다면 신체활동에 분배되는 에너지가 줄어들었을 때의 출산율 증가는 피할 수 없다. 이처럼 진화생물학과 생활사 이론을 깊이 이해하지 못하면 박애주의적인 간섭들이 어떠한 탐탁지 않은 결과들을 초래할지 예측할 수 없다.

개발도상국의 가장 중대한 건강 문제는 여전한 사원 부족 그리고 분별없는 박애주의 활동과 관련이 있다. 따라서 질병을 예방하려면 반드시 에너지 과잉에 대한 몸의 반응을 이해해야 한다. 두 경우 모두 생리와 대사 기능에 대한 지식뿐 아니라 진화생물학의 원리에 대한 이해를 바탕으로 한 접근이 요구되며, 그러한 배경지식이 있어야만 생활 방식과 환경에 대한 인간 유기체의 반응을 예측할 수 있다. 유방암은 생식 및 에너지 과잉과 매우 밀접하게 연결된 질병이다. 아직 여성들을 이 질병에서 자유롭게 해줄 확실한 예방 전략은 없지만 특정한 생활 습관을 바꾸면 유방암으로의 발전을 효과적으로 제지할 수 있다.

21세기에 생활 습관을 바꾸는 것이 질병 예방의 주요 전략이라는 주장은 구세대적 접근법처럼 보일 것이다. 다양한 유전자 조작 기술로 대부분의 질병을 완치하고 아예 발병조차 못 하게 철저히 예방할 수 있는 분자의학의 시대는 여전히 멀리 있을까? 지금이 아니더라도 아주 가까운 미래에 곧 그런 시대가 열리지 않을까? 안타깝지만, 이 낙관적인 시나리오가 별로 현실적이지 못한 데는 그럴 만한 이유가 있다.

생활 습관, 주로 식생활과 신체활동을 개선하여 건강을 지키고자 하는 '전통적인' 예방책도 그 나름의 문제점을 안고 있다. 건강을 유지하는 완벽한 방법이 없는 까닭에는 노년의 건강이 아니라 생식을 촉진하는 자연선택에도 일부 책임이 있다. 12장에서는 질병 예방을 위한 유전적 기반의 접근법이 생활 습관 기반의 접근법을 대신할 수 없는 이유들을 살펴보고자 한다.

12장

유전자 조작 VS 생활 습관 변화

단순한 유전자 질병과 생활 습관 치료

개발도상국에서 발생하는 대부분의 건강 문제는 여전히 영양 결핍과 과도한 노동의 결과인 데 반해, 경제적으로 발달한 국가에서 건강을 위협하는 가장 큰 요인은 영양 과잉과 신체활동 부족이다. 일각에서는 경제 선진국에 만연하고 있는 대부분의 질병은 유전자 배열 분석, 복제, 조작 기술의 발달로 머지않아 사라지거나 드물어질 것이라 믿고 있다.

게놈 시퀀싱genome sequencing, 즉 유전자 배열 분석을 비롯하여 유전학과 분자생물학에서 최근에 이룬 발전들이 의학적 연구와 치료에 중요한 역할을 하는 것은 분명하다.[1] 적어도 부유한 국가에서만큼은 질병 치료의 새로운 시대를 열었다고 할 수 있다. 그러나 자칫하면 최신의 분자 기술에 대한 과도한 열정과 그 기술이 인간의 건강을 위해 무언가를 해줄 것이라는 희망에 휘말려 중심을 잃을 수도 있다. 이 책을 통해 강조하고 싶은 것은, 건강과 질병의 여러 측면을 이해하려면 진화생물학과 더불어 인간의 진화 역사가 중요하다는 점이다. 유전자 배열 분석으로 얻은 지식은 진화론적으로 접근해서 얻은 지식의 가치를 대신할 수 없다.

몇몇 질병은 단순히 유전적 변이로 결정된다. 페닐알라닌 수산화효소의 결핍으로 나타나는 페닐케톤뇨증은 열성 돌연변이(열성 돌연변이가 발현되려면 모계와 부계 양쪽에서 열성 대립유전자를 물려받아야 한다)로 인한 질병이다.[2] 건강한 사람의 몸에서 페닐알라닌 수산화효소는 페닐알라닌이라는 아미노산을 티로신으로 대사한다. 이 효소가 결핍되면 체내에 페닐알라닌이 축적된다. 페닐케톤뇨증을 치료하지 않으면 뇌 발달이 저해되고, 심각한 정신지체로 이어질 수 있다. 윌슨병도 열성 돌연변이로 인한 질병인데, 이 병에 걸린 사람들은 체내에서 구리가 해독되지 못해 조직에 침착되고, 결국 간에 이상이 생기거나 신경계가 손상을 입을 수 있다.[3]

두 질병 모두 유전적 질병이고 매우 심각한 증상을 동반하지만, 적절한 조치를 취하면 열성 돌연변이 유전자형을 갖고 있는 사람도 정상적으로 건강한 삶을 살 수 있다. 페닐케톤뇨증을 예방하려면 신생아 때부터 모유 대신 특별 조제분유를 먹이고, 이후에도 페닐알라닌을 제거하고 티로신을 보충한 식이요법이 필요하다. 윌슨병의 증상들을 피하기 위해서는 버섯, 견과류, 초콜릿 등을 비롯한 구리 함량이 높은 음식을 피하고 체내에서 구리를 제거해주는 약을 복용해야 한다. 건강관리 시스템이 잘되어 있는 국가에서는 이처럼 비교적 간단한 식이요법과 약물 치료가 가능하므로 열성 돌연변이를 갖고 있어도 증상으로부터 자유로운 삶이 보장된다.

결함이 있는 유전자를 대체하면 질병을 예방할 수 있을까?

인간 게놈 프로젝트는 질병의 치료를 위한 색다른 접근 가능성을 보여주었다. 간략하게 설명하면, 특정한 질병을 유발하는 변이의 정체를 확인하고 실험실 수준에서 그 유전자의 DNA 배열을 '건강하게' 수정하는 것이 가능해졌다. 새로운 배열을 개체가 갖고 있는 유전자에 삽입하면 정확한 단백질을 생산하기 시작하므로 대사 문제들이 해결되고 결국 질병이 치료된다.

마침내 꿈이 실현된 것처럼 들리지만, 게놈 프로젝트에 들어가는 막대한 비용에 대해서는 비판의 목소리가 크다. 새로운 기술적 발견들이 유전자 배열 분석의 비용을 상당 부분 절감시킨 것도 (알다시피 여러 국가에서 비교적 저렴한 의학적 검사와 치료라고 하는 것도 대다수 국민의 입장에서는 재정적으로 감당하기 어렵지만) 사실이다. 심지어 비용을 더 낮춘다고 해도 인간 게놈 프로젝트가 국민 전체의 건강을 괄목할 만하게 향상시킬 수 있는지에 대해서는 심각하고도 근본적인 의문점들이 남는다. 인간 게놈 프로젝트는 최근에 암 게놈의 배열 순서를 밝히겠다는 계획을 발표했다. 그러나 50여 종의 암에 대한 '개인 맞춤형 치료'라는 계획의 가능성은 비판의 화살을 피하지 못하고 있다.[4]

유전적 배경을 가진 만성적 질병들이 모두 똑같은 분자적 경로를 따라 발전된다는 순진한 가정은 상황을 더 복잡하게 만들고 있다.[5] 물론 현실은 그렇지 않다. 예컨대 형태나 미시적 해부 구조가 같은 기관에 발생한 암들도 실제로는 서로 다른 분자적 과정을 거쳐 발생하기도 하고, 사람에 따라 관여하는 유전자가 다를 수도 있다.

리처드 르원틴은 게놈 프로젝트가 제기한 유망한 시나리오들의 중대한 문제점 몇 가지를 지적했다.(1992, 2000) 예를 들어 심지어 뚜렷한 유전적 배경을 가진 질병들도 표현형의 효과는 같을 수 있지만 그 DNA 배열은 다를 수 있다. 표현형phenotype은 DNA(유전자형)에 담긴 유전 정보와 환경의 상호작용으로 유기체에게 나타나는 형질을 말한다. 일병 지중해빈혈로 알려진 탈라세미아thalassemia라는 병은 산소를 운반하는 단백질인 헤모글로빈 분자의 생산에 이상이 생겨 빈혈로 이어지는 혈액병이다. 헤모글로빈 분자를 암호화하고 있는 유전자에 발생한 변이로 분자의 합성이 제대로 이루어지지 않을 때 발병한다.[6] 그러나 탈라세미아는 어느 특정한 하나의 변이 때문에 발생하는 것이 아니다. 헤모글로빈 단백질의 결핍은 헤모글로빈 유전자의 상이한 부분에서 발생한 17개 이상의 완전히 다른 돌연변이들이 일으킨다고 알려져 있다. 두 사람이 똑같은 탈라세미아를 앓고 있다고 해도 그 질병을 일으킨 돌연변이는 서로 다를 수 있다.

유전자와 환경이 개체를 만든다

유전자가 중요한 것은 두말할 나위가 없다. 그러나 유전자는 진공 상태에 존재하는 것이 아니다. 대사나 생리적 특징들은 유전자와 환경 모두의 영향을 받으면서 발달하며, 유전자형-환경 상호작용으로서 표현되는 독특한 조합을 만들어낸다. 유전자는 (몇몇 질병을 포함하여) 표현되는 형질에 대한 정보만을 제공한다. 실제로 한 개체에게서 발달하는 형질들은 유전자와 환경 모두의 영향에 따라 달라진다. 앞서 언급한 페닐케톤뇨증처럼 유전적으로 결정된 질병은 생활 습관만—이 경우에는 적절한 식이요법만—바꿔도 관리가 가능하다.

하지만 표현되는 형질의 발달에 환경이 영향을 미친다는 사실을 식물 연구가 설득력 있게 보여준다. 이를테면 한 식물의 뿌리를 나누어 따로따로 심었을 때 어떤 뿌리에서는 무성하게 잘 자라는가 하면 어떤 뿌리에서는 겨우 봐줄 만한 정도로 자라기도 하고, 또 다른 뿌리에서 자란 식물은 간신히 생명만 유지하기도 한다. 모두 한 식물에서 유래했으므로 유전적으로는 동일하다. 그렇다면 왜 서로 다르게 자랄까? 빛의 노출량이 다르거나 수분이나 토양의 성분 또는 다른 식물 종과의 경쟁 등 약간씩 다른 환경에 심어졌기 때문이다. 이처럼 유전자는 부분적으로만 식물의 표현형을 결정한다. 데이지 꽃은 뿌리를 나누어 심어도 여전히 데이지 꽃이지만 각각 심어진 환경에 따라 성장 속도나 키, 꽃의 크기나 색깔, 씨앗의 수가 다르게 마련이다.

하지만 이게 다가 아니다. 세포 안에서 분자가 재배열되고 상호작용할 때 발생하는 무작위적인 사건들로 인한 발생 잡음Developmental noise도 표현형의 차이를 유발하는 또 하나의 원인이다.[7] 세포들의 분자 농도나 분자들과 목표물의 거리 차이는 한 기관으로 성장하는 세포들의 발육 속도나 순서의 차이로 나타나고 결과적으로 최종 결과물을 다르게 만든다. 이처럼 발생 잡음은 개체들의 외형적 차이를 유발하는 데 기여한다. 여기에 환경의 영향을 더하면 동일한 유전자형이라도 유기체마다 서로 다른 표현형으로 발달하는 까닭이 설명된다. 또한 발생 잡음은 변동 비대칭을 일으켜서, 좌우 대칭 구조에서도 왼쪽과 오른쪽을 다르게 만든다. 일반적으로 우리 얼굴이 완벽하게 좌우 대칭을 이루지 않고, 왼손과 오른손의 손가락들의 길이가 약간씩 다른 것도 변동 비대칭 때문이다.[8]

유방암은 유전자 질병일까?

공중위생학과 의학을 공부하는 학생들은 유방암의 일차적인 원인으로 유전자를 거론하곤 한다. 물론 유방암의 발병률을 증가시키는 주요한 유전자형은 밝혀져 있지만, 전체 유방암 환자의 5~10퍼센트만이 이 유전자형을 갖고 있다.[9] 이는 다시 말하면 유방암의 90퍼센트 이상은 명확한 유전적 원인이 없는 여성들에게서 발병한다는 뜻이다. 유전자 BRCA1 또는 BRCA2 유전자에 발생한 돌연변이는 유방암 민감성과 관련된 가장 흔한 유전 요인으로 알려져 있다. 미국의 평균적인 여성 중 유방암 발병 위험군은 대략 12퍼센트로 알려졌지만,[10] 여성의 평균 수명을 70세로 가정했을 때 BRCA1 돌연변이를 가진 여성의 발병 가능성은 51~95퍼센트, BRCA2 돌연변이를 가진 여성은 33~95퍼센트에 이른다.[11] 여기서 반드시 짚고 넘어가야 할 사실은, 유방암의 발병률을 극적으로 높이는 유전자의 존재가 반드시 부정적인 결과만 초래하는 것은 아니라는 점이다. 실제로 BRCA1 돌연변이를 갖고 있는 여성의 20~40퍼센트는 결코 유방암으로 사망하지 않는다!

앞에서 우리는 유전자와 환경이 표현형의 발달에 영향을 끼친다는 사실을 살펴보았다. 유방암에도 적용될까? BRCA 돌연변이를 갖고 있는 여성의 유방암 발병률이 시간이 갈수록 증가한다는 사실은 유전자와 환경의 상호작용에 대한 중요성을 말해준다.[12] 1940년 이전에 출생한 여성 중 이 돌연변이를 갖고 있는 여성의 경우 50세까지 유방암 발병률은 24퍼센트였지만, 똑같은 돌연변이를 갖고 있으면서 1940년 이후에 태어난 여성의 유방암 발병률은 67퍼센트까지 증가했다. 정확히 어떤 요인이 발병률의 차이를 유발했는지 알 수는 없지만, 1940년 이전의 특정한 생활 방식—특히 모유 수유와 청년기 동안의 신체활동—이 BRCA 돌연변이 보유 여성의 유방암 발병률을 낮췄을 것으로 보인다.[13]

다음과 같은 주장도 가능하다. 생활 방식을 적절히 바꾸면 유전적 위험률을 낮출 수 있으므로 우선 돌연변이 보유 여부를 확인하기 위한 유전자 검사를 받는 것이 중요하며, 모유 수유나 신체활동과 같이 위험률을 낮출 수 있는 습관을 '처방'해야 한다는 것이다. 하지만 그 습관들은 유전적 민감성을 갖고 있는 여성뿐만 아니라 모든 여성의 유방암 발병률을 낮춰주기 때문에 유전자형과 상관없이 누구나 실천할 수 있도록 권장안을 단순화해야 한다!

유전자 치료법의 몇 가지 문제점

간단하게 유전적 원인을 증명할 수 있는 질병은 매우 드물다. 상염색체 열성으로 유전되는 질병인 낭포성 섬유종은 2300명당 1명, 상염색체 우성으로 유전되는 중추신경계 질병인 헌틴텅병은 1만 명당 1명꼴로 발견된다. 이러한 질병을 완치할 수 있다면 바랄 게 없지만, 유전자 치료 또는 다른 수단으로 이 질병들을 치료한다고 해도 현대인의 건강 상태를 전반적으로 향상시키는 데는 크게 기여하지 못할 것이다. 2005년 국립보건통계센터가 발표한 보고서에 따르면, 미국인의 사망 원인 중 1위는 심장질환이었다. 유럽에서도 매년 435만 명—유럽 국가 전체 사망자 수의 거의 절반(49퍼센트)—이 심장혈관계 질환으로 사망한다는 통계와 함께 주요 사망 원인으로 꼽았다.[14] 좀더 구체적으로는 여성 사망자의 55퍼센트, 남성 사망자의 43퍼센트가 심장혈관계 질병으로 사망했다. 물론 사망자 중 일부는 이 질병의 위험률이 높은 유전적 경향을 갖고 있었겠지만, 알다시피 심장혈관계 질병은 대표적인 생활 습관 질병이다.[15] 흡연, 신체활동 부족, 나쁜 식습관 그리고 비만은 심장혈관계 질병의 발병률을 크게 증가시킨다.[16]

하지만 특정 질병에 취약하게 만드는 유전자가 있다고 해도, 유전자는 그 질병의 발병을 불가피하게 만드는 결정적인 요인이 아니다. 대개의 경우 비만 유전자는 적게 먹고 운동을 많이 하는 사람들을 비만으로 만들지 않는다. 유전자는 유전자형의 반응 기준, 즉 유기체가 발달하고 환경에 반응하는 방식을 제공한다. 임의의 한 유전자의 반응 기준은 예측할 수도 없고 최신의 실험 장비들로나 정확한 판독이 가능하지만, 가령 두 사람이 비만 '유전자'를 갖고 있어도 각자의 생활 습관에 따라 체형이 다르리라는 것은 누구나 예측할 수 있다.

소위 비만 유전자로 알려진 FTO(fat mass and obesity-associated)는 유럽인들에게 매우 흔한 돌연변이 유전자로, '위험성이 큰 대립유전자' 하나가 체중을 1.75킬로그램 증가시킨다고 알려져 있다.[17] 그러나 FTO 대립유전자를 갖고 있음에도 불구하고 어떤 사람들은 평균 체중을 유지한다. 신체활동을 많이 하는 펜실베이니아 랭카스터 카운티의 아미시파—유럽계 후손—사람들은 FTO 대립유전자를 갖고 있지만 비만은커녕 과체중도 없다.[18]

비만이 심장혈관계 질병의 발병률을 높이는 것은 사실이지만,[19] 그렇다고 해서 유전자 치료가 건강을 위한 최선의 예방적 선택일까? 비만에 취약하게 만드는 대립유전자들을 '정상적인' 유전자들로 대체하는 것만이 최선일까? 현재로서는 질병 예방을 위해 나쁜 유전자를 '건강한' 유전자로 대체할 수 있는 방법이 없지만, 다음과 같은 시나리오를 가정해볼 수는 있다. 식단과 신체활동을 통한 체중 조절은 명백히 '환자'에게 많은 노력을 요구한다. 하지만 생활 습관의 변화는 단순히 체중을 꾸준히 관리하는 데만 도움이 되는 게 아니라 건강의 여러 측면에 이점을 가져다준다. 그리고 신체활동은 심장혈관계 질병의 발병률을 낮춰줄 뿐 아니라 현대인에게 만연한 다른 질병들, 이를테면 성인기 발증형 당뇨병이나 유방암, 대장암, 골다공증의 발병률도 낮춰준다.[20] 신체적으로 활동적인 사람들은 체형도 보기 좋고 스트레스나 우울증을 겪는 일도 적으며 노년에도 좀더 독립적이다. 반면 유전자 치료를 통해 체중 증가의 걱정을 덜어낸 사람들은 규칙적인 운동을 할 가능성이 적으며, 결과적으로 다른 질병에 걸릴 확률이 높다. 그런 질병들도 유전자 치료로 고쳐야 할까?

조지 윌리엄스와 랜돌프 네스는 유전자 치료와 관련된 또 다른 문제를 지적했다.(1991) 어떤 질병에 취약하게 만드는 유전자들이 생리나 건강의 다른 측면에는 이점을 제공할 수도 있다는 것이다. "알츠하이머병의 유전적 원인을 제거하면 무조건 좋다는 식으로 천진하게 생각한다면, 우리는 예기치 못한 이점들까지도 무심코 없애버릴 수 있다."[21] 하나의 유전자가 다양한 생리 기능과 형태학적 형질들에 영향을 끼치는 일은 빈번하다. 유전학자들은 이를 다면 발현이라고 한다. 하나의 유전자가 하나의 형질에는 긍정적인 영향을 끼치는 동시에 다른 형질에는 해로운 영향을 끼치는 경우도 있는데, 이를 길항적 다면 발현이라고 한다.

완벽하게 건강을 유지하며 오래 살기

완벽하게 건강한 상태를 유지하는 것이 정말 가능할까? 건강상의 큰 불편을 겪지 않고 오래 사는 사람들은 분명히 존재한다. 그저 운 좋게 완벽한 유전자를 갖고 태어났기 때문일까? 아니면 건강과 장수에 필요한 비결이라도 발견한 것일까? 신문에도 장수한 사람들을 인터뷰한 기사가 종종 눈에 띈다. 대부분 100세를 맞은 해에 그런 인터뷰가 소개되는데, 으레 건강하게 오래 사는 특별한 비결을 알고 있는 대단한 사람으로 비쳐지곤 한다. "고기는 입에도 대지 않아요" "보드카는 마셔본 적도 없습니다" "매일 오후에 브랜디를 한 잔씩 마시는 게 비결이에요" 등등. 122세까지 살았던 잔 루이즈 칼망이라는 프랑스 여성은 공식적으로 가장 오래 산 사람으로 알려져 있다. 그녀는 올리브유와 포트와인 그리고 매주 거의 1킬로그램의 초콜릿을 먹은 것을 장수 비결로 밝혔다. 최근 폴란드의 한 신문은 100세 이상의 폴란드인을 대상으로 한 연구를 소개하면서, 장수하는 사람들은 대부분 낙천적이고 행복한 편이라는 결과를 토대로 연구자들은 심리적 성향을 장수의 중요한 요인으로 지목했음을 밝혔다. 안타깝지만 장수한 사람들에게서 유추한 이러한 결과와 권고를 일반 대중에게 적용하기에는 무리가 있다. 어떤 게 원인이고 어떤 게 결과인지 구분하기 쉽지 않기 때문이다. 즉 폴란드의 므두셀라Methuselah〔창세기에 나오는 노아의 할아버지로, 장수의 대명사로 통한다〕들이 행복해 보이는 것은 오래 살았기 때문일 수도 있고, 반대로 삶을 낙천적으로 바라보기 때문에 장수한 것일 수도 있다.

미국의 로스버그 연구소는 건강과 장수의 근본적인 원인을 찾기 위해 조금 색다른 방법을 택했다. 비영리단체인 이 연구소는 최근에 건강과 장수에 관여하는 유전자를 확인하기 위해 100세 이상 장수한 사람 100명의 게놈 배열을 분석할 것이라고 밝혔다. 일명 '므두셀라 프로젝트'라고 명명한 이 연구는 참여자들의 타액을 채취하고 건강 이력과 관련된 석 장짜리 설문지를 작성하게 한다. 설문지에는 거의 모든 질병의 이름이 길게 나열되어 있었지만, 놀랍게도 생활 습관에 대한 질문은 거의 없다.

이 프로젝트를 소개한 ABC 뉴스의 인터넷판 기사에는 코미디언이자 배우인 조지 번즈가 시가를 물고 있는 사진이 실려 있다. 100번째 생일을 넘기자마자 사망한 번즈는 14세 때부터 하루에 10~15개비의 시가를 피운 사람으로 유명하다. 장수의 본보기로 번즈를 선택한 것은 건강과 장수가 생활 습관이 아니라—심지어 유전자형과 생활 습관의 조합도 아닌—오로지 유전자로 결정된다는 오해를 조장한다. 이러한 인식을 낳은 데는 생활 습관을 평가하지 않은 로스버그 연구소의 과학자들에게도 부분적으로나마 책임이 있다. 므두셀라 프로젝트는 하나의 유전자가 아니라 다양한 질병의 발병률을 낮추고 노화를 억제하는 여러 개의 유전자 발견을 기대하면서 시작된 프로젝트다. 연구자들은 건강과 장수라는 두 마리 토끼를 잡을 수 있는 유전자 목록이 발견되리라고 확신하고 있다.

하지만 유전자가 건강과 장수를 결정하는 가장 중요한 요인이 아니라고 밝혀진다면, 사람들에게 질병 위험을 낮출 수 있는 진짜 유익한 권고를 알려줄 수 있을까? 물론 여기서 말하는 질병은 유전적으로 결정된 질병이 아니라 심장혈관계 질병이나 성인기 발증형 당뇨병, 유방암과 같은 특정한 유형의 암과 골다공증 같은 중년 이후의 현대인에게서 종종 발생하는 생활 습관 또는 대사와 관련된 질병을 말한다. 이런 질병은 현재 수많은 국가에서 공중보건을 위협하는 주요 질병으로 꼽힌다.[22]

간혹 정말 간단한 권고도 있다. 금연은 폐암의 발병률을 극적으로 낮춰준다.[23] 담배도 피우지 않고 간접흡연에 노출될 일도 없으며, 또 석면과 같은 유해한 물질이 없는 환경에서 일한다면, 일반적으로 폐와 관련된 암의 발병을 염려할 필요가 없다. 예컨대 영국에서 폐암으로 사망한 환자의 약 90퍼센트는 흡연 때문이다.[24] 하지만 그 외 질병의 예방은 생각보다 훨씬 더 복잡하다. 한 가지 질병의 발병률을 낮추기 위한 조치들이 다른 질병의 위험률 증가로 이어질 수도 있기 때문이다.

유방암은 예방할 수 있을까?

이 책 전반에서 논의하는 주제는 여성의 유방암이다. 지금부터는 우리가 이 질병의 발병률을 성공적으로 낮출 수 있는지의 관점에서 몇 가지 측면을 살펴보고자 한다. 인간이 진화해오는 동안 유방암은 매우 드문 질병이었던 것이 분명하다.[25] 늦은 초경, 다자녀 출산, 생애 전반에 걸쳐 누적된 긴 모유 수유 기간, 이 모든 요인이 결합되면서 유방암 발병률은 낮게 유지되었다. 오늘날 여성의 유방암 발병률을 높이는 대표적인 요인들, 즉 폐경기 이후 체중 증가와 과체중[26]은 걱정할 필요도 없는 문제였던 것이다. 그런가 하면 유방암 발병률을 현저히 낮춰주는 것으로 알려진 강도 높은 신체활동은 구석기 시대의 가장 보편적인 생활 방식이었다.[27] 그러한 환경에서 유방암에 대항하여 여성을 보호할 수 있는 적응을 진화시키지 않은 것은 이상한 일이 아니다.

유방암 발병률을 높이는 모든 위험 인자는 실질적으로 난소 스테로이드계 호르몬, 특히 에스트라디올[28]과 관련이 있으며, 어쩌면 프로게스테론도 관여할 가능성이 있다.[29] 호르몬과 유방암의 관련성은 1896년 초반 스코틀랜드의 외과의사 조지 토머스 비트손이 생식 호르몬의 주요한 근원인 난소를 제거하여 폐경기 이전 여성의 유방암 치료에 성공했다고 발표하면서 처음으로 제기되었다.[30] 그보다 최근에 난소 스테로이드계 호르몬은 또다시 유방암의 발달과 예후를 가늠할 수 있는 중요한 인자로 지목되었다.[31]

세포 규모에서 에스트라디올과 프로게스테론은 체세포 분열과 세포 증식을 조절하는 역할을 한다.[32] 에스트라디올은 유방 세포들을 포함한 표적 조직 안에서 강력한 미토겐, 즉 세포 분열 촉진물질로 작용한다. 프로게스테론 역시 정상적인 유방 조직과 신생(종양) 조직의 유사 분열 활동을 촉진한다. 유방 세포의 분열과 증식을 촉진하는 에스트라디올과 프로게스테론의 능력은 유방이 젖 생산을 준비하는 임신 기간에 특히 더 활발하다. 하지만 이 호르몬들은 임신 기간뿐 아니라 월경주기 그리고 심지어 폐경 이후에도 유방 세포에 영향을 미친다. 건강한 유방 조직 안에서 유사 분열 횟수가 많으면 돌연변이의 가능성도 증가하고, 신생 조직의 발달로 이어질 수 있다. 일단 형성된 신생 조직은 스테로이드계 호르몬 수치와 비례하여 그 성장 속도가 빨라진다.

에스트로겐이 유방암 발병률을 증가시키는 또 다른 메커니즘은 에스트로겐 대사와 관련이 있다.[33] 에스트로겐은 몇 가지 효소에 의해 화학적으로 성질이 바뀌어 수산화된 형태로 대사된 후에 체내에서 배출된다. 수산화된 에스트로겐 분자는 DNA에 직접적인 손상을 입힐 수 있는 매우 위험한 분자로, 보통은 빠르게 중화되지만 어떤 상황에서는 농도가 높아져 DNA에 엄청난 손상을 입힌다.

고농도의 난소 스테로이드계 호르몬에 장기 노출되는 것은 유방암 발병의 주요한 영향으로 여겨진다.[34] 이미 언급했듯, 유방암 발병의 많은 요인은 높은 호르몬 수치와 관련이 있다. 위험 인자로 잘 알려진 빠른 초경은 적어도 두 가지 경로에서 난소 호르몬을 매개로 작동한다. 우선 빠른 초경은 스테로이드계 호르몬에 유방이 노출되는 기간을 늘린다. 그리고 초경이 빠른 여성은 이후 월경주기의 난소 호르몬 수치도 높다.[35] 결국 초경이 빠르면 혈중 스테로이드계 호르몬에 대한 노출 기간과 농도가 모두 늘어나는 셈이다.

유방암의 발병률을 높이거나 낮추는 그 밖의 요인들도 대부분 호르몬 수치를 매개로 작동한다. 기간이 길고 빈도가 잦은 모유 수유, 특히 산모의 영양 상태가 열악할 때 모유 수유는 난소 스테로이드계 호르몬의 생산을 완벽하게 차단할 수 있다. 따라서 연달아 몇 명의 자녀에게 모유를 먹인다면 스테로이드계 호르몬의 생애 누적 감소량은 엄청날 것이다. 신체활동도 월경주기의 스테로이드계 호르몬 수치를 떨어뜨리며 체중 증가를 방지한다. 난소가 더 이상 호르몬을 생산하지 않는 폐경기 이후의 과체중은 유방암에 걸릴 확률을 높이는데, 지방 조직에 함유된 고농도의 방향화 효소가 부신에서 생산된 호르몬을 에스트라디올로 전환시키기 때문이다.

앞에서도 언급했듯, 과거 인간의 진화기에는 유방암이 극히 드물었기 때문에 자연선택은 유방암으로부터 여성을 보호하기 위한 적응을 허락하지 않았다. 강력한 항암성 적응의 진화를 가로막은 또 다른 중요한 요인들도 있다. 알다시피 에스트라디올과 프로게스테론 수치는 생식력에 직접적이고도 긍정적인 영향을 미친다. 이 호르몬들의 수치가 높으면 생식 연령기의 생식력이 향상된다. 따라서 설령 나중에는 사망률을 현저히 증가시키는 한이 있더라도 자연선택은 호르몬 수치를 높이는 결정을 내린다. 이 경우 여성 개개인이 지불하는 생식 후 비용은 중요하지 않다. 이 호르몬들이 세포 분열을 촉진함으로써 성숙기와 임신 기간 그리고 수유 준비 기간에 유방 조직의 성장을 유도하는 것도 결코 우연이 아니다. 스테로이드계 호르몬에 대한 유방 조직의 민감성은 자연선택조차 마음대로 바꿀 수 있는 성질의 것이 아니었다. 설령 나중에는 유방암을 초래할지언정 생식에서 스테로이드계 호르몬이 차지하는 비중은 워낙 크기 때문이다.

자연선택이 (매우 타당한 이유에서) 유방암으로부터 여성을 보호하지 않는 쪽으로 이루어졌다는 전제 아래, 유방암을 예방하기 위해 현재 우리가 할 수 있는 일은 무엇일까? 이론적으로는 여러 위험 인자를 목표로 삼을 수 있겠지만, 현실적으로는 그리 간단하지 않다. 예컨대 초경 연령을 늦추면 스테로이드계 호르몬의 노출 기간을 줄일 수 있지만, 대다수 여성에게 초경 연령은 선택 사항이 아니다. 더욱이 오늘날 많은 여성이 호르몬 대체요법을 통해서라도 스테로이드계 호르몬의 노출 기간을 늘리고자 한다. 공중보건 향상을 위한 정책들이 제안하듯, 출산을 더 많이 한다든가 모유수유 기간을 더 늘린다든가 하는 식으로 생활 습관을 바꾸어 스테로이드계 호르몬 노출을 직접적으로 줄이는 것도 실효성이 거의 없다. 게다가 생애 전반에 걸쳐 호르몬 노출을 조작하려 한다면 간과하기 쉬운 건강의 다른 측면들까지 반드시 고려해야 한다.

높은 호르몬 수치에 대해 무엇을 할 수 있을까?

유전자는 태아기와 유아기의 발육 환경 그리고 성인기 여성의 스테로이드계 호르몬 수치에 영향을 미친다. 호르몬 수치가 높다는 것은 태아기와 유아기의 영양이 양호한 결과이기도 하다. 동일한 요인들이 유방암 발병률도 증가시키는데, 이 역시 호르몬 수치를 높이는 작용 때문일 것이다. 유행병학 연구의 일환으로 1970년대 중반부터 미국에 간호사로 등록된 여성 20만 명을 대상으로 실시한 간호사건강연구에 따르면, 출생체중이 3000~3499그램 이하였던 여성의 유방암 발병률은 출생체중이 4000그램 이상이었던 여성보다 대략 30퍼센트 낮았다.[36] 출생체중이 2500그램 미만이었던 여성의 유방암 발병률은 거의 50퍼센트까지 감소했다.

유아기의 건강 상태가 여성의 유방암 발병률에 미치는 영향은 노르웨이의 한 연구에서도 제기되었다. 이 연구에서는 유방암과 성인기의 신장 사이에 비례적인 관계가 입증되었는데,[37] 성인기의 신장이란 유아기의 영양 상태를 보여주는 훌륭한 지표다. 노르웨이에서 실시된 또 다른 연구에서도 유아기 건강의 중요성이 암묵적으로 드러난다. 이 연구에 따르면, 제2차 세계대전 중에 사춘기를 겪은 여성들은 유방암 발병률이 예상외로 낮았다.[38] 1906년부터 분석한 노르웨이 여성의 유방암 발병률은 전쟁 전에 사춘기를 겪은 여성이 높았고, 전쟁 중에 사춘기를 겪은 여성은 13퍼센트까지 낮았으며, 전쟁 후에 사춘기를 겪은 여성은 다시 증가했다. 태아기와 유아기의 영양 결핍이 중년 이후의 유방암 발병률을 낮춰주는 것처럼 보인다. 하지만 그렇다고 공중보건을 위한 방책으로서 태아기와 유아기의 영양을 일부러 악화시키자는 주장은 어불성설이다. 유방암 발병률을 아무리 낮춘다 해도 그러한 주장을 할 사람은 없을 것이다. 비단 윤리적 차원만이 아니라, 여기엔 다른 거래가 작동하기 때문이다. 출생체중이 높을수록 유방암 발병률도 높지만, 앞서 언급했듯 저체중 역시 몇몇 대사성 질병의 발병률과 관련이 있다.

그렇다면 이제 유방암을 어떻게 예방할 수 있을까? 체중과 신체활동도 유방암의 발병률과 관련된 요인이다.[39] 대학을 졸업한 5000명의 여학생을 대상으로 몇 년에 걸쳐 실시된 연구 결과에 따르면, 대학 재학 중에 규칙적으로 운동을 했던 여성은 운동을 하지 않았던 여성에 비해 유방암 발병률이 현저히 떨어졌다.[40] 그 외의 수많은 연구에서도 오락용이든 직업용이든 모든 신체활동이 유방암 발병률을 낮춰준다는 결과가 입증되었다.[41] 알다시피 과체중, 특히 폐경기 이후의 과체중과 성인기에 늘어난 체중은 유방암 발병률을 증가시킨다.[42]

국립암연구소의 통계 자료에 따르면, 미국 여성 8명 중 1명은 유방암에 걸린다.[43] 그리고 유방암 환자 대부분이 폐경기 이후에 진단을 받는다. 젊은 여성의 유방암 발병률은 상대적으로 낮은 편이다. 예컨대 30세의 여성 중에서 앞으로 10년 안에 유방암에 걸릴 확률은 250명당 1명꼴이다.[44]

비록 폐경기 이전의 유방암 발병률이 상대적으로 낮긴 하지만, 유방암으로 발병하기까지 꽤 오랜 시간이 걸리므로 조기 예방이 무엇보다 중요하다. 최초의 DNA 손상에서 악성 종양이 되기까지는 대략 20년이 걸린다.[45] 이 기간에 스테로이드계 호르몬 수치가 높은 체내 환경은 DNA의 돌연변이 가능성을 높여 암을 유발할 수 있다.

어떻게 유방암 발병률을 낮출까? 운동이나 체중 감량으로?

유방암 예방의 중요한 열쇠 중 하나는 암으로 이어지는 과정을 억제하여 발병되지 않도록 환경을 개선하는 것이다. 생식 연령기에 신체활동량을 늘리거나 체중을 감량한 여성은 난소 스테로이드계 호르몬 수치가 감소할 것이며,[46] 결과적으로 평생 호르몬의 노출량도 줄어들 것이다. 하지만 난소 스테로이드계 호르몬의 여러 건강적인 측면을 감안했을 때 유방암 예방에는 식이요법보다 신체활동이 권장할 만한 방법이라고 생각한다.[47]

내생 에스트로겐은 골다공증과 심장혈관계 질병 예방에 필수적이며,[48] 비록 확실히 입증되지는 않았지만 알츠하이머병 예방에도 영향을 미칠 수 있다.[49] 프로게스테론 역시 에스트로겐과 상호작용하거나 혹은 독자적으로 심장혈관계와 골밀도에 유익한 영향을 미친다.

호르몬 대체요법hormone replacement therapy, HRT으로 공급된 외생 에스트로겐과 프로게스테론이 생리학적으로 내생 호르몬과 동일한 유익한 효과를 내는 것은 아니다. 외생 호르몬들은 골다공증의 위험률을 낮출 수는 있지만, 심장혈관계 질병과 뇌졸중을 방지하는 효과에 대해서는 최근까지도 의문이 제기되고 있다.[50] 실제로 에스트로겐과 프로게스테론으로 구성된 HRT는 폐경기가 지난 여성들 사이에서, 특히 치료를 시작한 첫해 동안에는 심장을 보호하는 효과도 없을뿐더러 오히려 심장혈관계 질병의 발병률을 증가시킬 수도 있다.[51] 반드시 주목해야 할 점은 HRT가 비록 직접적이지는 않더라도 유방암의 발병률을 높인다는 점이다.[52] 모든 종류의 호르몬과 그것들의 조합이 한결같이 위험률을 높이는 것은 아니지만[53] 몇몇 연구는 HRT를 장기간 처방받은 경우 유방암 발병률이 증가했다고 보고한

바 있다.[54]

여성 건강의 여러 측면에서 에스트로겐이 필수적이라면, 유방암을 예방하기 위해 이 호르몬의 수치를 떨어뜨리는 것이 부정적인 결과를 초래할 수 있지 않을까? 예를 들어 이론적으로 운동과 칼로리 제한으로 난소의 에스트로겐 생산을 억제하면 (에스트로겐 수치가 아주 약간만 저하되어도 심장혈관계 기능에 해로울 수 있다고 추측되므로) 관상동맥성 심장 질환의 위험률이 증가할 수도 있지만, 동일한 행위로 예상되는 체중 감량과 신체를 구성하는 성분의 질적 향상은 부정적인 효과를 상쇄할 수 있을 것이다. 운동으로 인한 난소 스테로이드계 호르몬 수치의 감소는 골밀도를 떨어뜨려 골다공증의 위험률을 높일 수 있지만,[55] 체중지지 운동은 그 반대의 긍정적인 효과도 있다.[56]

요약하면, 생활 습관을 바꿔서 에스트로겐 수치를 낮추면 유방암 발병률을 (그리고 어쩌면 자궁내막암과 난소암의 발병률도) 감소시킬 수 있다. 신체활동과 체중 감량으로 에스트로겐 수치가 떨어지면 몇몇 질병의 발병률이 높아질 수 있지만, 같은 행위가 (에스트로겐 수치를 저하시킴에도 불구하고) 역시 같은 질병들의 발병률을 낮춰준다는 사실도 이미 충분히 입증되었다. 즉 운동과 체중 감량은 호르몬 유인성 암과 심장혈관계 질병의 발병률을 낮춰주는 것으로 보인다. 이러한 행위가 생식력을 떨어뜨릴 수도 있지만, 생식력은 쉽게 회복되기 때문에 그다지 문제가 되지 않는다. 가벼운 달리기와 체중 감량이 생식력 저하와 관련이 있다고 하지만[57] 난소의 호르몬 생산 능력은 운동량을 줄이거나 체중이 증가하면 곧바로 회복된다.[58]

하지만 뼈의 강도 면에서라면 상황이 약간 다르다. 체중지지 운동은 에스트로겐 수치를 떨어뜨림에도 불구하고 골밀도를 증가시킨다. 이와 대조적으로 체중 감량은 에스트로겐 수치를 떨어뜨리지만 뼈에는 긍정적인 효과를 미치지 않는다. 따라서 신체활동과 칼로리 제한을 동시에 실시하는 것을 권장할 수도 있다. 특히 체중이 쉽게 불어나는 경향이 있거나 현재 매우 심각한 과체중인 여성에게는 좋은 방법이다. 하지만 정상 체중의 여성에게는 스테로이드계 호르몬이 건강의 다른 측면들과 관련이 있음을 감안하여 신체활동으로 호르몬 수치를 떨어뜨리는 편이 낫다. 체중 감량만으로도 난소 호르몬 수치가 떨어지지만, 운동은 난소 기능에도 유사한 효과를 낼 뿐 아니라 건강에도 여러모로 유익하기 때문이다. 물론 일반 대중에게 운동 프로그램을 도입하는 데는 장애물이 한두 가지가 아니다. 그것은 대부분은 에너지를 신체적 활동에 쓰기보다 저장하려는 인간의 진화적 경향에서 비롯된 것이다.

유전자 치료법으로 대부분의 건강 문제가 해결되거나 예방될 수 있다는 전망에 회의를 갖는 데는 여러 근거가 있다. 분자 기술로 현대인에게 가장 흔한 질병의 발병률을 낮출 수 있다고 낙관하기 전에 먼저 질병의 유전적 배경의 복잡성, 유전자와 환경의 상호작용 결과에 대한 예측 불가능성, 유전자들의 다면발현성 성질 등을 반드시 해결해야 한다. 그런 점에서 현재로서는 생활 방식을 바꾸는 등 구식의 예방책들이 여전히 대다수의 사람에게 가장 유력한 선택 사항이다.

무엇보다 진화 이론과 인간의 진화기 조상들의 생활 방식에 대한 정확한 지식을 기반으로 공중보건 차원의 권장안들을 수정해나가는 것이 중요하며, 이러한 권장안을 일반 대중에게 알리는 효과적인 방식도 필요하다. 중요한 사실은, 무조건 잘 따르기만 하면 완벽한 건강을 보장하는 권장안은 만들 수 없다는 것이다. 진화론은 우리에게, 건강을 지키는 것은 자연선택의 의제에서 별로 중요한 의미를 획득하지 못했다는 분명한 메시지를 보내고 있다.

결론

우리는 생리학적으로 퇴화하고 있을까?

지금까지 진화론적인 틀에서 여성의 생리학과 건강의 몇몇 측면에서 나타나는 차이들을 살펴보았다. 현재보다 한층 더 효과적이고 포괄적인 질병 예방 프로그램들을 계획하고자 한다면 무엇보다 진화론에 입각한 생활사의 틀을 벗어나서는 안 될 것이다. 물론 진화론적 관점에는 약간의 회의론도 따른다. 완벽한 예방을 통한 건강 프로그램에 관한 한 진화론 교육을 받지 않은 사람들이 진화생물학자들보다 낙관적이다. 다른 모든 종이 그러하듯, 인간이 진화하는 과정에서 자연선택은 생식 성공률을 높이기 위한 적응들을 선택하고 촉진했다. 그러나 안타깝게도 적응과 건강이 일치하지는 않는다. 실제로 진화가 준 적응은 우리 건강에 해로울 수도 있다.

진화적 유산을 무시한다면 현대인에게 만연한 질병들을 예방할 수 없다. 질병은 치료보다는 예방이 늘 바람직하다. 물론 예방이라고 해서 다 완벽한 것은 아니다. 질병의 발병률을 낮출 수는 있지만 완벽하게 차단할 수는 없기 때문이다. 어떤 질병들은 예방하기 쉬운 반면 그렇지 않은 질병도 많다. 원인이 알려진 질병도 있지만 원인을 알 수 없는 질병도 허다하고,

원인을 쉽게 해결할 수 있는 경우도 있지만 그렇지 못한 경우도 있다. 하지만 예방이 어려운 진짜 이유는 우리가 완벽하게 건강을 유지하며 살도록 진화하지 않았기 때문이다.

예방을 어렵게 만드는 또 하나의 장애는 생리학적 기능들과 유전자의 길항적 다면 발현 사이에서 표현형을 놓고 이루어지는 거래들이다. 이런 거래 덕분에 인간은 젊을 때는 번성하고, 늙어서는 그로 인한 결과로 고통을 받는다. 반드시 지불해야 할 비용도 있고, 결코 해결되지 않는 어머니-태아 간 갈등도 있으며, 극복하지 않으면 안 될 세대 간의 생물학적 역사도 있다. 그뿐인가! 자궁에서부터 유아기와 성인기에 이르기까지 우리 각자가 갖고 있는 생물학적 역사도 존재한다. 물론 오랜 진화의 역사를 반영하고 있는 우리의 유전자도 빼놓을 수 없다. 이 모든 요인이 우리의 생물학적 상태와 건강 그리고 수명에 영향을 미친다. 그중에는 쉽게 수정하고 고칠 수 있는 요인도 있지만 우리 힘으로는 결코 바꿀 수 없는 요인도 있다. 21세기는 게놈을 수정하여 인간의 건강 문제에 종지부를 찍을 것이라는 분자생물학의 희망찬 약속들과 함께 시작되었지만, 유전자 치료가 현대인에게 만연한 질병들의 위험을 획기적으로 낮추어줄 것이라는 기대는 아직 때 이르다. 유전자 치료는 많은 질병 치료에 상당히 기여하겠지만, 누구나 쉽게 유전자 조작을 통해 질병을 예방하기에는 갈 길이 멀다.

지금까지, 그리고 어쩌면 앞으로도 오랫동안, 질병의 발병률을 낮추기 위한 가장 효과적인 방법은 각자 의식적으로 자신의 생활 습관을 변화시키는 것일 수밖에 없다. 이 전통적인 질병 예방법에도 오류가 전혀 없는 것은 아니다. 건강을 증진하고 유지하기 위한 식생활과 운동, 흡연, 음주 그리고 이것들과 건강의 관계에 대해 지금까지 엄청난 지식 및 정보를 축적

해왔으나 늘 반론의 화살들이 꽂히고 있다. 가장 큰 문제점은 예방 차원의 건강을 다루는 분야에도 인간의 건강에 대한 포괄적인 이론이 없다는 것이다.

진화론적 관점이 오늘날에도 유효한가?

이 책에서 논의된 이론과 개념들이 역사적 맥락에서는 흥미로울지언정 현대인의 건강과 무슨 관련이 있겠느냐며 내 접근법에 반박할 사람도 있을 것이다. 예컨대 생식 비용만 해도 과거의 여성들에게는 틀림없이 건강을 손상시키는 결정적인 요인이었다. 당시 여성들은 출산율이 높았고, 사회경제적 상황은 적절한 식사와 노동 부담을 줄여서 생식 비용을 만회하려는 여성의 능력을 제한했다. 그러나 현대 여성에게 생식 비용은 더 이상 문제가 안 된다. 아니, 문제가 아닌 것처럼 보인다.

그러나 이는 철저히 유럽과 미국 중심적인 시각이다. 지금도 수많은 집단의 여성들에게 생식 비용은 상당히 부담스럽다. 여전히 출산율이 높은 국가가 많으며, 보통 그러한 국가의 여성들은 충분한 영양을 섭취하지 못한 채 과중한 노동에 시달린다. 하지만 이러한 국가들뿐만 아니라 완벽하게 현대화된 생활 방식을 갖춘 집단에서도 생식 비용은 여성과 어린이의 건강을 위협하는 중요한 요인이 될 수 있다. 서구 여성들은 출산율도 낮고 임신과 모유 수유에 따른 에너지 소비를 만회할 만큼 충분한 영양을 섭취할 수 있지만, 그렇다고 해도 수많은 건강의 딜레마로부터 나 보호받지는 못한다. 개발도상국의 여성들과 마찬가지로, 서구 여성들의 몸이 가진 전략도 시험대 위에 올라 있다.

모든 유기체는 현재와 미래의 생식에 대한 투자 사이에서 각자의 생리적 기능들을 놓고 진화적 거래를 한다. 현대 여성도 예외가 아니다. 이 책에서 논의한 것처럼, 출생체중이 적은 아기들은 부분적으로 이러한 거래의 영향을 받은 결과일 것이다. 달리 말하면, 생식 비용이 크기 때문에 출생체중이 적은 것이다. 무엇보다 대사 에너지의 가용성이 낮은 여성들에게는 생식에 따른 체감 비용이 더 클 것으로 예상된다. 진화기 동안은 물론이고 현재도 전통적인 생활 방식을 따르는 집단의 여성들은 식량 부족과 생존 노동에 따른 불가피한 열량 소비로 늘 에너지 결핍에 시달리고 있다. 현대 여성들이 정상 체중의 건강한 아기를 출산하기 위해 추가적으로 에너지와 영양을 획득하는 것쯤은 별 문제가 되지 않지만, 체중 감량을 위해 저칼로리 식사와 운동을 병행한다면 현대 여성의 몸도 에너지 결핍을 겪을 수 있다.

우리 인간의 생리 기능은 자발적인 에너지 결핍과 비자발적인 에너지 결핍을 구분하지 못한다. 물론 현대 여성은 떨어진 에너지 가용성을 쉽게 회복할 수 있을 뿐만 아니라, 임신과 동시에 다이어트나 운동을 중단할 것이다. 하지만 감비아의 시골 마을에서 임신한 여상들에게 보충식을 제공했던 연구에서도 밝혀졌듯, 임신 기간에만 영양을 충분히 섭취하고 에너지를 보존하는 것으로는 충분치 않을 수도 있다. 아기의 출생체중과 어머니의 산후 생식력 회복을 위해서는 임신 기간에 식사량을 늘려 산모와 태아에게 영양을 보충하는 것보다 임신 이전의 영양 상태가 훨씬 더 중요해 보인다. 여성의 몸은 임신 이전의 강도 높은 운동과 칼로리 제한식이도 열악한 환경 조건의 신호로 간주하여 그에 맞게 생리와 대사 기능을 바꿀 수도 있다. 이러한 상태에서 임신이 된다면, 모체는 미래의 생식과 산모 고갈을 방지하기 위해 태아 발육에 필요한 에너지 흐름을 제한하는 전략을 선택할 것이다. 그러므로 신생아의 저체중은 가장 고전적인 거래, 즉 현재와 미래의 생식 사이의 거래 결과로 볼 수 있는 것이다. 이 거래는 더 이상 출산 계획이 있느냐 여부와 상관없이 이루어진다.

출생체중의 문제는 세대 간 신호로 인해 더욱 심각해진다. 한 여성의 어머니와 할머니가 영양 결핍을 겪었다면 그 여성의 생활사 전략은 그러한 모계 혈통의 역사를 고려하여 세워진다. 알다시피 신생아 가족의 앞세대들이 영양 결핍을 겪었다면 신생아의 출생체중도 적다. 그 밖의 생활사 전략들이 모계 쪽 역사의 영향을 받는지에 대해 알려진 바는 없지만, 예측컨대 우리 몸은 에너지와 영양을 절약하는 전략을 택할 것이다. 여기서 절약이라는 것은 에너지 저장 효율을 높이는 쪽으로 생리와 대사 기능을 한다는 뜻이다.

임신 기간에 고칼로리 식사를 하더라도 아기의 출생체중에 끼치는 영향이 제한적인 것처럼, 임신한 여성이 특정 영양소를 무작정 많이 섭취하는 것도 큰 효과를 기대하기는 어려울 것이다. 진화기의 여성들은 임신을 해도 추가적인 영양 섭취를 기대할 수 없었다. 계절에 따라 섭취할 수 있는 식량과 영양 성분이 달라지는 환경에서 임신 및 수유로 영양 요구량이 늘어난 여성이 (임신 전보다) 특정한 영양소의 섭취를 늘린다는 것은 사실상 불가능했다. 자연선택은 이러한 식생활의 제약을 해결해야만 했다. 예컨대 진화기에는 임신 기간의 칼슘 보충식 따위는 없었을 테니 산모가 충분한 칼슘을 섭취하지 않아도 태아에게 칼슘이 공급될 수 있도록 대사를 진화시켰다. 심지어 오늘날 각국의 드러그스토어에는 비교적 값싼 칼슘 보충제가 넘쳐나지만, 임산부의 칼슘 보충제는 발달하고 있는 태아의 뼈를 튼튼하게 개선해주지 않는 것처럼 보인다. 대신 산모는 자신의 뼈에서 칼슘을 빼내—과거 진화기에 그래왔던 방식으로—태아의 뼈 발달을 지원한다. 오늘날의 여성들이 임신 기간에 얼마든지 칼슘을 보충할 수 있고 자신의 뼈를 고갈시킬 필요가 없다고 할지라도, 오랜 기간 진화된 임신 중의 칼슘 대사 패턴은 그리 쉽게 바뀌지 않을 것이다.

인간이라는 유기체 안에서 일어나는 생물학적 거래들은 심지어 현대사회에서도 일어난다. 생식은 수명 연장이나 생식 연령기 이후의 건강보다 더 중요하다. 생식의 우선권은 수천 세대를 거친 자연선택의 결과물이고, 아무리 많은 기술적 과정이 개입해도 바뀔 수 없다. 몸은 현재의 임신보다 미래의 생식 가능성—여성이 자녀를 더 낳으려는 의도가 있든 없든—을 더 중요하게 여긴다. 우리의 생리학적 기능들은 이것을 위해 진화되었고 지금도 그렇게 작동한다. 현대 여성의 건강을 위협하는 가장 큰 문제인 유방암은 생식과 생존 사이에서 일어난 거래의 결과다. 아주 오래전에 자연선택은, 생식 연령기 이후의 유방암 발병률을 증가시킬지언정 생식 연령기에는 에스트로겐 수치를 높게 유지하도록 대사를 촉진했다. 물론 오늘날에도 예외는 아니다. 에스트로겐 수치를 높게 유지하려는 자연선택은 대다수의 현대 여성이 한두 명의 자녀를 원하든 아예 임신할 계획이 없든 개의치 않는다.

몸의 지혜

'몸의 지혜'라는 개념이 인간의 생리학적 기능과 건강에 관한 대중적인 사고방식으로 자리 잡은 지도 오래됐다. 이 개념은 우리 몸이 본능적으로 올바른 선택을 할 수 있을 뿐 아니라 일반적으로 우리에게 이로운 방식으로 기능할 거라는 믿음에서 출발한다. 정말 인간의 몸이 '지혜'로울까? 몸의 지혜는 개개인의 진화 적응도에는 이롭게 진화했지만 이 지혜가 인간의 건강에도 반드시 이롭다고 볼 수는 없다. 몸의 지혜—인간의 해부학적, 생리학적, 대사적 기능들이 작동하는 방식—는 한 유기체의 유전자 사본을 다음 세대에게 성공적으로 전달하기 쉽도록 진화했다.

생식에 부정적인 영향을 끼치지 않는 선에서 건강을 유지한다면 우리 몸은 분명히 비생식적 기능들에도 유리한 방식으로 작동할 것이다. 하지만 생식은, 그 결과로 건강에 손상을 입히는 한이 있더라도 최우선 순위가 매겨질 만큼 중요하다. 여성의 에너지와 영양은 임신 전과 후의 쓰임새가 다르다. 임신 전에는 모계 유기체의 몸만을 위해 쓰이지만 임신 후에는 성장하고 있는 태아와 나누어 쓸 수밖에 없다. 이처럼 에너지와 영양의 가용성에 제한을 받는 모체의 몸은 손실이 불가피하다. 에너지가 부족하면 면역 시스템에 차질이 생겨 감염에 취약해질 수 있다. 태아의 칼슘 요구는 모체의 뼈를 고갈시켜 나중에 골다공증을 유발할 수도 있다. 임신과 수유는 모체의 건강에 부정적이고 장기적인 영향을 끼칠 수 있는 생리학적, 대사적 변화를 유도한다. 이 변화로 여성이 입는 손해는 수명이 단축될 정도로 심각하다. 다산으로 생식 비용을 많이 지불한 여성은 저출신 여성보다 일찍 사망한다. 이처럼 여성이 지불해야 하는 엄청난 비용에도 불구하고 생식은 변함없이 지속되고 있다.

인간의 몸은 쉽게 혼란에 빠진다. 우리 몸이 진화해온 환경은 지금 우리가 살고 있는 환경과 극적으로 달랐다. 따라서 우리 몸은 이 새로운 환경을 능숙하게 다루지 못한다. 풍부한 고칼로리 식품, 부족한 신체활동, 낯선 생식 패턴, 사회적 상호작용에 따르는 스트레스는 우리 몸을 혼란스럽게 만든다. 게다가 태아기와 성인기 환경의 부조화로 우리의 생리 기능들은 평생 제대로 작동하지 못할 수도 있다.

따라서 건강을 유지하거나 증진하고자 한다면 몸의 지혜를 너무 믿어서도 안 되고 믿을 수도 없다. 우리 몸은 오늘날 대부분의 위협적인 질병들로부터 우리를 지켜줄 수 없으며 특히 암, 심장혈관계 질병, 치매와 같이 노화에 수반되는 질병에 대해서는 거의 무방비 상태나 마찬가지다. 실제로 우리 몸의 지혜는 말 그대로 연약하고 혼란스럽다. 건강과 관련된 문제에 대해서는 오히려 우리를 더 헷갈리게 만든다. 우리 몸의 지혜가 왜 이렇게 연약하고 혼란스러운지, 그 진화론적인 근거를 깨닫는다면 앞으로 어떤 질병이 언제 발병할지 예측하기 쉬울 것이다. 이렇듯 적시에 적절한 예측을 할 수 있다면 성공적인 예방 전략들을 계획하고 실행할 수 있을 것이다. 그것이 바로 건강과 장수를 위한 가장 중요한 비결이다.

주

서문

1 Stearns, Nesse and Haig, 2008.
2 Krzky and Steinhagen, 2007.

1장 생식 호르몬이 그토록 중요하다면, 왜 생식 호르몬은 하나가 아닐까?

1 Campbell and Wood, 1988; Bentley, Goldberg, and Jasienska 1993; Bentley, Jasienska, Goldberg, 1993.
2 1990, 2003b.
3 Vitzthum and Ringheim, 2005.
4 Kaufert et al., 1986; McKinlay and McKinlay, 1986; Lock, 1993; Ikeda et al., 2005; Shea, 2006.
5 Lasley et al., 2002; Randolph et al., 2003.
6 Key et al., 1990.
7 Bernstein et al., 1990.
8 Obermeyer, 2000.
9 Haines et al., 2005.
10 Jasienska and Jasienski, 2008.
11 Ellison et al., 1993.
12 Lenton et al., 1983; Sukalich, Lipson, and Ellison, 1994; Gann et al., 2001.
13 Hawkins and Matzuk, 2008.
14 Eissa et al., 1986; Dickey et al., 1993; Lamb et al., 2011.
15 Roumen, Doesburg, and Rolland, 1982; Katz, Slade, and Nakajima, 1997.
16 Santoro et al., 2000.
17 Chaffkin, Luciano, and Peluso, 1993.
18 Lipson and Ellison, 1996.
19 Venners et al., 2006.
20 Lu et al., 1999.
21 Ellison et al., 1993; Jasienska and Thune, 2001a.
22 Vitzhum, 2001.
23 Vitxhum, Spielvogel, and Thornburg, 2004.
24 Ellison, 1990; Lipson, 2001.

25 Riad-Fahmy, Read, and Walker, 1983; Raid-Fahmy et al., 1987; Ellison, 1988; Shirtcliff et al., 2000.
26 Ellison et al., 1993; Ellison, 1994; Jasienska and Thune, 2001a.
27 Ellison, 1994.
28 Prior, 1985; Ellison, 1990.
29 Eissa et al., 1986; McNeely and Soules, 1988; Dickey et al., 1993.
30 Ellison, 1990.
31 Ellison, 1982, 1990; Vermeulen, 1993; Belachew et al., 2011.
32 Vihko and Apter, 1984.
33 Ellison, 2003a, 2003b.
34 Feicht et al., 1978; Prior et al., 1982, 1992; Prior 1985; Broocks et al., 1990; Rosetta, 1993, 2002; Rosetta et al., 1998; Redman and Loucks, 2005.
35 Bullen et al., 1985.
36 Pirke et al., 1989; Broocks et al., 1990; Ellison, 1990; De Souza et al., 1998; Jasienska and Ellison, 1998, 2004; Jasienska, Ziomkiewicz, Thune et al., 2006; Stoddard et al., 2007.
37 Ellison and Lager, 1985, 1986; Bledsoe, O'Rourke, and Ellison, 1990.
38 Painter, Roseboom, and Bleker, 2005.
39 Vigersky et al., 1977.
40 Pirke et at. 1985.
41 Becker et al., 1999.
42 Lager and Ellison, 1990.
43 Bullen et al., 1985.
44 Schweiger et al., 1989.
45 Jasienska, 1996; Jasienska and Ellison, 1998, 2004.
46 Ellison, Peacock, and Lager, 1986; Panter-Brick, Lotstein, and Ellison, 1993; Bentley, Harrigan, and Ellison, 1998.
47 Bailey et al., 1992.
48 Bullen et al., 1985.
49 Ellison and Lager, 1986.
50 Jasienska, Ziomkiewicz, Thune et al., 2006.
51 Jasienska, 1996; Jasienska and Ellison, 1998; Jasienska, Ziomkiewicz, Thune et al., 2006.
52 Jasienska, 1996.
53 ESHRE Capri Workshop Group, 2006; Homan, Davies, and Norman, 2007.
54 Grodstein, Goldman, and Caramer, 1994.
55 Lake, Power, and Cole, 1997.
56 Rich-Edwards et al., 1994.
57 De Pergola et al., 2006.
58 Gosman, Katcher, and Legro, 2006.
59 Falsetti et al., 1992; Clark et al., 1995; Galletly et al., 1996; Norman and Clark, 1998.
60 Norman et al., 2004.
61 Wolf 2001, 24.
62 Wolf 2001, 24.
63 Wolf 2001, 23.
64 Wolf 2001, 23.

65 Jasienska et al., 2004.
66 Evans et al., 1983; Moran et al., 1999.
67 Zaadstra et al., 1993.
68 Jasienska et al., 2004.
69 1990, 2003a, 2003b.
70 Eaton, Konner, and Shostak, 1998; Eaton, Strassman et al., 2002.
71 Roberts et al., 1982; Lawrence and Whitehead, 1988; Panter-Brick, 1993; Adams 1995; Benefice, Simondon, and Malina, 1996; Sellen, 2000.
72 Frisch and McArthur, 1974; Frisch 1985, 1987, 1990.
73 McNamara, 1995.
74 Lawrence, Coward et al., 1987; Little, Leslie, and Campbell, 1992; Panter-Brick, 1996.
75 O'Dea, 1991.
76 Prentice and Prentice, 1990; Lunn, 1994.
77 Ellison, 2003a.
78 Strassman and Mace, 2008.
79 Strassman, 1997b.
80 Jasienska 2001, 2003.
81 Poppitt et al., 1993, 1994; Sjodin et al., 1996.
82 Poppitt et al., 1993.
83 Sjodin et al., 1996.
84 2003a.
85 Strassmann, 1997a; Eaton and Eaton Ⅲ, 1999.
86 Valeggia and Elliosn, 2004.
87 Bullen et al., 1985.

2장 생물학과 문화의 공진화

1 Small et al., 2005.
2 Hawkes et al., 1998; Sear, Mace, and McGregor, 2000.
3 Eaton and Eaton Ⅲ, 1999.
4 Strassman, 1997b.
5 Knight and Eden, 1995; Setchell and Lydeking-Olsen, 2003; Dixon, 2004.
6 Setchell and Cassidy, 1999.
7 Kao et al., 1998.
8 Schmitt and Stopper, 2001.
9 Kuiper et al., 1997.
10 Leopold et al., 1976.
11 Ganry, 2002.
12 Lu et al., 2000.
13 Nagata et al., 1998.
14 Xu et al., 1998.
15 Kumar et al., 2002.
16 Maskarinec et al., 2004.
17 Jasienska and Jasienski, 2008.
18 Kapiszewska et al., 2006.

19 Goodin et al., 2002.
20 Hong et al., 2004.
21 Garcia-Closas et al., 2002.
22 Travis et al., 2004.
23 Feigelson et al., 1998.
24 Small et al., 2005.
25 Jasienska, Kapiszewska et al., 2006.
26 de Heinzelin et al., 1999; Alvard, 2001.
27 Cordain et al., 2000.
28 Eaton, Eaton Ⅲ, and Cordain, 2002.
29 Larsen, 2002.
30 Eaton, Eaton Ⅲ, and Cordain, 2002.
31 Little, 2002; Lips, 2007.
32 Goldstein and Bell, 2002.
33 Leonard et al., 2002.
34 Dixon, 2004.
35 Abbo et al., 2003.
36 Diamond, 1997, 125~126.
37 Diamond and Bellwood, 2003.
38 Setchell, 2001.
39 Setchell and Lydeking-Olsen, 2003.
40 Holden and Mace, 1997.
41 Fuller, 2000.
42 Bamshad and Motulsky, 2008.
43 Swallow, 2003.
44 Ntais, Polycarpou, and Ioannidis, 2003.
45 VanVeldhuizen et al.의 미출간 연구자료, Holzbeierlein, McIntosh, and Thrasher, 2005에서 인용.
46 Hussain et al., 2003; Kumar et al., 2004; Lund et al., 2004; Holzbeierlein, McIntosh, and Thrasher, 2005.
47 Ellison et al., 2002.
48 Angel, 1984; Cohen and Armelagos, 1984; Larsen, 1984, 1995; Fleming, 1994.
49 Rice, 1998; Chippindale, Gibson, and Rice, 2001; Morrow, Stewart, and Rice, 2008.

3장 당신이 (태아기 때) 먹은 것이 곧 당신이다

1 Barker, 1994.
1 Barker, 1994; Gluckman and Hanson, 2005.
2 Roseboom, de Rooij, and Painter, 2006.
3 Roseboom, de Rooij, and Painter, 2006.
4 Roseboom, de Rooij, and Painter, 2006.
5 Prentice et al., 1987.
6 Lechtig et al., 1978.
7 Kramer, 1996.
8 Bakketeig, Hoffman, and Harley, 1979; Magnus, Bakketeig, and Skjaerven, 1993; Selling

et al., 2006.

9 Ramakrishnan, Martorell et al., 1999.

10 Ramakrishnan, Martorell et al., 1999.

11 Brooks et al., 1995.

12 Martin et al., 2004.

13 Gunnell, 2002.

14 Ounsted, 1986; Ounsted, Scott, and Ounsted, 1986; Emanuel, Kimpo, and Moceri, 2004.

15 Emanuel, Kimpo, and Moceri, 2004.

16 Barker, 1994; Gluckman and Hanson, 2005.

17 Bateson, 2001.

18 Hales and Barker, 1992; Barker, 1994.

19 Hales and Barker, 2001.

20 Barker, 1995; Wells, 2003; Kuzawa, 2004; Gluckman and Hanson, 2005.

21 Bateson, 2001; Hales and Barker, 2001; Bateson et al., 2004; Gluckman and Hanson, 2005.

22 Burroughs 2005, 18~73.

23 Kuzawa, 2005.

24 Kuzawa, 2008.

25 Jonathan C. K. Wells, 2003.

26 Tillyard, 1994.

27 Haig, 2008.

28 Pawlowski, Dunbar, and Lipowicz, 2000.

29 Kirchengast and Hartmann, 1998.

30 McCormick, 1985.

31 Gluckman and Hanson, 2005.

32 Cicognani et al., 2002.

33 Francois et al., 1997.

34 de Bruin et al., 1998.

35 Ibanez et al., 2000; Ibanez et al., 2002.

36 Jasienska, Ziomkiewicz, Lipson et al., 2006.

37 Lipson and Ellison, 1996; Lu et al., 1999.

38 Jasienska, Thune, and Ellison, 2006.

39 Ekbom and Trichopoulos, 1992; Michels et al., 1996; Ahlgren et al., 2007.

40 Trichopoulos, 1990.

41 Davies and Norman, 2002.

42 Jasienska, Thune, and Ellison, 2006; Jasienska, Ziomkiewicz, Lipson et al., 2006.

43 Jasienska, Thune, and Ellison, 2006; Jasienska, Ziomkiewicz, Lipson et al., 2006.

44 Jasienska, Ziomkiewicz, Lipson et al., 2006.

4장 프렌치 패러독스: 유아기의 건강과 심장병

1 Law and Wald, 1999.

2 Criqui and Ringel, 1994.

3 Dwork, 1987, 208~211; Fildes, Marks, and Marland, 1992, 1.

4 Bergman, 1986, 73.

5 Bergman, 1986, 28~35.
6 Bergman, 1986, 70, 74~85.
7 Dorozynski, 2003.
8 Bergman, 1986, 79.
9 Dwork, 1987, 94.
10 Dwork, 1987, 98~99.
11 Dwork, 1987, 101~103.
12 Dwork, 1987, 102.
13 Dwork, 1987, 102.
14 Harris, 1900.
15 Sterkowicz, 1952a.
16 Sterkowicz, 1952b.
17 Dwork, 1987, 167~184.
18 Dwork, 1987, 146.
19 Dwork, 1987, 146~147.
20 Prentice et al., 1983; Prentice et al., 1987; Ceesay 1997.
21 Dwork, 1987, 167~184.
22 익명, 1904.
23 Dwork, 1987, 176.
24 Dwork, 1987, 182~183.
25 Marks, 1992, 48.
26 Pedersen, 1993, 413~414.

5장 노예의 세대 간 메아리
1 Costa, 2004.
2 Bogin, 1999.
3 Goldenberg et al., 1996.
4 Carlson, 1984.
5 Steckel, 1986a.
6 Kiple and Kiple, 1977b.
7 Kiple and Himmelsteib-King, 1981, 97.
8 Kiple and Kiple, 1977b, 228.
9 Kiple and Kiple, 1977b, 289.
10 Kiple and Kiple, 1977b.
11 Savitt, 1978, 120.
12 Haines, 1985.
13 Kiple and Kiple, 1977b, 290.
14 Steckel, 1986b.
15 Steckel, 1986b.
16 King, 1995, 21~41.
17 King, 1995, 23.
18 King, 1995, 23.
19 King, 1995, 25.
20 Steckel, 1996, 44.

21 King, 1995, 22.
22 Steckel, 1986a.
23 Steckel, 1986a.
24 Wallace et al., 2004.
25 1974, 137~138.
26 Cody, 1977.
27 Gutman 1976, 50 and 171; Gutman and Sutch 1976, 142~144.
28 Cody, 1997.
29 Wu, 1994.
30 Riggs, 1994.
31 Komlos, 1994.
32 1974, 107~144.
33 Swan, 1972, 252~254.
34 Blonigeen, 2004.
35 Blonigen 2004, 18.
36 Blonigen 2004, 12.
37 Satis et al., 1989.
38 Peterson, Nagy, Diamond, 1990.
39 Immink, 1979.
40 Follett, 2003.
41 노예였던 토머스 해밀턴Thomas Hamilton의 말을 인용, Follett, 2003.
42 Saris et al., 1989; Peterson, Nagy, Diamond, 1990; Weiner, 1992; Konarzewski and Diamond, 1994; Suarez, 1996.
43 Weiner, 1989; Weiner, 1992; Hammond and Diamond, 1994.
44 Weiner, 1992.
45 Peterson, Nagy, and Diamond, 1990.
46 Joyner, 1971.
47 Yetman, 1999, 97.
48 Kiple and Kiple, 1977a.
49 Morgan, 2008.
50 Kiple and Kiple, 1977b.
51 Gibbs et al., 1980.
52 Joyner, 1971.
53 Yetman, 1999, 56.
54 Gibbs et al., 1980.
55 Turner, 2002.
56 Cambell, 1984.
57 Steckel, 1986b.
58 Cody, 1977.
59 Morgan, 2008, 238.
60 Tafari, Naeye, and Gobezie, 1980.
61 Both et al., 2010.
62 Sternfeld, 1997.
63 Haakstad and Bo, 2011.

64 Chasan-Taber et al., 2007.
65 Bell, Palma, and Lumley, 1995.
66 Clapp, 2000.
67 Clapp, 2000.
68 Steckel, 1996, 53~57.
69 Campbell, 1984.
70 Painter et al., 2005; Painter et al., 2007.
71 Akum et al., 2005.
72 Morgan, 2008.
73 Farley, 1965.
74 Zelnik, 1966.
75 Steckel, 1986b.
76 Robertson, 1996, 29.
77 Fogel and Engerman, 1974, 171.
78 Rose, 1989.
79 Rose, 1989.
80 1984, 303.
81 Higman, 1984, 3.
82 Higman, 1984, 326.
83 Kiple, 1984, 112.
84 Follett, 2003.
85 Geggus, 1996, 267.
86 Apter and Vihko, 1983; Vihko and Apter, 1984.
87 Morgan, 2008.
88 Higman, 1984, 179~180.
89 Higman, 1984, 187.
90 Higman, 1984, 188.
91 Higman, 1984, 180.
92 Higman, 1979.
93 Higman, 1979.
94 Higman, 1979.
95 Higman, 1979, 1984.
96 Margo and Steckel, 1983.
97 Dirks, 1978.
98 Kiple, 1984, 81.
99 Bean, 1975.
100 Eltis, 1982.
101 Steckel, 1986b.
102 Morgan, 2008.
103 Kiple, 1984, 129~130.
104 Steckel, 1994.
105 Higman, 1979.
106 Kiple, 1984, 110.
107 Higman, 1984, 179~188; Follett, 2003.

108 Kiple, 1984, 89~103.
109 Higman, 1979.
110 Higman, 1984, 324~329.
111 Higman, 1984, 340.
112 Robertson, 1996, 27.
113 Kiple, 1984.
114 Wells, 1963.
115 Peadody, Gertler, and Leibowiz, 1998.
116 Thame et al., 1997.
117 Jablonski and Chaplin, 2010.
118 Reed, 1969; Adams and Ward, 1973; David and Collins, 1997.
119 David and Collins, 1997.
120 Cabral et al., 1990.
121 Collinsm Wu, and David, 2002.
122 Margetts et al., 2002.
123 첫 세대는 3044그램이었고 다음 세대는 3022그램이었다. Draper, Abrams, and Clarke, 1995.
124 Colen et al., 2006.
125 Rao et al., 2001.
126 Margetts et al., 2002.
127 Cavral et al., 1990; David and Collins, 1997.
128 Jasienska, 2009.
129 Stein and Lumey, 2000.
130 Rich-Edwards et al., 2001; Collins et al., 2004; Mustillo et al., 2004.
131 Paradies, 2006.
132 Collins et al., 2004.
133 Dole et al., 2004; Mustillo et al., 2004.
134 Rosenberg et al., 2004.
135 Paradies, 2006.

6장 생식 비용

1 Powys, 1905, 244.
2 Zera and Harshman, 2001.
3 Salmon, Marx, and Harshman, 2001.
4 Alonso-Alvarez et al., 2004.
5 Festa-Bianchet, 1989.
6 Bertrand et al., 2006.
7 Johnson et al., 1994.
8 Strassmann, 1996.
9 Bisdee, James, and Shaw, 1989; Meijer et al., 1992; Howe, Rumpler, and Seale, 1993; Curtis et al., 1996.
10 Johnson et al., 1994.
11 Haig, 2008.
12 Grether and Yerkes ,1940.
13 Smith, Butler, and Pace, 1975.

14 Kuzawa, 1998.
15 Butte and King, 2005.
16 Hytten and Leitch, 1971; Butte et al., 2005.
17 Butte and King, 2005.
18 Dufour and Sauther, 2002.
19 Rashid and Ulijaszek, 1999.
20 Butte and King, 2005.
21 Illingworth et al., 1986; Koop-Hoolihan et al., 1999.
22 Prentice, 1984.
23 Butte, Wong, and Hopkinson, 2001.
24 Prentice, 1984.
25 Lechtig et al., 1975; Roberts et al., 1982; Kusin et al., 1992; Pike, 2000.
26 Merchant and Martorell, 1988; National Academy of Sciences Committee on Population, 1989; Tracer, 1991; Little, Leslie, and Campbell, 1992; Miller, Rodriguez, and Pebley, 1994; Khan, Chien, and Khan, 1998; Winkvist, Habicht, and Rasmussen, 1998; Pike, 1999; George et al., 2000.
27 Ellison, 2003a.
28 Institute of Medicine, 1992.
29 Raphael and Davis, 1985, 30.
30 Panter-Brick, 1993.
31 Lancaster, 1986; Kaplan, 1997.
32 Lawrence, et al., 1987; Little, Leslie, and Campbell, 1992; Panter-Brick, 1996.
33 Prentice and Prentice, 1990; Lunn, 1994.
34 Prentice and Prentice, 1990.
35 Leonard, 2008.
36 Hytten and Chamberlain, 1991; Blackburn and Loper, 1992.
37 Trayhurn, 1989; Prentice and Pretice, 1990; Lunn, 1994.
38 Hytten and Leitch, 1971.
39 Prentice and Whitehead, 1987; Prentice et al., 1989; Prentice and Prentice, 1990; Durnin, 1991, 1993; Prentice et al., 1996; Butte et al., 1999.
40 Prentice and Whitehead, 1987.
41 Butte and King, 2005.
42 Butte and King, 2005.
43 Peacock, 1991.
44 Prentice et al., 1989; Peacock, 1991; Prentice et al., 1995.
45 Prentice and Whitehead, 1987.
46 Butte and King, 2005.
47 Cole, Ibeziako, and Bamgboye, 1989.
48 Prentice et al., 1989.
49 Bronstein, Mak, and King, 1996.
50 Hytten and Leitch, 1971.
51 Lawrence and Whitehead, 1988; Goldberg et al., 1991; Forsum et al., 1992; Guillermo-Tuazon et al., 1992; Madhavapeddi and Rao, 1992; Piers et al., 1995.
52 Prentice and Prentice, 1990.

53 Lawrence and Whitehead, 1988.
54 Lunn, 1994.
55 Prentice and Whitehead, 1987; King et al., 1994.
56 Fyodor Vassilyev, 1707~1782.
57 Wall-Scheffler, Geiger, and Steudel-Numbers, 2007.
58 Tillyard, 1994, 13.
59 Tillyard, 1994, 290.
60 Tillyard, 1994, 207.
61 Tillyard, 1994, 169.
62 Eaton and Eaton Ⅲ, 1999.
63 Clayton, Sealy, and Pfeiffer, 2006.
64 Konner and Worthman, 1980.
65 Hinde, 2009; Powe, Knott, and Conklin-Brittain, 2010.
66 Galbarczyk, 2011.
67 Graham, Larsen, and Xu, 1998.
68 Tillyard, 1994, 369.
69 Jasienska and Ellison, 1998, 2004
70 Kington, Lillard, and Rogowski, 1997.
71 Idler and Benyamini, 1997.
72 Ness et al., 1993.
73 Lawlor et al., 2003.
74 Qureshi et al., 1997.
75 Hinkula et al., 2006.
76 Simmons et al., 2006.
77 Simmons, 1992.
78 Brown, Kaye, and Folsom, 1992.
79 Winkvist, Rasmussen, and Habicht, 1992.
80 Kirchengast, 2000.
81 Kirchengast, 2000.
82 Little, Leslie, and Campbell, 1992.
83 Garner et al., 1994.
84 Tracer, 1991.
85 Shell-Duncan and Yung, 2004.
86 Valeggia and Ellison, 2003.
87 Toescu et al., 2002.
88 Toescu et al., 2002.
89 Toescu et al., 2002.
90 Humphries et al., 2001.
91 Catalano et al., 1991.
92 Seghieri et al., 2005.
93 Kritz-Silverstein, Barrett-Connor, and Wingard, 1989.
94 Kritz-Silverstein et al., 1994.
95 Pretice, 2000.
96 Drinkwater and Chestnut, 1991; Black et al., 2000.

97 Laskey and Prentice, 1997; Karlsson, Obrant, and Karlsson, 2001.
98 Cummings et al., 1995.
99 Laskey and Prentice, 1997.
100 Bererhi et al., 1996.
101 Somner et al., 2004.
102 Raisz, 2005.
103 Vihko and Apter, 1984.
104 Streeten et al., 2005.
105 Streeten et al., 2005.
106 De Aloysio et al., 2002.
107 Fairweather-Tait et al., 1995.
108 Pretice et al., 1998.
109 Kerstetter, O'Brien, and Insogna, 2003.
110 Apicella and Sobota, 1990; Hallberg et al., 1992; Prentice, 2000.
111 McDade, 2005.
112 Fleischman and Fessler, 2011.
113 Hoff, 1999.
114 McDade, 2005.

7장 생식 비용의 궁극적인 검증, 수명

1 Manor et al., 2000.
2 Manor et al., 2000.
3 Green, Beral, and Moser, 1988; Lund, Arnesen, and Borgan, 1990; Manor et al., 2000.
4 Dribe, 2004.
5 Lycett, Dunbar, and Voland, 2000.
6 Doblhammer and Oeppen, 2003.
7 Gavrilova and Gavrilov, 2005.
8 McArdle et al., 2006.
9 McArdle et al., 2006.
10 Powe, Knott, and Conklin-Brittain, 2010.
11 Helle, Lummaa, and Jokela, 2002.
12 Van de Putte, Matthijs, and Vlietinck, 2003.
13 Jasienska, Nenko, and Jasienski, 2006.
14 Gray et al., 2002; Gray and Campbell, 2009; Gettler et al., 2011.
15 Muehlenbein and Bribiescas, 2005.
16 Jasienska, Nenko, and Jasienska, 2006.
17 Muller et al., 2002.
18 Dribe, 2004.
19 Le Bourg et al., 1993.
20 Kvale, 1992; Mettlin, 1999; Hinkula et al., 2001; MacMahon, 2006.
21 Kvale, 1992; MacMahon, 2006.
22 Beral et al., 2002.
23 Huo et al., 2008.
24 Gajalakshmi, 2000.

25 Konner and Worthman, 1980.
26 Valeggia and Ellison, 2004.
27 Hinkula et al., 2006.
28 Key and Pike, 1988; Bernstein, 2002.
29 Hinkula et al., 2006.
30 Tsuya, Kurosu, and Nakazato, 2004.
31 Tsuya, Kurosu, and Nakazato, 2004.
32 Campbell and Lee, 2004.
33 Tsuya, Kurosu, and Nakazato, 2004.
34 Tsuya, Kurosu, and Nakazato, 2004.
35 Campbell and Lee, 2004.
36 Voland and Beise, 2002.
37 Jamison et al., 2002.
38 Hawkes, O'Connell, and Jones, 1997.
39 Sear, Mace, and McGregor, 2000.
40 Cliggett 2005, 65-66.
41 Hamilton, 1964.
42 Russell and Wells, 1987.
43 Hawkes, O'Connell, and Jones, 1997; Hawkes et al., 1998; Sear, Mace, and McGregor, 2000; Jamison et al., 2002; Voland and Beise, 2002.
44 Sherman, 1998.
45 Hawkes et al., 1998.
46 Sorenson Jamison et al., 2005.
47 Sorenson Jamison et al., 2005.
48 Alter et al., 2004.
49 Alter et al., 2004.
50 Tsuya, Kurosu, and Nakazato, 2004.
51 Kirkwood and Holliday, 1979; Westendorp and Kirkwood, 1998.
52 Kirkwood, Kapahi, and Shanley, 2000.
53 Gavrilova and Gavrilov, 2005.
54 Doblhammer and Oeppen, 2003.
55 Poston and Kramer, 1983; Poston et al., 1983.
56 Lawlor et al., 2003.

8장 진화기와 오늘날의 식사

1 Willett and Stampfer, 2003.
2 Eaton and Cordain, 1997; Eaton, Eaton III, and Konner, 1999; Milton, 2000; Cordain et al., 2005.
3 Stearns, Nesse, and Haig, 2008.
4 Eaton, Eaton III, and Konner, 1999; Cordain et al., 2005.
5 O'Dea, 1991.
6 Ungar and Teaford, 2002.
7 Ungar and Teaford, 2002.
8 Lewontin 2000, 126.

9 Hawkes, O'Connell, and Jones, 1997; Sear, Mace, and McGregor, 2000.
10 Morrison, 2008.
11 O'Dea 1991.
12 Wrangham et al., 1999.
13 O'Dea, 1991.
14 O'Dea, 1991.
15 O'Dea, 1991.
16 Lee, 1968.
17 Lee, 1968.
18 Stanford, 1998.
19 O'Dea, 1991.
20 Naughton, O'Day, and Sinclair, 1986.
21 O'Dea, 1991.
22 Englyst and Englyst, 2005.
23 Eaton, Eaton III, and Konner, 1997.
24 Cordain et al., 2000.
25 Eaton, Eaton III, and Konner, 1997.
26 Englyst and Englyst, 2005.
27 Bagga et al., 1997; Lands 2005; Hibbeln et al., 2006; Geelen et al., 2007; Funahashi et al., 2008.
28 Sinclair and O'Dea, 1990.
29 Lichtenstein et al., 2006.
30 Lichtenstein et al., 2006.
31 Rosamond et al., 2007.
32 미국심장협회, 2012.
33 Eaton, Eaton III, and Konner, 1997.
34 Owens et al., 1990; Murphy et al., 2002.
35 Judd et al., 1994.
36 Mozaffarian et al., 2006.
37 Rogers et al., 1990.
38 Cordain et al., 2000.
39 Eaton, Eaton III, and Konner, 1997.
40 Gerber, 1998.
41 Cade, Burley, and Greenwood, 2007.
42 Kaneda et al., 1997; Rock et al., 2004.
43 Goldin, Woods, and Spiegelman, 1994.
44 Rose, Lubin, and Connolly, 1997.
45 Rock et al., 2004.
46 Eaton, Eaton III, and Konner, 1997.
47 Apicella and Sobota, 1990; Hallberg et al., 1992; Prentice, 2000.
48 Gazzieri et al., 2006.
49 Michels et al., 2007.
50 Benzie, 2003.
51 Maklakov et al., 2008.

52 Milman, 2996.
53 Casanueva and Viteri, 2003.
54 Rattan, 2006.
55 Thong et al., 1973; Kochar et al., 1998.
56 Fessler, 2002.
57 Dunn, 1968.
58 O'Dea, 1984.
59 O'Dea, 1991.
60 O'Dea, 1984.
61 Larsen, 2002.
62 Papathanasiou, Larsen, and Norr, 2000.
63 Lee, 1984.
64 Gould, 1981.
65 Bogin, 2001, 158.
66 Larsen, 2002.
67 Larsen, 1995.
68 Larsen, 2002.
69 Larsen, 2002.
70 Cohen and Armelagos, 1984.
71 Larsen, 2002.

9장 진화와 신체활동

1 Cordain, Gotshall, and Eaton, 1997.
2 Lee 1979, 310; Bentley, 1985.
3 O'Dea, 1991; Wrangham et al., 1999; Wrangham and Conklin-Brittain, 2003.
4 Eaton and Eaton Ⅲ 2003.
5 Cordain, Gotshall, and Eaton, 1997.
6 Panter-Brick, 2002.
7 Hill and Hurtado, 1996.
8 Leonard and Robertson, 1992.
9 Leonard and Robertson, 1992; Katzmarzyk et al., 1994.
10 FAO/WHO/UNU, 1985.
11 Heyward, 1991.
12 Anton, 2003.
13 Leonard and Robertson, 1992.
14 Cordain, Gotshall, and Eaton, 1997.
15 Cordain, Gotshall, and Eaton, 1997.
16 Lichtenstein et al., 2006.
17 Oguma and Shinoda-Tagawa, 2004.
18 Lee et al., 2001.
19 Tanasescu et al., 2002.
20 Bucksch and Schlicht, 2006.
21 Lee and Paffenbarger, 2000.
22 Hardman, 1999.

23 Macfarlane, Taylor, and Cuddihy, 2006.
24 미국대학스포츠학회, 2005.
25 Macfarlane, Taylor, and Cuddihy, 2006.
26 DeBusk et al., 1990.
27 Osei-Tutu and Campagna, 2005.
28 Jakicic et al., 1995.
29 Paffenbarger et al., 1993.
30 McTiernan, 2008.
31 Thune and Furberg, 2001.
32 Cordain et al., 1998.
33 Eaton and Eaton III, 2003.
34 Oga et al., 2003; Church et al., 2004.
35 McAuley et al., 2007.
36 Myers et al., 2002.
37 Poehlman and Horton, 1989; Van Zant, 1992; Burke, Bullough, and Melby, 1993; Sjodin et al., 1996; Tremblay et al., 1997; Dolezal and Potteiger, 1998; Morio et al., 1998.
38 McArdle, Katch, and Katch, 1986.
39 Taaffl e et al., 1995.
40 McCargar et al., 1993.
41 Sjodin et al., 1996.
42 Dolezal and Potteiger, 1998.
43 Burke, Bullough, and Melby 1993; Bullough et al., 1995.
44 Bullough et al., 1995.
45 Burke, Bullough, and Melby, 1993.
46 Keen and Drinkwater, 1997.
47 Creighton et al., 2001; Dalkiranis et al., 2006.
48 Estioko-Griffin and Griffin, 1981.
49 Marlowe, 2007.
50 Bramble and Lieberman, 2004.
51 Eaton and Eaton III, 2003.
52 Williams and Nesse, 1991.

10장 진화론적 거래들과 문화

1 Dickemann, 1979, 1981.
2 Mabilia, 2005, 51.
3 Mabilia, 2005, 51.
4 Mabilia, 2005, 51.
5 Mabilia, 2005, 70.
6 Mabilia, 2005, 69.
7 Mabilia, 2005, 81.
8 Mebilia, 2005, 82~83.
9 Mabilia, 2005, 86.
10 Cosminski, 1985.
11 Millard and Graham, 1985.

12 Hull, 1985.
13 Katz, 1985.
14 Raphael and Davis, 1985, 36.
15 Raphael and Davis, 1985, 37.
16 Conton, 1985.
17 Tietjen, 1985.
18 Conton, 1985.
19 Maher, 1992.
20 Reynolds and Tanner, 1983, 38.
21 Reynolds and Tanner, 1983, 39.
22 Panter-Brick, 1992.
23 Raphael and Davis, 1985, 30.
24 Raphael and Davis, 1985, 33.
25 Gussler, 1985.
26 Barlow, 1985.
27 Mabilia, 2005, 86~87.
28 Popenoe, 2004, 135.
29 Brown, 1991.
30 Popenoe, 2004, 6.
31 Popenoe, 2004, 1.
32 Brown, 1991.
33 Borgerhoff-Mulder, 1988.
34 Sobo, 1993, 32.
35 Massara, 1989.
36 Brown, 1991.
37 Popenoe, 2004, 1.
38 Malcolm, 1925.
39 Popenoe, 2004, 6.
40 Popenoe, 2004, 45.
41 Popenoe, 2004, 46.
42 Popenoe, 2004, 41.
43 Popenoe, 2004, 45.
44 Apter and Vihko, 1983; Vihko and Apter, 1984.
45 Whiting, 1958.
46 Hunter, 1967.
47 Brown, 1991.
48 Roberts et al., 2000, 2003; Johnston et al., 2004.
49 Dixon et al., 2003; Onyike et al., 2003; Dong, Sanchez, and Price, 2004.
50 Crisp and McGuiness, 1976.
51 Bin Li et al., 2004.
52 Jasienska et al., 2005.
53 Simpson, 2002; Simpson et al., 2002.
54 Kirchengast, 1994; Hankinson et al., 1995; Verkasalo et al., 2001.
55 Bethea et al., 2002.

56 Archer, 1999.
57 Dorkenoo, 1994, 5.
58 Mackie, 1996.
59 Dorkenoo, 1994, 13~14.
60 Dorkenoo, 1994, 14.
61 Mackie, 1996.
62 (Dorkenoo, 1994, 31.
63 Dorkenoo, 1994, 88.
64 Dorkenoo, 1994, 15.
65 Dorkenoo, 1994, 29.
66 Dorkenoo, 1994, 30.
67 Dickemann, 1979, 1981.
68 Dorkenoo, 1994, 34.
69 Strassmann and Mace, 2008.
70 Allali et al., 2006.
71 Hatun et al., 2005.
72 Lips, 2007.
73 Zittermann, 2003.
74 Saadi et al., 2006.
75 Hatun et al., 2005.
76 Saadi et al., 2006.
77 Gannage-Yared, Chemali, and Yaacoub, 2000.
78 Mukamel et al., 2001.
79 Hatun et al., 2005.
80 Sachan et al., 2005.
81 Thompson et al., 2004.
82 Kovacs, 2005.
83 Hatun et al., 2005.
84 Moussavi et al., 2005.
85 Zittermann, 2003.
86 Allali et al., 2006.
87 Jablonski and Chaplin, 2010.

11장 박애주의의 오류
1 Imhoff-Kunsch et al., 2007.
2 Martorell, 1996.
3 Lawrence and Whitehead, 1988; Singh et al., 1989.
4 Prentice et al., 1981.
5 Prentice et al., 1987.
6 Ellison 2003b, 92.
7 Lunn, Austin, and Whitehead, 1984.
8 McNeilly, Tay, and Glasier, 1994; Bribiescas and Ellison, 2008.
9 Jarjou et al., 2006.
10 Jarjou et al., 2006.

11 Haig, 2004.
12 Kovacs, 2005.
13 Raphael and Davis, 1985, 30; Institute of Medicine, 1992.
14 Panter-Brick, 1993.
15 Gibson and Mace, 2006.
16 Huttly et al., 1992.
17 Ramakrishnan, Barnhart et al., 1999.
18 Jasienska, Thune, and Ellison, 2006.
19 Núnez-de la Mora et al., 2007.
20 Khan et al., 1996.
21 Apter and Vihko 1983; Vihko and Apter, 1984
22 Grantham-McGregor et al., 1997.
23 Li et al., 2003.
24 Eriksson et al., 1999.
25 Moore et al., 2001.

12장 유전자 조작 vs 생활 습관 변화

1 Chiche, Cariou, and Mira, 2002.
2 Wappner et al., 1999.
3 Ferenci, 2004.
4 Miklos, 2005.
5 Kaput, 2004.
6 Mo et al., 2004.
7 Lewontin, 2000, 36; Aranda-Anzaldo and Dent, 2003.
8 Møller and Manning, 2003.
9 Calderon-Margalit and Paltiel, 2004.
10 미국 암학회American Cancer Society, 2012.
11 Bermejo-Pérez, Márquez-Calderón, and Llanos-Méndez, 2007.
12 King, Marks, and Mandell, 2003.
13 King, Marks, and Mandell, 2003; Jernstrom et al., 2004.
14 www.heartstats.org.
15 Wu, 1999.
16 www.americanheart.org.
17 Frayling et al., 2007.
18 Rampersaud et al., 2008.
19 Timar, Sestier, and Levy, 2000.
20 Byers et al., 2002; Oguma and Shinoda-Tagawa, 2004.
21 Williams and Nesse, 1991, 13.
22 Timar, Sestier, and Levy, 2000; Bray, McCarron, and Parkin, 2004; Woolf, 2006; Coleman et al., 2008
23 Berkson, 1955.
24 Cancer Research UK, 2012.
25 Eaton and Eaton III, 1999.
26 Ballard- Barbash et al., 1990; Huang et al., 1997.

27 Cordain et al., 1998.

28 Ellison, 1999; Jasienska, Thune, and Ellison, 2000; Blamey et al., 2004.

29 Wiebe 2006.

30 Love and Philips, 2002.

31 Henderson, Ross, and Bernstein, 1988; Key and Pike, 1988; Bernstein, 2002; Eliassen et al., 2006.

32 Soto and Sonnenschein, 1987; Clarke and Sutherland, 1990; Henderson and Feigelson, 2000.

33 Coyle, 2008.

34 Bernstein and Ross, 1993.

35 Apter, 1996.

36 Michels et al., 1996.

37 Tretli, 1989.

38 Tretli and Gaard, 1996.

39 Ballard-Barbash, 1994; Thune, 2000.

40 Frisch et al., 1987.

41 Fraser and Shavlik, 1997; Thune et al., 1997; Rockhill et al., 1999; Friedenreich and Cust, 2008.

42 Ballard-Barbash et al., 1990; Huang et al., 1997; Carmichael and Bates, 2004.

43 국립암연구소 2012.

44 Greaves 2001, 141.

45 Greaves 2001, 156.

46 Ellison, 2003a.

47 Jasienska, Thune, and Ellison, 2000.

48 Alden, 1989; Barrett- Connor and Bush, 1991; Lieberman et al., 1994; Spencer, Morris, and Rymer, 1999; Prior, 2007.

49 Fillit, 2002; Casadesus et al., 2008.

50 Rossouw et al., 2002; Bath and Gray, 2005; Billeci et al., 2008.

51 Manson et al., 2003.

52 Ross et al., 2000; Banks et al., 2003.

53 Fiesch-Janys et al., 2008.

54 Garwood, Kumar, and Shim, 2008.

55 Winters et al., 1996; Hillard and Nelson, 2003.

56 Alekel et al., 1995; Petit, Prior, and Barr, 1999.

57 Green et al., 1986; Green, Weiss, and Daling, 1988.

58 Warren, 1990.

참고문헌

Abbo, S., D. Shtienberg, J. Lichtenzveig, S. Lev-Yadun, and A. Gopher. 2003. The chickpea, summer cropping, and a new model for pulse domestication in the ancient Near East. *Quarterly Review of Biology* 78: 435-448.

Adams, A. M. 1995. Seasonal variations in energy balance among agriculturalists in central Mali: Compromise or adaptation? *European Journal of Clinical Nutrition* 49: 809-823.

Adams, J., and R. H. Ward. 1973. Admixture studies and detection of selection. Science 180: 1137-1143.

Ahlgren, M., J. Wohlfahrt, L. W. Olsen, T. I. A. Sorensen, and M. Melbye. 2007. Birth weight and risk of cancer. *Cancer* 110: 412-419.

Akum, A. E., A. J. Kuoh, J. T. Minang, B. M. Achimbom, M. J. Ahmadou, and M. Troye-Blomberg. 2005. The effect of maternal, umbilical cord and placental malaria parasitaemia on the birthweight of newborns from South-western Cameroon. *Acta Paediatrica* 94: 917-923.

Alden, J. C. 1989. Osteoporosis—a review. *Clinical Therapeutics* 11: 3-14.

Alekel, L., J. L. Clasey, P. C. Fehling, R. M. Weigel, R. A. Boileau, J. W. Erdman, et al. 1995. Contributions of exercise, body composition, and age to bone mineral density in premenopausal women. *Medicine and Science in Sports and Exercise* 27: 1477-1485.

Allali, F., S. El Aichaoui, B. Saoud, H. Maaroufi , R. Abouqal, and N. Hajjaj-Hassouni. 2006. The impact of clothing style on bone mineral density among post menopausal women in Morocco: A case-control study. *BMC Public Health* 6: 135-139.

Allen, N. E., M. S. Forrest, and T. J. Key. 2001. The association between polymorphisms in the CYP17 and 5 alpha-reductase (SRD5A2) genes and serum androgen concentrations in men. *Cancer Epidemiology Biomarkers and Prevention* 10: 185-189.

Alonso-Alvarez, C., S. Bertrand, G. Devevey, M. Gaillard, J. Prost, B. Faivre, et al. 2004. An experimental test of the dose-dependent effect of carotenoids and immune activation on sexual signals and antioxidant activity. *American Naturalist* 164: 651-659.

Alter, G., M. Manfredini, P. Nystedt, C. Campbell, J. Z. Lee, E. Ochiai, et al. 2004. Gender differences in mortality. In T. Bengtsson, C. Cameron, and J. Z. Lee, eds., *Life under Pressure: Mortality and Living Standards in Europe and Asia, 1700–1900*, 327-357. Cambridge, Mass.: MIT Press.

Alvard, M. S. 2001. Mutualistic hunting. In C. B. Stanford and H. T. Bunn, eds., *Meat-Eating and Human Evolution*, 261–278. New York: Oxford University Press.

Ambrosone, C. B., K. B. Moysich, H. Furberg, J. L. Freudenheim, E. D. Bowman, S. Ahmed, et al. 2003. CYP17 genetic polymorphism, breast cancer, and breast cancer risk factors. *Breast Cancer Research* 5: R45–R51.

American Cancer Society. 2012. Breast Cancer Facts & Figures 2011–2012. http://www.cancer.org/Research/CancerFactsFigures/BreastCancerFactsFigures/breast-cancer-facts-and-figures-2011-2012.

American College of Sports Medicine. 2005. *ACSM's Guidelines for Exercise Testing and Prescription*, 7th ed., 133–173. Baltimore: Lippincott, Williams and Wilkins.

American Heart Association. 2012. Good vs. bad cholesterol. Updated March 12. http://www.heart.org/HEARTORG/Conditions/Cholesterol/AboutCholesterol/Good-vs-Bad-Cholesterol_UCM_305561_Article.jsp.

Angel, J. L. 1984. Health as a crucial factor in the changes from hunting to developed farming in the Eastern Mediterranean. In M. N. Cohen and G. J. Armelagos, eds., *Paleopathology at the Origins of Agriculture*, 51–73. Orlando, Fla.: Academic Press.

Anonymous. 1904. The feeding of school children. *Lancet* 164: 860–862.

Anton, S. C. 2003. Natural history of *Homo erectus*. *Yearbook of Physical Anthropology* 46: 126–169.

Apicella, L. L., and A. E. Sobota. 1990. Increased risk of urinary-tract infection associated with the use of calcium supplements. *Urological Research* 18: 213–217.

Apter, D. 1996. Hormonal events during female puberty in relation to breast cancer risk. *European Journal of Cancer Prevention* 5: 476–482.

Apter, D., and R. Vihko. 1983. Early menarche, a risk factor for breast cancer, indicates early onset of ovulatory cycles. *Journal of Clinical Endocrinology and Metabolism* 57: 82–86.

Aranda-Anzaldo, A., and M. A. R. Dent. 2003. Developmental noise, ageing and cancer. *Mechanisms of Ageing and Development* 124: 711–720.

Archer, J. S. M. 1999. Relationship between estrogen, serotonin, and depression. *Menopause* 6: 71–78.

Bagga, D., S. Capone, H. J. Wang, D. Heber, M. Lill, L. Chap, et al. 1997. Dietary modulation of omega-3/omega-6 polyunsaturated fatty acid ratios in patients with breast cancer. *Journal of the National Cancer Institute* 89: 1123–1131.

Bailey, R. C., M. R. Jenike, P. T. Ellison, G. R. Bentley, A. M. Harrigan, and N. R. Peacock. 1992. The Ecology of birth seasonality among agriculturalists in central Africa. *Journal of Biosocial Science* 24: 393–412.

Bakketeig, L. S., H. J. Hoffman, and E. E. Harley. 1979. Tendency to repeat gestational-age and birth-weight in successive births. *American Journal of Obstetrics and GynEcology* 135: 1086–1103.

Ballard-Barbash, R. 1994. Anthropometry and breast cancer: Body size—a moving target. *Cancer (Supplement)* 74: 1090–1100.

Ballard-Barbash, R., A. Schatzkin, P. R. Taylor, and L. L. Kahle. 1990. Association of change in body mass with breast cancer. *Cancer Research* 50: 2152–2155.

Bamshad, M., and A. G. Motulsky. 2008. Health consequences of ecogenetic variation. In

S. C. Stearns and J. C. Koella, eds., *Evolution in Health and Disease*, 43–50. New York: Oxford University Press.
Banks, E., V. Beral, D. Bull, G. Reeves, J. Austoker, R. English, et al. 2003. Breast cancer and hormone-replacement therapy in the Million Women Study. *Lancet* 362: 419–427.
Barker, D. J. P. 1994. *Mothers, Babies, and Disease in Later Life*. London: BMJ Publishing.
———. 1995. Fetal origins of coronary heart disease. *British Medical Journal* 311: 171–174.
———. 1999. Intrauterine nutrition may be important—Commentary. *British Medical Journal* 318: 1477–1478.
Barlow, K. 1985. The social context of infant feeding in the Marik lakes of Papua New Guinea. In L. B. Marshall, ed., *Infant Care and Feeding in the South Pacific*, 137–154. New York: Gordon and Breach Science Publishers.
Barnett, J. B., M. N. Woods, B. Rosner, C. McCormack, L. Floyd, C. Longcope, and S. L. Gorbach. 2002. Waist-to-hip ratio, body mass index and sex hormone levels associated with breast cancer risk in premenopausal Caucasian women. *Journal of Medical Sciences* 2: 170–176.
Barrett-Connor, E., and T. L. Bush. 1991. Estrogen and coronary heart disease in women. *Journal of the American Medical Association* 265: 1861–1867.
Bateson, P. 2001. Fetal experience and good adult design. *International Journal of Epidemiology* 30: 928–934.
Bateson, P., D. Barker, T. Clutton-Brock, D. Deb, B. D'Udine, R. A. Foley, et al. 2004. Developmental plasticity and human health. *Nature* 430: 419–421.
Bath, P. M. W., and L. J. Gray. 2005. Association between hormone replacement therapy and subsequent stroke: A meta-analysis. *British Medical Journal* 330: 342–344A.
Bean, R. N. 1975. The imports of fish to Barbados in 1698. *Journal of the Barbados Museum and Historical Society* 35: 17–21.
Becker, A. E., S. K. Grinspoon, A. Klibanski, and D. B. Herzog. 1999. Current concepts—Eating disorders. *New England Journal of Medicine* 340: 1092–1098.
Beeton, M., G. U. Yule, and K. Pearson. 1900. Data for the problem of evolution in man. V. On the correlation between duration of life and the number of offspring. *Proceedings of the Royal Society of London* 67: 159–179.
Belachew, T., C. Hadley, D. Lindstrom, Y. Getachew, L. Duchateau, and P. Kolsteren. 2011. Food insecurity and age at menarche among adolescent girls in Jimma Zone Southwest Ethiopia: A longitudinal study. *Reproductive Biology and Endocrinology* 9: 125–132.
Bell, R. J., S. M. Palma, and J. M. Lumley. 1995. The effect of vigorous exercise during pregnancy on birth-weight. *Australian and New Zealand Journal of Obstetrics and Gynaecology* 35: 46–51.
Benefice, E., K. Simondon, and R. M. Malina. 1996. Physical activity patterns and anthropometric changes in Senegalese women observed over a complete seasonal cycle. *American Journal of Human Biology* 8: 251–261.
Bentley, G. R. 1985. Hunter-gatherer energetics and fertility: A reassessment of the !Kung San. *Human Ecology* 13: 79–109.
———. 1994. Do hormonal contraceptives ignore human biological variation and evolution? *Annals of New York Academy of Science* 709: 201–203.
Bentley, G. R., T. Goldberg, and G. Jasienska. 1993. The fertility of agricultural and non-

agricultural traditional societies. *Population Studies* 47: 269–281.
Bentley, G. R., A. M. Harrigan, and P. T. Ellison. 1998. Dietary composition and ovarian function among Lese horticulturalist women of the Ituri Forest, Democratic Republic of Congo. *European Journal of Clinical Nutrition* 52: 261–270.
Bentley, G. R., G. Jasienska, and T. Goldberg. 1993. Is the fertility of agriculturalists higher than that of nonagriculturalists? *Current Anthropology* 34: 778–785.
Benzie, I. F. F. 2003. Evolution of dietary antioxidants. *Comparative Biochemistry and Physiology A—Molecular and Integrative Physiology* 136: 113–126.
Beral, V., D. Bull, R. Doll, R. Peto, G. Reeves, C. La Vecchia, et al. 2002. Breast cancer and breastfeeding: Collaborative reanalysis of individual data from 47 epidemiological studies in 30 countries, including 50302 women with breast cancer and 96973 women without the disease. *Lancet* 360: 187–195.
Bererhi, H., N. Kolhoff, A. Constable, and S. P. Nielsen. 1996. Multiparity and bone mass. *British Journal of Obstetrics and Gynaecology* 103: 818–821.
Bergman-Jungestrom, M., M. Gentile, A. C. Lundin, and S. Wingren. 1999. Association between CYP17 gene polymorphism and risk of breast cancer in young women. *International Journal of Cancer* 84: 350–353.
Bergmann, B. R. 1986. *Saving Our Children from Poverty: What the United States Can Learn from France*. New York: Russell Sage Foundation.
Berkson, J. 1955. The statistical study of association between smoking and lung cancer. *Proceedings of the Staff Meetings of the Mayo Clinic* 30: 319–348.
Bermejo-Pérez, M. J., S. Márquez-Calderón, and A. Llanos-Méndez. 2007. Effectiveness of preventive interventions in BRCA1/2 gene mutation carriers: A systematic review. *International Journal of Cancer* 121: 225–231.
Bernstein, L. 2002. Epidemiology of endocrine-related risk factors for breast cancer. *Journal of Mammary Gland Biology and Neoplasia* 7: 3–15.
Bernstein, L., and R. K. Ross. 1993. Endogenous hormones and breast cancer risk. *Epidemiological Reviews* 15: 48–65.
Bernstein, L., J. M. Yuan, R. K. Ross, M. C. Pike, R. Hanisch, R. Lobo, et al. 1990. Serum hormone levels in pre-menopausal Chinese women in Shanghai and white women in Los Angeles—Results from two breast cancer case-control studies. *Cancer Causes and Control* 1: 51–58.
Bertrand, S., C. Alonso-Alvarez, G. Devevey, B. Faivre, J. Prost, and G. Sorci. 2006. Carotenoids modulate the trade-off between egg production and resistance to oxidative stress in zebra finches. *Oecologia* 147: 576–584.
Bethea, C. L., N. Z. Lu, C. Gundlah, and J. M. Streicher. 2002. Diverse actions of ovarian steroids in the serotonin neural system. *Frontiers in Neuroendocrinology* 23: 41–100.
Billeci, A. M. R., M. Paciaroni, V. Caso, and G. Agnelli. 2008. Hormone replacement therapy and stroke. *Current Vascular Pharmacology* 6: 112–123.
Bin Li, Z., S. Yin Ho, W. Man Chan, K. Sang Ho, M. Pik Li, G. M. Leung, and T. Hing Lam. 2004. Obesity and depressive symptoms in Chinese elderly. *International Journal of Geriatric Psychiatry* 19: 68–74.
Bisdee, J., W. James, and M. Shaw. 1989. Changes in energy expenditure during the menstrual cycle. *British Journal of Nutrition* 61: 187–199.

Black, A. J., J. Topping, B. Durham, R. G. Farquharson, and W. D. Fraser. 2000. A detailed assessment of alterations in bone turnover, calcium homeostasis, and bone density in normal pregnancy. *Journal of Bone and Mineral Research* 15: 557–563.

Blackburn, S, and D Loper. 1992. *Maternal, Fetal, and Neonatal Physiology: A Clinical Perspective*. Philadelphia: W. B. Saunders.

Blamey, R., J. Collins, P. G. Crosignani, E. Diczfalusy, L. A. J. Heinemann, C. La Vecchia, et al. 2004. Hormones and breast cancer. *Human Reproduction Update* 10: 281–293.

Bledsoe, R. E., M. T. O'Rourke, and P. T. Ellison. 1990. Characterization of progesterone profiles of recreational runners [abstract]. *American Journal of Physical Anthropology* 81: 195–196.

Blonigen, B. 2004. A re-examination of the slave diet. Senior thesis, Departments of History and Nutrition, College of St. Benedict/St. John's University.

Bogin, B. 1999. *Patterns of Human Growth*. Cambridge: Cambridge University Press.

———. 2001. *The Growth of Humanity*. New York: Wiley-Liss.

Borgerhoff Mulder, M. 1988. Kipsigis Bridewealth Payments. In L. Betzig, M. Borgerhoff Mulder, and P. Turke, eds., *Human Reproductive Behavior*, 65–82. Cambridge: Cambridge University Press.

Both, M. I., M. A. Overvest, M. F. Wildhagen, J. Golding, and H. I. J. Wildschut. 2010. The association of daily physical activity and birth outcome: A populationbased cohort study. *European Journal of Epidemiology* 25: 421–429.

Bramble, D. M., and D. E. Lieberman. 2004. Endurance running and the evolution of *Homo*. *Nature* 432: 345–352.

Bray, F., P. McCarron, and D. M. Parkin. 2004. The changing global patterns of female breast cancer incidence and mortality. *Breast Cancer Research* 6: 229–239.

Bribiescas, R. G. 2001. Reproductive physiology of the human male: An evolutionary and life history perspective. In P. T. Ellison, ed., *Reproductive Ecology and Human Evolution*, 107–136. New York: Aldine de Gruyter.

———. 2006. *Men: Evolutionary and Life History*. Cambridge, Mass.: Harvard University Press.

Bribiescas, R. G., and P. T. Ellison. 2008. How hormones mediate trade-offs in human health and disease. In S. C. Stearns and J. C. Koella, eds., *Evolution in Health and Disease*, 77–93. New York: Oxford University Press.

Bronstein, M. N., R. P. Mak, and J. C. King. 1996. Unexpected relationship between fat mass and basal metabolic rate in pregnant women. *British Journal of Nutrition* 75: 659–668.

Broocks, A., K. M. Pirke, U. Schweiger, R. J. Tuschl, R. G. Laessle, T. Strowitzki, et al. 1990. Cyclic ovarian function in recreational athletes. *Journal of Applied Physiology* 68: 2083–2086.

Brooks, A. A., M. R. Johnson, P. J. Steer, M. E. Pawson, and H. I. Abdalla. 1995. Birth-weight—Nature or nurture. *Early Human Development* 42: 29–35.

Brown, J. E., S. A. Kaye, and A. R. Folsom. 1992. Parity-related weight change in women. *International Journal of Obesity* 16: 627–631.

Brown, P. J. 1991. Culture and the evolution of obesity. *Human Nature* 2: 31–51.

Bruning, P. F., J. M. G. Bonfrer, A. A. M. Hart, P. A. H. Van Noord, H. Van Der Hoeven, H. J.

A. Collette, et al. 1992. Body measurements, estrogen availability and the risk of human breast cancer: A case-control study. *International Journal of Cancer* 51: 14–19.

Bucksch, J., and W. Schlicht. 2006. Health-enhancing physical activity and the prevention of chronic diseases—An epidemiological review. *Sozial und Praventivmedizin* 51: 281–301.

Bullen, B. A., G. S. Skrinar, I. Z. Beitins, G. von Mering, B. A. Turnbull, and J. W. McArthur. 1985. Induction of menstrual disorders by strenuous exercise in untrained women. *New England Journal of Medicine* 312: 1349–1353.

Bullough, R. C., C. A. Gillette, M. A. Harris, and C. L. Melby. 1995. Interaction of acute changes in exercise energy expenditure and energy intake on resting metabolic rate. *American Journal of Clinical Nutrition* 61: 473–481.

Burke, C. M., R. C. Bullough, and C. L. Melby. 1993. Resting metabolic rate and postprandial thermogenesis by level of aerobic fitness in young women. *European Journal of Clinical Nutrition* 47: 575–585.

Burroughs, W. J. 2005. *Climate Change in Prehistory: The End of the Reign of Chaos.* Cambridge: Cambridge University Press.

Butte, N. F., J. M. Hopkinson, N. Mehta, J. K. Moon, and E. O. Smith. 1999. Adjustments in energy expenditure and substrate utilization during late pregnancy and lactation. *American Journal of Clinical Nutrition* 69: 299–307.

Butte, N. F., and J. C. King. 2005. Energy requirements during pregnancy and lactation. *Public Health Nutrition* 8: 1010–1027.

Butte, N. F., W. W. Wong, and J. M. Hopkinson. 2001. Energy requirements of lactating women derived from doubly labeled water and milk energy output. *Journal of Nutrition* 131: 53–58.

Byers, T., M. Nestle, A. McTiernan, C. Doyle, A. Currie-Williams, T. Gansler, and M. Thun. 2002. American Cancer Society guidelines on nutrition and physical activity for cancer prevention: Reducing the risk of cancer with healthy food choices and physical activity. *CA: A Cancer Journal for Clinicians* 52: 92–119.

Cabral, H., L. E. Fried, S. Levenson, H. Amaro, and B. Zuckerman. 1990. Foreignborn and US-born black women: Differences in health behaviors and birth outcomes. *American Journal of Public Health* 80: 70–72.

Cade, J. E., V. J. Burley, and D. C. Greenwood. 2007. Dietary fibre and risk of breast cancer in the UK Women's Cohort Study. *International Journal of Epidemiology* 36: 431–438.

Calderon-Margalit, R., and O. Paltiel. 2004. Prevention of breast cancer in women who carry BRCA1 or BRCA2 mutations: A critical review of the literature. *International Journal of Cancer* 112: 357–364.

Campbell, C., and J. Z. Lee. 2004. Mortality and house hold in seven Liaodong populations, 1749–1909. In T. Bengtsson, C. Cameron, and J. Lee, eds., *Life under Pressure: Mortality and Living Standards in Eu rope and Asia, 1700–1900,* 293–324. Cambridge, Mass.: MIT Press.

Campbell, J. 1984. Work, pregnancy, and infant-mortality among Southern slaves. *Journal of Interdisciplinary History* 14: 793–812.

Campbell, K. L., and J. W. Wood. 1988. Fertility in traditional societies. In P. Diggory, S. Teper, and M. Potts, eds., *Natural Human Fertility,* 39–69. London: Macmillan.

Cancer Research UK. 2012. Lung cancer and smoking. Cancer Research UK, News & Resources, April 19. http://info.cancerresearchuk.org/cancerstats/types/lung.

Cannon, W. B. 1932. *The Wisdom of the Body*. New York: W. W. Norton.

Carlson, E. D. 1984. Social determinants of low birth weight in a high risk population. *Demography* 21: 207–216.

Carmichael, A. R., and T. Bates. 2004. Obesity and breast cancer: A review of the literature. *Breast* 13: 85–92.

Casadesus, G., R. K. Rolston, K. M. Webber, C. S. Atwood, R. L. Bowen, G. Perry, and M. A. Smith. 2008. Menopause, estrogen, and gonadotropins in Alzheimer's disease. *Advances in Clinical Chemistry* 45: 139–153.

Casanueva, E., and F. E. Viteri. 2003. Iron and oxidative stress in pregnancy. *Journal of Nutrition* 133 (Suppl. 2): 1700S–1708S.

Cashdan, E. 1998. Adaptiveness of food learning and food aversions in children. *Social Science Information* 37: 613–632.

Catalano, P. M., E. D. Tyzbir, N. M. Roman, S. B. Amini, and E. A. H. Sims. 1991. Longitudinal changes in insulin release and insulin resistance in nonobese pregnant women. *American Journal of Obstetrics and Gynecology* 165: 1667–1672.

Ceesay, S. M. 1997. Effects on birth weight and perinatal mortality of maternal dietary supplements in rural Gambia: 5 year randomised controlled trial. *British Medical Journal* 315: 1141.

Chaffkin, L. M., A. A. Luciano, and J. J. Peluso. 1993. The role of progesterone in regulating human granulosa cell proliferation and differentiation in vitro. *Journal of Clinical Endocrinology and Metabolism* 76: 696–700.

Chang, B. L., S. Q. L. Zheng, S. D. Isaacs, K. E. Wiley, J. D. Carpten, G. A. Hawkins, et al. 2001. Linkage and association of CYP17 gene in hereditary and sporadic prostate cancer. *International Journal of Cancer* 95: 354–359.

Chasan-Taber, L., K. R. Evenson, B. Sternfeld, and S. Kengeri. 2007. Assessment of recreational physical activity during pregnancy in epidemiologic studies of birthweight and length of gestation: Methodologic aspects. *Women and Health* 45: 85–107.

Chen, W. C., M. H. Tsai, W. Lei, W. C. Chen, C. H. Tsai, and F. J. Tsai. 2005. CYP17 and tumor necrosis factor-alpha gene polymorphisms are associated with risk of oral cancer in Chinese patients in Taiwan. *Acta Oto-Laryngologica* 125: 96–99.

Chiche, J. D., A. Cariou, and J. P. Mira. 2002. Bench-to-bedside review: Fulfilling promises of the Human Genome Project. *Critical Care* 6: 212–215.

Chippindale, A. K., J. R. Gibson, and W. R. Rice. 2001. Negative genetic,correlation for adult fitness between sexes reveals onto genetic conflict in *Drosophila*. *Proceedings of the National Academy of Sciences of the United States of America* 98: 1671–1675.

Church, T. S., Y. J. Cheng, C. P. Earnest, C. E. Barlow, L. W. Gibbons, E. L. Priest, and S. N. Blair. 2004. Exercise capacity and body composition as predictors of mortality among men with diabetes. *Diabetes Care* 27: 83–88.

Cicognani, A., R. Alessandroni, A. Pasini, P. Pirazzoli, A. Cassio, E. Barbieri, and E. Cacciari. 2002. Low birth weight for gestational age and subsequent male gonadal function. *Journal of Pediatrics* 141: 376–380.

Clapp, J. F. 2000. Exercise during pregnancy—A clinical update. *Clinics in Sports Medicine* 19:

273–286.
Clark, A. M., W. Ledger, C. Galletly, L. Tomlinson, F. Blaney, X. Wang, and R. J. Norman. 1995. Weight-loss results in significant improvement in pregnancy and ovulation rates in anovulatory obese women. *Human Reproduction* 10: 2705–2712.
Clarke, C. L., and R. L. Sutherland. 1990. Progestin regulation of cellular proliferation. *Endocrine Reviews* 11: 266–301.
Clayton, F., J. Sealy, and S. Pfeiffer. 2006. Weaning age among foragers at Matjes River Rock Shelter, South Africa, from stable nitrogen and carbon isotope analyses. *American Journal of Physical Anthropology* 129: 311–317.
Cliggett, L. 2005. *Grains from Grass: Aging, Gender, and Famine in Rural Africa*. Ithaca, N.Y.: Cornell University Press.
Cody, C. A. 1977. A note on changing patterns of slave fertility in the South Carolina Rice District, 1735–1865. *Southern Studies* 16: 457–463.
Cohen, M. N., and G. J. Armelagos. 1984. Paleopathology at the origins of agriculture: Editors' summation. In M. N. Cohen and G. J. Armelagos, eds., *Paleopathology at the Origins of Agriculture*, 585–601. Orlando, Fla.: Academic Press.
Cole, A. H., P. A. Ibeziako, and E. A. Bamgboye. 1989. Basal metabolic rate and energy expenditure of pregnant Nigerian women. *British Journal of Nutrition* 62: 631–638.
Coleman, M. P., M. Quaresma, F. Berrino, J. M. Lutz, R. De Angelis, R. Capocaccia, et al. 2008. Cancer survival in five continents: A worldwide population based study (CONCORD). *Lancet Oncology* 9: 730–756.
Colen, C. G., A. T. Geronimus, J. Bound, and S. A. James. 2006. Maternal upward socioeconomic mobility and black-white disparities in infant birthweight. *American Journal of Public Health* 96: 2032–2039.
Collins, J. W., R. J. David, A. Handler, S. Wall, and S. Andes. 2004. Very low birthweight in African American infants: The role of maternal exposure to interpersonal racial discrimination. *American Journal of Public Health* 94: 2132–2138.
Collins, J. W., S. Y. Wu, and R. J. David. 2002. Differing intergenerational birth weights among the descendants of US-born and foreign-born whites and African Americans in Illinois. *American Journal of Epidemiology* 155: 210–216.
Conton, L. 1985. Social, economic, and ecological parameters of infant feeding in Usino, Papua New Guinea. In L. Marshall, ed., *Infant Care and Feeding in the South Pacific*, 97–120. New York: Gordon and Breach Science Publishers.
Cordain, L., S. B. Eaton, A. Sebastian, N. Mann, S. Lindeberg, B. A. Watkins, et al. 2005. Origins and evolution of the Western diet: Health implications for the 21st century. *American Journal of Clinical Nutrition* 81: 341–354.
Cordain, L., R. W. Gotshall, and S. B. Eaton. 1997. Evolutionary aspects of exercise. In A. Simopoulos, ed., *Nutrition and Fitness: Evolutionary Aspects, Children's Health, Programs and Policies*, 49–60. Basel, Switzerland: Karger.
Cordain, L., R. W. Gotshall, S. B. Eaton, and S. B. Eaton III. 1998. Physical activity, energy expenditure and fitness: An evolutionary perspective. *International Journal of Sports Medicine* 19: 328–335.
Cordain, L., J. B. Miller, S. B. Eaton, N. Mann, S. H. A. Holt, and J. D. Speth. 2000. Plant-animal subsistence ratios and macronutrient energy estimations in worldwide hunter-

gatherer diets. *American Journal of Clinical Nutrition* 71: 682–692.

Cosminski, S. 1985. Infant feeding practices in rural Kenya. In V. Hull and M. Simpson, eds., *Breastfeeding, Child Health and Child Spacing: Cross-Cultural Perspectives*, 35–54. London: Croom Helm.

Costa, D. L. 2004. Race and pregnancy outcomes in the twentieth century: A longterm comparison. *Journal of Economic History* 64: 1056–1086.

Coyle, Y. 2008. Physical activity as a negative modulator of estrogen-induced breast cancer. *Cancer Causes and Control* 19: 1021–1029.

Creighton, D. L., A. L. Morgan, D. Boardley, and P. G. Brolinson. 2001. Weightbearing exercise and markers of bone turnover in female athletes. *Journal of Applied Physiology* 90: 565–570.

Criqui, M. H., and B. L. Ringel. 1994. Does diet or alcohol explain the French paradox? *Lancet* 344: 1719–1723.

Crisp, A. H., and B. McGuiness. 1976. Jolly fat—Relation between obesity and psychoneurosis in general population. *British Medical Journal* 1: 7–9.

Cui, J. S., A. B. Spurdle, M. C. Southey, G. S. Dite, D. J. Venter, M. R. E. McCredie, et al. 2003. Regressive logistic and proportional hazards disease models for within-family analyses of measured genotypes, with application to a CYP17 polymorphism and breast cancer. *Genetic Epidemiology* 24: 161–172.

Cummings, S. R., M. C. Nevitt, W. S. Browner, K. Stone, K. M. Fox, K. E. Ensrud, et al. 1995. Risk-factors for hip fracture in white women. *New England Journal of Medicine* 332: 767–773.

Curtis, V., C. J. K. Henry, E. Birch, and A. Ghusain Choueiri. 1996. Intraindividual variation in the basal metabolic rate of women: Effect of the menstrual cycle. *American Journal of Human Biology* 8: 631–639.

Dalkiranis, A., T. Patsanas, S. K. Papadopoulou, I. Gissis, O. Denda, and A. Mylonas. 2006. Bone mineral density in fin swimmers. *Journal of Human Movement Studies* 50: 19–28.

David, R. J., and J. W. Collins. 1997. Differing birth weight among infants of U.S.-born blacks, African-born blacks, and U.S.-born whites. *New England Journal of Medicine* 337: 1209–1214.

Davies, M. J., and R. J. Norman. 2002. Programming and reproductive functioning. *Trends in Endocrinology and Metabolism* 13: 386–392.

De Aloysio, D., P. Di Donato, N. A. Giulini, B. Modena, G. Cicchetti, G. Comitini, et al. 2002. Risk of low bone density in women attending menopause clinics in Italy. *Maturitas* 42: 105–111.

de Bruin, J. P., M. Dorland, H. W. Bruinse, W. Spliet, P. G. J. Nikkels, and E. R. Te Velde. 1998. Fetal growth retardation as a cause of impaired ovarian development. *Early Human Development* 51: 39–46.

DeBusk, R. F., U. Stenestrand, M. Sheehan, and W. L. Haskell. 1990. Training effects of long versus short bouts of exercise in healthy subjects. *American Journal of Cardiology* 65: 1010–1013.

de Heinzelin, J., J. D. Clark, T. White, W. Hart, P. Renne, G. WoldeGabriel, et al. 1999. Environment and behavior of 2.5-million-year-old Bouri hominids. *Science* 284: 625–629.

De Pergola, G., S. Maldera, M. Tartagni, N. Pannacciulli, G. Loverro, and R. Giorgino. 2006.

Inhibitory effect of obesity on gonadotropin, estradiol, and inhibin B levels in fertile women. *Obesity* 14: 1954–1960.

De Souza, M. J., B. E. Miller, A. B. Loucks, A. A. Luciano, L. S. Pescatello, C. G. Campbell, and B. L. Lasley. 1998. High frequency of luteal phase deficiency and anovulation in recreational women runners: Blunted elevation in folliclestimulating hormone observed during luteal-follicular transition. *Journal of Clinical Endocrinology and Metabolism* 83: 4220–4232.

Diamanti-Kandarakis, E., M. I. Bartzis, E. D. Zapanti, G. G. Spina, F. A. Filandra, T. C. Tsianateli, et al. 1999. Polymorphism T→C (34 bp) of gene CYP17 promoter in Greek patients with polycystic ovary syndrome. *Fertility and Sterility* 71: 431–435.

Diamond, J. 1997. *Guns, Germs, and Steel: The Fates of Human Societies*. New York: W. W. Norton.

Diamond, J., and P. Bellwood. 2003. Farmers and their languages: The first expansions. *Science* 300: 597–603.

Dickemann, M. 1979. The ecology of mating systems in hypergynous dowry societies. *Social Science Information* 18: 163–195.

———. 1981. Paternal confidence and dowry competition: A biocultural analysis of purdah. In R. D. Alexander and D. W. Tinkle, eds., *Natural Selection and Social Behavior*, 417–438. New York: Chiron Press.

Dickey, R. P., T. T. Olar, S. N. Taylor, D. N. Curole, and E. M. Matulich. 1993. Relationship of endometrial thickness and pattern to fecundity in ovulation induction cycles: Effect of clomiphene citrate alone and with human menopausal gonadotropin. *Fertility and Sterility* 59: 756–760.

Dirks, R. 1978. Resource fluctuations and competitive transformation in West Indian slave societies. In D. Laughlin and I. A. Brody, eds., *Extinction and Survival in Human Populations*, 122–180. New York: Columbia University Press.

Dixon, J. B., M. F. Dixon, and P. E. O'Brien. 2003. Depression in association with severe obesity—Changes with weight loss. *Archives of Internal Medicine* 163: 2058-2065.

Dixon, R. A. 2004. Phytoestrogens. *Annual Review of Plant Biology* 55: 225-261.

Doblhammer, G., and J. Oeppen. 2003. Reproduction and longevity among the British peerage: The effect of frailty and health selection. *Proceedings of the Royal Society of London B, Biological Sciences* 270: 1541–1547.

Dole, N., D. A. Savitz, A. M. Siega-Riz, I. Hertz-Picciotto, M. J. McMahon, and P. Buelkens. 2004. Psychosocial factors and preterm birth among African American and white women in central North Carolina. *American Journal of Public Health* 94: 1358–1365.

Dolezal, B. A., and J. A. Potteiger. 1998. Concurrent re sis tance and endurance training influence basal metabolic rate in nondieting individuals. *Journal of Applied Physiology* 85: 695–700.

Dong, C., L. E. Sanchez, and R. A. Price. 2004. Relationship of obesity to depression: A family-based study. *International Journal of Obesity* 28: 790–795.

Dorkenoo, E. 1994. *Cutting the Rose: Female Genital Mutilation, the Practice and Its Prevention*. London: Minority Rights Group.

Dorozynski, A. 2003. France offers E800 reward for each new baby. *British Medical Journal* 326: 1002.

Draper, E. S., K. R. Abrams, and M. Clarke. 1995. Fall in birth weight of 3rd generation Asian infants. *British Medical Journal* 311: 876–876.

Dribe, M. 2004. Long-term effects of childbearing on mortality: Evidence from pre-industrial Sweden. *Population Studies—A Journal of Demography* 58: 297–310.

Drinkwater, B. L., and C. H. Chestnut. 1991. Bone-density changes during pregnancy and lactation in active women—A longitudinal study. *Bone and Mineral* 14: 153–160.

Dufour, D. L., and M. L. Sauther. 2002. Comparative and evolutionary dimensions of the energetics of human pregnancy and lactation. *American Journal of Human Biology* 14: 584–602.

Dunn, F. L. 1968. Epidemiological factors: Health and disease in hunter-gatherers. In R. B. Lee and I. DeVore, eds., *Man the Hunter*, 221–228. Chicago: Aldine.

Dunning, A. M., C. S. Healey, P. D. P. Pharoah, N. A. Foster, J. M. Lipscombe, K. L. Redman, et al. 1998. No association between a polymorphism in the steroid metabolism gene CYP17 and risk of breast cancer. *British Journal of Cancer* 77: 2045–2047.

Durnin, J. V. G. A. 1991. Energy requirements of pregnancy. *Acta Paediatrica Scandinavica Supplement* 373: 33–42.

———. 1993. Energy requirements in human pregnancy, in human nutrition and parasitic infection. *Parasitology* 107: S169–S175.

Dwork, D. 1987. *War Is Good for Babies and Other Young Children: A History of the Infant and Child Welfare Movement in England 1898-1918*. London: Tavistock.

Eaton, S. B., and L. Cordain. 1997. Evolutionary aspects of diet: Old genes, new fuels—Nutritional changes since agriculture. *World Review of Nutrition and Dietetics* 81: 26–37.

Eaton, S. B., and S. B. Eaton III. 1999. Breast cancer in evolutionary context. In W. R. Trevathan, E. O. Smith, and J. J. McKenna, eds., *Evolutionary Medicine*, 429–442. New York: Oxford University Press.

———. 2003. An evolutionary perspective on human physical activity: Implications for health. *Comparative Biochemistry and Physiology Part A* 136: 153–159.

Eaton, S. B., S. B. Eaton III, and L. Cordain. 2002. Evolution, diet, and health. In P. S. Ungar and M. F. Teaford, eds., *Human Diet: Its Origin and Evolution*, 7–17. Westport, Conn.: Bergin & Garvey.

Eaton, S. B., S. B. Eaton III, and M. J. Konner. 1997. Paleolithic nutrition revisited: A twelve-year retrospective on its nature and implications. *European Journal of Clinical Nutrition* 51: 207–216.

———. 1999. Paleolithic nutrition revisited. In W. R. Trevathan, E. O. Smith, and J. J. McKenna, eds., *Evolutionary Medicine*, 313–332. New York: Oxford University Press.

Eaton, S. B., and M. Konner. 1985. Paleolithic nutrition—A consideration of its nature and current implications. *New England Journal of Medicine* 312: 283–289.

Eaton, S. B., M. Konner, and M. Shostak. 1988. Stone agers in the fast lane: Chronic degenerative diseases in evolutionary perspective. *American Journal of Medicine* 84: 739–749.

Eaton, S. B., M. C. Pike, R. V. Short, N. C. Lee, J. Trussell, R. A. Hatcher, et al. 1994. Women's reproductive cancers in evolutionary context. *Quarterly Review of Biology* 69: 353–367.

Eaton, S. B., B. I. Strassman, R. M. Nesse, J. V. Neel, P. W. Ewald, G. C. Williams, et al. 2002. Evolutionary health promotion. *Preventive Medicine* 34: 109–118.

Eissa, M. K., M. S. Obhrai, M. F. Docker, S. S. Lynch, R. S. Sawers, and R. R. Newton. 1986. Follicular growth and endocrine profiles in spontaneous and induced conception cycles. *Fertility and Sterility* 45: 191–195.

Ekbom, A., and D. Trichopoulos. 1992. Evidence of prenatal influences on breast cancer risk. *Lancet* 340: 1015–1018.

Eliassen, A. H., S. A. Missmer, S. S. Tworoger, D. Spiegelman, R. L. Barbieri, M. Dowsett, and S. E. Hankinson. 2006. Endogenous steroid hormone concentrations and risk of breast cancer among premenopausal women. *Journal of the National Cancer Institute* 98: 1406–1415.

Ellison, P. T. 1982. Skeletal growth, fatness and menarcheal age: A comparison of two hypotheses. *Human Biology* 54: 269–281.

———. 1988. Human salivary steroids: Methodological issues and applications in physical anthropology. *Yearbook of Physical Anthropology* 31: 115–142.

———. 1990. Human ovarian function and reproductive Ecology: New hypotheses. *American Anthropologist* 92: 933–952.

———. 1994. Salivary steroids and natural variation in human ovarian function. *Annals of the New York Academy of Sciences* 709: 287–298.

———. 1999. Reproductive Ecology and reproductive cancers. In C. Panter-Brick and C. M. Worthman, eds., *Hormones, Health, and Behavior: A Socio-ecological and Lifespan Perspective*, 184–209. Cambridge: Cambridge University Press.

———. 2003a. Energetics and reproductive effort. *American Journal of Human Biology* 15: 342–351.

———. 2003b. *On Fertile Ground*. Cambridge, Mass.: Harvard University Press.

Ellison, P. T., R. G. Bribiescas, G. R. Bentley, B. C. Campbell, S. F. Lipson, C. Panter-Brick, and K. Hill. 2002. Population variation in age-related decline in male salivary testosterone. *Human Reproduction* 17: 3251–3253.

Ellison, P. T., and C. Lager. 1985. Exercise-induced menstrual disorders. *New England Journal of Medicine* 313: 825–826.

———. 1986. Moderate recreational running is associated with lowered salivary progesterone profiles in women. *American Journal of Obstetrics and Gynecology* 154: 1000–1003.

Ellison, P. T., S. F. Lipson, M. T. O'Rourke, G. R. Bentley, A. M. Harrigan, C. Panter-Brick, and V. J. Vitzthum. 1993. Population variation in ovarian function. *Lancet* 342: 433–434.

Ellison, P. T., N. R. Peacock, and C. Lager. 1986. Salivary progesterone and luteal function in two low-fertility populations of northeast Zaire. *Human Biology* 58: 73–483.

Eltis, D. 1982. Nutritional trends in Africa and the Americas—Heights of Africans, 1819–1839. *Journal of Interdisciplinary History* 12: 453–475.

Emanuel, I., C. Kimpo, and V. Moceri. 2004. The association of grandmaternal and maternal factors with maternal adult stature. *International Journal of Epidemiology* 33: 1243–1248.

Englyst, K. N., and H. N. Englyst. 2005. Carbohydrate bioavailability. *British Journal of Nutrition* 94: 1–11.

Eriksson, J. G., T. Forsen, J. Tuomilehto, P. D. Winter, C. Osmond, and D. J. P. Barker. 1999. Catch-up growth in childhood and death from coronary heart disease: Longitudinal

study. *British Medical Journal* 318: 427–431.
ESHRE Capri Workshop Group. 2006. Nutrition and reproduction in women. *Human Reproduction Update* 12: 193–207.
Estioko-Griffi n, A., and P. B. Griffin. 1981. Woman the hunter: The Agta. In F. Dahlberg, ed., *Woman the Gatherer*, 121–151. New Haven, Conn.: Yale University Press.
Evans, D. J., R. G. Hoffmann, R. K. Kalkhoff, and A. H. Kissebah. 1983. Relationship of androgenic activity to body-fat topography, fat-cell morphology, and metabolic aberrations in premenopausal women. *Journal of Clinical Endocrinology and Metabolism* 57: 304–310.
Fairweather-Tait, S., A. Prentice, K. G. Heumann, L. M. A. Jarjou, D. M. Stirling, S. G. Wharf, and J. R. Turnlund. 1995. Effect of calcium supplements and stage of lactation on the calcium-absorption efficiency of lactating women accustomed to low-calcium intakes. *American Journal of Clinical Nutrition* 62: 1188–1192.
Falsetti, L., E. Pasinetti, M. D. Mazzani, and A. Gastaldi. 1992. Weight-loss and menstrual cycle—clinical and endocrinologic evaluation. *Gynecological Endocrinology* 6: 49–56.
Farley, R. 1965. The demographic rates and social institutions of the 19th century Negro population—A stable-population analysis. *Demography* 2: 386–398.
Feicht, C. B., T. S. Johnson, B. J. Martin, K. E. Sparks, and W. W. Wagner. 1978. Secondary amenorrhoea in athletes. *Lancet* 26: 1145–1146.
Feigelson, H. S., R. McKean-Cowdin, M. C. Pike, G. A. Coetzee, L. N. Kolonel, A. M. Y. Nomura, et al. 1999. Cytochrome P450c17 alpha gene (CYP17) polymorphism predicts use of hormone replacement therapy. *Cancer Research* 59: 3908–3910.
Feigelson, H. S., L. S. Shames, M. C. Pike, G. A. Coetzee, F. Z. Stanczyk, and B. E. Henderson. 1998. Cytochrome p450c17 alpha gene (CYP17) polymorphism is associated with serum estrogen and progesterone concentrations. *Cancer Research* 58: 585–587.
Ferenci, P. 2004. Review article: Diagnosis and current therapy of Wilson's disease. *Alimentary Pharmacology and Therapeutics* 19: 157–165.
Fessler, D. M. T. 2002. Reproductive immunosuppression and diet—An evolutionary perspective on pregnancy sickness and meat consumption. *Current Anthropology* 43: 19–61.
Festa-Bianchet, M. 1989. Individual differences, parasites, and the costs of reproduction for bighorn ewes (*Ovis canadensis*). *Journal of Animal Ecology* 58: 785–795.
Fiesch-Janys, D., T. Slanger, E. Mutschelknauss, S. Kropp, N. Obi, E. Vettorazzi, et al. 2008. Risk of different histological types of postmenopausal breast cancer by type and regimen of menopausal hormone therapy. *International Journal of Cancer* 123: 933–941.
Fildes, V., L. Marks, and H. Marland, eds. 1992. *Women and Children First: International Maternal and Infant Welfare 1870-1945*. London: Routledge.
Fillit, H. M. 2002. The role of hormone replacement therapy in the prevention of Alzheimer disease. *Archives of Internal Medicine* 162: 1934–1942.
Fleischman, D. S., and D. M. T. Fessler. 2011. Progesterone's effects on the psychology of disease avoidance: Support for the compensatory behavioral prophylaxis hypothesis. *Hormones and Behavior* 59: 271–275.
Fleming, A. F. 1994. Agriculture-related anemias. *British Journal of Biomedical Science* 51:

345–357.
Fogel, R. W., and S. L. Engerman. 1974. *Time on the Cross: The Economics of American Negro Slavery*. New York: W. W. Norton.
Follett, R. 2003. Heat, sex, and sugar: Pregnancy and childbearing in the slave quarters. *Journal of Family History* 28: 510–539.
Food and Agriculture Organization of the United Nations/World Health Organization/ United Nations University (FAO/WHO/UNU). 1985. *Energy and Protein Requirements*. Technical Report Series 724. Geneva: World Health Organization.
Forsum, E., N. Kabir, A. Sadurskis, and K. Westerterp. 1992. Total energy expenditure of healthy Swedish women during pregnancy and lactation. *American Journal of Clinical Nutrition* 56: 334–342.
Francois, I., F. deZegher, C. Spiessens, T. Dhooghe, and D. Vanderschueren. 1997. Low birth weight and subsequent male subfertility. *Pediatric Research* 42: 899–901.
Fraser, G. E., and D. Shavlik. 1997. Risk factors, lifetime risk, and age at onset of breast cancer. *Annals of Epidemiology* 7: 375–382.
Frayling, T. M., N. J. Timpson, M. N. Weedon, E. Zeggini, R. M. Freathy, C. M. Lindgren, et al. 2007. A common variant in the FTO gene is associated with body mass index and predisposes to childhood and adult obesity. *Science* 316: 889–894.
Friedenreich, C. M., and A. E. Cust. 2008. Physical activity and breast cancer risk: Impact of timing, type and dose of activity and population subgroup effects. *British Journal of Sports Medicine* 42: 636–647.
Frisch, R. E. 1985. Fatness, menarche, and female fertility. *Perspectives in Biology and Medicine* 28: 611–633.
———. 1987. Body-fat, menarche, fitness and fertility. *Human Reproduction* 2: 521–533.
———. 1990. The right weight: Body fat, menarche and ovulation. *Clinical Obstetrics and Gynaecology* 4: 419–439.
Frisch, R. E., and J. W. McArthur. 1974. Menstrual cycles: Fatness as a determinant of minimum weight per height necessary for their maintenance or onset. *Science* 185: 949–951.
Frisch, R. E., G. Wyshak, J. Witschi, N. L. Albright, T. E. Albright, and I. Schiff. 1987.
Lower lifetime occurrence of breast cancer and cancers of the reproductive system among former college athletes. *International Journal of Fertility* 32: 217–225.
Fuller, K. 2000. Lactose, rickets, and the coevolution of genes and culture. *Human Ecology* 28: 471–477.
Funahashi, H., M. Satake, S. Hasan, H. Sawai, R. A. Newman, H. A. Reber, et al. 2008. Opposing effects of n-6 and n-3 polyunsaturated fatty acids on pancreatic cancer growth. *Pancreas* 36: 353–362.
Furberg, A. S., G. Jasienska, N. Bjurstam, P. A. Torjesen, A. Emaus, S. F. Lipson, et al. 2005. Metabolic and hormonal profiles: HDL cholesterol as a plausible biomarker of breast cancer risk. The Norwegian EBBA Study. *Cancer Epidemiology, Biomarkers and Prevention* 14: 33–40.
Gajalakshmi, V. 2000. Diet and cancers of the stomach, breast and lung. *Asian Pacific Journal of Cancer Prevention* 1 (Suppl.): 39–43.
Galbarczyk, A. 2011. Unexpected changes in maternal breast size during pregnancy in

relation to infant sex: An evolutionary interpretation. *American Journal of Human Biology* 23: 560–562.

Galletly, C., A. Clark, L. Tomlinson, and F. Blaney. 1996. Improved pregnancy rates for obese, infertile women following a group treatment program—An open pilot study. *General Hospital Psychiatry* 18: 192–195.

Gann, P. H., S. Giovanazzi, L. Van Horn, A. Branning, and R. T. Chatterton. 2001. Saliva as a medium for investigating intra-and interindividual differences in sex hormone levels in premenopausal women. *Cancer Epidemiology, Biomarkers and Prevention* 10: 59–64.

Gannage-Yared, M. H., R. Chemali, and N. Yaacoub. 2000. Hypovitaminosis D in a sunny country: Relation to lifestyle and bone markers. *Journal of Bone and Mineral Research* 15: 1856–1862.

Ganry, O. 2002. Phytoestrogen and breast cancer prevention. *European Journal of Cancer Prevention* 11: 519–522.

Garcia-Closas, M., J. Herbstman, M. Schiffman, A. Glass, and J. F. Dorgan. 2002. Relationship between serum hormone concentrations, reproductive history, alcohol consumption and genetic polymorphisms in pre-menopausal women. *International Journal of Cancer* 102: 172–178.

Garner, E. I. O., E. E. Stokes, R. S. Berkowitz, S. C. Mok, and D. W. Cramer. 2002. Polymorphisms of the estrogen-metabolizing genes CYP17 and catechol-O-methyltransferase and risk of epithelial ovarian cancer. *Cancer Research* 62: 3058–3062.

Garner, P., T. Smith, M. Baea, D. Lai, and P. Heywood. 1994. Maternal nutritional depletion in a rural area of Papua-New-Guinea. *Tropical and Geographical Medicine* 46: 169–171.

Garwood, E. R., A. S. Kumar, and V. Shim. 2008. Menopausal hormone therapy and breast cancer phenotype: Does dose matter? *Annals of Surgical Oncology* 15: 2526–2532.

Gavrilova, N. S., and L. A. Gavrilov. 2005. Human longevity and reproduction: An evolutionary perspective. In E. Voland, A. Chasiotis, and W. Schiefenhovel, eds., *Grandmotherhood: The Evolutionary Significance of the Second Half of Female Life*, 59–80. New Brunswick, N.J.: Rutgers University Press.

Gazzieri, D., M. Trevisani, F. Tarantini, P. Bechi, G. Masotti, G. F. Gensini, et al. 2006. Ethanol dilates coronary arteries and increases coronary flow via transient receptor potential vanilloid 1 and calcitonin gene-related peptide. *Cardiovascular Research* 70: 589–599.

Geelen, A., J. M. Schouten, C. Kamphuis, B. E. Stam, J. Burema, J. M. S. Renkema, et al. 2007. Fish consumption, n-3 fatty acids, and colorectal cancer: A metaanalysis of prospective cohort studies. *American Journal of Epidemiology* 166: 1116–1125.

Geggus, D. P. 1996. Slave and free colored women in Saint Domingue. In D. B.

Gaspar and D. Clark Hine, eds., *More Than Chattel: Black Women and Slavery in the Americas*, 259–278. Bloomington: Indiana University Press.

George, D. S., P. M. Everson, J. C. Stevenson, and L. Tedrow. 2000. Birth intervals and early childhood mortality in a migrating Mennonite community. *American Journal of Human Biology* 12: 50–63.

Gerber, M. 1998. Fibre and breast cancer. *European Journal of Cancer Prevention* 7 (Suppl.): S63–S67.

Gettler, L. T., T. W. McDade, A. B. Feranil, and C. W. Kuzawa. 2011. Longitudinal evidence that fatherhood decreases testosterone in human males. *Proceedings of the National Academy of Sciences of the United States of America* 108: 16194–16199.

Gibbs, T., K. Cargill, L. S. Lieberman, and E. Reitz. 1980. Nutrition in a slave population: An anthropological examination. *Medical Anthropology* 4: 175–262.

Gibson, M. A., and R. Mace. 2006. An energy-saving development initiative increases birth rate and childhood malnutrition in rural Ethiopia. *PLoS Medicine* 3: 476–484.

Gluckman, P. D., and M. A. Hanson. 2005. *The Fetal Matrix: Evolution, Development and Disease*. Cambridge: Cambridge University Press.

Goldberg, G. R., A. M. Prentice, W. A. Coward, H. L. Davies, P. R. Murgatroyd, M. B. Sawyer, et al. 1991. Longitudinal assessment of the components of energy balance in well-nourished lactating women. *American Journal of Clinical Nutrition* 54: 788–798.

Goldenberg, R. L., S. P. Cliver, F. X. Mulvihill, C. A. Hickey, H. J. Hoffman, L. V. Klerman, and M. J. Johnson. 1996. Medical, psychosocial, and behavioral risk factors do not explain the increased risk for low birth weight among black women. *American Journal of Obstetrics and Gynecology* 175: 1317–1324.

Goldin, B. R., M. N. Woods, and D. L. Spiegelman. 1994. The effect of dietary fat and fiber on serum estrogen concentrations in premenopausal women under controlled dietary conditions. *Cancer* 74 (Suppl.): 1125–1131.

Goldstein, M. C., and C. M. Bell. 2002. Changing pattern of Tibetan nomadic pastoralism. In W. R. Leonard and M. H. Crawford, eds., *Human Biology of Pastoral Populations*, 131–150. Cambridge: Cambridge University Press.

Goodin, M. G., K. C. Fertuck, T. R. Zacharewski, and R. J. Rosengren. 2002. Estrogen receptor-mediated actions of polyphenolic catechins in vivo and in vitro. *Toxicological Sciences* 69: 354–361.

Gorai, I., K. Tanaka, M. Inada, H. Morinaga, Y. Uchiyama, R. Kikuchi, et al. 2003. Estrogen-metabolizing gene polymorphisms, but not estrogen receptor-alpha gene polymorphisms, are associated with the onset of menarche in healthy postmenopausal Japanese women. *Journal of Clinical Endocrinology and Metabolism* 88: 799–803.

Gosman, G. G., H. I. Katcher, and R. S. Legro. 2006. Obesity and the role of gut and adipose hormones in female reproduction. *Human Reproduction Update* 12: 585–601.

Gould, R. A. 1981. Comparative Ecology of food-sharing in Australia and Northwest California. In R. S. O. Harding and G. Teleki, eds., *Omnivorous Primates*, 422–454. New York: Columbia University Press.

Graham, M. J., U. Larsen, and X. P. Xu. 1998. Son preference in Anhui Province, China. *International Family Planning Perspectives* 24: 72–77.

Grantham-McGregor, S. M., S. P. Walker, S. M. Chang, and C. A. Powell. 1997. Nutritional deficiencies and subsequent effects on mental and behavioral development in children. *Southeast Asian Journal of Tropical Medicine and Public Health* 28: 50–68.

Gray, P. B., and B. C. Campbell. 2009. Human males testosterone, pair-bonding, and fatherhood. In P. T. Ellison and P. B. Gray, eds., *Endocrinology of Social Relationship*, 270–293. Cambridge, Mass.: Harvard University Press.

Gray, P. B., S. M. Kahlenberg, E. S. Barrett, S. F. Lipson, and P. T. Ellison. 2002. Marriage and fatherhood are associated with lower testosterone in males. *Evolution and Human Behavior* 23: 193–201.

Greaves, M. F. 2001. *Cancer: The Evolutionary Legacy.* New York: Oxford University Press.
Green, A., V. Beral, and K. Moser. 1988. Mortality in women in relation to their childbearing history. *British Medical Journal* 297: 391–395.
Green, B. B., J. R. Daling, N. S. Weiss, J. M. Liff, and T. Koepsell. 1986. Exercise as a risk factor for infertility with ovulatory dysfunction. *American Journal of Public Health* 76: 432–436.
Green, B. B., N. S. Weiss, and J. R. Daling. 1988. Risk of ovulatory infertility in relation to body weight. *Fertility and Sterility* 50: 721–726.
Grether, W. F., and R. M. Yerkes. 1940. Weight norms and relations for chimpanzee. *American Journal of Physical Anthropology* 27: 181–197.
Grodstein, F., M. B. Goldman, and D. W. Cramer. 1994. Body-mass index and ovulatory infertility. *Epidemiology* 5: 247–250.
Gudmundsdottir, K., S. Thorlacius, J. G. Jonasson, B. F. Sigfusson, L. Tryggvadottir, and J. E. Eyfjord. 2003. CYP17 promoter polymorphism and breast cancer risk in males and females in relation to BRCA2 status. *British Journal of Cancer* 88: 933–936.
Guillermo-Tuazon, M. A., C. V. Barba, J. M. van Raaij, and J. G. Hautvast. 1992. Energy intake, energy expenditure, and body composition of poor rural Philippine women throughout the first 6 mo of lactation. *American Journal of Clinical Nutrition* 56: 874–80.
The Guinness Book of World Records 1998. 1998. New York: Bantam Books.
Gunnell, D. 2002. Commentary: Can adult anthropometry be used as a "biomarker" for prenatal and childhood exposures? *International Journal of Epidemiology* 31: 390–394.
Gussler, J. D. 1985. Commentary: Women's work and infant feeding in Oceania. In L. B. Marshall, ed., *Infant Care and Feeding in the South Pacific,* 319–329. New York: Gordon and Breach Science Publishers.
Gutman, H. G. 1976. *The Black Family in Slavery and Freedom, 1750-1925.* New York: Random House.
Gutman, H. G., and R. Sutch. 1976. Victorians all? The sexual mores and conduct of slaves and their masters. In P. A. David, ed., *Reckoning with Slavery: A Critical Study in the Quantitative History of American Negro Slavery,* 134 – 164. New York: Oxford University Press.
Haakstad, L. A. H., and K. Bo. 2011. Exercise in pregnant women and birth weight: A randomized controlled trial. *BMC Pregnancy and Childbirth* 11: 66.
Habuchi, T., L. Q. Zhang, T. Suzuki, R. Sasaki, N. Tsuchiya, H. Tachiki, et al. 2000. Increased risk of prostate cancer and benign prostatic hyperplasia associated with a CYP17 gene polymorphism with a gene dosage effect. *Cancer Research* 60: 5710–5713.
Haig, D. 1992. Genomic printing and the theory of parent-offspring conflict. *Seminars in Developmental Biology* 3: 153–160.
———. 2004. Evolutionary conflicts in pregnancy and calcium metabolism. *Placenta* 25 (Suppl. A): S10–S15.
———. 2008. Intimate relations: Evolutionary conflicts of pregnancy and childhood. In S. C. Stearns and J. C. Koella, eds., *Evolution in Health and Disease,* 65–76. New York: Oxford University Press.
Haiman, C. A., S. E. Hankinson, D. Spiegelman, G. A. Colditz, W. C. Willett, F. E. Speizer, et al. 1999. Relationship between a polymorphism in CYP17 with plasma hormone levels

and breast cancer. *Cancer Research* 59: 1015–1020.

Haiman, C. A., M. J. Stampfer, E. Giovannucci, J. Ma, N. E. Decalo, P. W. Kantoff, and D. J. Hunter. 2001. The relationship between a polymorphism in CYP17 with plasma hormone levels and prostate cancer. *Cancer Epidemiology Biomarkers and Prevention* 10: 743–748.

Haines, C. J., S. M. Xing, K. H. Park, C. F. Holinka, and M. K. Ausmanas. 2005. Prevalence of menopausal symptoms in different ethnic groups of Asian women and responsiveness to therapy with three doses of conjugated estrogens/medroxyprogesterone acetate: The Pan-Asia Menopause (PAM) Study. *Maturitas* 52: 264–276.

Haines, M. R. 1985. In equality and childhood mortality: A comparison of England and Wales, 1911, and the United States, 1900. *Journal of Economic History* 45: 885–912.

Hales, C. N., and D. J. P. Barker. 1992. Type-2 (non-insulin-dependent) diabetes mellitus—The thrifty phenotype hypothesis. *Diabetologia* 35: 595–601.

———. 2001. The thrifty phenotype hypothesis. *British Medical Bulletin* 60: 5–20. Hallberg, L., L. Rossanderhulten, M. Brune, and A. Gleerup. 1992. Calcium and iron absorption—Mechanism of action and nutritional importance. *European Journal of Clinical Nutrition* 46: 317–327.

Hamajima, N., H. Iwata, Y. Obata, K. Matsuo, M. Mizutani, T. Iwase, et al. 2000. No association of the 5' promoter region polymorphism of CYP17 with breast cancer risk in Japan. *Japanese Journal of Cancer Research* 91: 880–885.

Hamilton, W. D. 1964. Genetical evolution of social behaviour, parts 1 and 2. *Journal of Theoretical Biology* 7: 1–52.

Hammond, K., and J. Diamond. 1994. Limits to dietary nutrient intake and intestinal nutrient uptake in lactating mice. *Physiological Zoology* 67: 282–303.

Handler, J. S., and R. S. Corruccini. 1986. Weaning among West Indian slaves: Historical and bioanthropological evidence from Barbados. *William and Mary Quarterly* 43: 111–117.

Hankinson, S. E., W. C. Willett, J. E. Manson, D. J. Hunter, G. A. Colditz, M. J. Stampfer, et al. 1995. Alcohol, height, and adiposity in relation to estrogen and prolactin levels in postmenopausal women. *Journal of the National Cancer Institute* 87: 1297–1302.

Hardman, A. E. 1999. Accumulation of physical activity for health gains: What is the evidence? *British Journal of Sports Medicine* 33: 87–92.

Harris, F. D. 1900. The supply of sterilized humanized milk for the use of infants in St. Helens. *British Medical Journal* 2: 427–431.

Hatun, S., O. Islam, F. Cizmecioglu, B. Kara, K. Babaoglu, F. Berk, and A. S. Gokalp. 2005. Subclinical vitamin D deficiency is increased in adolescent girls who wear concealing clothing. *Journal of Nutrition* 135: 218–222.

Hawkes, K., J. F. O'Connell, and N. G. B. Jones. 1997. Hadza women's time allocation, offspring provisioning, and the evolution of long postmenopausal life spans. *Current Anthropology* 38: 551–577.

Hawkes, K., J. F. O'Connell, N. G. B. Jones, H. Alvarez; and E. L. Charnov. 1998. Grandmothering, menopause, and the evolution of human life histories. *Proceedings of the National Academy of Sciences of the United States of America* 95: 1336–1339.

Hawkins, S. M., and M. M. Matzuk. 2008. The menstrual cycle—Basic biology. *Annals of the*

New York Academy of Sciences 1135: 10–18.
Helle, S., V. Lummaa, and J. Jokela. 2002. Sons reduced maternal longevity in preindustrial humans. *Science* 296: 1085.
Henderson, B. E., and H. S. Feigelson. 2000. Hormonal carcinogenesis. *Carcinogenesis* 21: 427–433.
Henderson, B. E., R. K. Ross, and L. Bernstein. 1988. Estrogens as a cause of human cancer: The Richard and Hilda Rosenthal Foundation Award Lecture. *Cancer Research* 48: 246–253.
Heyward, V. H. 1991. *Advanced Fitness Assessments and Exercise Prescription*. Champaign, Ill.: Human Kinetics Publishers.
Hibbeln, J. R., L. R. G. Nieminen, T. L. Blasbalg, J. A. Riggs, and W. E. M. Lands. 2006. Healthy intakes of n-3 and n-6 fatty acids: Estimations considering worldwide diversity. *American Journal of Clinical Nutrition* 83 (Suppl.): 1483S–1493S.
Higman, B. W. 1979. Growth in Afro-Caribbean slave populations. *American Journal of Physical Anthropology* 50: 373–385.
———. 1984. *Slave Populations of the British Caribbean, 1807-1834*. Baltimore: Johns Hopkins University Press.
Hill, K, and A. M. Hurtado. 1996. *Ache Life History: The Ecology and Demography of a Foraging People*. Hawthorne, N.Y.: Aldine de Gruyter.
Hillard, P. J. A., and L. M. Nelson. 2003. Adolescent girls, the menstrual cycle, and bone health. *Journal of Pediatric Endocrinology and Metabolism* 16: 673–681.
Hinde, K. 2009. Richer milk for sons but more milk for daughters: Sex-biased investment during lactation varies with maternal life history in rhesus macaques. *American Journal of Human Biology* 21: 512–519.
Hinkula, M., A. Kauppila, S. Nayha, and E. Pukkala. 2006. Cause-specific mortality of grand multiparous women in Finland. *American Journal of Epidemiology* 163: 367–373.
Hinkula, M., E. Pukkala, P. Kyyronen, and A. Kauppila. 2001. Grand multiparity and the risk of breast cancer: Population-based study in Finland. *Cancer Causes and Control* 12: 491–500.
Hoff, C. 1999. Pregnancy, HLA allogeneic challenge, and implications for AIDS etiology. *Medical Hypotheses* 53: 63–68.
Holden, C., and R. Mace. 1997. Phylogenetic analysis of the evolution of lactose digestion in adults. *Human Biology* 69: 605–628.
Holzbeierlein, J. M., J. McIntosh, and J. B. Thrasher. 2005. The role of soy phytoestrogens in prostate cancer. *Current Opinion in Urology* 15: 17–22.
Homan, G. F., M. Davies, and R. Norman. 2007. The impact of lifestyle factors on reproductive performance in the general population and those undergoing infertility treatment: A review. *Human Reproduction Update* 13: 209–223.
Hong, C. C., H. J. Thompson, C. Jiang, G. L. Hammond, D. Tritchler, M. Yaffe, and N. F. Boyd. 2004. Association between the T27C polymorphism in the cytochrome P450 c17 alpha (CYP17) gene and risk factors for breast cancer. *Breast Cancer Research and Treatment* 88: 217–230.
Howe, J. C., W. V. Rumpler, and J. L. Seale. 1993. Energy expenditure by indirect calorimetry in premenopausal women: Variation within one menstrual cycle. *Journal of*

Nutritional Biochemistry 4: 268-273.

Hrdy, S. B. 1999. *Mother Nature: A History of Mothers, Infants, and Natural Selection.* New York: Pantheon.

Huang, C. S., H. D. Chern, K. J. Chang, C. W. Cheng, S. M. Hsu, and C. Y. Shen. 1999. Breast cancer risk associated with genotype polymorphism of the estrogen-metabolizing genes CYP17, CYP1A1, and COMT: A multigenic study on cancer susceptibility. *Cancer Research* 59: 4870-4875.

Huang, Z., S. E. Hankinson, G. A. Colditz, M. J. Stampfer, D. J. Hunter, and J. E. Manson. 1997. Dual effects of weight and weight gain on breast cancer risk. *Journal of American Medical Association* 278: 1407-1411.

Hull, V. 1985. Breastfeeding, birth spacing, and social change in rural Java. In V.

Hull and M. Simpson, eds., *Breastfeeding, Child Health and Child Spacing: Cross-cultural Perspectives*, 78-108. London: Croom Helm.

Humphries, K. H., I. C. D. Westendorp, M. L. Bots, J. J. Spinelli, R. G. Carere, A. Hofman, and J. C. M. Witteman. 2001. Parity and carotid artery atherosclerosis in elderly women—The Rotterdam Study. *Stroke* 32: 2259-2264.

Hunter, J. M. 1967. Seasonal hunger in a part of the West African Savanna: A survey of bodyweights in Nangodi, North-East Ghana. *Transactions of the Institute of British Geographers* 41: 167-185.

Huo, D., C. Adebamowo, T. Ogundiran, E. Akang, O. Campbell, A. Adenipekun, et al. 2008. Parity and breastfeeding are protective against breast cancer in Nigerian women. *British Journal of Cancer* 98: 992-996.

Hussain, M., M. Banerjee, F. H. Sarkar, Z. Djuric, M. N. Pollak, D. Doerge, et al. 2003. Soy isoflavones in the treatment of prostate cancer. *Nutrition and Cancer* 47: 111-117.

Huttly, S. R. A., C. G. Victora, F. C. Barros, and J. P. Vaughan. 1992. Birth spacing and child health in urban Brazilian children. *Pediatrics* 89: 1049-1054.

Hytten, F. E., and G. Chamberlain. 1991. *Clinical Physiology in Obstetrics*, 2nd ed. Oxford: Blackwell Scientific Publications.

Hytten, F. E., and I. Leitch. 1971. *The Physiology of Human Pregnancy*, 2nd ed. Oxford: Blackwell Scientific Publications.

Ibanez, L., N. Potau, G. Enriquez, and F. De Zegher. 2000. Reduced uterine and ovarian size in adolescent girls born small for gestational age. *Pediatric Research* 47: 575-577.

Ibanez, L., N. Potau, A. Ferrer, F. Rodriguez-Hierro, M. V. Marcos, and F. De Zegher. 2002. Reduced ovulation rate in adolescent girls born small for gestational age. *Journal of Clinical Endocrinology and Metabolism* 87: 3391-3393.

Idler, E. L., and Y. Benyamini. 1997. Self-rated health and mortality: A review of twenty-seven community studies. *Journal of Health and Social Behavior* 38: 21-37.

Ikeda, T., K. Makita, K. Ishitani, K. Takamatsu, F. Horiguchi, and S. Nozawa. 2005. Status of climacteric symptoms among middle-aged to elderly Japanese women: Comparison of general healthy women with women presenting at a menopausal clinic. *Journal of Obstetrics and GynaEcology Research* 31: 164-171.

Illingworth, P. J., R. T. Jung, P. W. Howie, P. Leslie, and T. E. Isles. 1986. Diminution in energy expenditure during lactation. *British Medical Journal* 292: 437-441.

Imhoff-Kunsch, B., R. Flores, O. Dary, and R. Martorell. 2007. Wheat flour fortification is

unlikely to benefit the neediest in Guatemala. *Journal of Nutrition* 137: 1017-1022.
Immink, M. D. C. 1979. Impact of energy supplementation on daily energy intake and energy expenditure levels of Guatemalan sugarcane cutters. *Federation Proceedings* 38: 866.
Institute of Medicine. 1992. *Nutrition Issues in Developing Countries*. Washington, D.C.: National Academy Press.
Jablonka, E., and M. J. Lamb. 2005. *Evolution in Four Dimensions: Genetic, Epigenetic, Behavioral, and Symbolic Variation in the History of Life*. Cambridge, Mass.: MIT Press.
Jablonski, N. G., and G. Chaplin. 2010. Human skin pigmentation as an adaptation to UV radiation. *Proceedings of the National Academy of Sciences of the United States of America* 107: 8962-8968.
Jakicic, J. M., R. R. Wing, B. A. Butler, and R. J. Robertson. 1995. Prescribing exercise in multiple short bouts versus one continuous bout—Effects on adherence, cardiorespiratory fitness, and weight-loss in overweight women. *International Journal of Obesity* 19: 893-901.
Jamison, C. S., L. L. Cornell, P. L. Jamison, and H. Nakazato. 2002. Are all grandmothers equal? A review and a preliminary test of the "grandmother hypothesis" in Tokugawa Japan. *American Journal of Physical Anthropology* 119: 67-76.
Jarjou, L. M., A. Prentice, Y. Sawo, M. A. Laskey, J. Bennett, G. R. Goldberg, and T. J. Cole. 2006. Randomized, placebo-controlled, calcium supplementation study in pregnant Gambian women: Effects on breast-milk calcium concentrations and infant birth weight, growth, and bone mineral accretion in the first year of life. *American Journal of Clinical Nutrition* 83: 657-666.
Jasienska, G. 1996. Energy expenditure and ovarian function in Polish rural women. PhD diss., Harvard University.
———. 2001. Why energy expenditure causes reproductive suppression in women: An evolutionary and bioenergetic perspective. In P. T. Ellison, ed., *Reproductive Ecology and Human Evolution*, 59-85. New York: Aldine de Gruyter.
———. 2003. Energy metabolism and the evolution of reproductive suppression in the human female. *Acta Biotheoretica* 51: 1-18.
———. 2009. Low birth weight of contemporary African Americans: An intergenerational effect of slavery? *American Journal of Human Biology* 21: 16-24.
Jasienska, G., and P. T. Ellison. 1998. Physical work causes suppression of ovarian function in women. *Proceedings of the Royal Society of London B, Biological Sciences* 265: 1847-1851.
———. 2004. Energetic factors and seasonal changes in ovarian function in women from rural Poland. *American Journal of Human Biology* 16: 563-580.
Jasienska, G., and M. Jasienski. 2008. Interpopulation, interindividual, intercycle, and intracycle natural variation in progesterone levels: A quantitative assessment and implications for population studies. *American Journal of Human Biology* 20: 35-42.
Jasienska, G., M. Kapiszewska, P. T. Ellison, M. Kalemba-Drozdz, I. Nenko, I. Thune, and A. Ziomkiewicz. 2006. CYP17 genotypes differ in salivary 17-beta estradiol levels: A study based on hormonal profiles from entire menstrual cycles. *Cancer Epidemiology Biomarkers and Prevention* 15: 2131-2135.

Jasienska, G., I. Nenko, and M. Jasienski. 2006. Daughters increase longevity of fathers, but daughters and sons equally reduce longevity of mothers. *American Journal of Human Biology* 18: 422–425.

Jasienska, G., and I. Thune. 2001a. Lifestyle, hormones, and risk of breast cancer. *British Medical Journal* 322: 586–587.

———. 2001b. Lifestyle, progesterone and breast cancer. *British Medical Journal* 323: 1002.

Jasienska, G., I. Thune, and P. T. Ellison. 2000. Energetic factors, ovarian steroids and the risk of breast cancer. *European Journal of Cancer Prevention* 9: 231–239.

———. 2006. Fatness at birth predicts adult susceptibility to ovarian suppression: An empirical test of the Predictive Adaptive Response hypothesis. *Proceedings of the National Academy of Sciences of the United States of America* 103: 12759–12762.

Jasienska, G., A. Ziomkiewicz, P. T. Ellison, S. F. Lipson, and I. Thune. 2004. Large breasts and narrow waists indicate high reproductive potential in women. *Proceedings of the Royal Society of London B, Biological Sciences* 271: 1213–1217.

Jasienska, G., A. Ziomkiewicz, M. Gorkiewicz, and A. Pajak. 2005. Body mass, depressive symptoms and menopausal status: An examination of the "jolly fat" hypothesis. *Women's Health Issues* 15: 145–151.

Jasienska, G., A. Ziomkiewicz, S. F. Lipson, I. Thune, and P. T. Ellison. 2006. High ponderal index at birth predicts high estradiol levels in adult women. *American Journal of Human Biology* 18: 133–140.

Jasienska, G., A. Ziomkiewicz, I. Thune, S. F. Lipson, and P. T. Ellison. 2006. Habitual physical activity and estradiol levels in women of reproductive age. *European Journal of Cancer Prevention* 15: 439–445.

Jernstrom, H., J. Lubinski, H. T. Lynch, P. Ghadirian, S. Neuhausen, C. Isaacs, et al. 2004. Breast-feeding and the risk of breast cancer in BRCA1 and BRCA2 mutation carriers. *Journal of the National Cancer Institute* 96: 1094–1098.

Johnson, W. G., S. A. Corrigan, C. R. Lemmon, K. B. Bergeron, and A. H. Crusco. 1994. Energy regulation over the menstrual cycle. *Physiology and Behavior* 56: 523–527.

Johnston, E., S. Johnston, P. McLeod, and M. Johnston. 2004. The relation of body mass index to depressive symptoms. *Canadian Journal of Public Health* 95: 179–183.

Joyner, C. W. 1971. Life under the "peculiar institution"—Selections from the Slave Narrative Collection. *Journal of American Folklore* 84: 453–455.

Judd, J. T., B. A. Clevidence, R. A. Muesing, J. Wittes, M. E. Sunkin, and J. J. Podczasy. 1994. Dietary trans fatty acids: Effects on plasma lipids and lipoproteins of healthy men and women. *American Journal of Clinical Nutrition* 59: 861–868.

Kado, N., J. Kitawaki, H. Obayashi, H. Ishihara, H. Koshiba, I. Kusuki, et al. 2002. Association of the CYP17 gene and CYP19 gene polymorphisms with risk of endometriosis in Japa nese women. *Human Reproduction* 17: 897–902.

Kaneda, N., C. Nagata, M. Kabuto, and H. Shimizu. 1997. Fat and fiber intakes in relation to serum estrogen concentration in premenopausal Japanese women. *Nutrition and Cancer* 27: 279–283.

Kao, Y. C., C. B. Zhou, M. Sherman, C. A. Laughton, and S. Chen. 1998. Molecular basis of the inhibition of human aromatase (estrogen synthetase) by flavone and isoflavone phytoestrogens: A site-directed mutagenesis study. *Environmental Health Perspectives*

106: 85-92.

Kapiszewska, M., M. Miskiewicz, P. T. Ellison, I. Thune, and G. Jasienska. 2006. High tea consumption diminishes salivary 17-beta estradiol concentration in Polish women. *British Journal of Nutrition* 95: 989-995.

Kaplan, H. 1997. The evolution of the human life course. In K. Wachter and C. Finch, eds., *Between Zeus and the Salmon: The Biodemography of Longevity*, 175-211. Washington, D.C.: National Academy Press.

Kaput, J. 2004. Diet-disease gene interactions. *Nutrition* 20: 26-31.

Karlsson, C., K. J. Obrant, and M. Karlsson. 2001. Pregnancy and lactation confer reversible bone loss in humans. *Osteoporosis International* 12: 828-834.

Katz, D. F., D. A. Slade, and S. T. Nakajima. 1997. Analysis of pre-ovulatory changes in cervical mucus hydration and sperm penetrability. *Advances in Contraception* 13: 143-151.

Katz, M. M. 1985. Infant care in a group of outer Fiji Islands. In L. B. Marshall, ed., *Infant Care and Feeding in the South Pacific*, 269-292. New York: Gordon and Breach Science Publishers.

Katzmarzyk, P. T., W. R. Leonard, M. H. Crawford, and R. I. Sukerinik. 1994. Resting metabolic rate and daily energy expenditure among two indigenous Siberian populations. *American Journal of Human Biology* 6: 719-730.

Kaufert, P., M. Lock, S. McKinlay, Y. Beyenne, J. Coope, D. Davis, et al. 1986. Menopause research—The Korpilampi Workshop. *Social Science and Medicine* 22: 1285-1289.

Keen, A. D., and B. L. Drinkwater. 1997. Irreversible bone loss in former amenorrheic athletes. *Osteoporosis International* 7: 311-315.

Kerstetter, J. E., K. O. O'Brien, and K. L. Insogna. 2003. Dietary protein, calcium metabolism, and skeletal homeostasis revisited. *American Journal of Clinical Nutrition* 78 (Suppl.): 584S-592S.

Key, T. J. A., J. Chen, D. Y. Wang, M. C. Pike, and J. Boreharn. 1990. Sex hormones in women in rural China and in Britain. *British Journal of Cancer* 62: 631-636.

Key, T. J. A., and M. C. Pike. 1988. The role of oestrogens and progestagens in the epidemiology and prevention of breast cancer. *European Journal of Clinical Oncology* 24: 29-43.

Khan, A. D., D. G. Schroeder, R. Martorell, J. D. Haas, and J. Rivera. 1996. Early childhood determinants of age at menarche in rural Guatemala. *American Journal of Human Biology* 8: 717-723.

Khan, K. S., P. F. W. Chien, and N. B. Khan. 1998. Nutritional stress of reproduction—A cohort study over two consecutive pregnancies. *Acta Obstetricia et Gynecologica Scandinavica* 77: 395-401.

King, J. C., N. F. Butte, M. N. Bronstein, L. E. Koop, and S. A. Lindquist. 1994. Energy metabolism during pregnancy: Influence of maternal energy status. *American Journal of Clinical Nutrition* 59: S439-S445.

King, M. C., J. H. Marks, and J. B. Mandell. 2003. Breast and ovarian cancer risks due to inherited mutations in BRCA1 and BRCA2. *Science* 302: 643-646.

King, W. 1995. *Stolen Childhood: Slave Youth in Nineteenth-Century America*. Bloomington: Indiana University Press.

Kington, R., L. Lillard, and J. Rogowski. 1997. Reproductive history, socioeconomic status, and self-reported health status of women aged 50 years or older. *American Journal of Public Health* 87: 33–37.

Kiple, K. F. 1984. *The Caribbean Slave: A Biological History*. Cambridge: Cambridge University Press.

Kiple, K. F., and W. Himmelsteib King. 1981. *Another Dimension to the Black Diaspora: Diet, Disease, and Racism*. Cambridge: Cambridge University Press.

Kiple, K. F., and V. H. Kiple. 1977a. Black tongue and Black men—Pellagra and slavery in the Antebellum South. *Journal of Southern History* 43: 411–428.

———. 1977b. Slave child mortality—Some nutritional answers to a perennial puzzle. *Journal of Social History* 10: 284–309.

Kirchengast, S. 1994. Interaction between sex-hormone levels and body dimensions in postmenopausal women. *Human Biology* 66: 481–494.

———. 2000. Differential reproductive success and body size in !Kung San people from northern Namibia. *Collegium Antropologicum* 24: 121–132.

Kirchengast, S., and S. Hartmann. 1998. Maternal prepregnancy weight status and pregnancy weight gain as major determinants for newborn weight and size. *Annals of Human Biology* 25: 17–28.

Kirkwood, T. B. L., and R. Holliday. 1979. Evolution of aging and longevity. *Proceedings of the Royal Society of London B, Biological Sciences* 205: 531–546.

Kirkwood, T. B. L., P. Kapahi, and D. P. Shanley. 2000. Evolution, stress, and longevity. *Journal of Anatomy* 197: 587–590.

Kittles, R. A., R. K. Panguluri, W. D. Chen, A. Massac, C. Ahaghotu, A. Jackson, et al. 2001. CYP17 promoter variant associated with prostate cancer aggressiveness in African Americans. *Cancer Epidemiology Biomarkers and Prevention* 10: 943–947.

Knight, D. C., and J. A. Eden. 1995. Phytoestrogens—A short review.*Maturitas* 22: 167–175.

Kochar, D. K., I. Thanvi, A. Joshi, Z. Z. Subhakaran, S. Aseri, and B. L. Kumawat. 1998. Falciparum malaria and pregnancy.*Indian Journal of Malariology* 35: 123–130.

Komlos, J. 1994. The height of runaway slaves in Colonial America, 1720–1770. In J. Komlos, ed., *Stature, Living Standards, and Economic Development*, 93–116. Chicago: University of Chicago Press.

Konarzewski, M., and J. Diamond. 1994. Peak sustained metabolic rate and its individual variation in cold-stressed mice. *Physiological Zoology* 67: 1186–1212.

Konner, M., and C. Worthman. 1980. Nursing frequency, gonadal function, and birth-spacing among !Kung hunter-gatherers. *Science* 207: 788–791.

Kopp-Hoolihan, L. E., M. D. van Loan, W. W. Wong, and J. C. King. 1999. Longitudinal assessment of energy balance in well-nourished, pregnant women. *American Journal of Clinical Nutrition* 69: 697–704.

Kovacs, C. S. 2005. Calcium and bone metabolism during pregnancy and lactation. *Journal of Mammary Gland Biology and Neoplasia* 10: 105–118.

Kramer, M. S. 1996. Nutritional advice in pregnancy. *Cochrane Database of Systematic Reviews* 4: CD000149.

Kristensen, V. N., E. K. Haraldsen, K. B. Anderson, P. E. Lonning, B. Erikstein, R. Karesen, et al. 1999. CYP17 and breast cancer risk: The polymorphism in the 5' flanking area of

the gene does not infl uence binding to Sp-1. *Cancer Research* 59: 2825-2828.
Kritz-Silverstein, D., E. Barrett-Connor, and D. L. Wingard. 1989. The effect of parity on the later development of non-insulin-dependent diabetes-mellitus or impaired glucose-tolerance. *New England Journal of Medicine* 321: 1214-1219.
Kritz-Silverstein, D., E. Barrett-Connor, D. L. Wingard, and N. J. Friedlander. 1994. Relation of pregnancy history to insulin levels in older, nondiabetic women. *American Journal of Epidemiology* 140: 375-382.
Krzyk, J., and D. Steinhagen. 2007. Decyzja Anny Radosz. *Wysokie Obcasy*, 10-16.
Kuiper, G. J. M., B. Carlsson, K. Grandien, E. Enmark, J. Haggblad, S. Nilsson, and J. A. Gustafsson. 1997. Comparison of the ligand binding specificity and transcript tissue distribution of estrogen receptors alpha and beta. *Endocrinology* 138: 863-870.
Kuligina, E. S., A. V. Togo, E. N. Suspitsin, M. Y. Grigoriev, K. M. Pozharisskiy, O. L. Chagunava, et al. 2000. CYP17 polymorphism in the groups of distinct breast cancer susceptibility: Comparison of patients with the bilateral disease vs. monolateral breast cancer patients vs. middle-aged female controls vs. elderly tumor-free women. *Cancer Letters* 156: 45-50.
Kumar, N. B., A. Cantor, K. Allen, D. Riccardi, K. Besterman-Dahan, J. Seigne, et al. 2004. The specific role of isofl avones in reducing prostate cancer risk. *Prostate* 59: 141-147.
Kumar, N. B., A. Cantor, K. Allen, D. Riccardi, and C. E. Cox. 2002. The specific role of isoflavones on estrogen metabolism in premenopausal women. *Cancer* 94: 1166-1174.
Kusin, J. A., S. Kardjati, J. M. Houtkooper, and U. H. Renqvist. 1992. Energy supplementation during pregnancy and postnatal growth. *Lancet* 340: 623-626.
Kuzawa, C. W. 1998. Adipose tissue in human infancy and childhood: An evolutionary perspective. *Yearbook of Physical Anthropology*: 177-209.
———. 2004. Modeling fetal adaptation to nutrient restriction: Testing the fetal origins hypothesis with a supply-demand model. *Journal of Nutrition* 134: 194-200.
———. 2005. Fetal origins of developmental plasticity: Are fetal cues reliable predictors of future nutritional environments? *American Journal of Human Biology* 17: 5-21.
———. 2008. The developmental origins of adult health: Intergenerational inertia in adaptation and disease. In W. R. Trevathan, E. O. Smith, and J. J. Mc-Kenna, eds., *Evolutionary Medicine and Health: New Perspectives*, 325-349. New York: Oxford University Press.
Kvale, G. 1992. Reproductive factors in breast cancer epidemiology. *Acta Oncologica* 31: 187-194.
Lager, C., and P. T. Ellison. 1990. Effect of moderate weight loss on ovarian function assessed by salivary progesterone mea sure ments. *American Journal of Human Biology* 2: 303-312.
Lai, J., D. Vesprini, W. Chu, H. Jernstrom, and S. A. Narod. 2001. CYP gene polymorphisms and early menarche. *Molecular Genetics and Metabolism* 74: 449-457.
Lake, J. K., C. Power, and T. J. Cole. 1997. Women's reproductive health: The role of body mass index in early and adult life. *International Journal of Obesity* 21: 432-438.
Lamb, J. D., A. M. Zamah, S. H. Shen, C. McCulloch, M. I. Cedars, and M. P. Rosen. 2011. Follicular fluid steroid hormone levels are associated with fertilization outcome after intracytoplasmic sperm injection. *Obstetrical and Gynecological Survey* 66: 218-220.

Lancaster, J. B. 1986. Human adolescence and reproduction: An evolutionary perspective. In J. B. Lancaster and B. A. Hamburg, eds., *School-Age Pregnancy and Parenthood*, 17–38. New York: Aldine de Gruyter.

Lands, W. E. M. 2005. Dietary fat and health: The evidence and the politics of prevention: Careful use of dietary fats can improve life and prevent disease. *Annals of the New York Academy of Sciences* 1055: 179–192.

Larsen, C. S. 1984. Health and disease in prehistoric Georgia: The transition to agriculture. In M. N. Cohen and G. J. Armelagos, eds., *Paleopathology at the Origins of Agriculture*, 367–392. Orlando, Fla.: Academic Press.

———. 1995. Biological changes in human populations with agriculture. *Annual Review of Anthropology* 24: 185–213.

———. 2002. Post-Pleistocene human evolution: Bioarcheology of the agricultural transition. In P. S. Ungar and M. F. Teaford, eds., *Human Diet: Its Origin and Evolution*, 19–35. Westport, Conn.: Bergin & Garvey.

Laskey, M. A., and A. Prentice. 1997. Effect of pregnancy on recovery of lactational bone loss. *Lancet* 349: 1518–1519.

Lasley, B. L., N. Santoro, J. F. Randolf, E. B. Gold, S. Crawford, G. Weiss, et al. 2002. The relationship of circulating dehydroepiandrosterone, testosterone, and estradiol to stages of the menopausal transition and ethnicity. *Journal of Clinical Endocrinology and Metabolism* 87: 3760–3767.

Law, M., and N. Wald. 1999. Why heart disease mortality is low in France: The time lag explanation. *British Medical Journal* 318: 1471–1476.

Lawlor, D. A., J. R. Emberson, S. Ebrahim, P. H. Whincup, S. G. Wannamethee, M. Walker, and G. D. Smith. 2003. Is the association between parity and coronary heart disease due to biological effects of pregnancy or adverse lifestyle risk factors associated with child-rearing?—Findings from the British women's heart and health study and the British regional heart study. *Circulation* 107: 1260–1264.

Lawrence, M., W. A. Coward, F. Lawrence, T. J. Cole, and R. G. Whitehead. 1987. Fat gain during pregnancy in rural African women: The effect of season and dietary status. *American Journal of Clinical Nutrition* 45: 1442–1450.

Lawrence, M., F. Lawrence, W. A. Coward, T. J. Cole, and R. G. Whitehead. 1987. Energy requirements of pregnancy in the Gambia. *Lancet* 2: 1072–1076.

Lawrence, M., and R. G. Whitehead. 1988. Physical activity and total energy expenditure of child-bearing Gambian village women. *European Journal of Clinical Nutrition* 42: 145–160.

Le Bourg, E., B. Thon, J. Legare, B. Desjardins, and H. Charbonneau. 1993. Reproductive life of French-Canadians in the 17–18th-centuries—A search for a trade-off between early fecundity and longevity. *Experimental Gerontology* 28: 217–232.

Lechtig, A., R. Martorell, H. Delgado, C. Yarbrough, and R. E. Klein. 1978. Food supplementation during pregnancy, maternal anthropometry and birth weight in a Guatemalan rural population. *Journal of Tropical Pediatrics and Environmental Child Health* 24: 217–222.

Lechtig, A., C. Yarbrough, H. Delgado, J. P. Habicht, R. Martorell, and R. E. Klein. 1975. Infl uence of maternal nutrition on birth weight. *American Journal of Clinical Nutrition* 28:

1223–1233.
Lee, I. M., and R. S. Paffenbarger. 2000. Associations of light, moderate, and vigorous intensity physical activity with longevity—The Harvard Alumni Health Study. *American Journal of Epidemiology* 151: 293–299.
Lee, I. M., K. M. Rexrode, N. R. Cook, C. H. Hennekens, and J. E. Buring. 2001. Physical activity and breast cancer risk: The Women's Health Study (United States). *Cancer Causes and Control* 12: 137–145.
Lee, R. B. 1968. What hunters do for a living, or how to make out on scarce resources. In R. B. Lee and I. DeVore, eds., *Man the Hunter*, 30–48. Chicago:
Aldine.
———. 1979. *The !Kung San: Men, Women, and Work in a Foraging Society*. Cambridge: Cambridge University Press.
———. 1984. *The Dobe !Kung*. New York: Holt, Rinehart and Winston.
Lenton, E. A., G. F. Lawrence, R. A. Coleman, and I. D. Cooke. 1983. Individual variation in gonadotrophin and steroid concentration and in lengths of the follicular and luteal phases in women with regular menstrual cycles. *Clinical Reproduction and Fertility* 2: 143–150.
Leonard, W. R. 2008. Lifestyle, diet, and disease: Comparative perspectives on the determinants of chronic health risks. In S. C. Stearns and J. C. Koella, eds., *Evolution in Health and Disease*, 265–276. New York: Oxford University Press.
Leonard, W. R., V. A. Galloway, E. Ivakine, L. Osipova, and M. Kazakovtseva. 2002. Ecology, health and lifestyle change among the Evenki herders of Siberia. In W. R. Leonard and M. H. Crawford, eds., *Human Biology of Pastoral Populations*, 206–235. Cambridge: Cambridge University Press.
Leonard, W. R., and M. L. Robertson. 1992. Nutritional requirements and human evolution: A bioenergetic model. *American Journal of Human Biology* 4: 179–195.
Leopold, A. S., M. Erwin, J. Oh, and B. Browning. 1976. Phytoestrogens—Adverse effects on reproduction in California quail. *Science* 191: 98–100.
Lesthaeghe, R., D. Meekers, and G. Kaufmann. 1994. Postpartum abstinence, polygyny, and age at marriage: A macro-level analysis of sub-Saharan societies. In C. Bledsoe and G. Pison, eds., *Nuptiality in Sub-Saharan Africa: Contemporary Anthropological and Demographic Perspectives*, 25–54. Oxford: Clarendon Press.
Lewontin, R. C. 1992. *Biology as Ideology: The Doctrine of DNA*. New York: HarperPerennial.
———. 2000. *The Triple Helix*. Cambridge, Mass.: Harvard University Press. Li, H., H. X. Barnhart, A. D. Stein, and R. Martorell. 2003. Effects of early childhood supplementation on the educational achievement of women. *Pediatrics* 112: 1156–1162.
Lichtenstein, A. H., L. J. Appel, M. Brands, M. Carnethon, S. Daniels, H. A. Franch, et al. 2006. Diet and lifestyle recommendations revision 2006—A scientific statement from the American Heart Association Nutrition Committee. *Circulation* 114: 82–96.
Lieberman, E. H., M. D. Gerhard, A. Uehata, B. W. Walsh, A. P. Selwyn, P. Ganz, et al. 1994. Estrogen improves endothelium-dependent, flow mediated vasodilation in postmenopausal women. *Annals of Internal Medicine* 121: 936–941.
Lips, P. 2007. Vitamin D status and nutrition in Eu rope and Asia. *Journal of Steroid Biochemistry and Molecular Biology* 103: 620–625.

Lipson, S. F. 2001. Metabolism, maturation, and ovarian function. In P. T. Ellison, ed., *Reproductive Ecology and Human Evolution*, 235–248. New York: Aldine de Gruyter.

Lipson, S. F., and P. T. Ellison. 1996. Comparison of salivary steroid profiles in naturally occurring conception and non-conception cycles. *Human Reproduction* 11: 2090–2096.

Little, M. A. 2002. Human biology, health, and Ecology of nomadic Turkana pastoralists. In W. R. Leonard and M. H. Crawford, eds., *Human Biology of Pastoral Populations*, 151–182. Cambridge: Cambridge University Press.

Little, M. A., P. W. Leslie, and K. L. Campbell. 1992. Energy reserves and parity of nomadic and settled Turkana women. *American Journal of Human Biology* 4: 729–738.

Lo, S. F., C. M. Huang, H. C. Lin, C. H. Tsai, and F. J. Tsai. 2005. Association of CYP17 gene polymorphism and rheumatoid arthritis in Chinese patients in central Taiwan. *Rheumatology International* 25: 580–584.

Lock, M. 1993. *Encounters with Aging: Mythologies of Menopause in Japan and North America*. Berkeley: University of California Press.

Love, R. R., and J. Philips. 2002. Oophorectomy for breast cancer: History revisited. *Journal of the National Cancer Institute* 94: 1433–1434.

Lu, L. J. W., K. E. Anderson, J. J. Grady, F. Kohen, and M. Nagamani. 2000. Decreased ovarian hormones during a soya diet: Implications for breast cancer prevention. *Cancer Research* 60: 4112–4121.

Lu, Y. C., G. R. Bentley, P. H. Gann, K. R. Hodges, and R. T. Chatterton. 1999. Salivary estradiol and progesterone levels in conception and nonconception cycles in women: Evaluation of a new assay for salivary estradiol. *Fertility and Sterility* 71: 863–868.

Lund, E., E. Arnesen, and J. K. Borgan. 1990. Pattern of childbearing and mortality in married women—A national prospective study from Norway. *Journal of Epidemiology and Community Health* 44: 237–240.

Lund, T. D., D. J. Munson, M. E. Haldy, K. D. R. Setchell, E. D. Lephart, and R. J. Handa. 2004. Equol is a novel anti-androgen that inhibits prostate growth and hormone feedback. *Biology of Reproduction* 70: 1188–1195.

Lunn, P. G. 1994. Lactation and other metabolic loads affecting human reproduction. *Annals of the New York Academy of Sciences* 709: 77–85.

Lunn, P. G., S. Austin, and R. G. Whitehead. 1984. The effect of improved nutrition on plasma prolactin concentrations and postpartum infertility in lactating Gambian women. *American Journal of Clinical Nutrition* 39: 227–235.

Lunn, R. M., D. A. Bell, J. L. Mohler, and J. A. Taylor. 1999. Prostate cancer risk and polymorphism in 17 hydroxylase (CYP17) and steroid reductase (SRD5A2). *Carcinogenesis* 20: 1727–1731.

Lycett, J. E., R. I. M. Dunbar, and E. Voland. 2000. Longevity and the costs of reproduction in a historical human population. *Proceedings of the Royal Society of London B, Biological Sciences* 267: 31–35.

Mabilia, M. 2005. *Breast Feeding and Sexuality : Behaviour, Beliefs and Taboos among the Gogo Mothers in Tanzania*. New York: Berghahn Books.

Macfarlane, D. J., L. H. Taylor, and T. F. Cuddihy. 2006. Very short intermittent vs continuous bouts of activity in sedentary adults. *Preventive Medicine* 43: 332–336.

Mackie, G. 1996. Ending footbinding and infi bulation: A convention account. *American*

Sociological Review 61: 999–1017.

MacMahon, B. 2006. Epidemiology and the causes of breast cancer. *International Journal of Cancer* 118: 2373–2378.

Madhavapeddi, R., and B. S. Rao. 1992. Energy balance in lactating undernourished Indian women. *European Journal of Clinical Nutrition* 46: 349–354.

Magnus, P., L. S. Bakketeig, and R. Skjaerven. 1993. Correlations of birth weight and gestational age across generations. *Annals of Human Biology* 20: 231–238.

Maher, V. 1992. Breast-feeding in cross-cultural perspective: Paradoxes and proposals. In V. Maher, ed., *The Anthropology of Breast-Feeding: Natural Law or Social Construct*, 1–36. Oxford: St. Martin's Press.

Maklakov, A. A., S. J. Simpson, F. Zajitschek, M. D. Hall, J. Dessmann, F. Clissold, et al. 2008. Sex-specific fitness effects of nutrient intake on reproduction and lifespan. *Current Biology* 18: 1062–1066.

Malcolm, L. W. G. 1925. Note of the seclusion of girls among the Efik at Old Calabar. *Men* 25: 113–114.

Manor, O., Z. Eisenbach, A. Israeli, and Y. Friedlander. 2000. Mortality differentials among women: The Israel Longitudinal Mortality Study. *Social Science and Medicine* 51: 1175–1188.

Manson, J. E., J. Hsia, K. C. Johnson, J. E. Rossouw, A. R. Assaf, N. L. Lasser, et al. 2003. Estrogen plus progestin and the risk of coronary heart disease. *New England Journal of Medicine* 349: 523–534.

Margetts, B. M., S. M. Yusof, Z. Al Dallal, and A. A. Jackson. 2002. Persistence of lower birth weight in second generation South Asian babies born in the United Kingdom. *Journal of Epidemiology and Community Health* 56: 684–687.

Margo, R. A., and R. H. Steckel. 1983. Heights of native-born whites during the antebellum period. *Journal of Economic History* 43: 167–174.

Marks, L. 1992. Mothers, babies and hospitals: "The London" and the provision of maternity care in East London, 1870–1939. In V. Fildes, L. Marks, and H. Marland, eds., *Women and Children First: International Maternal and Infant Welfare 1870-1945*, 48–73. London: Routledge.

Marlowe, F. W. 2007. Hunting and gathering—The human sexual division of foraging labor. *Cross-Cultural Research* 41: 170–195.

Martin, R. M., G. D. Smith, S. Frankel, and D. Gunnell. 2004. Parents' growth in childhood and the birth weight of their offspring. *Epidemiology* 15: 308–316.

Martorell, R. 1996. The role of nutrition in economic development. *Nutrition Reviews* 54: S66–S71.

Maskarinec, G., A. A. Franke, A. E. Williams, S. Hebshi, C. Oshiro, S. Murphy, and F. Z. Stanczyk. 2004. Effects of a 2-year randomized soy intervention on sex hormone levels in premenopausal women. *Cancer Epidemiology Biomarkers and Prevention* 13: 1736–1744.

Massara, E. B. 1989. *Que Gordita! A Study of Weight among Women in a Puerto Rican Community*. New York: AMS Press.

McArdle, P. F., T. I. Pollin, J. R. O'Connell, J. D. Sorkin, R. Agarwala, A. A. Schaffer, et al. 2006. Does having children extend life span? A genealogical study of parity and longevity in the Amish. *Journals of Gerontology Series A: Biological Sciences and Medical Sciences* 61: 190–5.

McArdle, W. D., F. I. Katch, and V. L. Katch. 1986. *Exercise Physiology: Energy, Nutrition, and Human Performance*. Philadelphia: Lea & Febiger.

McAuley, P. A., J. N. Myers, J. P. Abella, S. Y. Tan, and V. F. Froelicher. 2007. Exercise capacity and body mass as predictors of mortality among male veterans with type 2 diabetes. *Diabetes Care* 30: 1539–1543.

McCann, S. E., K. B. Moysich, J. L. Freudenheim, C. B. Ambrosone, and P. G. Shields. 2002. The risk of breast cancer associated with dietary lignans differs by CYP17 genotype in women. *Journal of Nutrition* 132: 3036–3041.

McCargar, L. J., D. Simmons, N. Craton, J. E. Taunton, and C. L. Birmingham. 1993. Physiological effects of weight cycling in female lightweight rowers. *Canadian Journal of Applied Physiology* 18: 291–303.

McCormick, M. C. 1985. The contribution of low birth-weight to infant mortality and childhood morbidity. *New England Journal of Medicine* 312: 82–90.

McDade, T. W. 2005. The ecologies of human immune function. *Annual Review of Anthropology* 34: 495–521.

McKinlay, S. M., and J. B. McKinlay. 1986. Aging in a healthy population. *Social Science and Medicine* 23: 531–535.

McNamara, J. P. 1995. Role and regulation of metabolism in adipose tissue during lactation. *Journal of Nutritional Biochemistry* 6: 120–129.

McNeely, M. J., and M. R. Soules. 1988. The diagnosis of luteal phase deficiency: A critical review. *Fertility and Sterility* 50: 1–9.

McNeilly, A. S., C. C. K. Tay, and A. Glasier. 1994. Physiological mechanisms underlying lactational amenorrhea. In J. W. Wood, ed., *Human Reproductive Ecology: Interactions of Environment, Fertility, and Behavior*, 145–155. New York: New York Academy of Sciences.

McTiernan, A. 2008. Mechanisms linking physical activity with cancer. *Nature Reviews Cancer* 8: 205–211.

Meijer, G. A. L., K. R. Westerterp, W. H. M. Saris, and F. ten Hoor. 1992. Sleeping metabolic rate in relation to body composition and the menstrual cycle. *American Journal of Clinical Nutrition* 55: 637–640.

Merchant, K. S., and R. Martorell. 1988. Frequent reproductive cycling: Does it lead to nutritional depletion of mothers? *Progress in Food and Nutrition Science* 12: 339–369.

Mettlin, C. 1999. Global breast cancer mortality statistics. *CA: A Cancer Journal for Clinicians* 49: 138–144.

Michels, K. B., A. R. Mohllajee, E. Roset-Bahmanyar, G. P. Beehler, and K. B. Moysich. 2007. Diet and breast cancer—A review of the prospective observational studies. *Cancer* 109: 2712–2749.

Michels, K. B., D. Trichopoulos, J. M. Robins, B. A. Rosner, J. E. Manson, D. J. Hunter, et al. 1996. Birthweight as a risk factor for breast cancer. *Lancet* 348: 1542–1546.

Miklos, G. L. G. 2005. The Human Cancer Genome Project—One more misstep in the war on cancer. *Nature Biotechnology* 23: 535–537.

Millard, A. V., and M. A. Graham. 1985. Breastfeeding in two Mexican villages: Social and demographic perspectives. In V. Hull and M. Simpson, eds., *Breastfeeding, Child Health and Child Spacing: Cross-Cultural Perspectives*, 55–77. London: Croom Helm.

Miller, J. E., G. Rodriguez, and A. R. Pebley. 1994. Lactation, seasonality, and mother's postpartum weight change in Bangladesh: An analysis of maternal depletion. *American Journal of Human Biology* 6: 511–524.

Milman, N. 2006. Iron prophylaxis in pregnancy—General or individual and in which dose? *Annals of Hematology* 85: 821–828.

Milton, K. 2000. Hunter-gatherer diets—A different perspective. *American Journal of Clinical Nutrition* 71: 665–667.

Mitrunen, K., N. Jourenkova, V. Kataja, M. Eskelinen, V. M. Kosma, S. Benhamou, et al. 2000. steroid metabolism gene CYP17 polymorphism and the development of breast cancer. *Cancer Epidemiology Biomarkers and Prevention* 9: 1343–1348.

Miyoshi, Y., K. Iwao, N. Ikeda, C. Egawa, and S. Noguchi. 2000. Genetic polymorphism in CYP17 and breast cancer risk in Japanese women. *European Journal of Cancer* 36: 2375–2379.

Mo, Q. H., H. Zhu, L. Y. Li, and X. M. Xu. 2004. Reliable and high-throughput mutation screening for beta-thalassemia by a single-base extension/fluorescence polarization assay. *Genetic Testing* 8: 257–262.

Moller, A. P., and J. Manning. 2003. Growth and developmental instability. *Veterinary Journal* 166: 19–27.

Moore, S. E., I. Halsall, D. Howarth, E. M. E. Poskitt, and A. M. Prentice. 2001. Glucose, insulin and lipid metabolism in rural Gambians exposed to early malnutrition. *Diabetic Medicine* 18: 646–653.

Moran, C., E. Hernandez, J. E. Ruiz, M. E. Fonseca, J. A. Bermudez, and A. Zarate. 1999. Upper body obesity and hyperinsulinemia are associated with anovulation. *Gynecologic and Obstetric Investigation* 47: 1–5.

Morgan, K. 2008. Slave women and reproduction in Jamaica, ca. 1776–1834. In G. Campbell, S. Miers, and J. C. Miller, eds., *Women and Slavery: The Modern Atlantic*, 27–53. Athens: Ohio University Press.

Morio, B., C. Montaurier, G. Pickering, P. Ritz, N. Fellmann, J. Coudert, et al. 1998. Effects of 14 weeks of progressive endurance training on energy expenditure in elderly people. *British Journal of Nutrition* 80: 511–519.

Morrison, C. D. 2008. Leptin resistance and the response to positive energy balance. *Physiology and Behavior* 94: 660–663.

Morrow, E. H., A. D. Stewart, and W. R. Rice. 2008. Assessing the extent of genome-wide intralocus sexual conflict via experimentally enforced gender limited selection. *Journal of Evolutionary Biology* 21: 1046–1054.

Moussavi, M., R. Heidarpour, A. Aminorroaya, Z. Pournaghshband, and M. Amini. 2005. Prevalence of vitamin D deficiency in Isfahani high school students in 2004. *Hormone Research* 64: 144–148.

Mozaffarian, D., M. B. Katan, A. Ascherio, M. J. Stampfer, and W. C. Willett. 2006. Medical progress—Trans fatty acids and cardiovascular disease. *New England Journal of Medicine* 354: 1601–1613.

Muehlenbein, M. P., and R. G. Bribiescas. 2005. Testosterone-mediated immune functions and male life histories. *American Journal of Human Biology* 17: 527–558.

Mukamel, M. N., Y. Weisman, R. Somech, Z. Eisenberg, J. Landman, I. Shapira, et al. 2001. Vitamin D deficiency and insufficiency in Orthodox and non-Orthodox Jewish mothers in Israel. *Israel Medical Association Journal* 3: 419–421.

Muller, H. G., J. M. Chiou, J. R. Carey, and J. L. Wang. 2002. Fertility and life span: Late children enhance female longevity. *Journal of Gerontology Series* A 57: B202–206.

Murphy, M., A. Nevill, C. Neville, S. Biddle, and A. Hardman. 2002. Accumulating brisk walking for fitness, cardiovascular risk, and psychological health. *Medicine and Science in Sports and Exercise* 34: 1468–1474.

Mustillo, S., N. Krieger, E. P. Gunderson, S. Sidney, H. McCreath, and C. I. Kiefe. 2004. Self-reported experiences of racial discrimination and black-white differences in preterm and low-birthweight deliveries: The CARDIA Study. *American Journal of Public Health* 94: 2125–2131.

Myers, J., M. Prakash, V. Froelicher, D. Do, S. Partington, and J. E. Atwood. 2002. Exercise capacity and mortality among men referred for exercise testing. *New England Journal of Medicine* 346: 793–801.

Nagata, C., N. Takatsuka, S. Inaba, N. Kawakami, and H. Shimizu. 1998. Effect of soymilk consumption on serum estrogen concentrations in premenopausal Japanese women. *Journal of the National Cancer Institute* 90: 1830 – 1835.

National Academy of Sciences Committee on Population. 1989. *Contraception and Reproduction: Health Consequences for Women and Children in the Developing World.* Washington, D.C.: National Academy Press.

National Cancer Institute. 2012. SEER Stat Fact Sheets: Breast. Surveillance Epidemiology and End Results, http://seer.cancer.gov/statfacts/html/breast.html.

Naughton, J. M., K. O'Dea, and A. J. Sinclair. 1986. Animal foods in traditional Australian aboriginal diets: Polyunsaturated and low in fat. *Lipids* 21: 684–690.

Ness, R. B., T. Harris, J. Cobb, K. M. Flegal, J. L. Kelsey, A. Balanger, et al. 1993. Number of pregnancies and the subsequent risk of cardiovascular disease. *New England Journal of Medicine* 328: 1528–1533.

Norman, R. J., and A. M. Clark. 1998. Obesity and reproductive disorders: A review. *Reproduction Fertility and Development* 10: 55–63.

Norman, R. J., M. Noakes, R. J. Wu, M. J. Davies, L. Moran, and J. X. Wang. 2004. Improving reproductive per for mance in overweight/obese women with effective weight management. *Human Reproduction Update* 10: 267 – 280.

Ntais, C., A. Polycarpou, and J. P. A. Ioannidis. 2003. Association of the CYP17 gene polymorphism with the risk of prostate cancer: A meta-analysis. *Cancer Epidemiology Biomarkers and Prevention* 12: 120–126.

Núnez-de la Mora, A., R. T. Chatterton, O. A. Choudhury, D. A. Napolitano, and G. R. Bentley. 2007. Childhood conditions infl uence adult progesterone levels. *PLoS Medicine* 4: e167.

Obermeyer, C. M. 2000. Menopause across cultures: A review of the evidence. *Menopause* 7: 184–192.

O'Dea, K. 1984. Marked improvement in carbohydrate and lipid metabolism in diabetic Australian aborigines after temporary reversion to traditional lifestyle. *Diabetes* 33: 596–

603.
———. 1991. Traditional diet and food preferences of Australian Aboriginal hunter-gatherers. *Philosophical Transactions of the Royal Society of London Series B, Biological Sciences* 334: 233–241.
Oga, T., K. Nishimura, M. Tsukino, S. Sato, and T. Hajiro. 2003. Analysis of the factors related to mortality in chronic obstructive pulmonary disease—Role of exercise capacity and health status. *American Journal of Respiratory and Critical Care Medicine* 167: 544–549.
Oguma, Y., and T. Shinoda-Tagawa. 2004. Physical activity decreases cardiovascular disease risk in women—Review and meta-analysis. *American Journal of Preventive Medicine* 26: 407–418.
Onyike, C. U., R. E. Crum, H. B. Lee, C. G. Lyketsos, and W. W. Eaton. 2003. Is obesity associated with major depression? Results from the Third National Health and Nutrition Examination Survey. *American Journal of Epidemiology* 158: 1139–1147.
Osei-Tutu, K. B., and P. D. Campagna. 2005. The effects of short-vs. long-bout exercise on mood, VO2max., and percent body fat. *Preventive Medicine* 40: 92–98.
Ounsted, M. 1986. Transmission through the female line of fetal growth constraint. *Early Human Development* 13: 339–340.
Ounsted, M., A. Scott, and C. Ounsted. 1986. Transmission through the female line of a mechanism constraining human fetal growth. *Annals of Human Biology* 13: 143–151.
Owens, J. F., K. A. Matthews, R. R. Wing, and L. H. Kuller. 1990. Physical activity and cardiovascular risk: A cross-sectional study of middle-aged premenopausal women. *Preventive Medicine* 19: 147–157.
Paffenbarger, R. S., R. T. Hyde, A. L. Wing, I. M. Lee, D. L. Jung, and J. B. Kampert. 1993. The association of changes in physical activity level and other life style characteristics with mortality among men. *New England Journal of Medicine* 328: 538–545.
Painter, R. C., S. R. de Rooij, P. M. Bossuyt, E. de Groot, W. J. Stok, C. Osmond, et al. 2007. Maternal nutrition during gestation and carotid arterial compliance in the adult offspring: The Dutch famine birth cohort. *Journal of Hypertension* 25: 533–540.
Painter, R. C., T. J. Roseboom, and O. P. Bleker. 2005. Prenatal exposure to the Dutch famine and disease in later life: An overview. *Reproductive Toxicology* 20: 345–352.
Panter-Brick, C. 1992. Working mothers in rural Nepal. In V. Maher, ed., *The Anthropology of Breast-Feeding: Natural Law or Social Construct*, 133–150. Oxford: St. Martin's Press.
———. 1993. Seasonality and levels of energy expenditure during pregnancy and lactation for rural Nepali women. *American Journal of Clinical Nutrition* 57: 620–628.
———. 1996. Physical activity, energy stores, and seasonal energy balance among men and women in Nepali house holds. *American Journal of Human Biology* 8: 263–274.
———. 2002. Sexual division of labor: Energetic and evolutionary scenarios. *American Journal of Human Biology* 14: 627–640.
Panter-Brick, C., D. S. Lotstein, and P. T. Ellison. 1993. Seasonality of reproductive function and weight loss in rural Nepali women. *Human Reproduction* 8: 684 690.
Papathanasiou, A., C. S. Larsen, and L. Norr. 2000. Bioarchaeological inferences from a Neolithic ossuary from Alepotrypa Cave, Diros, Greece. *International Journal of Osteoarchaeology* 10: 210–228.

Paradies, Y. 2006. A systematic review of empirical research on self-reported racism and health. *International Journal of Epidemiology* 35: 888-901.

Pawlowski, B., R. I. M. Dunbar, and A. Lipowicz. 2000. Evolutionary fitness—Tall men have more reproductive success. *Nature* 403: 156.

Peabody, J. W., P. J. Gertler, and A. Leibowitz. 1998. The policy implications of better structure and pro cess on birth outcomes in Jamaica. *Health Policy* 43: 1-13.

Peacock, N. 1991. An evolutionary perspective on the patterning of maternal investment in pregnancy. *Human Nature* 2: 351-385.

Pedersen, S. 1993. *Family, Dependence, and the Origins of the Welfare State. Britain and France, 1914-1945.* Cambridge: Cambridge University Press.

Peterson, C. C., K. A. Nagy, and J. Diamond. 1990. Sustained metabolic scope. *Proceedings of the National Academy of Sciences of the United States of America* 87: 2324-2328.

Petit, M. A., J. C. Prior, and S. I. Barr. 1999. Running and ovulation positively change cancellous bone in premenopausal women. *Medicine and Science in Sports and Exercise* 31: 780-787.

Piers, L. S., S. N. Diggavi, S. Thangam, J. M. A. van Raaij, P. S. Shetty, and J. G. A. J. Hautvast. 1995. Changes in energy expenditure, anthropometry, and energy intake during the course of pregnancy and lactation in well-nourished Indian women. *American Journal of Clinical Nutrition* 61: 501-513.

Pike, I. L. 1999. Age, reproductive history, seasonality, and maternal body composition during pregnancy for nomadic Turkana of Kenya. *American Journal of Human Biology* 11: 658-672.

———. 2000. Pregnancy outcome for nomadic Turkana pastoralists of Kenya. *American Journal of Physical Anthropology* 113: 31-45.

Pirke, K. M., U. Schweiger, W. Lemmel, J. C. Krieg, and M. Berger. 1985. The influence of dieting on the menstrual cycle of healthy young women. *Journal of Clinical Endocrinology and Metabolism* 60: 1174-1179.

Pirke, K. M., W. Wuake, and U. Schweiger, eds. 1989. *The Menstrual Cycle and Its Disorders.* Berlin: Springer-Verlag.

Poehlman, E. T., and E. S. Horton. 1989. The impact of food intake and exercise on energy expenditure. *Nutritional Review* 47: 129-137.

Popenoe, R. 2004. *Feeding Desire: Fatness, Beauty, and Sexuality among a Saharan People.* London: Routledge.

Poppitt, S. D., A. M. Prentice, G. R. Goldberg, and R. G. Whitehead. 1994. Energysparing strategies to protect human fetal growth. *American Journal of Obstetrics and Gynecology* 171: 118-125.

Poppitt, S. D., A. M. Prentice, E. Jequier, Y. Schutz, and R. G. Whitehead. 1993. Evidence of energy sparing in Gambian women during pregnancy: A longitudinal study using whole-body calorimetry. *American Journal of Clinical Nutrition* 57: 353-364.

Poston, D. L., and K. B. Kramer. 1983. Voluntary and involuntary childlessness in the United States, 1955-1973. *Social Biology* 30: 290-306.

Poston, D. L., K. B. Kramer, K. Trent, and M. Y. Yu. 1983. Estimating voluntary and involuntary childlessness in the developing countries. *Journal of Biosocial Science* 15: 441-452.

Powe, C. E., C. D. Knott, and N. Conklin-Brittain. 2010. Infant sex predicts breast milk energy content. *American Journal of Human Biology* 22: 50-54.

Powys, A. O. 1905. Data for the problem of evolution in man: On fertility, duration of life, and reproductive selection. *Biometrika*: 233-285.

Prentice, A. M. 1984. Adaptations to long-term low energy intake. In E. Pollitt and P. Amante, eds., *Energy Intake and Activity*, 3-21. New York: Alan R. Liss.

———. 2000. Calcium in pregnancy and lactation. *Annual Review of Nutrition* 20: 249-272.

Prentice, A. M., T. J. Cole, F. A. Foord, W. H. Lamb, and R. G. Whitehead. 1987. Increased birthweight after prenatal dietary supplementation of rural African women. *American Journal of Clinical Nutrition* 46: 912-925.

Prentice, A. M., G. R. Goldberg, H. L. Davies, P. R. Murgatroyd, and W. Scott. 1989. Energy-sparing adaptations in human pregnancy assessed by whole-body calorimetry. *British Journal of Nutrition* 62: 5-22.

Prentice, A. M., L. M. A. Jarjou, D. M. Stirling, R. Buffenstein, and S. Fairweather-Tait. 1998. Biochemical markers of calcium and bone metabolism during 18 months of lactation in Gambian women accustomed to a low calcium intake and in those consuming a calcium supplement. *Journal of Clinical Endocrinology and Metabolism* 83: 1059-1066.

Prentice, A. M., S. D. Poppitt, G. R. Goldberg, and A. Prentice. 1995. Adaptive strategies regulating energy balance in human pregnancy. *Human Reproduction Update* 1: 149-161.

Prentice, A. M., and A. Prentice. 1990. Maternal energy requirements to support lactation. In S. A. Atkinson, L. A. Hanson, and R. K. Chandra, eds., *Breastfeeding, Nutrition, Infection and Infant Growth in Developed and Emerging Countries*, 69-86. St. John's, Newfoundland: ARTS Biomedical.

Prentice, A. M., C. J. K. Spaaij, G. R. Goldberg, S. D. Poppitt, J. M. A. van Raaij, M. Totton, et al. 1996. Energy requirements of pregnant and lactating women. *European Journal of Clinical Nutrition* 50 (Suppl.): S82-S111.

Prentice, A. M., and R. G. Whitehead. 1987. The energetics of human reproduction. *Symposia of the Zoological Society of London* 57: 275-304.

Prentice, A. M., R. G. Whitehead, S. B. Roberts, and A. A. Paul. 1981. Long-term energy balance in child-bearing Gambian women. *American Journal of Clinical Nutrition* 34: 2790-2799.

Prentice, A. M., R. G. Whitehead, M. Watkinson, W. H. Lamb, and T. J. Cole. 1983. Prenatal dietary supplementation of African women and birth-weight. *Lancet* 1: 489-492.

Prior, J. C. 1985. Luteal phase defects and anovulation: Adaptive alterations occurring with conditioning exercise. *Seminars in Reproductive Endocrinology* 3: 27-33.

———. 2007. FSH and bone—Important physiology or not? *Trends in Molecular Medicine* 13: 1-3.

Prior, J. C., K. Cameron, B. H. Yuen, and J. Thomas. 1982. Menstrual cycle changes with marathon training: Anovulation and short luteal phase. *Canadian Journal of Applied Sport Sciences* 7: 173-177.

Prior, J. C., Y. M. Vigna, and D. W. McKay. 1992. Reproduction for the athletic woman: New understandings of physiology and management. *Sports Medicine* 14: 190-199.

Qureshi, A. I., W. H. Giles, J. B. Croft, and B. J. Stern. 1997. Number of pregnancies and risk for stroke and stroke subtypes. *Archives of Neurology* 54: 203-206.

Raisz, L. G. 2005. Pathogenesis of osteoporosis: Concepts, conflicts, and prospects. *Journal of Clinical Investigation* 115: 3318–3325.

Ramakrishnan, U., H. Barnhart, D. G. Schroeder, A. D. Stein, and R. Martorell. 1999. Early childhood nutrition, education and fertility milestones in Guatemala. *Journal of Nutrition* 129: 2196–2202.

Ramakrishnan, U., R. Martorell, D. G. Schroeder, and R. Flores. 1999. Role of intergenerational effects on linear growth. *Journal of Nutrition* 129 (Suppl.): 544S–549S.

Rampersaud, E., B. D. Mitchell, T. I. Pollin, M. Fu, H. Q. Shen, J. R. O'Connell, et al. 2008. Physical activity and the association of common FTO gene variants with body mass index and obesity. *Archives of Internal Medicine* 168: 1791–1797.

Randolph, J. F., M. Sowers, E. B. Gold, B. A. Mohr, J. Luborsky, N. Santoro, et al. 2003. Reproductive hormones in the early menopausal transition: Relationship to ethnicity, body size, and menopausal status. *Journal of Clinical Endocrinology and Metabolism* 88: 1516–1522.

Rao, S., C. S. Yajnik, A. Kanade, C. H. D. Fall, B. M. Margetts, A. A. Jackson, et al. 2001. Intake of micronutrient-rich foods in rural Indian mothers is associated with the size of their babies at birth: Pune maternal nutrition study. *Journal of Nutrition* 131: 1217–1224.

Raphael, D., and F. Davis. 1985. *Only Mothers Know: Patterns of Infant Feeding in Traditional Cultures*. Westport, Conn.: Greenwood Press.

Rashid, M., and S. J. Ulijaszek. 1999. Daily energy expenditure across the course of lactation among urban Bangladeshi women. *American Journal of Physical Anthropology* 110: 457–465.

Rattan, S. I. S. 2006. Theories of biological aging: Genes, proteins, and free radicals. *Free Radical Research* 40: 1230–1238.

Redman, L. M., and A. B. Loucks. 2005. Menstrual disorders in athletes. *Sports Medicine* 35: 747–755.

Reed, T. E. 1969. Caucasian genes in American Negroes. *Science* 165: 762–768.

Reynolds, V., and R. E. S. Tanner. 1983. *The Biology of Religion*. London: Longman.

Riad-Fahmy, D., G. F. Read, and R. F. Walker. 1983. Salivary steroid assays for assessing variation in endocrine activity. *Journal of steroid Biochemistry and Molecular Biology* 19: 265–272.

Riad-Fahmy, D., G. F. Read, R. F. Walker, S. M. Walker, and K. Griffi ths. 1987. Determination of ovarian steroid hormone levels in saliva—An overview. *Journal of Reproductive Medicine* 32: 254–272.

Rice, W. R. 1998. Male fitness increases when females are eliminated from gene pool: Implications for the Y chromosome. *Proceedings of the National Academy of Sciences of the United States of America* 95: 6217–6221.

Rich-Edwards, J. W., M. B. Goldman, W. C. Willett, D. J. Hunter, M. J. Stampfer, G. A. Colditz, and J. E. Manson. 1994. Adolescent body-mass index and infertility caused by ovulatory disorder. *American Journal of Obstetrics and Gynecology* 171: 171–177.

Rich-Edwards, J. W., N. Krieger, J. Majzoub, S. Zierler, E. Lieberman, and M. Gillman. 2001. Maternal experiences of racism and violence as predictors of preterm birth: Rationale and study design. *Paediatric and Perinatal Epidemiology* 15: 124–135.

Riggs, P. 1994. The standard of living in Scotland, 1800–1850. In J. Komlos, ed., *Stature,*

Living Standards, and Economic Development, 60–75. Chicago: University of Chicago Press.

Roberts, R. E., S. Deleger, W. J. Strawbridge, and G. A. Kaplan. 2003. Prospective association between obesity and depression: Evidence from the Alameda County Study. *International Journal of Obesity* 27: 514–521.

Roberts, R. E., G. A. Kaplan, S. J. Shema, and W. J. Strawbridge. 2000. Are obese at greater risk for depression? *American Journal of Epidemiology* 152: 163–170.

Roberts, S. B., A. A. Paul, T. J. Cole, and R. G. Whitehead. 1982. Seasonal changes in activity, birth weight and lactational per for mance in rural Gambian women. *Transactions of the Royal Society of Tropical Medicine and Hygiene* 76: 668–678.

Robertson, C. 1996. Africa into the Americas? Slavery and women, the family, and the gender division of labor. In D. B. Gaspar and D. Clark Hine, eds., *More Than Chattel: Black Women and Slavery in the Americas*, 3–40. Bloomington: Indiana University Press.

Rock, C. L., S. W. Flatt, C. A. Thomson, M. L. Stefanick, V. A. Newman, L. A. Jones, et al. 2004. Effects of a high-fiber, low-fat diet intervention on serum concentrations of reproductive steroid hormones in women with a history of breast cancer. *Journal of Clinical Oncology* 22: 2379–2387.

Rockhill, B., W. C. Willett, D. J. Hunter, J. E. Manson, S. E. Hankinson, and G. A. Colditz. 1999. A prospective study of recreational physical activity and breast cancer risk. *Archives of Internal Medicine* 159: 2290–2296.

Rogers, M. E., F. Maisels, E. A. Williamson, M. Fernandez, and C. E. G. Tutin. 1990. Gorilla diet in the Lope Reserve, Gabon—A nutritional analysis. *Oecologia* 84: 326–339.

Rosamond, W., K. Flegal, G. Friday, K. Furie, A. Go, K. Greenlund, et al. 2007. Heart disease and stroke statistics—2007 update: A report from the American Heart Association Statistics Committee and Stroke Statistics Subcommittee. *Circulation* 115: E69–E171.

Rose, D. P., M. Lubin, and J. M. Connolly. 1997. Effects of diet supplementation with wheat bran on serum estrogen levels in the follicular and luteal phases of the menstrual cycle. *Nutrition* 13: 535–539.

Rose, J. C. 1989. Biological consequences of segregation and economic deprivation—A post-slavery population from southwest Arkansas. *Journal of Economic History* 49: 351–360.

Roseboom, T., S. de Rooij, and R. Painter. 2006. The Dutch famine and its long-term consequences for adult health. *Early Human Development* 82: 485–491.

Rosenberg, L., J. R. Palmer, L. A. Wise, N. J. Horton, and M. J. Corwin. 2002. Perceptions of racial discrimination and the risk of preterm birth. *Epidemiology* 13: 646–652.

Rosetta, L. 1993. Female reproductive dysfunction and intense physical training. *Oxford Reviews in Reproductive Biology* 15: 113–141.

———. 2002. Female fertility and intensive physical activity. *Science and Sports* 17: 269–277.

Rosetta, L., G. A. Harrison, and G. F. Read. 1998. Ovarian impairments of female recreational distance runners during a season of training. *Annals of Human Biology* 25: 345–357.

Ross, R. K., A. Paganini-Hill, P. C. Wan, and M. C. Pike. 2000. Effect of hormone replacement therapy on breast cancer risk: Estrogen versus estrogen plus progestin. *Journal of the National Cancer Institute* 92: 328–332.

Rossouw, J. E., G. L. Anderson, R. L. Prentice, A. Z. LaCroix, C. Kooperberg, M. L. Stefanick, et al. 2002. Risks and benefits of estrogen plus progestin in healthy postmenopausal women—Principal results from the Women's Health Initiative randomized controlled trial. *Journal of the American Medical Association* 288: 321–333.

Roumen, F. J. M. E., W. H. Doesburg, and R. Rolland. 1982. Hormonal patterns in infertile women with a deficient postcoital test. *Fertility and Sterility* 38: 24–47.

Russell, R. J. H., and P. A. Wells. 1987. Estimating paternity confidence. *Ethology and Sociobiology* 8: 215–220.

Saadi, H. F., N. Nagelkerke, B. Sheela, H. S. Qazaq, E. Zilahi, M. K. Mohamadiyeh, and A. I. Al-Suhaili. 2006. Predictors and relationships of serum 25 hydroxyvitamin D concentration with bone turnover markers, bone mineral density, and vitamin D receptor genotype in Emirati women. *Bone* 39: 1136–1143.

Sachan, A., R. Gupta, V. Das, A. Agarwal, P. K. Awasthi, and V. Bhatia. 2005. High prevalence of vitamin D deficiency among pregnant women and their newborns in northern India. *American Journal of Clinical Nutrition* 81: 1060–1064.

Salmon, A. B., D. B. Marx, and L. G. Harshman. 2001. A cost of reproduction in *Drosophila melanogaster*: Stress susceptibility. *Evolution* 55: 1600–1608. Santoro, N., L. T. Goldsmith, D. Heller, N. Illsley, P. McGovern, C. Molina, et al. 2000. Luteal progesterone relates to histological endometrial maturation in fertile women. *Journal of Clinical Endocrinology and Metabolism* 85: 4207–4211.

Saris, W. H. M., M. A. Vanerpbaart, F. Brouns, K. R. Westerterp, and F. ten Hoor. 1989. Study on food intake and energy expenditure during extreme sustained exercise—The Tour de France. *International Journal of Sports Medicine* 10: S26–S31.

Savitt, T. L. 1978. *Medicine and Slavery. The Diseases and Health Care of Blacks in Antebellum Virginia*. Urban: University of Illinois Press.

Schmitt, E., and H. Stopper. 2001. Estrogenic activity of naturally occurring anthocyanidins. *Nutrition and Cancer* 41: 145–149.

Schweiger, U., R. J. Tuschl, R. G. Laessle, A. Broocks, and K. M. Pirke. 1989. Consequences of dieting and exercise on menstrual function in normal weight women. In K. M. Pirke, W. Wuttke, and U. Schweiger, eds., *The Menstrual Cycle and Its Disorders*, 142–149. Berlin: Springer-Verlag.

Sear, R., R. Mace, and I. A. McGregor. 2000. Maternal grandmothers improve nutritional status and survival of children in rural Gambia. *Proceedings of the Royal Society of London B, Biological Sciences* 267: 1641–1647.

Seghieri, G., A. De Bellis, R. Anichini, L. Alviggi, F. Franconi, and M. C. Breschi. 2005. Does parity increase insulin resistance during pregnancy? *Diabetic Medicine* 22: 1574–1580.

Sellen, D. W. 2000. Seasonal Ecology and nutritional status of women and children in a Tanzanian pastoral community. *American Journal of Human Biology* 12: 758–781.

Selling, K. E., J. Carstensen, O. Finnstrom, and G. Sydsjo. 2006. Intergenerational effects of preterm birth and reduced intrauterine growth: A population-based study of Swedish mother-offspring pairs. *BJOG* 113: 430–440.

Setchell, K. D. R. 2001. Soy isoflavones—Benefits and risks from nature's selective estrogen receptor modulators (SERMs). *Journal of the American College of Nutrition* 20 (Suppl.):

354S-362S.

Setchell, K. D. R., and A. Cassidy. 1999. Dietary isofl avones: Biological effects and relevance to human health. *Journal of Nutrition* 129: 758S-767S.

Setchell, K. D. R., and E. Lydeking-Olsen. 2003. Dietary phytoestrogens and their effect on bone: Evidence from in vitro and in vivo, human observational, and dietary intervention studies. *American Journal of Clinical Nutrition* 78: 593S-609S.

Sharp, J. 1671. *The Midwives Book, or the Whole Art of Midwifery Discovered, Directing Childbearing Women How to Behave Themselves in Their Conception, Breeding, Bearing, and Nursing of Children*. London: Simon Miller.

Shea, J. L. 2006. Cross-cultural comparison of women's midlife symptom-reporting: A China study. *Culture Medicine and Psychiatry* 30: 331-362.

Shell-Duncan, B., and S. A. Yung. 2004. The maternal depletion transition in northern Kenya: The effects of settlement, development and disparity. *Social Science and Medicine* 58: 2485-2498.

Shephard, R. J. 1980. Work physiology and activity patterns. In F. A. Milan, ed., *The Human Biology of Circumpolar Populations*, 305-338. Cambridge: Cambridge University Press.

Sherman, P. W. 1998. Animal behavior—The evolution of menopause. Nature 392: 759-761.

Shirtcliff, E. A., D. A. Granger, E. B. Schwartz, M. J. Curran, A. Booth, and W. H. Overman. 2000. Assessing estradiol in biobehavioral studies using saliva and blood spots: Simple radioimmunoassay protocols, reliability, and comparative validity. *Hormones and Behavior* 38: 137-147.

Shostak, M. 1983. *Nisa: The Life and Words of a !Kung Woman*. New York: Vintage Books.

Simmons, D. 1992. Parity, ethnic group and the prevalence of type-2 diabetes—The Coventry Diabetes Study. *Diabetic Medicine* 9: 706-709.

Simmons, D., J. Shaw, A. McKenzie, S. Eaton, A. J. Cameron, and P. Zimmet. 2006. Is grand multiparity associated with an increased risk of dysglycaemia? *Diabetologia* 49: 1522-1527.

Simpson, E. R. 2002. Aromatization of androgens in women: Current concepts and findings. *Fertility and Sterility* 77: S6-S10.

Simpson, E. R., C. Clyne, G. Rubin, W. C. Boon, K. Robertson, K. Britt, et al. 2002. Aromatase—A brief overview. *Annual Review of Physiology* 64: 93-127.

Sinclair, A. J., and K. O'Dea. 1990. Fats in human diets through history: Is the Western diet out of step? In J. D. Wood and A. V. Fisher, eds., *Reducing Fat in Meat Animals*, 1-47. London: Elsevier Applied Science.

Singh, J., A. M. Prentice, E. Diaz, W. A. Coward, J. Ashford, M. Sawyer, and R. G. Whitehead. 1989. Energy expenditure of Gambian women during peak agricultural activity mea sured by the doubly-labelled water method. *British Journal of Nutrition* 62: 315-329.

Sjodin, A. M., A. H. Forslund, K. R. Westerterp, A. B. Andersson, J. W. Forslund, and L. H. Hambraeus. 1996. The infl uence of physical activity on BMR. *Medicine and Science in Sports and Exercise* 28: 85-91.

Small, C. M., M. Marcus, S. L. Sherman, A. K. Sullivan, A. K. Manatunga, and H. S. Feigelson. 2005. CYP17 genotype predicts serum hormone levels among pre-menopausal women. *Human Reproduction* 20: 2162-2167.

Smith, A. H., T. M. Butler, and N. Pace. 1975. Weight growth of colony-reared chimpanzees. *Folia Primatologica* 24: 29-59.

Sobo, E. 1993. *One Blood: The Jamaican Body*. Albany: State University of New York Press.

Somner, J., S. McLellan, J. Cheung, Y. T. Mak, M. L. Frost, K. M. Knapp, et al. 2004. Polymorphisms in the p450 c17 (17-hydroxylase/17,20-lyase) and p450 c19 (aromatase) genes: Association with serum sex steroid concentrations and bone mineral density in postmenopausal women. *Journal of Clinical Endocrinology and Metabolism* 89: 344-351.

Sorenson Jamison, C., P. L. Jamison, and L. L. Cornell. 2005. Human female longevity: How important is being a grandmother? In E. Voland, A. Chasiotis, and W. Schiefenhovel, eds., *Grandmotherhood: The Evolutionary Significance of the Second Half of Female Life*, 99-117. New Brunswick, N.J.: Rutgers University Press.

Soto, A. M., and C. Sormenschein. 1987. Cell proliferation of estrogen sensitive cells: The case for negative control. *Endocrine Reviews* 8: 44-52.

Spencer, C. P., E. P. Morris, and J. M. Rymer. 1999. Selective estrogen receptor modulators: Women's panacea for the next millennium? *American Journal of Obstetrics and GynEcology* 180: 763-770.

Spurdle, A. B., J. L. Hopper, G. S. Dite, X. Chen, J. Cui, M. R. McCredie, et al. 2000. CYP17 promoter polymorphism and breast cancer in Australian women under age forty years. *Journal of the National Cancer Institute* 92: 1674-1681.

Stanford, C. B. 1998. *Chimpanzee and Red Colobus: The Ecology of Predator and Prey*. Cambridge, Mass.: Harvard University Press.

Stanford, J. L., E. A. Noonan, L. Iwasaki, S. Kolb, R. B. Chadwick, Z. D. Feng, and E. A. Ostrander. 2002. A polymorphism in the CYP17 gene and risk of prostate cancer. *Cancer Epidemiology Biomarkers and Prevention* 11: 243-247.

Stearns, S. C., R. M. Nesse, and D. Haig. 2008. Introducing evolutionary thinking for medicine. In S. C. Stearns and J. C. Koella, eds., *Evolution in Health and Disease*, 3-14. New York: Oxford University Press.

Steckel, R. H. 1986a. Birth weights and infant mortality among American slaves. *Explorations in Economic History* 23: 173-198.

———. 1986b. A dreadful childhood—The excess mortality of American slaves. *Social Science History* 10: 427-465.

———. 1994. Heights and health in the United States, 1710-1950. In J. Komlos, ed., *The Height of Runaway Slaves in Colonial America, 1720-1770*, 153-170. Chicago: University of Chicago Press.

———. 1996. Women, work, and health under plantation slavery in the United States. In D. B. Gaspar and D. Clark Hine, eds., *More Than Chattel: Black Women and Slavery in the Americas*, 43-60. Bloomington: Indiana University Press.

Stein, A. D., and L. H. Lumey. 2000. The relationship between maternal and offspring birth weights after maternal prenatal famine exposure: The Dutch Famine Birth Cohort Study. *Human Biology* 72: 641-654.

Sterkowicz, S. 1952a. Krakowska Kropla Mleka, part 1. *Polski Tygodnik Lekarski* 14: 413-415.

———. 1952b. Krakowska Kropla Mleka, part 2. *Polski Tygodnik Lekarski* 15: 450-454.

Sternfeld, B. 1997. Physical activity and pregnancy outcome—Review and recommendations. *Sports Medicine* 23: 33-47.

Stoddard, J. L., C. W. Dent, L. Shames, and L. Bernstein. 2007. Exercise training effects on premenstrual distress and ovarian steroid hormones. *European Journal of Applied Physiology* 99: 27–37.

Strassmann, B. I. 1996. Energy economy in the evolution of menstruation. *Evolutionary Anthropology* 5: 157–164.

———. 1997a. The biology of menstruation in *Homo sapiens*: Total lifetime menses, fecundity, and nonsynchrony in a natural-fertility population. *Current Anthropology* 38: 123–129.

———. 1997b. Polygyny as a risk factor for child mortality among the Dogon. *Current Anthropology* 38: 688–695.

Strassmann, B. I., and B. Gillespie. 2002. Life-history theory, fertility and reproductive success in humans. *Proceedings of the Royal Society of London Series B, Biological Sciences* 269: 553–562.

Strassmann, B. I., and R. Mace. 2008. Perspectives on human health and disease from evolutionary and behavioral Ecology. In S. C. Stearns and J. C. Koella, eds., *Evolution in Health and Disease*, 109–121. New York: Oxford University Press.

Streeten, E. A., K. A. Ryan, D. J. McBride, T. I. Pollin, A. R. Shuldiner, and B. D. Mitchell. 2005. The relationship between parity and bone mineral density in women characterized by a homogeneous lifestyle and high parity. *Journal of Clinical Endocrinology and Metabolism* 90: 4536–4541.

Suarez, R. K. 1996. Upper limits to mass-specific metabolic rates. *Annual Review of Physiology* 58: 583–605.

Sukalich, S., S. F. Lipson, and P. T. Ellison. 1994. Intra and interwomen variation in progesterone profiles. *American Journal of Physical Anthropology* 18 (Suppl.): 191.

Swallow, D. M. 2003. Genetics of lactase per sis tence and lactose intolerance. *Annual Review of Genetics* 37: 197–219.

Swan, D. E. 1972. *The Structure and Profitability of the Antebellum Industry, 1859*. New York: Arno Press. Taaffl e, D. R., L. Pruitt, J. Reim, G. Butterfi eld, and R. Marcus. 1995. Effect of sustained resistance training on basal metabolic rate in older women. *Journal of American Geriatric Society* 43: 465–471.

Tafari, N., R. L. Naeye, and A. Gobezie. 1980. Effects of maternal undernutrition and heavy physical work during pregnancy on birth weight. *British Journal of Obstetrics and GynaEcology* 87: 222–226.

Tanasescu, N., M. F. Leitzmann, E. B. Rimm, W. C. Willett, M. J. Stampfer, and F. B. Hu. 2002. Exercise type and intensity in relation to coronary heart disease in men. *Journal of the American Medical Association* 288: 1994–2000.

Techatraisak, K., G. S. Conway, and G. Rumsby. 1997. Frequency of a polymorphism in the regulatory region of the 17 alpha-hydroxylase-17,20-lyase (CYP17) gene in hyperandrogenic states. *Clinical Endocrinology* 46: 131–134.

Thame, M., R. J. Wilks, N McFarlane-Anderson, F. I. Bennett, and T. E. Forrester. 1997. Relationship between maternal nutritional status and infant's weight and body proportions at birth. *European Journal of Clinical Nutrition* 51: 134–138.

Thompson, K., R. Morley, S. R. Grover, and M. R. Zacharin. 2004. Postnatal evaluation of vitamin D and bone health in women who were vitamin D-deficient in pregnancy, and in their infants. *Medical Journal of Australia* 181: 486–488.

Thong, Y. H., R. W. Steele, M. M. Vincent, S. A. Hensen, and J. A. Bellanti. 1973. Impaired in vitro cell-mediated immunity to Rubella-virus during pregnancy. *New England Journal of Medicine* 289: 604–606.

Thune, I. 2000. Assessments of physical activity and cancer risk. *European Journal of Cancer Prevention* 9: 387–393.

Thune, I., T. Brenn, E. Lund, and M. Gaard. 1997. Physical activity and the risk of breast cancer. *New England Journal of Medicine* 336: 1269–1275.

Thune, I., and A. S. Furberg. 2001. Physical activity and cancer risk: Dose-response and cancer, all sites and site-specific. *Medicine and Science in Sports and Exercise* 33: S530–S550.

Tietjen, A. M. 1985. Infant care and feeding practices and beginning of socialization among the Maisin of Papua New Guinea. In L. B. Marshall, ed., *Infant Care and Feeding in the South Pacific,* 121–136. New York: Gordon and Breach Science Publishers.

Tillyard, S. 1994. *Aristocrats: Caroline, Emily, Louisa, and Sarah Lennox, 1740–1832.* New York: Farrar, Straus and Giroux.

Timar, O., F. Sestier, and E. Levy. 2000. Metabolic syndrome X: A review. *Canadian Journal of Cardiology* 16: 779–789.

Toescu, V., S. L. Nuttall, U. Martin, M. J. Kendall, and F. Dunne. 2002. Oxidative stress and normal pregnancy. *Clinical Endocrinology* 57: 609–613.

Tracer, D. P. 1991. Fertility-related changes in maternal body composition among the Au of Papua New Guinea. *American Journal of Physical Anthropology* 85: 393–406.

Travis, R. C., M. Churchman, S. A. Edwards, G. Smith, P. K. Verkasalo, C. R. Wolf, et al. 2004. No association of polymorphisms in CYP17, CYP19, and HSD17-B1 with plasma estradiol concentrations in 1,090 British women. *Cancer Epidemiology Biomarkers and Prevention* 13: 2282–2284.

Trayhurn, P. 1989. Thermogenesis and the energetics of pregnancy and lactation. *Canadian Journal of Physiology and Pharmacology* 67: 370–375.

Tremblay, A., E. T. Poehlman, J. P. Despres, G. Theriault, E. Danforth, and C. Bouchard. 1997. Endurance training with constant energy intake in identical twins: Changes over time in energy expenditure and related hormones. *Metabolism: Clinical and Experi*mental 46: 499–503.

Tretli, S. 1989. Height and weight in relation to breast cancer morbidity and mortality: A prospective study of 570,000 women in Norway. *International Journal of Cancer* 44: 23–30.

Tretli, S., and M. Gaard. 1996. Lifestyle changes during adolescence and risk of breast cancer: An Ecology study of the effect of World War II in Norway. *Cancer Causes and Control* 7: 507–512.

Trichopoulos, D. 1990. Hypothesis: Does breast cancer originate in utero? *Lancet* 335: 939–940.

Trivers, R. L. 1974. Parent-offspring conflict. *American Zoologist* 14: 247–262.

Trussell, J., and R. H. Steckel. 1978. Age of slaves at menarche and their 1st birth. *Journal of Interdisciplinary History* 8: 477–505.

Tsuya, N. O., S. Kurosu, and H. Nakazato. 2004. Mortality and house hold in two Ou villages 1716-1870. In T. Bengtsson, C. Cameron, and J. Z. Lee, eds., *Life under Pressure: Mortality and Living Standards in Europe and Asia, 1700–1900*, 253-292. Cambridge, Mass.: MIT Press.

Turner, M. 2002. "The 11 o'clock flog": Women, work and labour law in the British Caribbean. In V. A. Shepherd, ed., *Working Slavery, Pricing Freedom: Perspectives from the Caribbean, Africa and the African Diaspora*, 249-272. Kingston: Ian Randle.

Ungar, P. S., and M. F. Teaford. 2002. Perspectives on the evolution of human diet. In P. S. Ungar and M. F. Teaford, eds., *Human Diet: Its Origin and Evolution*, 1-6. Westport, Conn.: Bergin & Garvey.

Valeggia, C. R., and P. T. Ellison. 2003. Impact of breastfeeding on anthropometric changes in peri-urban Toba women (Argentina). *American Journal of Human Biology* 15: 717-724.

———. 2004. Lactational amenorrhoea in well-nourished Toba women of Formosa, Argentina. *Journal of Biosocial Science* 36: 573-595.

Van de Putte, B., K. Matthijs, and R. Vlietinck. 2003. A social component in the negative effect of sons on maternal longevity in pre-industrial humans. *Journal of Biosocial Science* 36: 289-297.

Van Zant, R. S. 1992. Influence of diet and exercise on energy expenditure—A review. *International Journal of Sport Nutrition* 2: 1-19.

Venners, S. A., X. Liu, M. J. Perry, S. A. Korrick, Z. P. Li, F. Yang, et al. 2006. Urinary estrogen and progesterone metabolite concentrations in menstrual cycles of fertile women with non-conception, early pregnancy loss or clinical pregnancy. *Human Reproduction* 21: 2272-2280.

Verkasalo, P. K., H. V. Thomas, P. N. Appleby, G. K. Davey, and T. J. Key. 2001. Circulating levels of sex hormones and their relation to risk factors for breast cancer: A cross-sectional study in 1092 pre-and postmenopausal women (United Kingdom). *Cancer Causes and Control* 12: 47-59.

Vermeulen, A. 1993. Environment, human reproduction, menopause, and andropause. *Environmental Health Perspectives* 2: 91-100.

Vigersky, R. A., A. E. Anderson, R. H. Thompson, and D. L. Loriaux. 1977. Hypothalamic dysfunction in secondary amenorrhea associated with simple weight loss. *New England Journal of Medicine* 297: 1141-1145.

Vihko, R., and D. Apter. 1984. Endocrine characteristics of adolescent menstrual cycles—Impact of early menarche. *Journal of steroid Biochemistry and Molecular Biology* 20: 231-236.

Vitzthum, V. J. 2001. Why not so great is still good enough: Flexible responsiveness in human reproductive functioning. In P. T. Ellison, ed., *Reproductive Ecology and Human Evolution*, 179-202. New York: Aldine de Gruyter.

Vitzthum, V. J., and K. Ringheim. 2005. Hormonal contraception and physiology: A research-based theory of discontinuation due to side effects. *Studies in Family Planning* 36: 13-32.

Vitzthum, V. J., H. Spielvogel, and J. Thornburg. 2004. Interpopulational differences in progesterone levels during conception and implantation in humans. *Proceedings of the National Academy of Sciences of the United States of America* 101: 1443-1448.

Voland, E., and J. Beise. 2002. Opposite effects of maternal and paternal grandmothers on infant survival in historical Krummhorn. *Behavioral Ecology and Sociobiology* 52: 435-443.

Wadelius, M., S. O. Andersson, J. E. Johansson, C. Wadelius, and A. Rane. 1999. Prostate cancer associated with CYP17 genotype. *PharmacoGenetics* 9: 635-639.

Wallace, J. M., R. P. Aitken, J. S. Milne, and W. W. Hay. 2004. Nutritionally mediated placental growth restriction in the growing adolescent: Consequences for the fetus. *Biology of Reproduction* 71: 1055-1062.

Wall-Scheffler, C. M., K. Geiger, and K. L. Steudel-Numbers. 2007. Infant carrying: The role of increased locomotory costs in early tool development. *American Journal of Physical Anthropology* 133: 841-846.

Wappner, R., S. C. Cho, R. A. Kronmal, V. Schuett, and M. R. Seashore. 1999. Management of phenylketonuria for optimal outcome: A review of guidelines for phenylketonuria management and a report of surveys of parents, patients, and clinic directors. *Pediatrics* 104: e68.

Warren, M. P. 1990. Weight control. *Seminars in Reproductive Endocrinology* 8: 25-31.

Weiner, J. 1989. Metabolic constraints to mammalian energy budgets. *Acta Theriologica* 34: 3-36.

———. 1992. Physiological limits to sustainable energy budgets in birds and mammals: Ecological implications. *Trends in Ecology and Evolution* 7: 384-388.

Wells, A. V. 1963. Study of birth weights of babies born in Barbados, West Indies. *West Indian Medical Journal* 12: 194-199.

Wells, J. C. K. 2003. The thrifty phenotype hypothesis: Thrifty offspring or thrifty mother? *Journal of Theoretical Biology* 221: 143-161.

Westendorp, R. G. J., and T. B. L. Kirkwood. 1998. Human longevity at the cost of reproductive success. *Nature* 396: 743-746.

Weston, A., C. F. Pan, I. J. Bleiweiss, H. B. Ksieski, N. Roy, N. Maloney, and M. S. Wolff. 1998. CYP17 genotype and breast cancer risk. *Cancer Epidemiology Biomarkers and Prevention* 7: 941-944.

Whiting, M. G. 1958. A cross-cultural nutrition survey. PhD diss., School of Public Health, Harvard University.

Wiebe, J. P. 2006. Progesterone metabolites in breast cancer. *Endocrine-Related Cancer* 13: 717-738.

Willett, W. C., and M. J. Stampfer. 2003. Rebuilding the food pyramid. *Scientific American* 288: 64-71.

Williams, G. C., and R. M. Nesse. 1991. The dawn of Darwinian medicine. *Quarterly Review of Biology* 66: 1-22.

Winkvist, A., J. P. Habicht, and K. M. Rasmussen. 1998. Linking maternal and infant benefits of a nutritional supplement during pregnancy and lactation. *American Journal of Clinical Nutrition* 68: 656-661.

Winkvist, A., K. M. Rasmussen, and J. P. Habicht. 1992. A new definition of Maternal Depletion Syndrome. *American Journal of Public Health* 82: 691-694.

Winters, K. M., W. C. Adams, C. N. Meredith, M. D. VanLoan, and B. L. Lasley. 1996. Bone density and cyclic ovarian function in trained runners and active controls. *Medicine*

and Science in Sports and Exercise 28: 776–785.
Wolf, J. H. 2001. *Don't Kill Your Baby: Public Health and the Decline of Breastfeeding in the Nineteenth and Twentieth Centuries*. Columbus: Ohio State University Press.
Woolf, A. D. 2006. The global perspective of osteoporosis. *Clinical Rheumatology* 25: 613–618.
Wrangham, R. W., and N. Conklin-Brittain. 2003. Cooking as a biological trait. *Comparative Biochemistry and Physiology—Part A: Molecular and Integrative Physiology* 136: 35–46.
Wrangham, R. W., J. H. Jones, G. Laden, D. Pilbeam, and N. Conklin-Brittain. 1999. The raw and the stolen—Cooking and the Ecology of human origins. *Current Anthropology* 40: 567–594.
Wu, A. H., A. Seow, K. Arakawa, D. Van Den Berg, H. P. Lee, and M. C. Yu. 2003. HSD17B1 and CYP17 polymorphisms and breast cancer risk among Chinese women in Singapore. *International Journal of Cancer* 104: 450–457.
Wu, J. 1994. How severe was the Great Depression? Evidence from the Pittsburgh region. In J. Komlos, ed., *Stature, Living Standards, and Economic Development*, 129–152. Chicago: University of Chicago Press.
Wu, L. L. 1999. Review of risk factors for cardiovascular diseases. *Annals of Clinical and Laboratory Science* 29: 127–133.
Xu, X., A. M. Duncan, B. E. Merz, and M. S. Kurzer. 1998. Effects of soy isoflavones on estrogen and phytoestrogen metabolism in premenopausal women. *Cancer Epidemiology Biomarkers and Prevention* 7: 1101–1108.
Yetman, N. R., ed. 1999. *Voices from Slavery: 100 Authentic Slave Narratives*. Mineola, N.Y.: Dover Publications.
Young, I. E., K. M. Kurian, C. Annink, I. H. Kunkler, V. A. Anderson, B. B. Cohen, et al. 1999. A polymorphism in the CYP17 gene is associated with male breast cancer. *British Journal of Cancer* 81: 141–143.
Yu, M. W., Y. C. Yang, S. Y. Yang, S. W. Cheng, Y. F. Liaw, S. M. Lin, and C. J. Chen. 2001. Hormonal markers and hepatitis B virus-related hepatocellular carcinoma risk: A nested case-control study among men. *Journal of the National Cancer Institute* 93: 1644–1651.
Zaadstra, B. M., J. C. Seidell, P. A. H. Van Noord, E. R. Tevelde, J. D. F. Habbema, B. Vrieswijk, and J. Karbaat. 1993. Fat and female fecundity—prospective study of effect of body fat distribution on conception rates. *British Medical Journal* 306: 484–487.
Zelnik, M. 1966. Fertility of American Negro in 1830 and 1850. *Population Studies* 20: 77–83.
Zera, A. J., and L. G. Harshman. 2001. The physiology of life history trade-offs in animals. *Annual Reviews of Ecology and Systematics* 32: 95–126.
Ziomkiewicz, A. 2006. Anthropometric correlates of the concentration of progesterone and estradiol in menstrual cycles of women age 24–37 living in rural and urban area of Poland [in Polish]. PhD diss., Jagiellonian University, Krakow.
Ziomkiewicz, A., P. T. Ellison, S. F. Lipson, I. Thune, and G. Jasienska. 2008. Body fat, energy balance and estradiol levels: A study based on hormonal profiles from complete menstrual cycles. *Human Reproduction* 23: 2555–2563.
Zittermann, A. 2003. Vitamin D in preventive medicine: Are we ignoring the evidence? *British Journal of Nutrition* 89: 552–572.

Zmuda, J. M., J. A. Cauley, L. H. Kuller, and R. E. Ferrell. 2001. A common promoter variant in the cytochrome P450c17 alpha (CYP17) gene is associated with bioavailable testosterone levels and bone size in men. *Journal of Bone and Mineral Research* 16: 911-917.

자궁이 아이를 품은 날

초판 인쇄 2019년 3월 14일
초판 발행 2019년 3월 21일

지은이 그라지나 자시엔스카
옮긴이 김학영
펴낸이 강성민
편집장 이은혜
편집 이승은
편집보조 김민아
마케팅 정민호 정현민 김도윤
홍보 김희숙 김상만 이천희

펴낸곳 (주)글항아리 | 출판등록 2009년 1월 19일 제406-2009-000002호
주소 10881 경기도 파주시 회동길 210
전자우편 bookpot@hanmail.net
전화번호 031-955-1936(편집부) | 031-955-8891(마케팅)
팩스 031-955-2557

ISBN 978-89-6735-597-5 03470

글항아리 사이언스는 (주)글항아리의 과학 브랜드입니다

이 도서의 국립중앙도서관 출판시도서목록(CIP)은 서지정보유통지원시스템
홈페이지(http://seoji.nl.go.kr)와 국가자료공동목록시스템(http://www.nl.go.kr/kolisnet)에서
이용하실 수 있습니다. (CIP제어번호 : CIP2019003266)